数据挖掘与商务智能实验教程

主编　张大斌

华中师范大学出版社
2015年·武汉

内 容 提 要

数据挖掘与商务智能是高等院校电子商务、信息管理与信息系统、计算机科学与技术等相关专业的核心课程，也是近年来企业信息化的热点内容。本实验教程通过一系列数据挖掘与商务智能工具的实验练习，将商务智能的概念和理论知识融入实践中，从而加深读者对数据挖掘与商务智能原理和算法的理解。实验内容涉及商务智能的终端用户查询和报告、联机分析处理、数据挖掘、数据仓库等软件工具，主要包括 SPSS Modeler、SQL Server Analysis Services、WEKA 和 SAP Business Object。全书分为17 个小实验和 2 个综合设计实验，每个实验都包含背景知识、实验目的、所需要的工具/准备工作、实验内容及步骤、实验分析与扩展练习等，以帮助读者掌握一些主流数据挖掘与商务智能工具的基本使用方法，通过规范的实验训练，培养其综合解决实际管理问题的能力。

本书可作为高等院校相关专业的"数据挖掘"、"数据仓库"、"商务智能"等课程的实验辅助教材，也可作为单独开设"数据挖掘与商务智能实验"课程的主教材。

图书在版编目(CIP)数据

数据挖掘与商务智能实验教程 / 张大斌主编. —武汉：华中师范大学出版社，2015.1(2017.8 重印)
(21 世纪高等院校示范性实验系列教材)
ISBN 978-7-5622-6880-2

Ⅰ.①数… Ⅱ.①张… Ⅲ.①数据采集—应用—电子商务—高等学校—教材 Ⅳ.①TP274 ②F713.36

中国版本图书馆 CIP 数据核字(2014)第 290592 号

数据挖掘与商务智能实验教程

主编 张大斌©

责任编辑：王 炜 **责任校对**：王 胜 **封面设计**：罗明波
编 辑 室：第二编辑室 **电话**：027－67867362
出版发行：华中师范大学出版社有限责任公司
社址：湖北省武汉市珞喻路 152 号
电话：027－67863426/67863280(发行部) 027－67861321(邮购)
传真：027－67863291
网址：http://press.ccnu.edu.cn **电子信箱**：press@mail.ccnu.edu.cn
印刷：武汉兴和彩色印务有限公司 **督印**：王兴平
字数：420 千字
开本：889mm×1194mm 1/16 **印张**：14.5
版次：2015 年 1 月第 1 版 **印次**：2017 年 8 月第 3 次印刷
定价：28.00 元

欢迎上网查询、购书

前　言

以云计算、物联网、移动互联网、智慧城市等为代表的新一代数据中心的迅猛发展和“大数据”引领的智慧科技时代的来临，开启了信息领域的重大转型。人们的生产、经营、决策、服务等活动日益依赖于数据分析和挖掘，由此带来技术、管理、思维方式、商业模式的巨变。因此，如何快速、高效地从海量数据中获取有价值的信息，进而分析、判断、抉择、预测，已经成为业界最关注和亟待优先解决的重点问题，与数据收集、分析挖掘和综合处理相关的技术、专利、人才等也日益变得炙手可热。

为了适应这一市场需求，高等院校的电子商务、信息管理与信息系统及计算机科学与技术等相关专业纷纷开设了“数据挖掘”、“数据仓库”和“商务智能”等课程，以培养学生智能分析数据的能力。目前，这类课程的教学主要以具体理论及算法分析为主，通过例题或习题方式来讲授，缺少针对企业实际案例设计的相应的实践教学内容。为此，我们以数据挖掘与商务智能涉及的主要方法为对象，通过市场上的主流工具，并结合企业的实际管理数据，来设计实践内容并编写了本实验教程。

本实验教程的主要指导思想是以电子商务、信息管理与信息系统、计算机科学与技术等相关专业的本科人才培养方案中设计的专业课程体系为基础，利用市场上主流或开源的软件工具资源，充分集成智能分析课程群的实验项目，高层次培养学生进行信息智能分析的实践应用能力。

本实验教程涉及电子商务、信息管理与信息系统、计算机科学与技术等相关专业的“商务智能原理与方法”、“数据仓库”、“数据挖掘”等课程。这几门课程各有自己的研究对象，但同时又是一个不可分割的整体，可以用已有的商业软件将这些知识全部联系在一起。“商务智能原理与方法”课程的重点在于业务绩效管理、可视化技术，其中可视化技术包括报表和查询、用户界面，用户界面核心是仪表盘和其他信息广播工具。“数据仓库”课程主要介绍数据预处理，即数据的 ETL（数据提取、转换和加载）过程以及 OLTP（联机事务处理）与 OLAP（联机分析处理）等。而“数据挖掘”课程主要介绍一些智能方法和工具，对数据库或数据仓库中的数据进行深度挖掘。不过也有文献从广义上认为商务智能包括数据仓库和数据挖掘。但不同企业设计的软件会将这些功能区分开来，比如企业管理系列软件（SAP）的商务智能软件 Business Object 就只包括“数据仓库”和“商务智能原理与方法”课程中涉及的内容，没有数据挖掘模块。而 SPSS 有专门的数据挖掘软件 Clementine，现在命名为 Modeler。为了全面掌握数据挖掘与商务智能的知识内容，本教程综合集成了这三门课程的实验内容，使之形成一个完备的体系。

为了便于教师根据本校的实验条件以及讲授课程内容的不同，灵活选择对应的实验项目，本实验教程共分为四个部分：实验环境工具篇、数据挖掘实验篇、商务智能实验篇和综合实验篇。实验的主要工具分为 SPSS Modeler、SQL Server Analysis Services、WEKA 和 SAP Business Object，并用这些工具分别设计了对应的实验项目。本教程共设计了 19 个实验，包括 17 个小实验和 2 个综合设计实验，每个实验都包含背景知识介绍、实验目的、实验工具/准备工作、实验内容及步骤、实验分析与扩展练习等，以帮助读者加深对原理与方法的理解，熟练掌握市场上主流的数据挖掘与商务智能工具。

本书既可以作为高等学校电子商务、信息管理与信息系统、计算机科学与技术等相关专业的高年级本科生和管理科学与工程学科的“数据挖掘与商务智能”课程群的实验辅助教材，也可作为单独开设“数据挖掘与商务智能实验”课程的主教材，同时可作为企业、事业单位信息化的培训教材以及相关工程与管理决策人员的参考书。

本书的推出要感谢华中师范大学出版社、教务处和实验室与设备管理处共同立项的“21世纪高等院校示范性实验系列教材”出版项目的资助，另外，本书的编写得到了上海数聚公司和博易智讯公司的支持和帮助，感谢他们提供了大量技术资料和部分软件工具。

参加本书编写的有刘雯（实验1、实验6～11、实验18～19）、周志刚（实验4、实验12～15）、邵鹏（实验2、实验6～11）、江华（实验5、实验16～17）、王畅（实验3），全书大纲由张大斌教授拟定并由其统稿。由于编者水平有限，书中难免存在错漏之处，敬请广大读者批评指正。

编　者

2015年1月

目　　录

第一部分 实验环境工具篇

SHIYAN HUANJING GONGJU PIAN

实验 1 数据挖掘软件 SPSS Modeler 的使用

1.1 背景知识

1.1.1 数据挖掘的产生背景

20 世纪 80 年代以来，随着计算机数据库技术和产品的日益成熟以及计算机应用的普及深化，各行业的数据采集能力得到了前所未有的提高，通过各自内部的业务处理系统、管理信息系统以及外部网络系统，获得并积累了浩如烟海的数据。

在严酷的市场竞争压力下，为更客观地把握自身和市场状况，提升内部管理和决策水平，企业管理者们面对如此丰富的海量数据，分析需求越来越强烈。他们希望利用有效的数据分析工具，更多地挖掘出隐藏在数据中的、有价值的、能够辅助管理和决策的信息。然而，问题接踵而至，原先管理者们得不到想要的数据，是因为数据库中没有充足的数据，但现在他们似乎仍然无法快捷地得到想要的数据，其原因是数据库里的数据资源成为使用者的负担，组织中的管理决策者无奈地感慨：基层业务人员尚且能够通过业务处理系统快速访问一定范围内的业务数据，而高层决策者却似乎缺少有效的工具，从数据库中获得利于决策制定的有价值的数据。于是，所谓的“信息爆炸”、“数据多但知识少”成为一种很普遍的怪现象。针对这一现象，数据挖掘作为 20 世纪 90 年代中后期兴起的技术，因其注重减少数据分析方法对数据的限制性和约束性，注重与计算机技术结合以实现数据的可管理性及分析的易操作性，已成为数据分析中获取知识的重要手段。同时，随着数据挖掘方法的不断成熟及其应用的日益普及化，数据挖掘软件的研发也取得了可喜的成果。

1.1.2 数据挖掘的概念

数据挖掘(Data Mining，DM)，就是从大量数据(包括文本)中挖掘隐含的、未知的、对决策有潜在价值的关系、模式和趋势，并且这些知识和规划建立用于决策支持的模型，提供预测性决策支持的方法、工具和过程；是利用各种分析工具在海量数据中发现模型和数据之间关系的过程。这些模型和关系可以被企业用来分析风险、进行预测。

1.1.3 数据挖掘的功能

数据挖掘的功能是现有商务智能平台的核心组成部分，图 1-1 中的结构图能更加直观地帮助企业定性、定量地了解各种市场活动和企业内部运作可能带来的利益，从而不断发现新的收益增长点。具体的商务智能分析中的数据挖掘模型如图 1-1 所示。

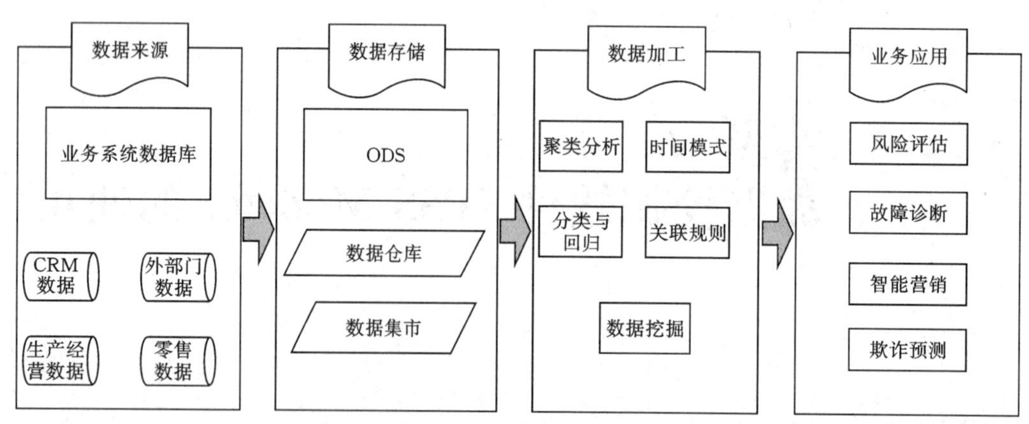

图 1-1 商务智能分析中的数据挖掘模型

数据挖掘的主要功能：可以完成数据的总结、分类、关联、聚类等若干主要任务。

(1)数据总结。

数据总结是对数据的基本特征进行概括。通过数据总结，不仅能够实现对数据多维度多层次的汇总，还能够得到数据分布特征的精确概括。

例如，为制订不同种类的商品在不同城市和不同季节的销售情况，首先可对现有销售数据进行汇总。如果数据为月度数据，那么可以按照季节，汇总出不同种类商品在不同城市各个季度的销售量；也可以按地理区域，汇总出不同种类商品在不同月份各个区域的销售量，形成各种统计报表，等等。这种多角度的汇总能够直观地反映销售的情况，是对原始数据的提炼和总结。

可利用数据仓库的联机分析处理(OLAP)技术进行数据的多维查询汇总，也可以通过基本统计方法计算测度数据分布的集中趋势、离散程度以及分布对称性和陡缓程度。

(2)分类。

分类的主要目的是通过向数据"学习"，分析数据不同属性之间的联系，得到一种能够正确区分数据所属组别的规律，即通过"学习"建立一种包含分类规律的分类模型，且该模型能够对新数据所属的组别进行自动预测。

例如，一份超市的会员购买行为的数据，其中包括顾客的性别、职业、收入、年龄以及相关的消费记录。如果希望分析顾客的消费行为跟性别、职业、收入、年龄等属性特征是否相关，可以将曾经购买的顾客分为一类，另一类则为未购买的顾客，由此通过"学习"来找到特征属性与消费行为之间的联系规律，从而实现对新客户是否购买进行分类预测。

常见的分类方法有机器学习中的决策树、神经网络，以及统计学的 Logistic 回归、判别分析等。评价模型的优劣性的重要方面是分类预测的准确性。

(3)关联。

关联就是通过数据分析来发现事物之间的相互联系，包括简单关联规则和时序关联规则。

例如，很著名的"尿布与啤酒"的故事。在美国沃尔玛连锁超市中，沃尔玛对其顾客的购物行为进行购物篮分析，想弄清楚顾客经常一起购买什么，发现一些年轻的父亲在下班后经常要到超市去买婴儿尿布，而他们中有 30%～40%的人同时也为自己买了一些啤酒。

当然在关联分析中，通常不知道关联性是否确实存在，因此关联分析所产生的规则是带有一定置信度的，所谓的置信度就是如果 A 发生，则 B 有百分之 C 的可能方法，其中 C 称为关联规则的置信度(Confidence)。

常用的关联规则是机器学习中的相关规则等。

(4)聚类。

聚类是在没有给定分类的情况下，根据信息的相似度进行的信息聚类的一种方法，因此聚类又称为无指导的学习。

例如，根据顾客的消费行为的数据，企业可以做聚类分析，在不指定任何分类标准下，根据数据全面客观地进行客户群划分，不同群组的客户消费行为和客户特征总体上相近。这样，可以不同客户群采用不同的营销策略。

采用的聚类方法有层次聚类、K-Means 聚类以及两步聚类、Kohonen 聚类等。

1.1.4 数据挖掘的工具

目前市场上的数据挖掘软件主要有 SPSS Modeler、Statsoft Statistics、SAS Enterprise Miner、Oracle DM、MATLAB、Angoss，以及开源数据挖掘软件 WEKA 等。由于 SPSS Modeler 拥有丰富的数据挖掘算法，支持与数据库之间的数据和模型交换，同时，具有可视化操作界面，简单易用，分析的结果直观易懂，图形功能强大等特点，SPSS Modeler 产品一直居市场占有率首位。

1.2 实验目的

(1)熟悉 SPSS Modeler 的窗口基本构成。
(2)基本掌握 SPSS Modeler 中工具的相关操作。

1.3 工具/准备工作

(1)熟悉相关智能算法的基本原理。
(2)一台装有 SPSS Modeler 软件的电脑。

1.4 实验内容及步骤

本次实验所采用的数据来自一份关于药物研究的数据。本数据中相关的变量 x_1—x_7 依次是药物 Drug(DrugA，DrugB，DrugC，DrugX，DrugY)，血压 BP(High、Normal、Low)，胆固醇 Cholesterol(Normal、High)，唾液元素含量(Na、K)，以及病人的年纪 Age，性别 Sex(M、F)。本次实验共有 200 条记录。通过数据分析发现以往处方适用的规律，给出不同临床特征病人更加适合服用哪种药物的建议，为未来医生填写处方提供参考。

步骤1 构建数据流

(1)启动桌面/开始菜单中的 SPSS Modeler 图标后会出现 SPSS Modeler 主窗口。如图 1-2 所示。

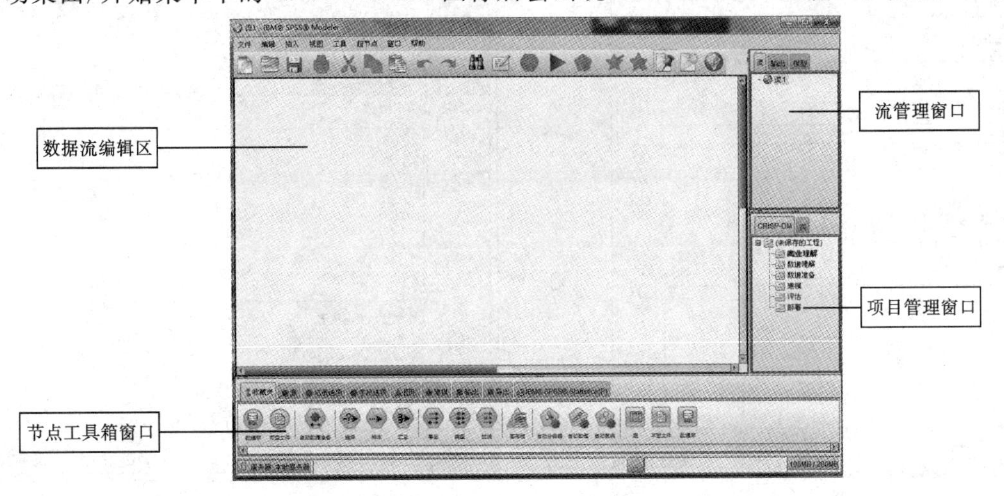

图 1-2 SPSS Modeler 主窗口

(2)在节点工具箱窗口—“源”下，选择合适的节点，拖入数据流编辑区，本例选择“可变文本”，在文件选项中指定的文件 DRUG. txt 中读入数据。

(3)在“输出”选项卡下，选择“Table”节点，连在数据流中，运行后得到相应的输出结果。“输出”选项卡如图 1-3 所示。

图 1-3 “输出”选项卡相关节点

(4)在“图形”选项卡下，选择“图”节点，连在数据流中。

(5)根据上述的方法，按照图 1-4 依次连入相应的节点。

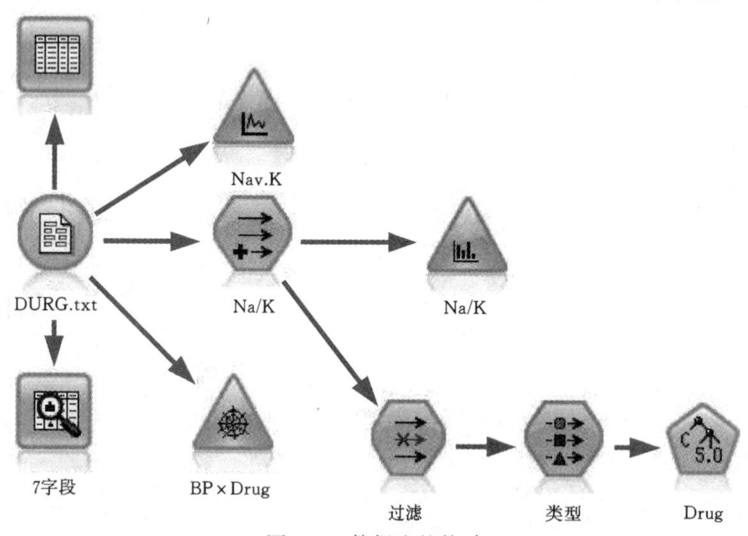

图 1-4 数据流的构建

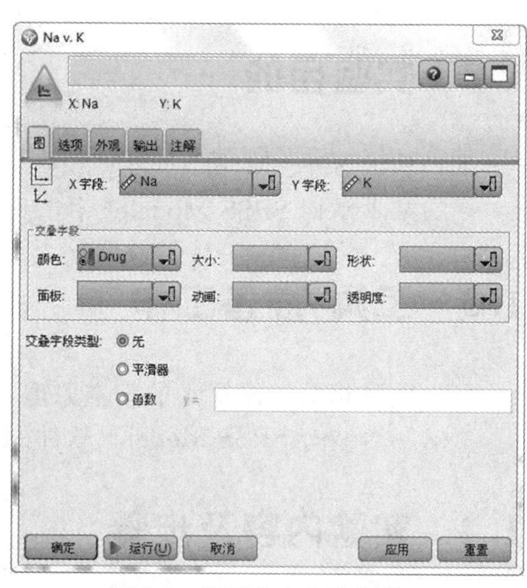

图 1-5 “图”节点参数的设置

步骤 2 相关参数设置

(1)在“图”节点处，双击点开编辑框，弹出的编辑框中 X 字段为 Na，Y 字段为 K；颜色设置为 Drug。如图 1-5 所示。

(2)在“导出”节点处，双击点开编辑框，在弹出的窗口中，导出字段为 Na/K；公式为 Na/K。如图 1-6 所示。

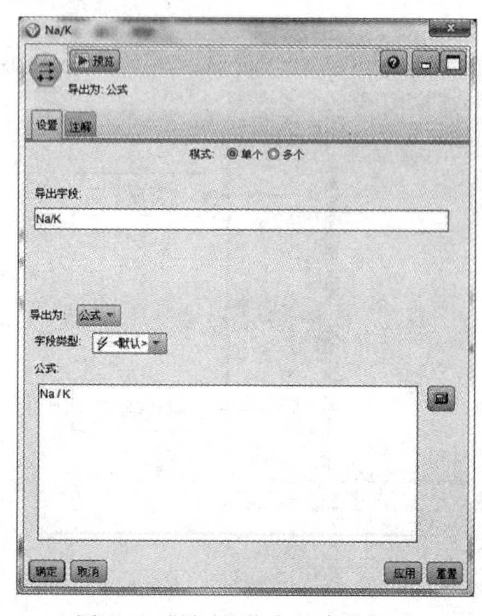

图 1-6 “导出”节点的参数设置

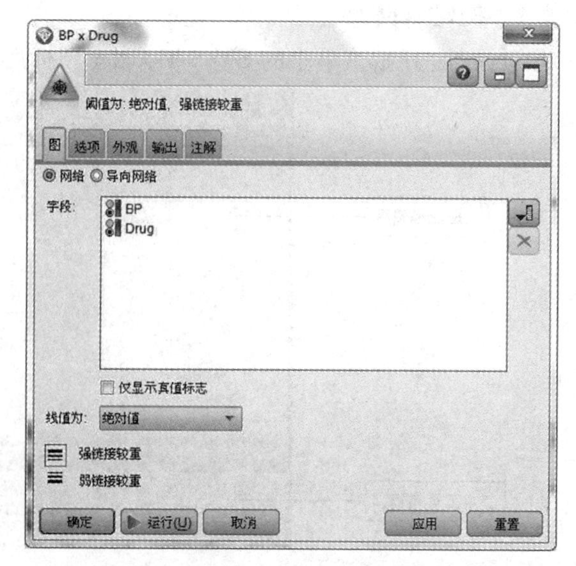

图 1-7 “网络”节点的参数设置

(3)在“网络”节点处，双击，在弹出的编辑框中，字段处选入 BP 和 Drug；线性为绝对值。如图 1-7 所示。

(4)在“直方图”节点处，双击，弹出编辑窗口，设置字段为 Na/K；颜色为 Drug。如图 1-8 所示。

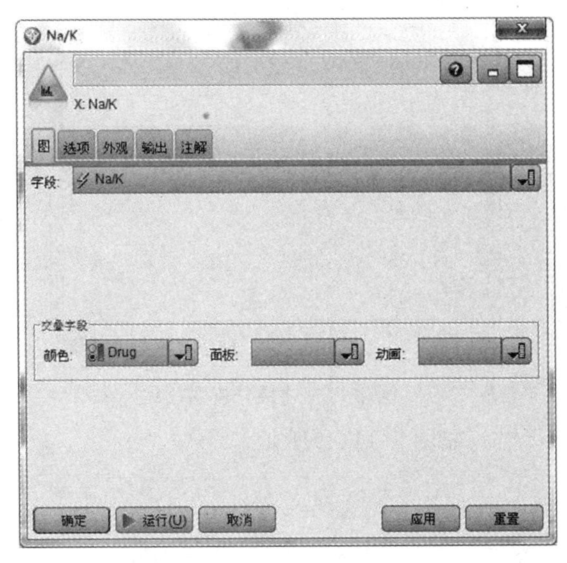

图 1-8　“直方图”参数的设置

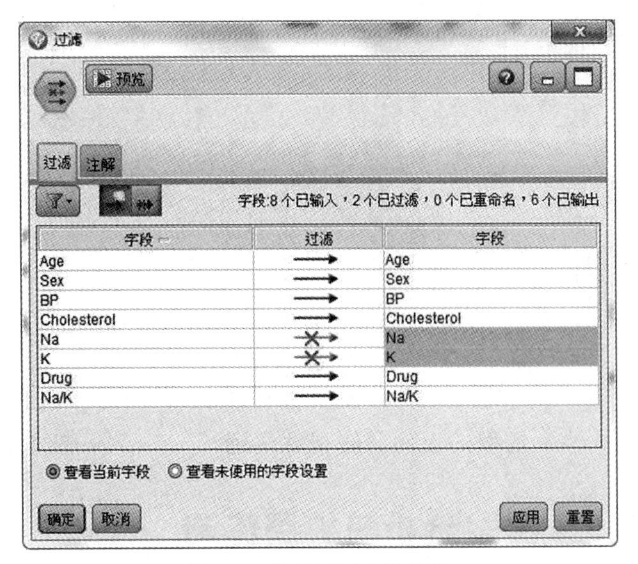

图 1-9　“过滤”的参数设置

(5)在“过滤”节点处，双击，弹出编辑窗口，过滤的字段为 Na、K。如图 1-9 所示。

(6)在“类型”节点处，双击，弹出编辑窗口，设置字段 Drug 的角色为目标。如图 1-10 所示。

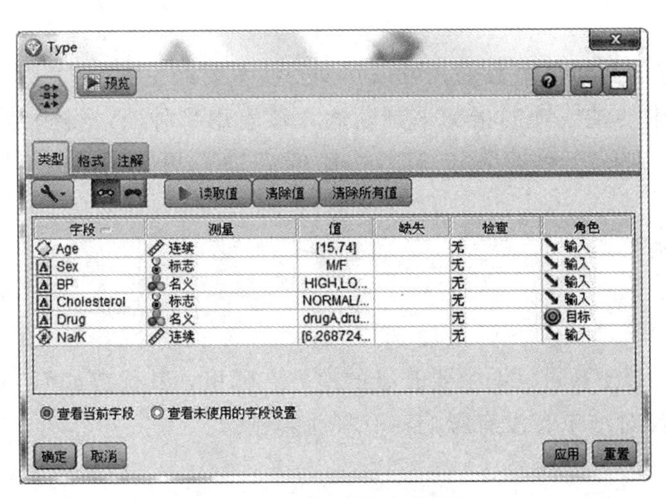

图 1-10　“类型”的参数设置

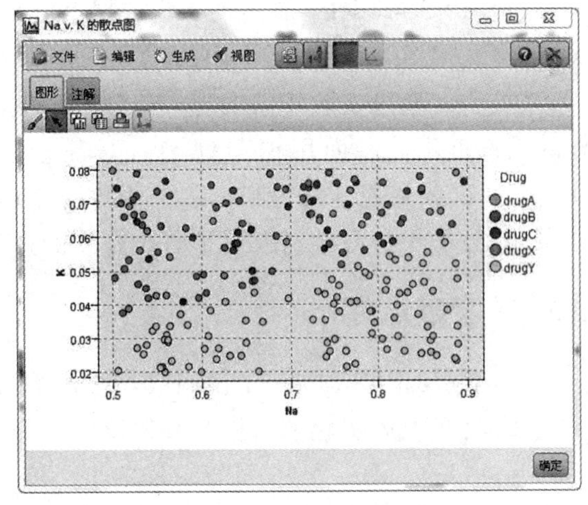

图 1-11　结果分析图(a)

步骤 3　数据流运行

单击“运行”按钮，得到相应的部分结果如图 1-11 所示。

在图 1-11(a)中可以看出，服用 DrugY 的病人，其唾液中钾的含量明显低于其他类病人，但钠的含量有的高有的低，单纯地看，钾含量低的人服用 DrugY 比较理想。

单纯从钠、钾的含量观察是不全面的，应观察钠和钾的浓度比值指标，它能更好地反映病人的肾上腺的功能情况。针对 Na/K 值处在高水平的病人服用 DrugY 应是理想的选择。如图 1-11(b)所示。

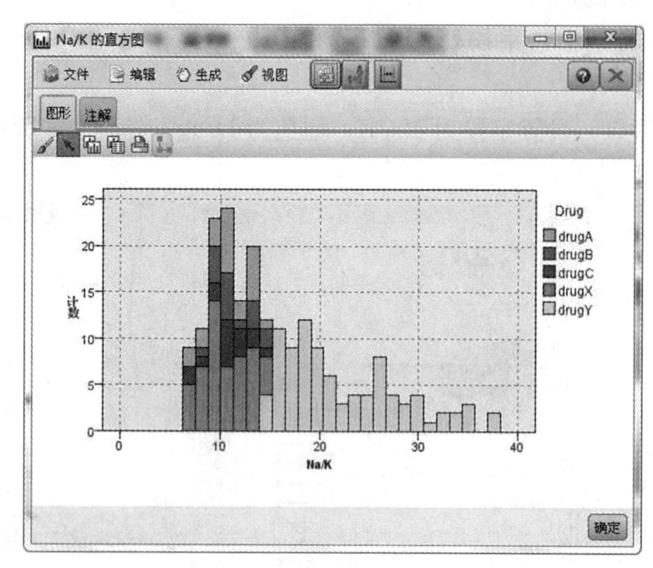

图 1-11 结果分析图(b)

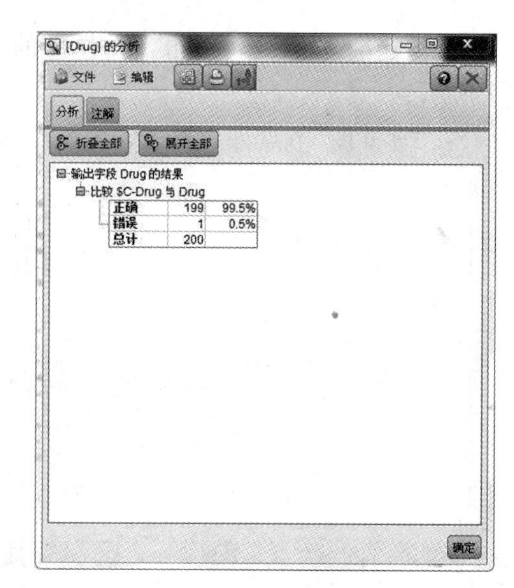

图 1-11 结果分析图(c)

整个模型的正确预测精度达到了 99.5%，模型比较理想。如图 1-11(c)所示。

1.5 实验分析与扩展练习

1.5.1 实验分析

本实验通过一份关于药物研究数据的分析，基本掌握 SPSS Modeler 的使用方法。请总结分析下面问题：

(1)SPSS Modeler 能实现哪些数据挖掘功能？

(2)利用 SPSS Modeler 中的工具来分析上述的药物研究数据，可以得到哪些重要结论？

(提示：通过实验我们发现，单独的以唾液中的钠或钾的指标来判断病人该服用哪种药，得到结果的精准度不高。而用钠与钾的含量比值，得到的正确率为 99.5%，比值高的人更加适合服用 DrugY。试着想想还能得到哪些重要的结论。)

(3)分析年龄或性别因素是否对药物的选择有影响。

1.5.2 扩展练习

(1)下载 SPSS Modeler 试用版，通过练习，比较不同版本主要升级的地方在哪里，其优势如何？

(2)改变上述实验中的相关参数设置，分析其对结果有没有影响，有哪些影响？

实验 2
数据挖掘套件 SQL Server Analysis Services 的使用

2.1 背景知识

自 Microsoft 推出 SQL Server 2000 以来，数据挖掘 SSAS(SQL Server Analysis Services)成为其中最有特点、最引人注目的功能之一。SQL Server 开发组将多种经典统计算法置于 SSAS 产品中，同时配以生动直观的 UI 工具和分析图表，扩展了数据挖掘的应用范围。在 SQL Server 2008 产品中，更是与 Office 产品紧密集成，再一次降低了数据挖掘的学习门槛，使这一工具继续为广大用户提供深层分析服务。

针对集成的数据挖掘解决方案，SQL 提供了以下的功能支持：

- 多个数据源：无需创建数据仓库或 OLAP 多维数据集就可以执行数据挖掘。可以使用来自外部提供程序、电子表格甚至文本文件的表格格式数据。此外，还可以轻松地挖掘在 Analysis Services 中创建的 OLAP 多维数据集。但是，不能使用在内存中存放的数据库中的数据。
- 集成的数据清理、数据管理和数据提取、转换和加载(ETL)：Data Quality Services 提供了用于探查和清理数据的高级工具。Integration Services 可用于生成 ETL 进程以用于清理数据，并且还用于生成、处理、定型和更新模型。
- 多个可自定义的算法：除了提供聚类分析、神经网络和决策树之类的算法之外，该平台还支持开发自定义插件算法。
- 模型测试基础结构：使用重要的统计工具(例如交叉验证、分类矩阵、提升图和散点图)测试模型和数据集。轻松创建和管理测试和定型集。
- 查询和钻取：创建预测查询、检索模型模式和统计信息以及钻取到事例数据。
- 客户端工具：除了 SQL Server 提供的开发和设计工具之外，还可以使用 Excel 数据挖掘外接程序来创建、查询和浏览模型。或者，创建自定义的客户端，包括 Web 服务。
- 脚本语言支持和托管 API：所有数据挖掘对象都是完全可编程的。可通过用于 Analysis Services 的 MDX、XMLA 或 Power Shell 扩展插件来撰写脚本。使用数据挖掘扩展插件(DMX)语言来进行快速查询和脚本撰写。
- 安全性和部署：通过 Analysis Services 提供基于角色的安全性，包括用于钻取到模型和结构数据的单独的权限，轻松地将模型部署到其他服务器，以便用户可以访问模式或执行预测。

SSAS 数据挖掘功能在算法模型构建方面，难度不是很大，真正具挑战性的一面是理解算法的真正功能，然后在创建的挖掘结构中包含最符合具体业务需求的算法。另一项重要考虑就是如何向最终用户呈现结果。

2.2 实验目的

(1)熟悉和了解 SQL Server 2008 BI 开发环境。

(2)在 SQL Server 2008 BI 开发环境中，创建数据源、创建数据源视图。

2.3 工具/准备工作

(1)Microsoft SQL Server 2008。

(2)Microsoft SQL Server Analysis Services。

(3)Adventure Works DW 示例数据库。

2.4 实验内容及步骤

步骤 1 创建分析服务项目

(1)在 Microsoft Windows 任务栏上，单击“开始”，指向“所有程序”，展开 Microsoft SQL Server 2008 文件夹，然后选择 Business Intelligence Development Studio。

(2)点击“文件”菜单栏，在“新建”列表中，选择“项目”。

(3)在弹出的新建项目窗口中，选择商业智能项目类型下的 Analysis Services 项目模板，项目名称改为 Analysis Services，解决方案名称也会随之改变。然后点击“确定”按钮，如图 2-1 所示。

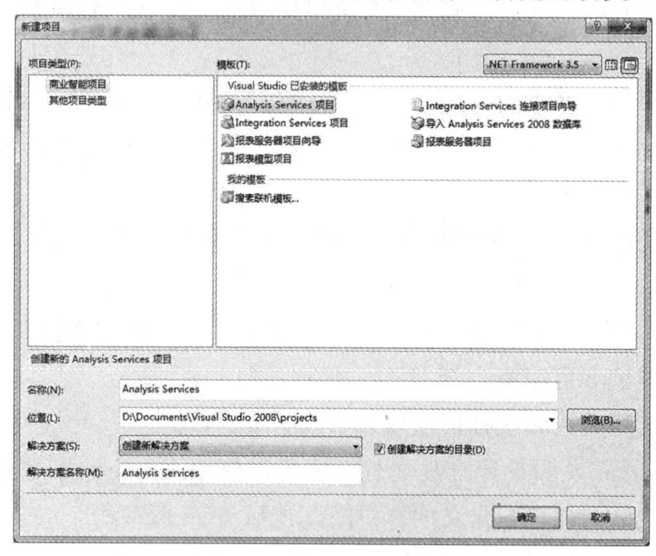

图 2-1 新建分析服务项目

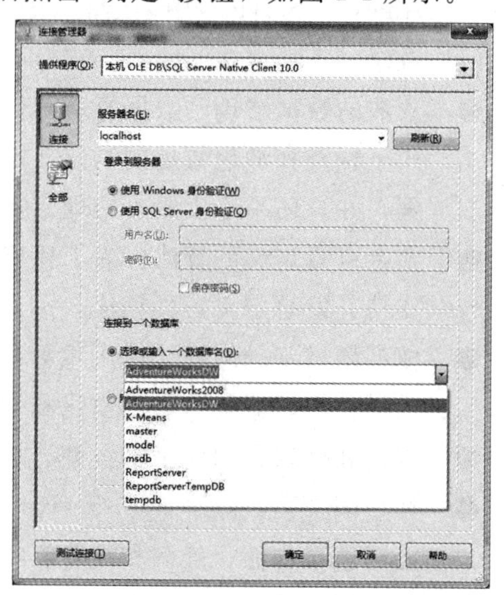

图 2-2 连接管理器

步骤 2 创建数据源

创建分析服务项目的第一项任务就是创建数据源。数据源包含分析服务与源数据库连接所需的信息，即数据提供程序、服务器名和数据库名以及分析服务所用的身份验证凭据。

(1)在解决方案资源管理器窗口中，右键点击“数据源”，新建数据源，出现欢迎使用数据源向导页面，点击“下一步”按钮。

(2)在“如何定义链接”页面，选择基于现有连接或新连接创建数据源，然后点击“新建”按钮。进入图 2-2 所示的页面，在“服务器名”中选择 Adventure Works DW 数据库所在的服务器名称，然后在

“选择或输入一个数据库名”中选择 Adventure Works DW 数据库。

(3)确定后点击“下一步”按钮，进入模拟信息的界面，点击“使用服务账户”。

(4)点击“下一步”按钮，在完成向导页面中输入数据源名称，点击“完成”按钮，就创建了一个新的数据源，如图 2-3 所示。

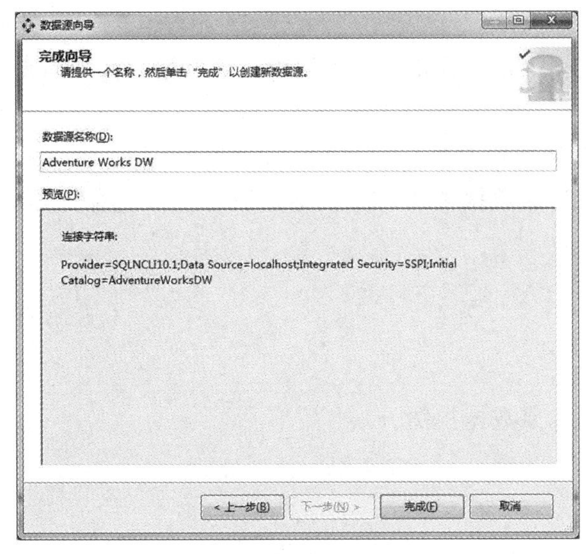

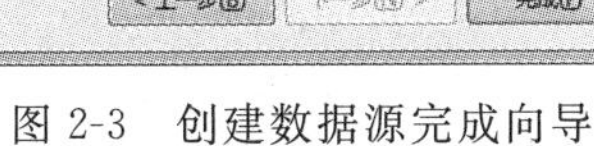

图 2-3　创建数据源完成向导

图 2-4　选择表和视图

步骤 3　创建数据源视图

数据源视图是物理源数据库和分析服务维度与多维数据集之间的逻辑数据模型。在创建数据源视图时，需要在源数据库中指定包含创建维度和多维数据集的数据的表格和视图。

(1)在解决方案资源管理器中，右键点击数据源视图，选择“新建数据源视图”，出现欢迎使用数据源视图向导页面，点击“下一步”按钮。

(2)在选择数据源视图中，已经出现数据源 Adventure Works DW，点击“下一步”按钮。

(3)在选择表和视图的窗口中，选择所有的表和视图，然后点击“下一步”按钮，如图 2-4 所示。

(4)在完成向导页面中输入名称，点击“完成”按钮，就创建了一个新的数据源视图，如图 2-5 所示。

图 2-5　创建数据源视图完成向导

2.5 实验分析与扩展练习

2.5.1 实验分析

本实验通过创建数据源和数据视图来熟悉 SQL Server 2008 BI 工具的使用。请总结分析下面几个问题：

(1)SQL Server 2008 BI 主要有哪些工具，具体功能如何？

(2)在 SQL Server 2008 BI 中通过 SQL Server 创建的数据视图与源数据在数据操作上有何异同？可否直接创建数据源或数据视图？

(3)选择表或视图进行创建有何异同？

2.5.2 扩展练习

请用其他形式在 SQL Server 2008 BI 中创建数据源或数据视图。

实验 3
开源数据挖掘软件 WEKA 的使用

3.1 背景知识

WEKA 的全名是怀卡托智能分析环境(Waikato Environment for Knowledge Analysis)，是一款免费的，非商业化的，基于 Java 环境下开源的机器学习以及数据挖掘软件。其软件和源代码可在其官方网站下载。该软件的缩写 WEKA 是新西兰独有的一种鸟名，而 WEKA 的主要开发者也同时来自新西兰的怀卡托大学(The University of Waikato)。

图 3-1 WEKA 图形界面

WEKA 作为一个公开的数据挖掘工作平台，集合了大量能承担数据挖掘任务的机器学习算法，包括对数据进行预处理、分类、回归、聚类、关联规则以及在新的交互式界面上的可视化。而开发者则可使用 Java 语言，利用 WEKA 的架构开发出更多的数据挖掘算法。WEKA 基本功能界面如图 3-1 所示。

界面 1 Explorer 窗口

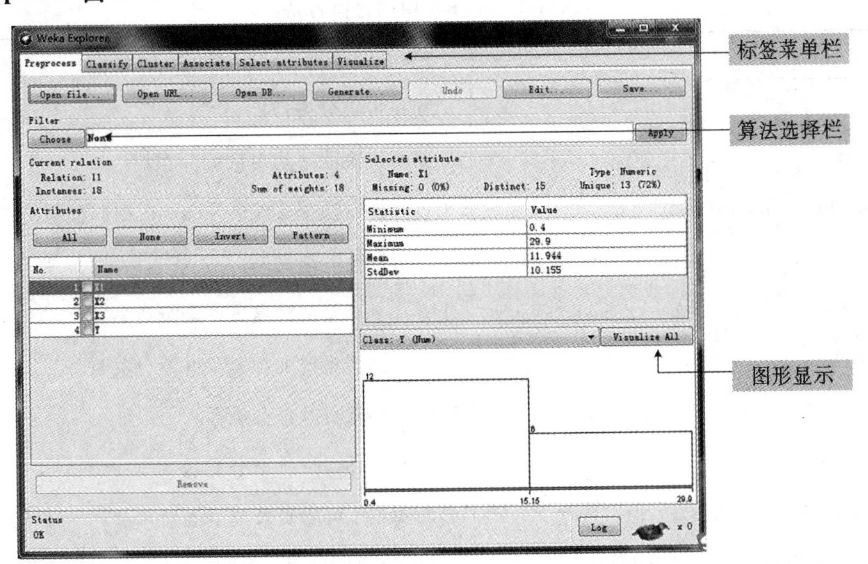

图 3-2 Explorer 窗口

Explorer 窗口顶部有 6 个标签(如图 3-2 所示)，它们分别是：

(1)Preprocess(预处理)：选择数据集，并以多种方式对其进行修改(如图 3-3 所示)。

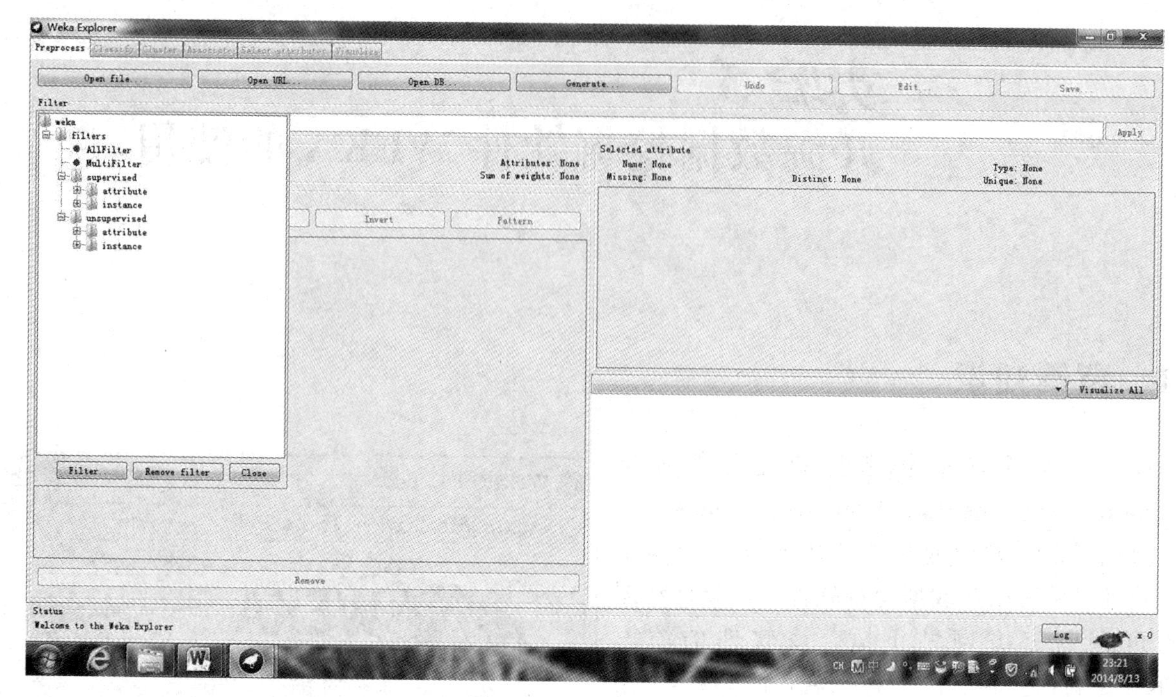

图 3-3　Preprocess 界面

单击“choose”将会看到预处理中的选项——filter(过滤器)，包括 AllFilter(全部过滤)，MultiFilter(多重过滤)，supervised(有监督的)和 unsupervised(无监督的)的过滤。读者可以使用过滤器对数据进行相关处理。

(2)Classify(分类)：训练用于分类或回归的学习方案，并对它们进行评估。

在 Classify 面板上，当用户通过“choose”按钮选择一个算法时，相关分类器的命令行版本会与减号标注的参数一起出现在按钮旁的横栏中。对这些参数进行修改，单击该横栏，弹出一个相应的对象编辑器。表 3-1 列出了 WEKA 中的分类器，这些分类器被分为贝叶斯分类器，树、规则、函数、懒惰分类器，多实例分类器，以及最终的杂项分类器。

表 3-1　WEKA 中的分类算法

名称		功能
贝叶斯	AODE	平均单依赖分类器
	AODEsr	带归类解决的平均单依赖分类器
	BayesianLogisticRegression	用贝叶斯方法学习线性 Logistic 回归模型
	BayesNet	学习得到贝叶斯网络
	ComplementNaiveBayes	建立一个补偿的朴素贝叶斯分类器
	DMNBText	有差别的多项式的朴素贝叶斯分类器
	HNB	隐匿的朴素贝叶斯分类器
	NaiveBayes	标准概率朴素贝叶斯分类器
	NaiveBayesMultinomial	多项式版本朴素贝叶斯分类器
	NaiveBayesMultinomial-Updateable	增量式朴素贝叶斯分类器，每次学习一个实例
	WAODE	加权的平均单一依赖分类器

续表

名称		功能
树	ADTree	创建交替式决策树
	BFTree	使用最优最先搜索一棵决策树
	DecisionStump	创建单层决策树
	FT	在叶子上使用斜分裂和线性函数来创建一棵决策树
	Id3	基本的分治决策树算法
	J48	C4.5 决策树学习法
	J48graft	带移植的 C4.5 算法
	LADTree	使用 LogitBoost 来创建多类标交替决策树
	LMT	创建 Logistic 回归树
	M5P	M5'学习模型
	NBTree	使用朴素贝叶斯分类器在叶子出处创建一棵决策树
	RandomForest	创建随机森林
	RandomTree	在每个节点处考虑随机特征的给定数目，来创建一棵树
	REPTree	使用减少误差剪枝法的快速树学习器
	SimpleCart	使用 CART 的最低成本复杂度剪枝法的决策树学习器
	UserClassifier	允许用户创建自己的决策树
规则	ConunctiveRule	简单连接规则学习器
	DecisionTable	创建一个简单的决策表多数分类器
	DTNB	决策表和朴素贝叶斯混合分类器
	JRip	用于快速、有效的规则归纳的 RIPPER 算法
	M5Rules	从利用 M5'建立的模型树获取规则
	Nnge	使用非嵌套泛化的样本集来产生规则的最邻近方法
	OneR	1R 分类器
	PART	利用 J4.8 建立的部分决策树获取规则
	Prism	应用于规则的简单算法
	Ridor	链波下降规则学习器
	ZeroR	预测多数类或平均值
函数	GaussianProcesses	用于回归的高斯处理
	IsotonicRegression	创建一个保序回归模型
	LibLINEAR	包装分类器，以便使用用于回归的第三方 LIBLINEAR 库
	LibSVM	包装分类器，以便使用用于支持向量机的第三方 LIBSVM 库
	LinearRegression	标准多线性回归
	Logistic	建立线性 Logistic 回归模型
	MultilayerPerceptron	反向传播的神经网络
	PaceRegression	用 Pace 回归建立线性回归模型

续表

名称		功能
	PLSClassifier	创建部分最小二乘法方向，并以此进行测试
	RBFNetwork	实现一个径向基函数网络
	SimpleLinearRegression	学习一个基于单个属性的线性回归模型
	SimpleLogistic	使用已有的属性选择，建立线性 Logistic 回归模型
	SMO	用于支持向量分类的序列最小优化算法
	SMOreg	用于支持向量回归的序列最小优化算法
	VotedPerceptron	投票感知机算法
	Winnow	成倍更新
懒惰	IB1	基本的基于实例的最邻近学习器
	IBk	K 最邻近分类器
	KStar	使用泛化距离函数的最邻近分类器
	LBR	懒惰贝叶斯规则分类器
	LWL	用于局部加权学习的一般算法
MI	CitationKNN	引用基于距离的 KNN 方法
	MDD	使用集合假设的多密度算法
	MIBoost	使用集合对多实例数据进行加强
	MIDD	标准多密度算法
	MIEMDD	基于 EM 多密度算法
	MILR	多实例 Logistic 回归
	MINND	使用 KL 距离的最近邻法
	MIOptimalBall	根据到参照点的距离对多实例数据进行分类
	MISMO	使用多实例核函数的 SMO
	MISVM	迭代地将一个单一实例支持向量机学习器应用到多实例数据
	MIWrapper	使用整合输出方法来应用单实例学习器
	SimpleMI	使用整合输入方法来应用单实例学习器
杂项	HyperPipes	基于实例空间中超大量的学习器，极其简单快速
	VFI	投票特征区间方法，简单而快速

(3)Cluster(聚类)：学习数据集的聚类。

表 3-2 列出了 WEKA 的聚类算法。

表 3-2　聚类算法

名称	功能
CLOP	事务数据上的快速聚类
Cobweb	Cobweb 和 Classit 聚类算法的实现
DBScan	基于最邻近的聚类，自动选择聚类个数
EM	使用期望最大化进行聚类

续表

名称	功能
FarthestFirst	使用由远端优先遍历算法进行聚类
FilteredClusterer	在过滤后的数据上进行聚类
HierarchicalClusterer	合成聚类
MakeDenesityBasedCluster	将一个聚类器包装，使其返回分布和密度
OPTICS	将 Dbscan 扩展到分层聚类
Sib	使用序列信息瓶颈算法进行聚类
SimpleKMeans	使用 K 均值聚类
Xmeans	K 均值的拓展

(4)Association(关联)：学习数据集的关联规则并对它们进行评估。

WEKA 有 6 种关联规则学习器，如表 3-3 所示：

表 3-3　关联规则学习器

名称	功能
Apriori	用 Apriori 算法寻找关联规则
FilteredAssociator	在过滤数据上运行关联器
FPGrowth	使用频繁模式树挖掘关联规则
GeneralizedSequentialPatterns	在序列数据中寻找最大项集
predictiveApriori	找出经过预测精度排序的关联规则
Terius	确认指引下的关联或分类规则的发现

(5)Select attributes(选择属性)：在数据集中选择相关的部分。

图 3-4 展示了 WEKA 的属性面板的一部分，用户可在上面设定属性评估器和搜索方法。

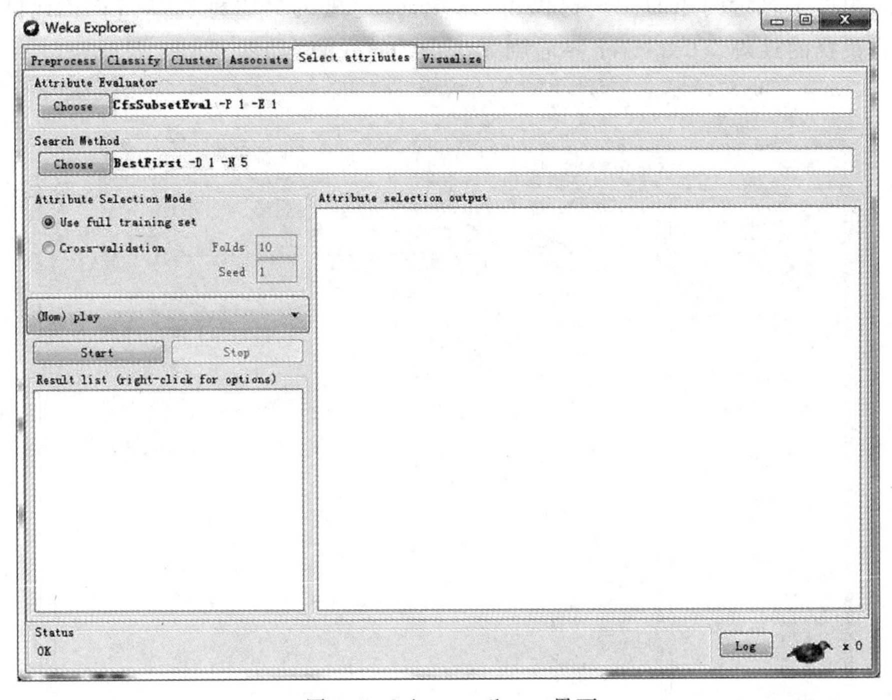

图 3-4　Select attributes 界面

属性评估器：属性子集评估器和单一属性评估器。

属性选择的搜索方法：搜索方法和排序方法。

(6)Visualize(可视化)：查看不同的二维数据点图并与之互动。

WEKA 中 Visualize(可视化)器中可以观测到样本数据的基本分布情况(如图 3-5 所示)。

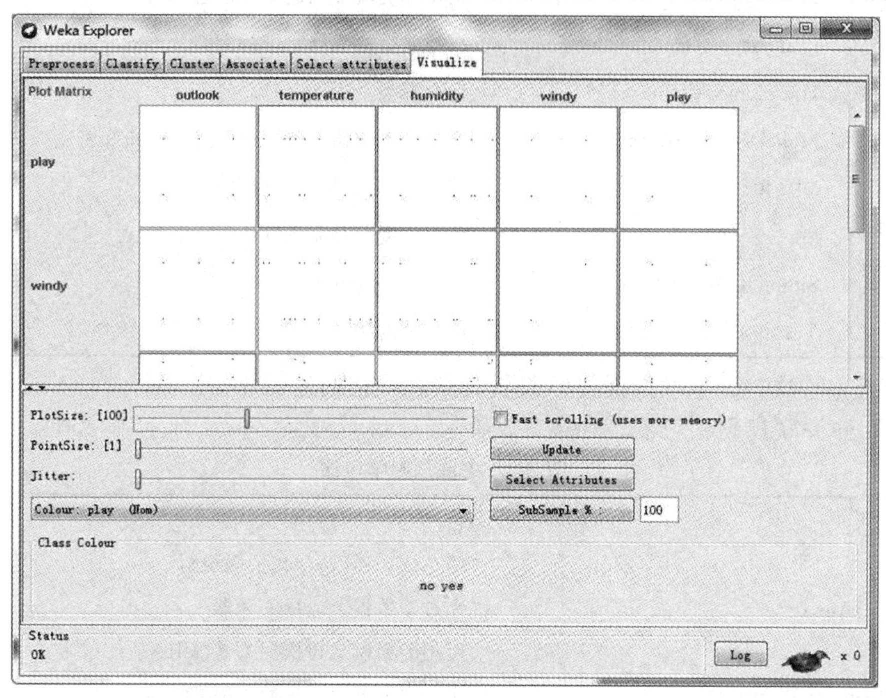

图 3-5　Visualize(可视化)界面

界面 2　Knowledge Flow 界面

通过 Knowledge Flow 界面，用户可以从工具条中选择 WEKA 组件，这些组件被置于设计画布上，连接成一个处理和分析数据的有向流程图。Knowledge Flow 界面为那些喜欢从数据是如何在系统中流动这样的角度来思考问题的用户提供了 Explorer 之外的另一种选择。它还允许将配置的设计与执行应用于流数据的处理。Explorer 界面则无法做到这一点(如图 3-6 所示)。

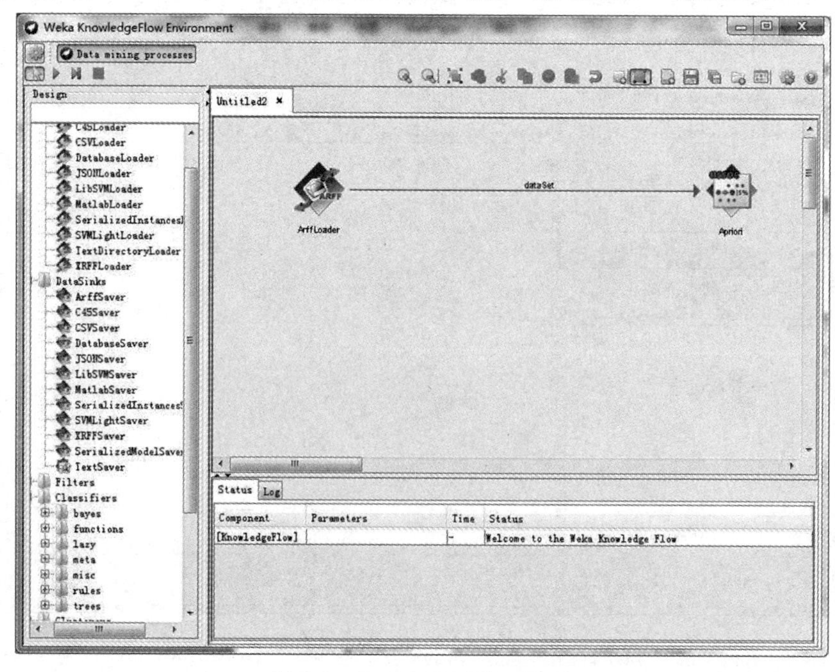

图 3-6　Knowledge Flow 界面

界面 3　SimpleCLI 界面

从图 3-7 底部得到简单的纯文本面板，用户可以在面板底部的栏中键入指令，另外用户还可以在操作系统的命令行界面上直接运行 weka.jar 文件中的类，要想以这种方式运行，用户还可以按照 WEKA 的 README 文件中说的那样，首先设定 CLASSPATH 环境变量。

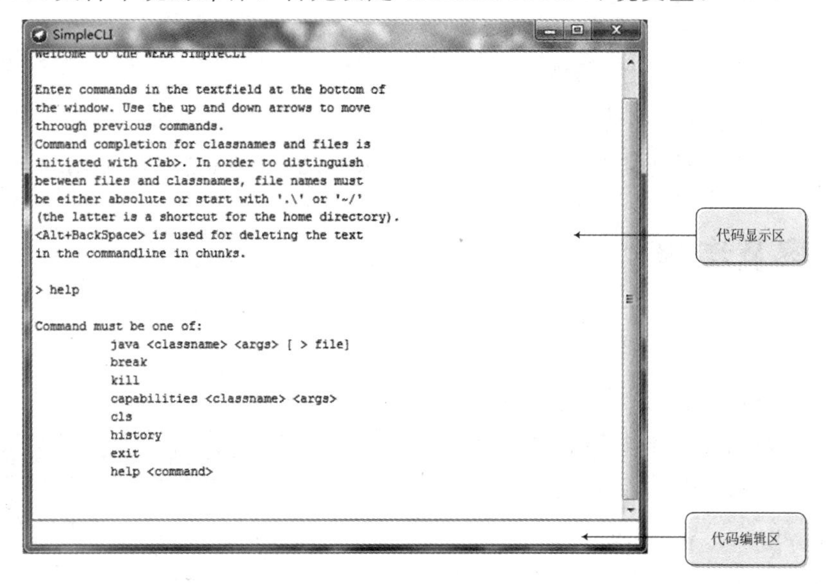

图 3-7　SimpleCLI 界面

界面 4　Experimenter 界面

Explorer 和 Knowledge Flow 环境可帮助用户确定机器学习方案在给定数据集上的性能和涉及的实验，通常需要在不同的数据集上用不同的参数设置运行方案，而这两种界面实在是不适合这项工作。Experimenter界面使用户可设定较大型的实验，使其运行，然后即可离开，当实验完成时，再回来分析收集到的性能统计数据，这使得实验过程自动化(如图 3-8 所示)。

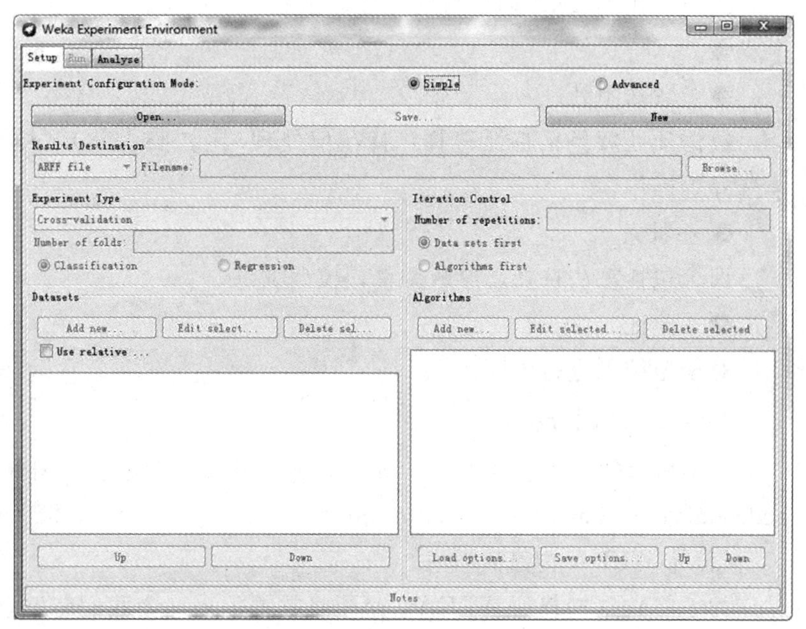

图 3-8　Experimenter 界面

Knowledge Flow 界面通过允许不将整个数据集一次完全载入，而进行机器学习运行的办法来解决有限空间的问题，而 Experimenter 所超越的则是时间上的限制。它含有可供 WEKA 高级用户将运算负荷通过 Java 远程调用方式分布到多个机器上运行的机制。用户可设定大型试验，然后让它自行运行。

3.2　实验目的

(1)熟悉和了解 WEKA 开发应用环境。

(2)掌握 WEKA 软件简单的数据处理。

(3)利用 WEKA 进行基本的数据挖掘。

3.3 工具/准备工作

(1)回顾相关数据挖掘算法使用条件。

(2)安装 JDK，并配置以下环境变量。

(3)下载 WEKA 软件，地址：http://www.cs.waikato.ac.nz/ml/weka/downloading.html。

3.4 实验内容及步骤

步骤 1 软件安装

(1)先安装 JDK，然后设置系统环境变量。

(2)下载合适的 WEKA 版本文件。

—32 位 Windows：Windows X86。

—64 位 Windows：Windows X64。

(3)添加 WEKA 环境变量 WEKA _ HOME。

(4)使用 WEKA 进行数据挖掘的流程如图 3-9 所示。

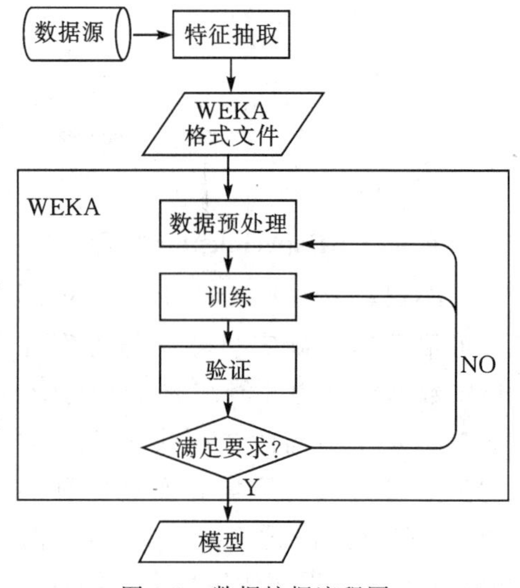

图 3-9 数据挖掘流程图

其中，在 WEKA 内进行的是数据预处理、训练、验证这三个步骤。

● 数据预处理

数据预处理包括特征选择，特征值处理(比如归一化)，样本选择等操作。

● 训练

训练包括算法选择，参数调整，模型训练。

● 验证

对模型结果进行验证。

步骤 2 回归分析

给出房屋的一些数据(houses.arff)，利用 WEKA 来进行数据分析。求 houseSize=3198，lotSize=9669，bedrooms=5，granite=1，bathroom=1，sellingPrice=1，sellingPrice=?

(1)为 WEKA 构建数据集。

为了将数据加载到 WEKA，必须将数据放入一个我们能够理解的格式。WEKA 建议的加载数据的格式是 Attribute-Relation File Format(ARFF)，可以在其中定义所加载数据的类型，然后再提供数据本身。在这个文件内，定义了每列以及每列所含内容。对于回归模型，只能有 NUMERIC 或 DATE 列。最后，以逗号分割的格式提供每行数据。

为 WEKA 使用的 ARFF 文件如下所示。

清单 1. WEKA 文件格式(houses.arff)：

```
@RELATION house
@ATTRIBUTE houseSize NUMERIC
```

```
@ATTRIBUTE lotSize NUMERIC
@ATTRIBUTE bedrooms NUMERIC
@ATTRIBUTE granite NUMERIC
@ATTRIBUTE bathroom NUMERIC
@ATTRIBUTE sellingPrice NUMERIC
@DATA
3529, 9191, 6, 0, 0, 205000
3247, 10061, 5, 1, 1, 224900
4032, 10150, 5, 0, 1, 197900
2397, 14156, 4, 1, 0, 189900
2200, 9600, 4, 0, 1, 195000
3536, 19994, 6, 1, 1, 325000
2983, 9365, 5, 0, 1, 230000
```

(2)将数据载入 WEKA。

数据创建完成后，开始创建回归模型。启动 WEKA，然后选择 Explorer。将会出现 Explorer 屏幕，其中“Preprocess”选项卡被选中。选择“Open File”按钮并选择在上一节中创建的 ARFF 文件。在选择了文件后，WEKA Explorer 的显示如图 3-10 所示。

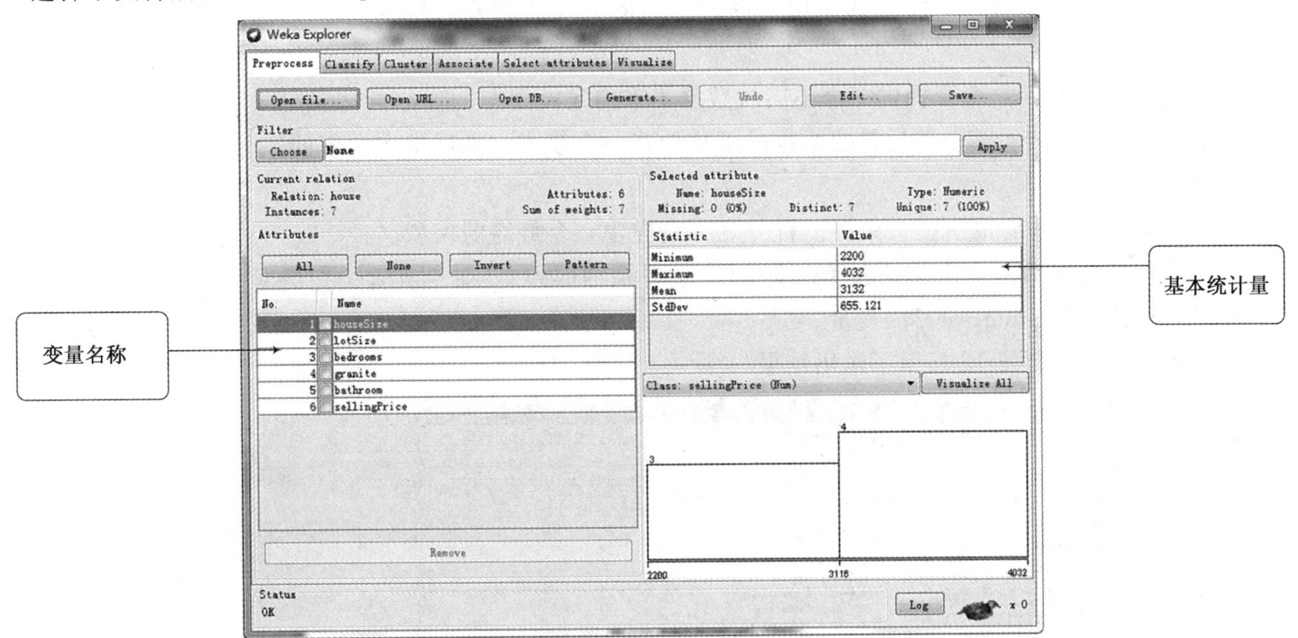

图 3-10　房屋数据加载后的 WEKA

在这个视图中，WEKA 允许查阅正在处理的数据。在 Explorer 窗口的左边，给出了数据的所有列(Attributes)以及所提供的数据行的数量(Instances)。若选择一列，Explorer 窗口的右侧就会显示数据集内该列数据的信息。比如，通过选择左侧的 houseSize 列(它应该默认选中)，屏幕右侧就会变成显示有关该列的统计信息。它显示了数据集内此列的最大值为 4032 平方英尺，最小值为 2200 平方英尺。平均大小为 3131 平方英尺，标准偏差为 655 平方英尺(标准偏差是一个描述差异的统计量度)。此外，还有一种可视的手段来查看数据，单击“Visualize All”按钮即可。

(3)用 WEKA 创建一个回归模型。

单击“Classify”选项卡。单击“Choose”按钮，然后扩展 functions 分支。选择 LinearRegression

页。WEKA Explorer 显示如图 3-11 所示。

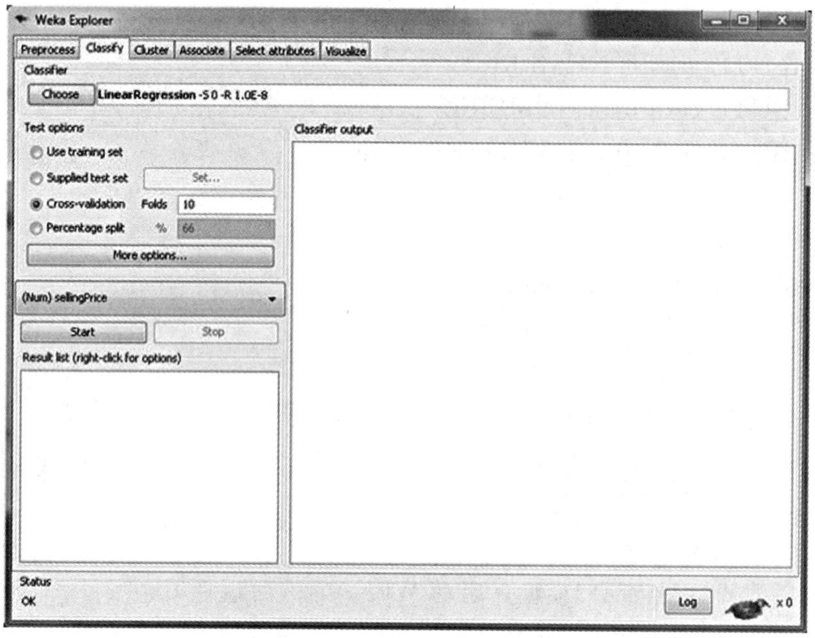

图 3-11　WEKA 内的线性回归模型

接下来选择数据源，本实验选择用户创建的 ARFF 文件数据，选择“Use training set”。WEKA 还可以有下面三个选项：

Supplied test set：允许提供一个不同的数据集来构建模型；

Cross-validation：基于所提供的数据的子集构建一个模型，然后求出它们的平均值来创建最终的模型；

Percentage split：取所提供数据的百分之一来构建一个最终的模型。

创建模型的最后一个步骤是选择因变量(即想要预测的列)。在本实验中指的是房屋的销售价格。选择组合框中列“sellingPrice”因变量。

单击“Start”。图 3-12 显示了输出结果。

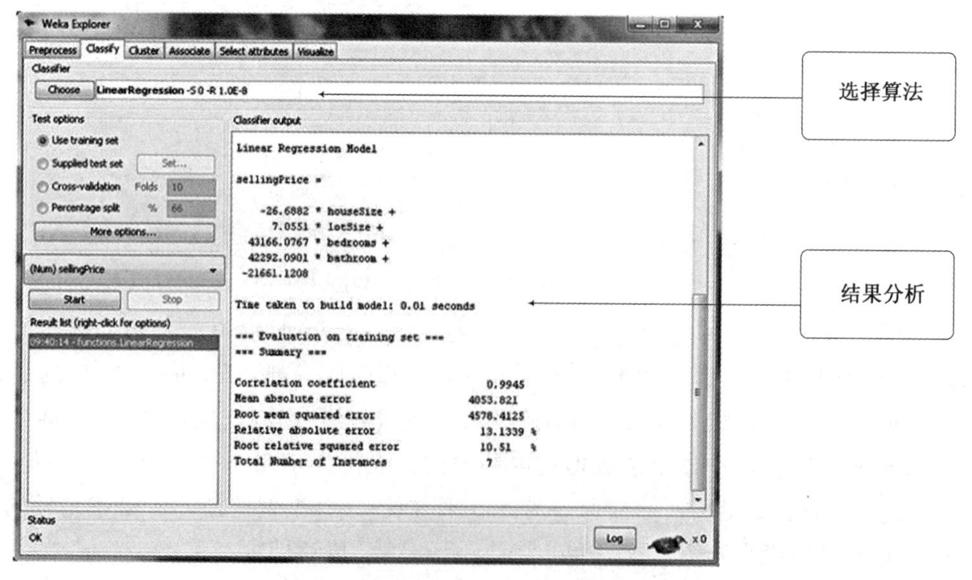

图 3-12　WEKA 内的房屋价格回归模型

(4)解析回归模型。

回归模型的输出结果如清单 2 所示。

清单 2. 回归输出

```
sellingPrice=(-26.6882 * houseSize)+
             (7.0551 * lotSize)+
             (43166.0767 * bedrooms)+
             (42292.0901 * bathroom)
             -21661.1208
```

清单 3 显示了结果，其中已经插入了房子的价格。

清单 3. 使用回归模型的房屋价格

```
sellingPrice=(-26.6882 * 3198)+
             (7.0551 * 9669)+
             (43166.0767 * 5)+
             (42292.0901 * 1)
             -21661.1208

sellingPrice=219，328
```

3.5　实验分析与扩展练习

3.5.1　实验分析

本实验通过构建数据挖掘模型—线性回归多变量模型，掌握开源数据挖掘软件 WEKA。利用 WEKA 可以很方便地初步了解数据挖掘，同时也能为初级问题提供完美的解决方案。请总结和分析下面问题：

(1)WEKA 能支持哪几种数据文件形式？执行效率有何不同？

(2)如何在 WEKA 中编写自己的算法进行集成？

(3)分析结果的可视化方式有哪些？如何导出？

3.5.2　扩展练习

研究同一地区土壤所含可给态磷(y)的情况，得到 18 组数据如表 3-4 所示，表中 x_1 为土壤内所含的无机磷浓度，x_2 为土壤内溶于 K_2CO_3 溶液并受溴化物水解的有机磷，x_3 为土壤内溶于 K_2CO_3 溶液但不溶于溴化物水解的有机磷。

表 3-4　某地区土壤所含可给态磷的情况

序号	x_1	x_2	x_3	y	序号	x_1	x_2	x_3	y
1	0.4	52	158	64	10	12.6	58	112	51
2	0.4	34	163	60	11	10.9	37	111	76
3	3.1	19	37	71	12	23.1	46	114	96
4	0.6	34	157	61	13	23.1	50	134	77
5	4.7	24	59	54	14	21.6	44	73	93
6	1.7	65	123	77	15	23.1	56	168	95
7	9.4	44	46	81	16	1.9	36	143	54
8	10.1	31	117	93	17	26.8	58	202	168
9	11.6	29	173	93	18	29.9	51	124	99

请利用 WEKA 软件解决以下问题：

(1)求 y 关于 x 的多元线性回归方程。

(2)若有一组数据为 $x=(12，21，188)$，求 y。

实验 4 商务智能软件 SAP Business Object 的使用

4.1 背景知识

4.1.1 商务智能产生背景

商务智能(Business Intelligence，BI)通常被理解为是将企业中现有的数据转化为知识，帮助企业做出正确的业务经营决策的工具。这里所谈的数据包括来自企业业务系统的订单、库存、交易账目、客户和供应商等来自企业所处行业和竞争对手的数据以及来自企业所处的其他外部环境中的各种数据。而商务智能能够辅助业务经营决策，既可以是操作层的，也可以是战术层和战略层的决策。为了将数据转化为知识，需要利用数据仓库、联机分析处理(OLAP)工具和数据挖掘等技术。因此，从技术层面上讲，商务智能不是什么新技术，它只是数据仓库、OLAP和数据挖掘等技术的综合运用。

可以认为，商务智能是对商业信息的搜集、管理和分析过程，目的是使企业的各级决策者获得知识或洞察力，促使他们做出对企业更有利的决策。商务智能一般由数据仓库、联机分析处理、数据挖掘、数据备份和恢复等部分组成。商务智能的实现涉及软件、硬件、咨询服务及应用，其基本体系结构包括数据仓库、联机分析处理和数据挖掘三个部分。

因此，把商务智能看成是一种解决方案应该比较恰当。商务智能的关键是从许多来自不同的企业运作系统的数据中提取出有用的数据并进行清理，以保证数据的正确性，然后经过抽取(Extraction)、转换(Transformation)和装载(Load)，即ETL过程，合并到一个企业级的数据仓库里，从而得到企业数据的一个全局视图，在此基础上利用合适的查询和分析工具、数据挖掘工具、OLAP工具等对其进行分析和处理(这时信息变为辅助决策的知识)，最后将知识呈现给管理者，为管理者的决策过程提供支持。

4.1.2 架构

企业要实现业务信息智慧洞察的目标，必须使用适当的技术架构平台来支持业务数据分析系统。该平台不仅要为各种用户(无论其身处何处)提供分析和协作功能，还要充分利用现有基础结构，并维持低成本。它必须是可扩展的并具有高性能，以满足任意组织的发展需求。

对IT用户而言，商务智能软件需要满足如下条件才能向用户交付更高价值，具体包括：能轻松地与组织的基础架构集成；支持当前的技术和标准；能根据不断发展的需求方便地进行调整；整合组织中的所有数据；能随着用户需求的发展不断进行扩展；可靠地执行；能在不增加预算和人力资源的情况下加以管理。

对于业务用户，商务智能软件必须与用户的众多角色、技能集和需求相匹配；为用户提供多种不同格式的信息，包括常规报表、特别查询、记分卡、仪表板等；易于使用，以使业务用户愿意采用并信任其提供的信息。

企业级商务智能架构具有几项共同特征和价值。这些需求是在组织内部广泛部署的商务智能系统的基础。所有这些特质都将通过底层架构来体现。以 IBM Cognos 商务智能平台为例，以面向服务的开放式架构为基础设计和构建，与那些只会把来自 Web 服务的多个架构中的旧式“客户机—服务器”组件简单打包的商务智能解决方案不同，它能够在三个不同的层面上交付所有的商务智能功能：即演示层，可处理 Web 环境中的所有用户交互；应用层，包含用于执行所有 BI 处理的专用服务；数据层，可用于访问各种数据源。

4.1.3 实施步骤

实施商务智能系统是一项复杂的系统工程，整个项目涉及企业管理、运作管理、信息系统、数据仓库、数据挖掘、统计分析等众多门类的知识。因此用户除了要选择合适的商务智能软件工具外还必须按照正确的实施方法才能保证项目得以成功。商务智能项目的实施步骤可分为：

(1)需求分析：需求分析是商务智能实施的第一步，在其他活动开展之前必须明确地定义企业对商务智能的期望和需求，包括需要分析的主题，各主题可能查看的角度(维度)，需要发现企业哪些方面的规律。用户的需求必须明确。

(2)数据仓库建模：通过对企业需求的分析，建立企业数据仓库的逻辑模型和物理模型，并规划好系统的应用架构，将企业各类数据按照分析主题进行组织和归类。

(3)数据抽取：数据仓库建立后必须将数据从业务系统中抽取到数据仓库中，在抽取的过程中还必须将数据进行转换、清洗，以适应分析的需要。

(4)建立商务智能分析报表：商务智能分析报表需要专业人员按照用户制订的格式进行开发，用户也可自行开发(开发方式简单、快捷)。

(5)用户培训和数据模拟测试：对于开发—使用分离型的商务智能系统，最终用户的使用是相当简单的，只需要点击操作就可针对特定的商业问题进行分析。

(6)系统改进和完善：任何系统的实施都必须是不断完善的，商务智能系统更是如此，用户使用一段时间后可能会提出更多的、更具体的要求，这时需要再按照上述步骤对系统进行重构或完善。

4.1.4 软件厂商

目前国内市场主要商务智能软件厂商有：IBM Cognos、Informatica、Power-BI、Oracle(甲骨文)、SAP Business Objects、Arcplan(阿普兰)、Microstrategy(微策略)、SAS、Sybase、Analyzer、思迈特 Smartbi、金蝶、用友华表、久其、帆软 FineBI、思达商务智能平台 Style Intelligence、微软、和勤、上海泽信(医院 BI)、毕盛商务智能(BizSmart BI)、QlikView、润乾、GrapeCity、永洪科技等。

4.1.5 SAP BO 概述

Business Objects(BO)是世界著名的电子智能商业解决方案供应商之一。Business Objects 具有十分优秀的技术和创新精神，在 1990 年率先提出“语义层”概念，将最终用户从复杂的数据库系统中解放出来。在 1991 年提出中央资料库概念，对企业信息进行集中控制管理。在 1992 年提出集成的旋转和切片便于用户进行数据的分析和钻取，挖掘数据中隐藏的信息。此后，Business Objects 又相继提出了元数据桥、应用模版、与 Excel 无缝集成的 Business Query、集成的钻取、基于 Web 的发布、外部网 BI、基于集(Set-based)的分析应用、集成的移动 BI、企业分析应用等崭新的理念，自始至终引领着商务智能的潮流。Business Objects 在大型企业级电子商务智能配置方案市场处于领先地位。

Business Objects 被 SAP 公司收购前是一整套独立的完整的商务智能产品。如图 4-1 所示，能提供从数据抽取到前段展示的端到端的商务智能整体解决方案。其产品线完整而庞大，而且每一个产品都是业界翘楚。

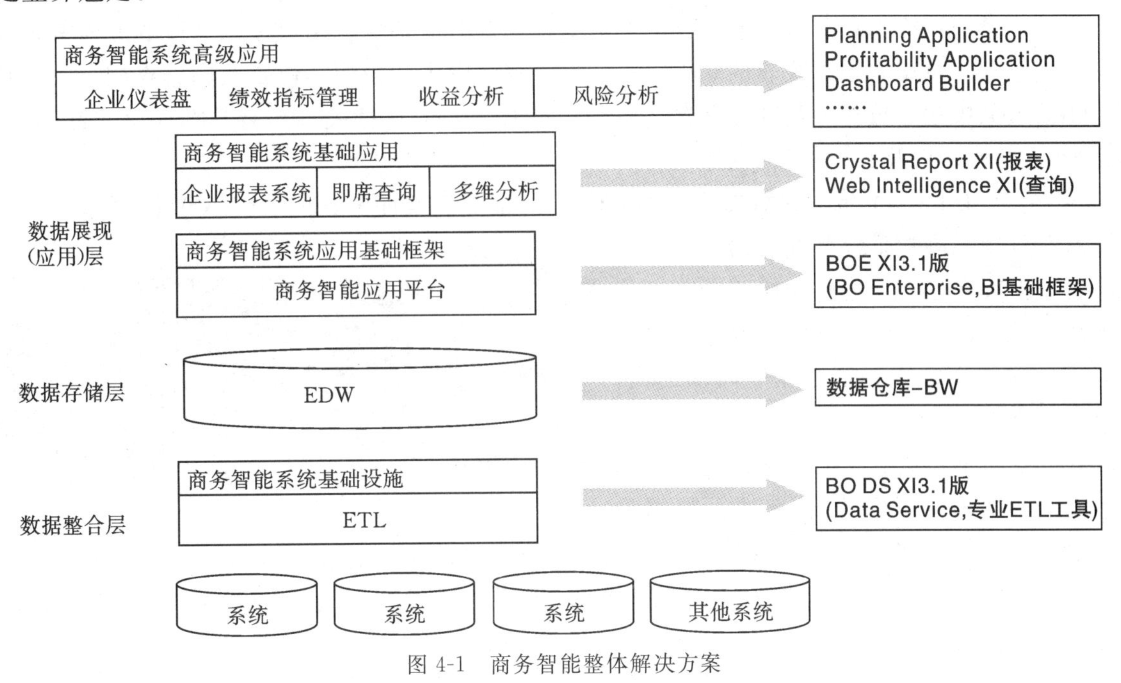

图 4-1　商务智能整体解决方案

4.1.6　Business Objects 主要产品

(1)核心专利 Universe 和即席查询 Web Intelligence。

在我们日常的报表分析中，存在着大量的未知问题，用户需要基于固定格式报表中的结果或者需要自己根据问题完成分析和报告，即 Ad-hoc。

在介绍 BO 在解决未知问题报表的方案和产品之前，我们来看一下传统的两种方法，如图 4-2 所示。

专业机构的方式：业务人员提出需求给技术人员，技术人员通过 SQL 语句查询服务器，然后返回查询结果给业务人员。

培训业务人员 SQL 的方式：技术人员培训业务人员，使业务人员掌握 SQL 技能，直接查询服务器并返回查询结果。

很明显，第一种方式沟通的层级多，不仅费时，而且信息传导容易出错；第二种方式对业务人员的要求太高，很难实现。

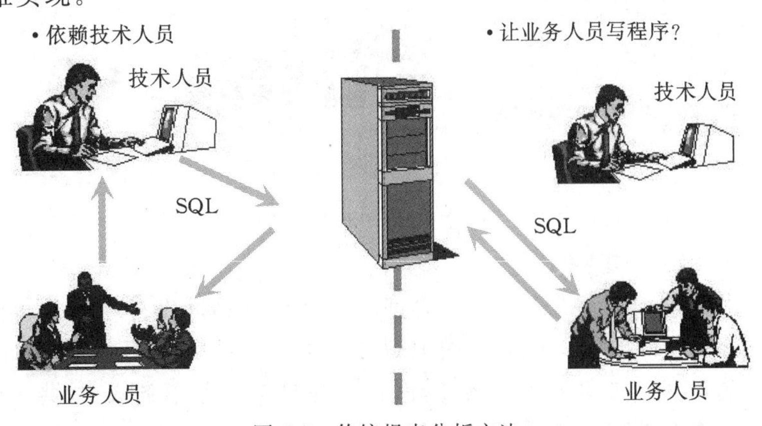

图 4-2　传统报表分析方法

BO 提出了基于 Universe(语义层)的 Web Intelligence(即席查询报表)的解决方案，消除了前两种方法的缺陷，完美地满足了报表中回答未知问题的需求，解决了业务人员自助式访问数据的问题。

Universe 是 BO 的核心专利技术，隐藏了基本数据源的复杂性，用户可以通过业务语言来实现信息的表达是业务人员用来创建报表的基础。Universe 是 BO 中的模型，位置在即席查询报表和数据库之间。Universe 中包含数据库的连接参数，各种表及其之间的连接关系，与数据库中实际 SQL 结构对应的 SQL 对象，以及类、对象、层级等。

WebI 是 Web Intelligence 的简称，基于 Universe 能够实现即席查询生成 Ad-hoc 报表。

技术人员专心维护系统和开发语义层，通过对数据库中表和语义层进行相应的映射，将数据迷宫转换成信息地图。从而使业务人员不需要学习 SQL，不需要了解数据库内部结构，而是直接透过语义层访问数据库，面对的是熟悉的业务对象而不是数据库的复杂结构，从而直接生成千变万化的查询报表来进行数据分析，如图 4-3 所示。

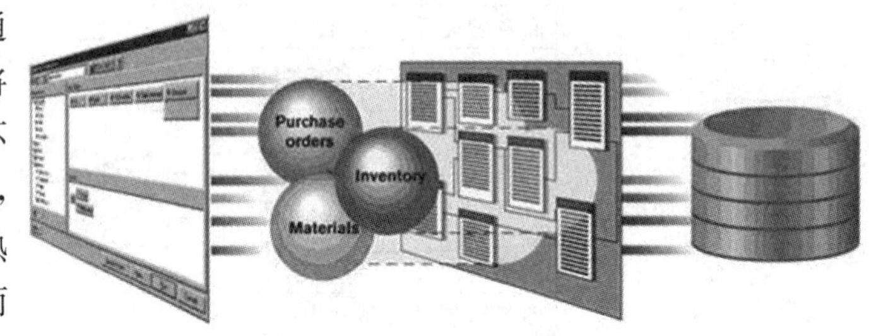

图 4-3　语义层映射

BO 中的 Web Intelligence 可以方便地建立即席查询，生成 Ad-hoc 报表-Web 报表。Web Intelligence 的主要优势是：

- 强大的即席查询和分析。
- 对于非技术性用户来说，更加简便易用和具有直观性。
- 从查询到分析的无缝过渡。
- 灵活的集成分析能力，在 Web 下钻取、切片，可以对业务问题多角度分析。
- 方便的个性化分析，支持离线客户端、本地数据源、多语种 Universe 等。
- 报表上的强大分析功能包括排列、分类、过滤和灵活的计算等。

Web Intelligence 的样例如图 4-4 所示。

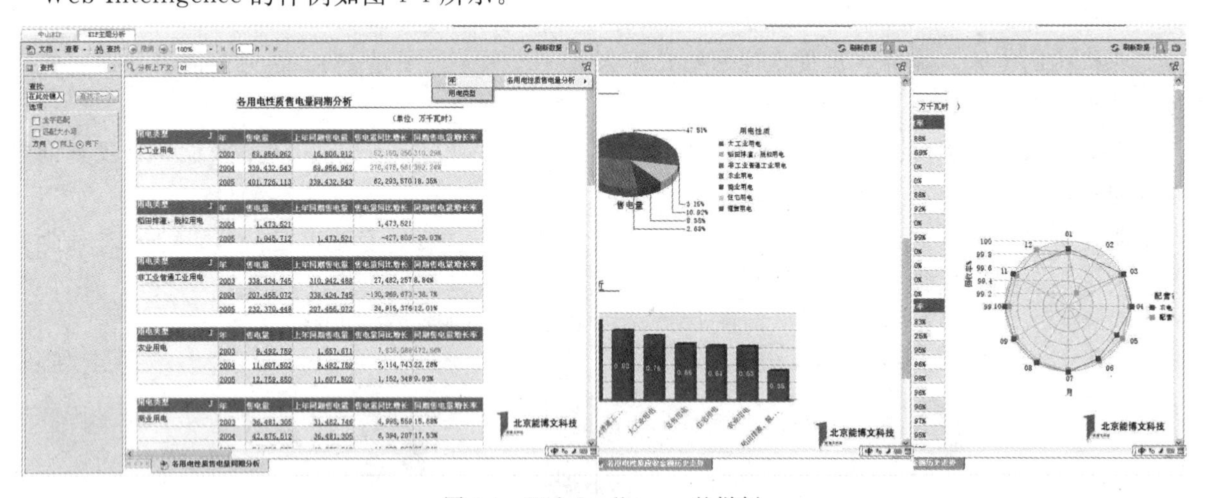

图 4-4　Web Intelligence 的样例

(2)Business Objects Enterprise 平台。

在 Business Objects 的 BI 解决方案中，一方面提供专业的软件工具实现企业报表、查询、分析和企业绩效管理。另一方面，同时提供统一的商务智能平台(Business Objects Enterprise，BOE)，给最终用户提供一个统一的信息门户访问各种数据信息，并且为系统管理员提供一个统一的管理平台，实现集中的用户管理、安全管理等系统管理任务。

Business Objects Enterprise(BOE)为建立和集成内部网应用、外部网应用和企业门户应用提供了一个解决方案平台，用来满足不同安全级别用户对于信息传输的需求。BOE 是一个完整的 BI 平台，用来发布和管理各种文档，如报表、查询分析结果、各种 Office 文档等。BOE 包含了许多方便最终用户的功能，如“百科全书”、“集成 Office”、“报表讨论版”等。标准化的商务智能平台是保持系统可扩展的重要基础，根据项目的发展需要，BOE 平台可以进行平滑的升级、扩展，并且可以跨硬件平台、操作系统进行分布部署，同时实现负载均衡和失效保护等功能。

BOE 支持主流 UNIX 操作系统和 Windows 操作系统，可以跨系统部署，支持集成环境，实现负载均衡和失效恢复。对于日常的 BI 应用，BOE 还可以保留用户的操作记录，让系统管理员审核、分析用户对 BI 应用的使用情况。

BOE 支持多种权限安全认证，包括 BOE 认证、Windows AD 集成认证、LDAP 认证等。

IT 部门可以使用数据和系统管理工具，其中包括：

- 中央管理控制器(Central Management Console)。
- 中央配置管理器(Central Configuration Manager)。
- 导入向导(Import Wizard)。
- 发布向导(Publishing Wizard)。
- Universe Designer。
- 资源库诊断工具(Diagnostic Tool)等。

①BOE 平台架构。

BOE 即 Business Objects Enterprise，是开放的、基于服务的架构(Service-Oriented Architecture)，支持 Web Service、J2EE 和 .NET。BOE 中各种服务支撑不同的 BI 应用。这些服务可以通过分布式的方式部署，从而更好地保证企业级商务智能应用的稳定性和可扩展性。在图 4-5 中显示了 BOE 的系统架构，其中的平台服务层就包含了这些服务。

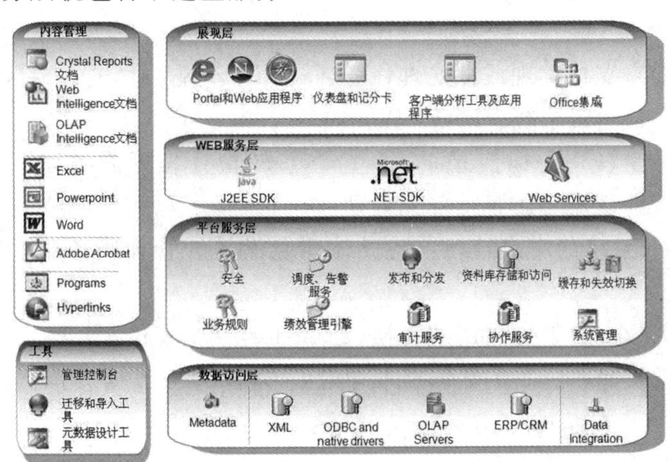

图 4-5　BOE 平台架构

②中央配置管理器。

CCM 是 Central Configuration Manager(中央配置管理器)的简称，在 Microsoft Windows 环境中，CCM 允许通过其图形用户界面(GUI)或命令行管理本地和远程服务器。用于 BO 应用中所涉及服务器的启动或停止。首先进入 BOE 所在服务器，按如下路径启动 BOE“中央配置管理器”窗口：开始→程序→SAP Business Intelligence→中央配置管理器。检查其中 Server Intelligence Agent 和 Apache Tomcat 的状态都是“运行中”，如图 4-6 所示。如果状态是“停止”，可以右击该状态，再选择“启动”。

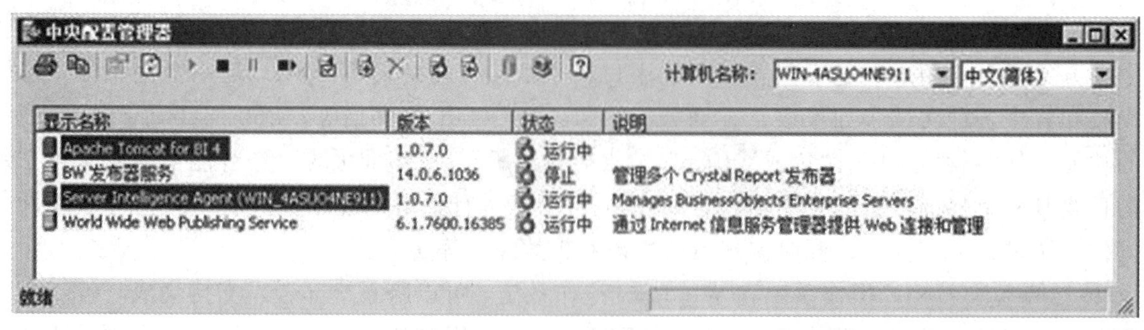

图 4-6　中央配置管理器

③CMC 门户。

BOE 为系统管理员提供了一个集中管理的门户 CMC(Central Management Console，中央管理控制器)。CMC 是一种基于 Web 的工具，用于执行包括用户管理、内容管理和服务器管理在内的常规管理任务。它还允许发布、组织所有 Business Objects Enterprise 内容并为这些内容设置安全级别。可以通过可连接到服务器的任何计算机上的 Web 浏览器登录到 CMC 执行所有这些管理任务，如图 4-7 所示。

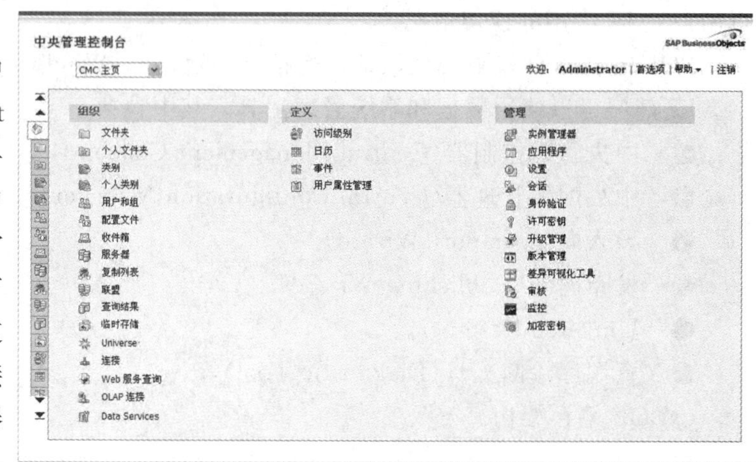

图 4-7　CMC 门户

(3)强大的数据整合工具——Data Services。

BO 具有高效、可伸缩的企业数据信息管理平台。其中包含业界最强大的数据整合工具——Data Services，其具有如下技术特点：

● 统一的开发环境来支持实现或批处理任务：设计、清洗、测试、调试、监控；支持所有数据源和目标：ERP、数据库、遗留系统、EAI、Web Services。

● 图形化工作流易于使用：拖拽界面，执行多步转换处理无需编程，工具生成代码；复杂的数据迁移过程可以通过条件逻辑复用各个单元处理。

● 安全的基于 Web 系统的中央管理：与设计环境无关的管理服务器、任业和接口，与网络管理软件整合。

● 扩展的转换和函数，自带可重用的转换(Transform)加速开发。

● 良好的数据质量控制：内置的数据剖析功能，完善的脏数据分拣，端到端的流程分析和冲突分析。

4.2　实验目的

(1)熟悉 SAP Business Objects 的窗口基本构成。

(2)基本掌握 SAP Business Objects 工具的相关操作。

4.3　工具/准备工作

(1)在开始实验前，请回顾教科书的相关内容。

(2)需要准备一台安装有 SAP Business Objects、Oracle 数据库软件系统的计算机。

4.4 实验内容及步骤

步骤 1 启动 Data Services Designer

(1)按如下路径启动 Designer：开始→程序→SAP Business Objects Data Services 4.1→Data Services Designer 设计工具。

(2)登录系统，相应参数如图 4-8 所示。

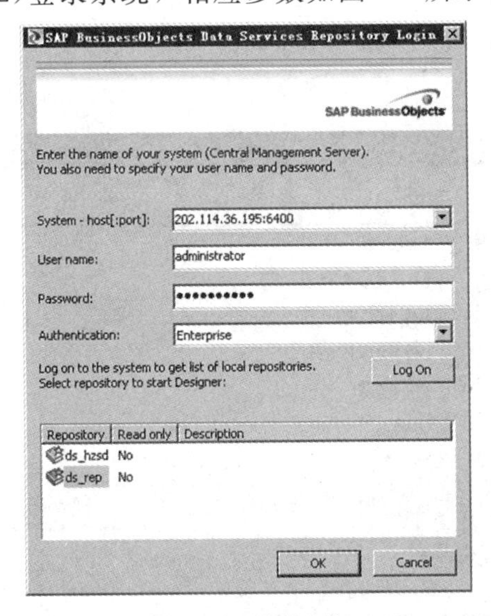

图 4-8 登录系统

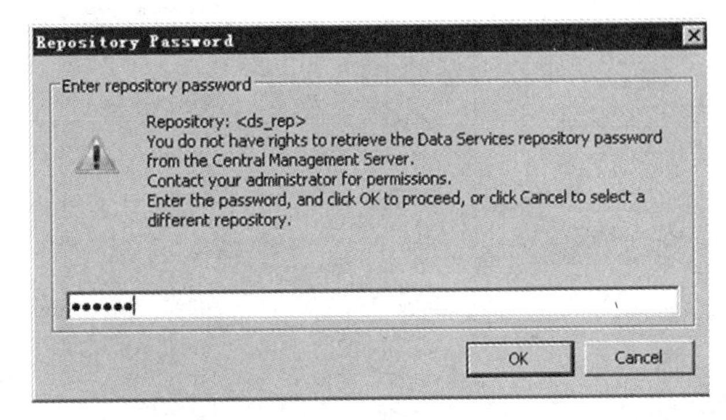

图 4-9 资源库登录

- 在系统后输入或选择“202.114.36.195：6400”。
- 在“用户名”处输入“administrator”，在“密码”处输入“Datacvg123”。
- 在“身份验证”后选择“Enterprise”。
- 单击“Log On”按钮。

(3)系统会显示资源库，在本例中使用 ds_rep 资源库，输入密码，如图 4-9 所示。

(4)系统进入 Designer“开始”界面，如图 4-10 所示。

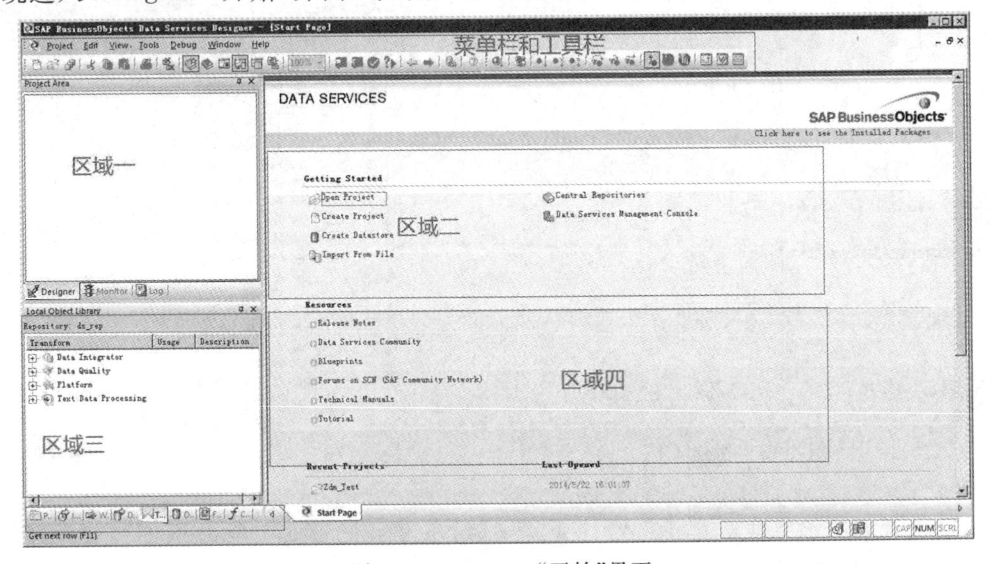

图 4-10 Designer“开始”界面

界面介绍

菜单和工具栏：包括文件、编辑、视图、工具、窗口、帮助等。

区域一：主要记录盒显示当前所创工程项目文件。

区域二：主要是引导工程项目的开发，包括创建项目、数据源、导入文件和系统设置等。

区域三：工程作业的所有控件显示栏。

区域四：显示了系统存在的资源项目。

图形菜单：可视化界面系统，包括工程、工作流、数据源、数据流、文件等控件。

步骤 2　创建一个工程项目

(1)选择工具栏中的"工程项目"，点击"新建"，并命名工程项目，如图 4-11 和图 4-12 所示。

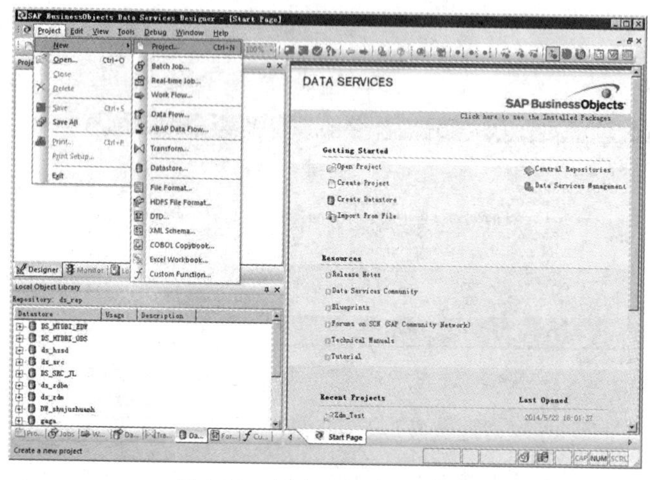

图 4-11　新建工程项目文件夹

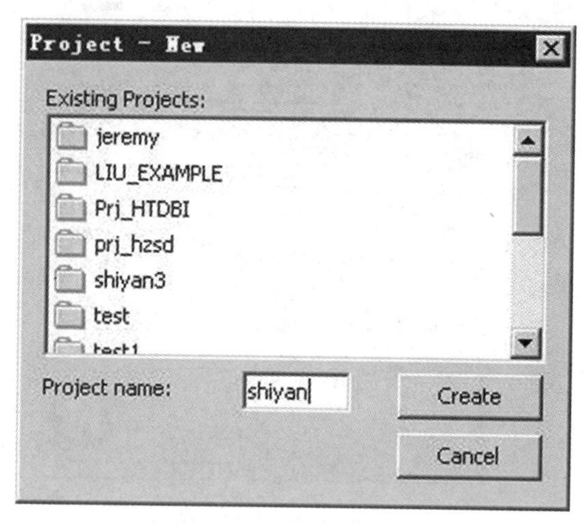

图 4-12　工程项目命名

(2)选择工程项目文件夹，单击鼠标右键，新建工作，并命名，如图 4-13 所示。

图 4-13　新建工作

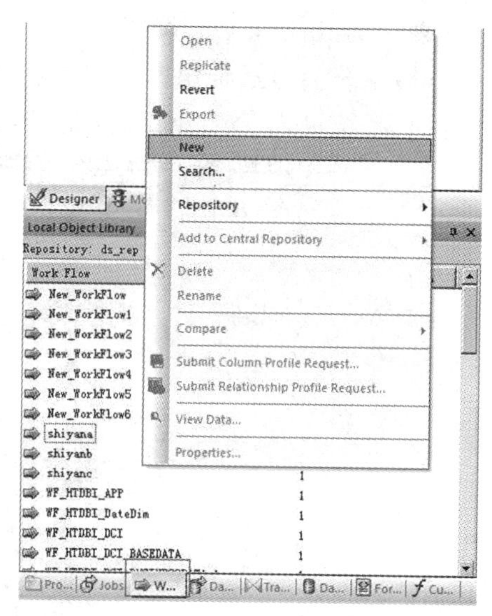

图 4-14　新建"Work Flows"

(3)选择左下方的图形菜单，单击"Work Flows"，在窗口空白处，单击鼠标右键，选择"新建"命令，并命名，如图 4-14 所示。

(4)将新建的工作拖入工作区域，如图 4-15 所示。

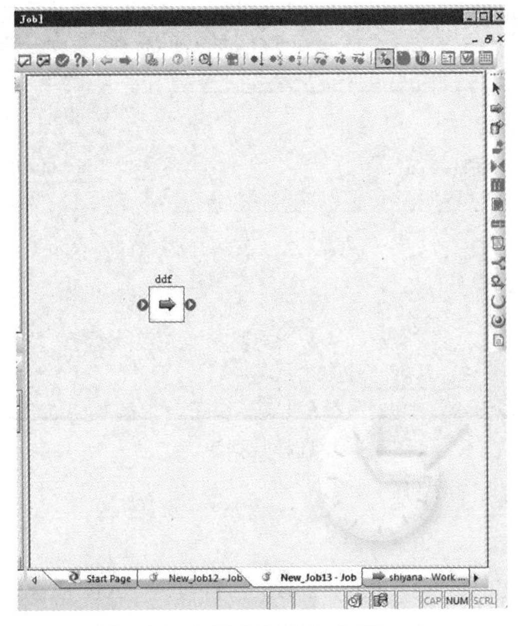

图 4-15　显示新的“Work Flows”

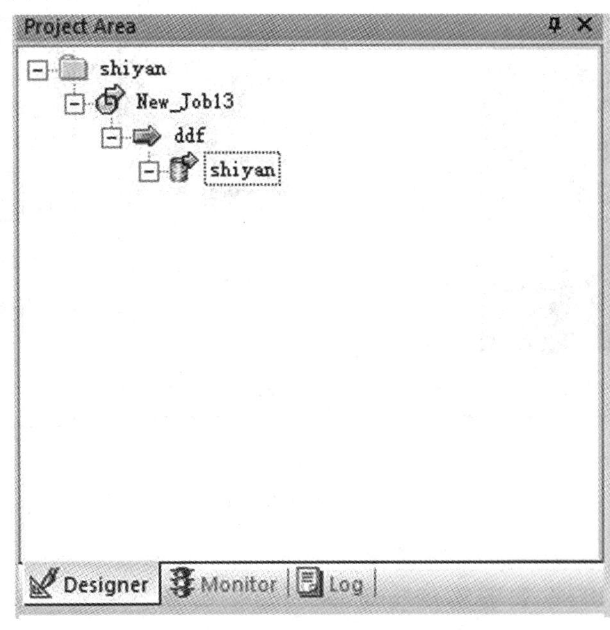

图 4-16　完成 DS 简单项目创建

(5)双击“工作”进入下一层级，同理，在图形菜单栏中，选择“Data Flows”，新建“数据流”并拖入工作区。

(6)双击“数据流”，进入下一层级，在此工作区域开始最基础的数据操作，一个工程项目就操作完成，如图 4-16 所示。

步骤 3　打开 Designer，配置 Host 文件

(1)按如下路径打开 Host 文件：C:\ WINDOWS \ system32 \ drivers \ etc。

(2)添加服务器地址解析，并保存，如图 4-17 所示。

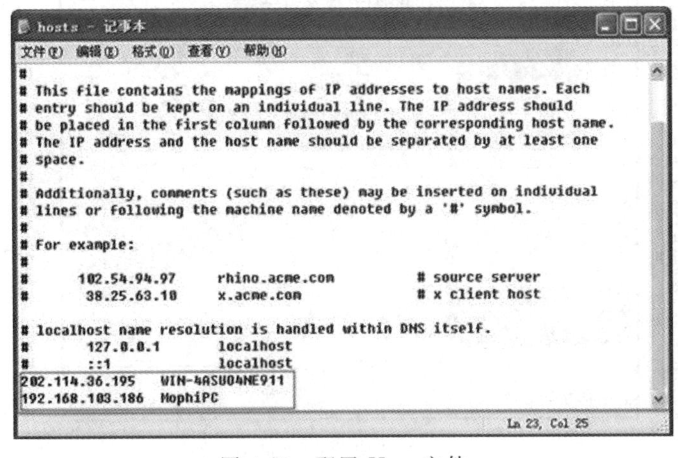

图 4-17　配置 Host 文件

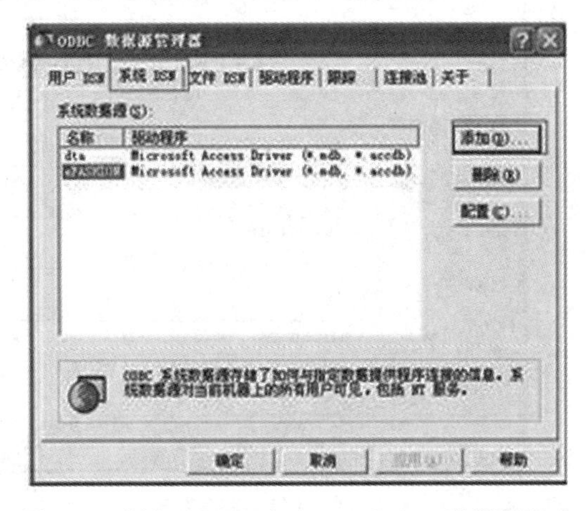

图 4-18　添加 Microsoft Access Driver 数据源驱动

步骤 4　配置数据源 ODBC 驱动

(1)按如下路径打开数据源(ODBC)：开始→管理工具→数据源(ODBC)。

(2)选择“系统 DSN”选项卡，添加 Microsoft Access Driver 数据源驱动，单击“完成”按钮，如图 4-18 所示。

(3)进入 ODBC Microsoft Access 安装，相应参数如图 4-19 所示。

- 数据源名称：eFASHION。

● 选择数据库文件所在路径：C：\ efashion. mdb，如图 4-20 所示。

图 4-19 进入 ODBC Microsoft Access 安装

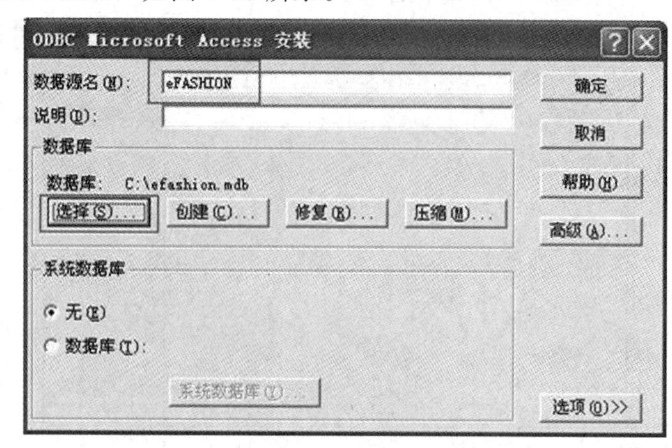

图 4-20 选择数据源

(4)单击“确定”按钮，同时在 BO 所在服务器做同样的配置操作。

步骤 5 启动 Designer

(1)按如下路径启动 Designer：开始→程序→SAP Business Objects BI 平台 4→SAP Business Objects BI 平台客户端工具→Universe 设计工具。

(2)登录系统，相应参数如图 4-21 所示。

● 在系统后输入或选择“202. 114. 36. 195：6400”。

● 在用户名处输入“administrator”，在密码处输入“Datacvg123”。

● 在“身份验证”后选择“Enterprise”。

● 单击“确定”按钮。

(3)系统弹出“快速设计向导”窗口，在本例中不使用向导，单击“取消”按钮，如图 4-22 所示。

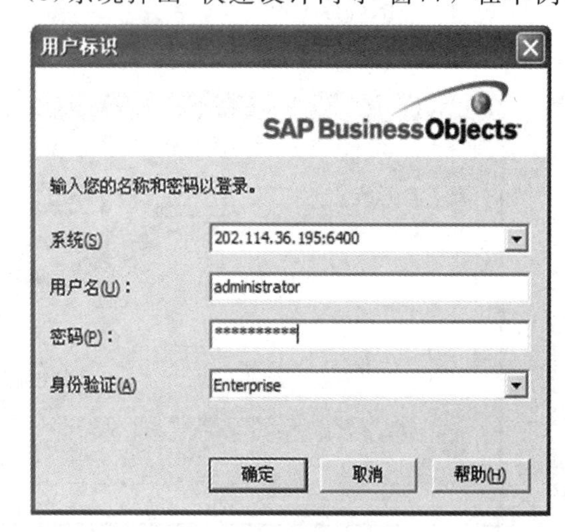

图 4-21 登录系统

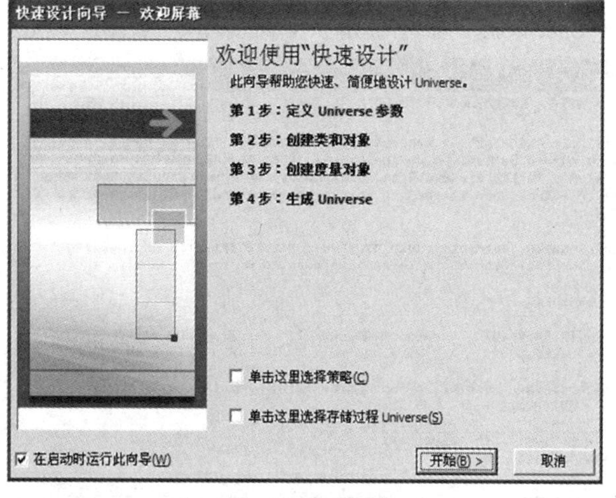

图 4-22 “快速设计向导”

(4)系统进入 Designer“开始”界面，如图 4-23 所示。

图 4-23 Designer“开始”界面

步骤 6　创建 Universe

(1)在菜单中选择“文件”→“新建”命令，系统弹出“Universe 参数”对话框。

(2)在“Universe 参数”对话框中，切换至“定义”选项卡。

(3)在“名称”后输入 Universe Demo1。

(4)在“连接”后选择“新建”，如图 4-24 所示。

(5)定义新连接，在“连接名称”后输入 Universe Demo1，单击“下一步”按钮，如图 4-25 所示。

(6)选择数据库中间件，本实验选择 Access 2007 数据库作为元数据库，单击“下一步”按钮，如图 4-26 所示。

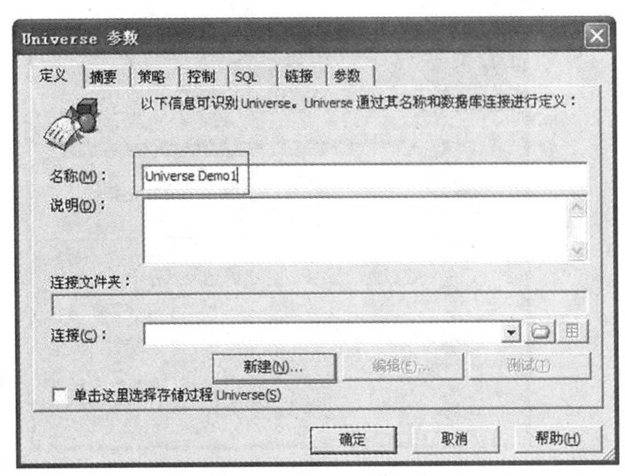

图 4-24　Universe 参数设置

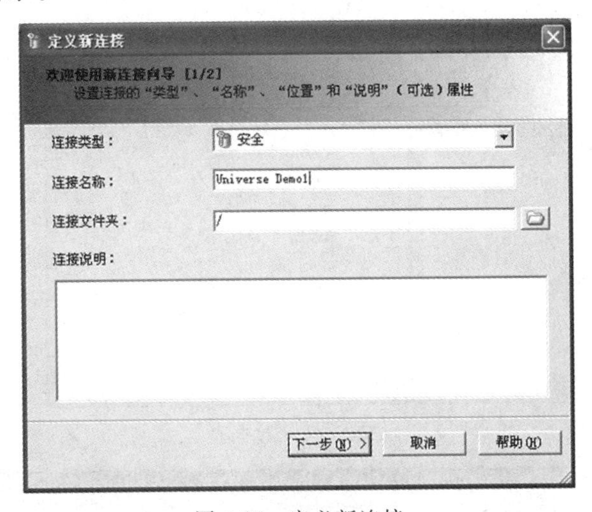

图 4-25　定义新连接

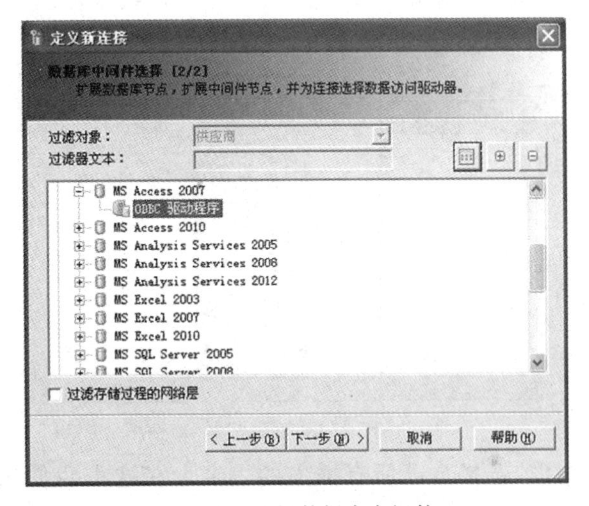

图 4-26　选择数据库中间件

(7)选择数据源名称，本实验选择“eFASHION”作为数据源名称，并测试连接，查看服务器是否响应，单击“下一步”按钮，如图 4-27 所示。

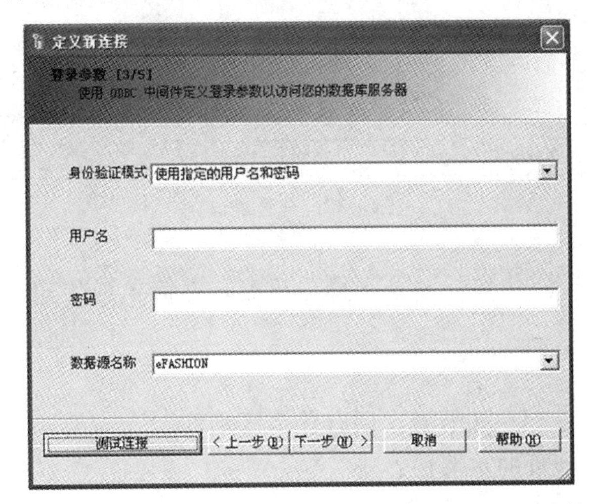

图 4-27　选择数据源名称并测试连接

(8)在使用 ODBC 中间件定义高级参数保持系统默认配置，单击“下一步”按钮，如图 4-28 所示。

(9)完成数据库连接，单击“确定”按钮，如图 4-29 所示。

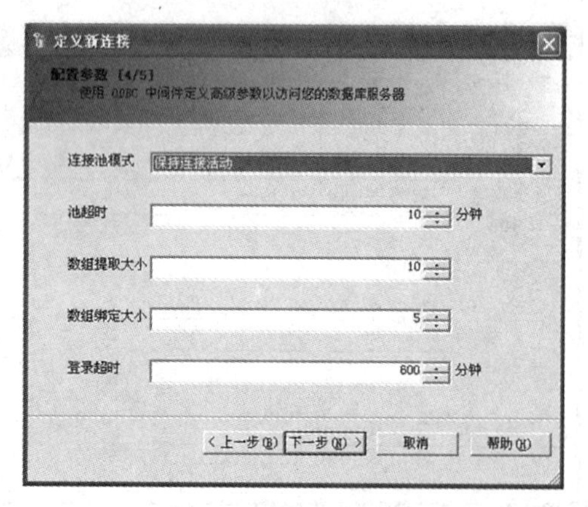

图 4-28 定义新连接

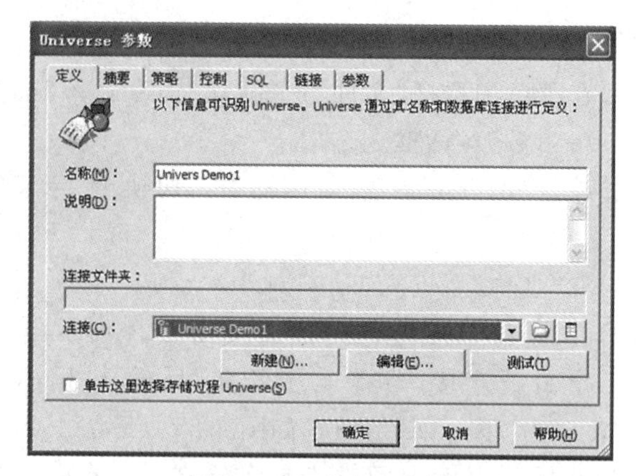

图 4-29 Universe 参数

步骤 7 插入数据库中的表并查看表的内容

(1)在菜单中选择“插入”→“表”，系统弹出“表浏览器”对话框，如图 4-30 所示。

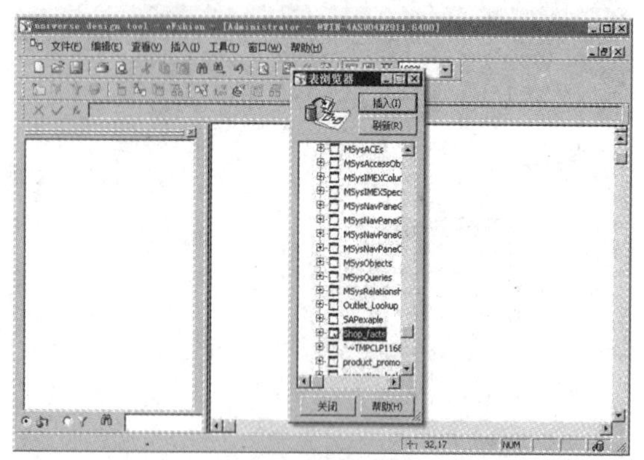

图 4-30 打开“表浏览器”对话框

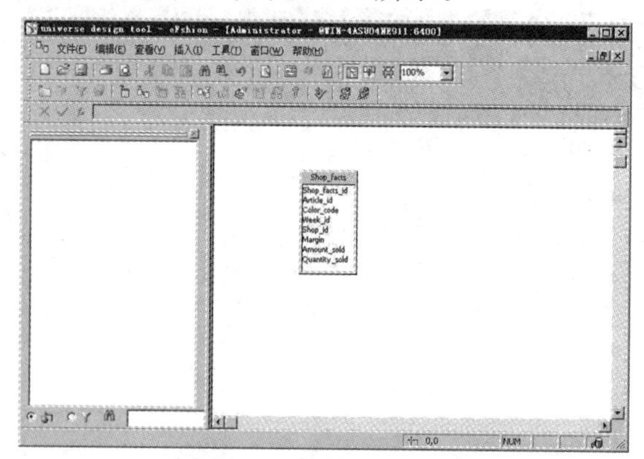

图 4-31 插入数据表

(2)选择自己所有插入的表名，在这里我们选择“Shop _ fscts”，如图 4-31 所示。

(3)选择所要查看的表，点击鼠标右键，选择“表值”，系统会弹出所选表的内容，如图 4-32 所示。

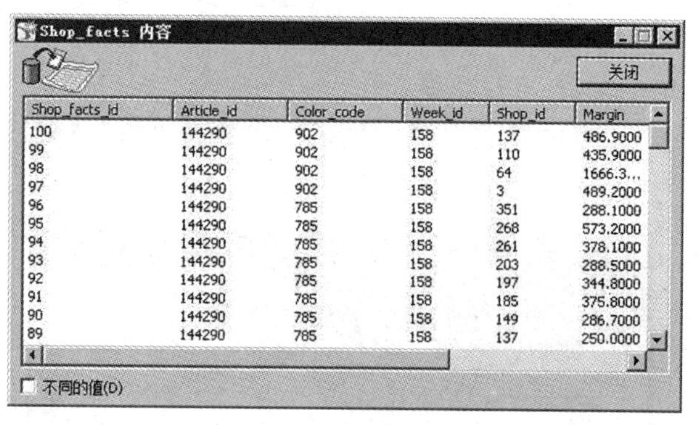

Shop_facts_id	Article_id	Color_code	Week_id	Shop_id	Margin
100	144290	902	158	137	486.9000
99	144290	902	158	110	435.9000
98	144290	902	158	64	1666.3...
97	144290	902	158	3	489.2000
96	144290	785	158	351	288.1000
95	144290	785	158	268	573.2000
94	144290	785	158	261	378.1000
93	144290	785	158	203	288.5000
92	144290	785	158	197	344.8000
91	144290	785	158	185	375.8000
90	144290	785	158	149	286.7000
89	144290	785	158	137	250.0000

图 4-32 查看表值

4.5 实验分析与扩展练习

4.5.1 实验分析

通过本次实验，我们初步了解了关于 SAP Business Objects 软件中数据处理和创建语义层的两项软件功能、登录和操作界面，并简单地创建工作项目。

请总结分析下面几个问题：

(1)Universe 设计中的语义层和 Microsoft SQL Server 2008 的语义层有什么区别？

(2)在 Universe 设计中，如何理解语义层对于联机分析的重要性？

4.5.2 扩展练习

在 Data Service 过程中，导入 Excel 数据表，进行分析。

实验5 商务智能可视化工具 Dashboard 和 Crystal Reports 的使用

5.1 背景知识

5.1.1 Dashboard

Dashboard 是一款先进、直观、独立的 Windows 应用软件，它可以将传统的 Excel 表格及静态数据转换为可视化分析界面，将枯燥的数据转换为灵动的决策信息。无需编程，支持嵌入多种办公软件(Word、Excel、PDF、PPT 等)。Dashboard 逐渐成为 BI 系统、分析会议、汇报材料等数据分析的首选工具，同时 Dashboard 基于矢量的 SWF 图形格式，跨平台流畅播放，空间占用小。

(1)Dashboard 的工作原理。

- 将数据从应用或数据库中写入到 Excel。
- 根据逻辑将数据设计成 Dashboard 友好的 Excel 格式。
- 将处理好的 Excel 用点击的方式创建视觉化模型。
- 将 Flash(SWF)文件导出发布到 Website。

(2)Dashboard 的优点。

- 更有效率的简化说明复杂数据。
- 交互式的数据可视化呈现。
- 透过可视化模型仿真商务行为与数据。
- 进行商务数据的成长变动预测。
- 动态实时取得及分享企业数据。
- 允许用户透过习惯的操作环境进行数据浏览及互动。

(3)Dashboard 界面介绍。

- Dashboard 设计界面，如图 5-1 所示。
- 工具栏，如图 5-2 所示。

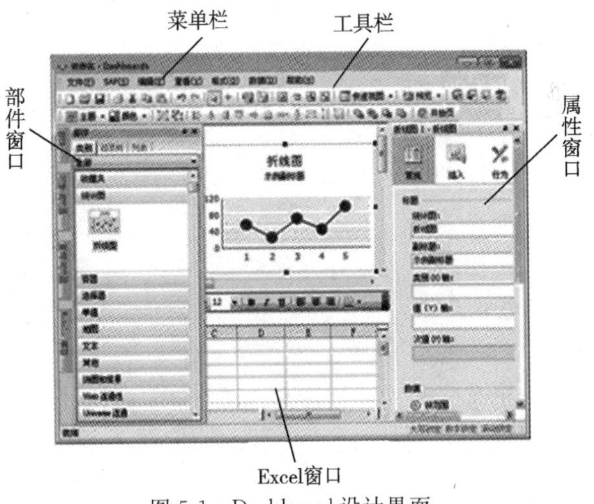

图 5-1 Dashboard 设计界面

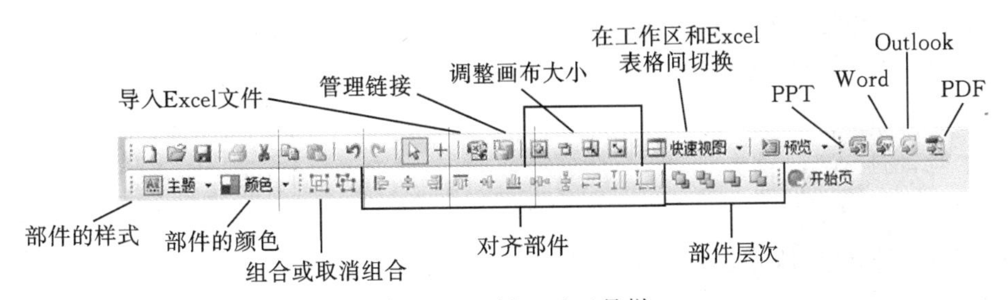

图 5-2 Dashboard 工具栏

● 菜单栏，如图 5-3 所示。

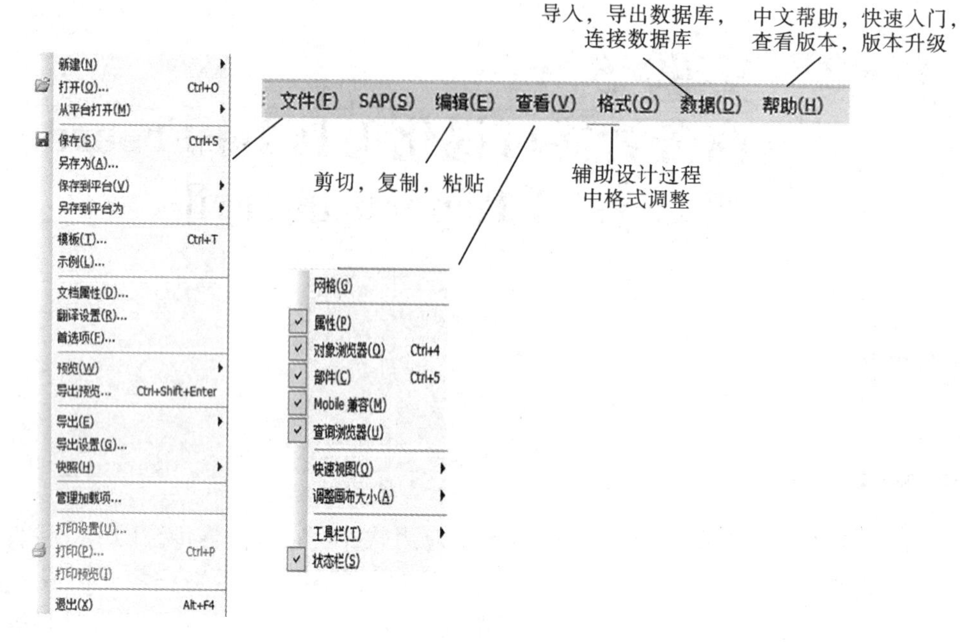

图 5-3 Dashboard 菜单栏

(4)Dashboard 部件窗口。

● “部件”窗口展示分类。

①类别：在滑动折叠式菜单中，部件根据功能分类。

②目录树：部件按类别显示在文件夹中。

③列表：按字母顺序排序。

● “水晶报表”部件分类。

①统计图。

②容器。

③选择器。

④单值。

⑤地图。

⑥文本。

⑦其他。

⑧饰图和背景。

⑨Web 连通性。

● 对象浏览器。

①画布上的所有对象都会出现在对象浏览器上。

②用打钩来显示/隐藏对象或者锁住该对象。

③自定义各部件的名称以区分相同部件。

④组合部件。

⑤上移或下移部件层次。

● 部件和 Excel 的链接。

各部件的属性通常有两种方式来设定：

①手动输入。

②动态链接到一个 Excel 文件的单元格。

5.1.2 水晶报表(Crystal Reports)

Crystal Reports 是被广泛验证过的世界级标准的解决方案，可以根据关系型数据库、OLAP、XML 或者其他自定义的数据源设计出灵活的、丰富的报表。Crystal Reports 提供了 100 多个格式化选项，可以完全控制数据的访问和表现形式。最终用户可以在报表中进行钻取，对信息进行排序和过滤，打印报表，甚至修改报表以获得所需的信息。可以将报表导出为 PDF、Excel 和 Word 等格式。

(1)水晶报表的优点。

- 水晶报表是一种报表工具包，能更加有效地进行报表开发。
- 水晶报表能创建灵活、特性丰富的报表。
- 减少创建、发布信息以及维护报表的成本。
- 重点突出报表应用。
- 水晶报表提供可视化的，所见即所得的报表设计界面。
- 水晶报表可以方便地访问不同的数据源，减少访问多维数据源的复杂性。
- 水晶报表可以设计灵活的，内容丰富的，高度格式化的，互动式以及具有专业质感的报表。
- 水晶报表可将报表导出为熟悉的文件格式。
- 水晶报表可以将报表整合到 Web 以及桌面应用程序当中。
- 为提高最终用户的决策提供针对性并且最新的信息。

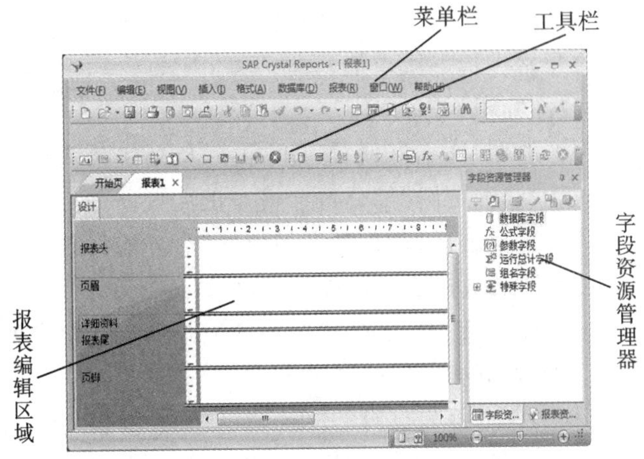

图 5-4 水晶报表设计界面

(2)水晶报表页面介绍。

- 水晶报表设计界面，如图 5-4 所示。
- 工具栏介绍，如图 5-5 所示。

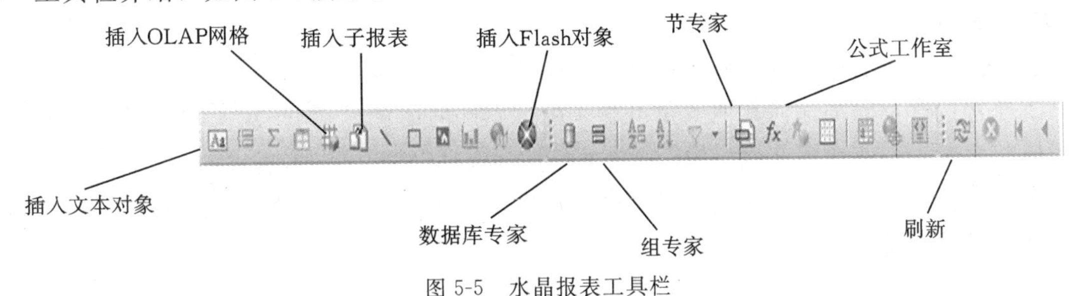

图 5-5 水晶报表工具栏

- 菜单栏介绍，如图 5-6 所示。

(3)水晶报表开发环境介绍。

- “报表节”：

“报表页眉”(RH)：

①放在“报表页眉”节中的对象只在报表开头输出显示一次。

②“报表页眉”节通常包含报表的标题和其他希望只在报表开始位置出现的信息。

③放在该节中的图表和交叉表包含整个报表的数据。

④放在该节中的公式只在报表开始进行一次求值。

“页眉”(PH)：

①放在“页眉”节中的对象输出显示在每个新页的开始位置。

②“页眉”节通常包含希望在每页的顶部出现的信息。

③“页眉”可以包括文本字段(如章节名、文档名或其他类似信息)。

④“页眉”节也可以用来包含字段标题。

⑤在报表中这些字段标题将作为标签显示在字段数据列的顶部。

⑥图标或交叉表不能放置在“页眉”节中。

⑦放在“页眉”节中的公式在每个新页的开始进行一次求值。

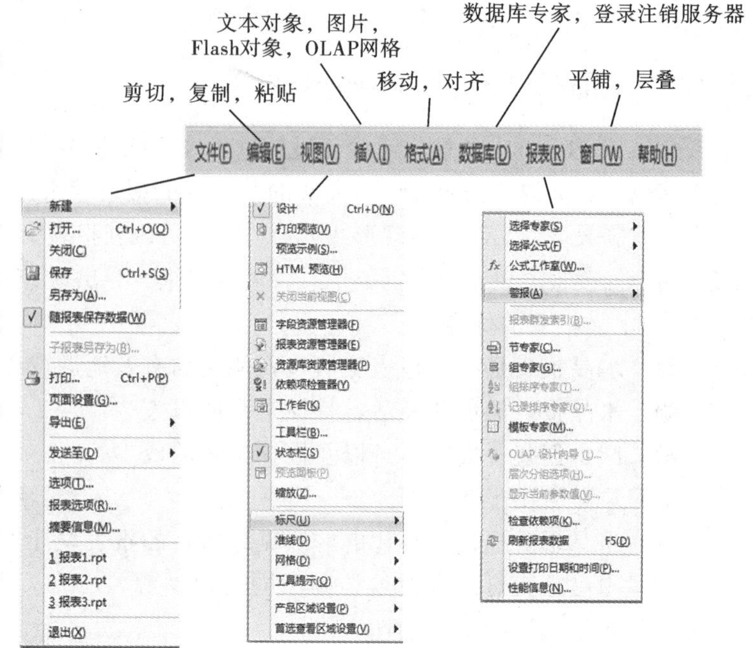

图 5-6　水晶报表菜单栏

“详细资料”(D)：

①放在“详细资料”部分中的对象随每条新纪录输出显示。

②“详细资料”部分包含报表正文数据。批量报表数据通常出现在这一节中。

③当报表运行时，“详细资料”部分随每条记录重复输出显示。

④图表或交叉表不能放置在该节中。

⑤放在该节中的公式对每条记录进行一次求值。

“报表页脚”(RF)：

①放在“报表页脚”节中的对象只在报表的结束位置输出显示一次。

②该节可用来包含希望只在报表的末尾出现一次的信息(如总计)。

③放在该节中的图表和交叉表包含整个报表的数据。

④放在该节中的公式只在报表的结束位置进行一次求值。

“页脚”(PF)：

①放在“页脚”节中的对象输出显示在每页的底部。

②该节通常包含页码和任何其他希望出现在每页底部的信息。

③图标和交叉表不能放置在该节中。

④放在该节中的公式在每个新页面的结束位置进行一次求值。

● 其他“报表节”：

“组页眉”：

①放在“组页眉”节中的对象输出显示在每个新组的开始位置。

②该节通常保存组名字段，也可以用来显示包括组特定数据的图标或交叉表。“组页眉”节在每组的开始位置输出显示一次。

③放在该节中的图标和交叉表仅包含本组数据。

④放在该节中的公式在每组的开始对本组进行一次求值。

“组页脚”：

①放在“组页脚”节中的对象输出显示在每组的结束位置。

②该节通常保存汇总数据，也可以用来显示图标或交叉表。“组页脚”节在每组的结束位置输出

显示一次。

③放在该节中的图标和交叉表仅包含本组数据。

④放在该节中的公式在每组的结束位置对本组进行一次求值。

“字段资源管理器”：

①用“字段资源管理器”在“水晶报表”上插入、修改和删除字段。

②“字段资源管理器”包含可以添加到报表中的数据库字段和特殊字段。

③“字段资源管理器”还会显示您已经为在报表中使用而定义的公式、参数、组名、运行总计、SQ、表达式和未绑定字段。

(4)SAP Crystal Reports 特性和功能。

借助 SAP Crystal Reports 软件，可以轻松地设计交互式报表，而且几乎可以将它们连接到任何数据源。用户可以从报表上的排序和过滤功能中受益，这些功能赋予它们即时执行决策的能力。

● SAP Crystal Dashboard 集成。

将 SAP Crystal Dashboard 假设方案和极具吸引力的可视化对象嵌入报表中，以便用可视化的方式显示业务决策，用可视化的方式显示业务决策的潜在结果。如图 5-7 所示。

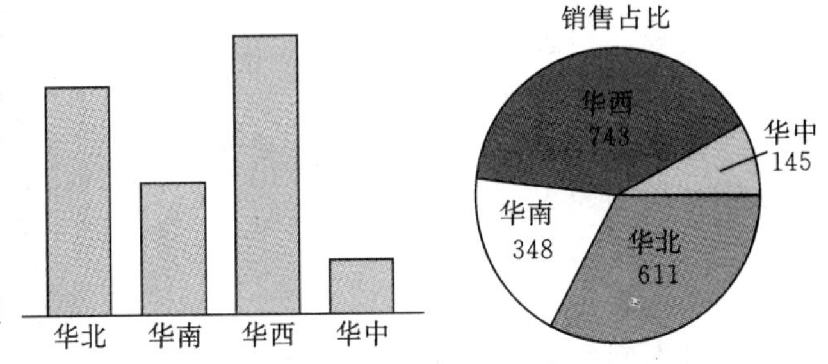

图 5-7　报表可视化结果显示

● 丰富的呈现形式——辅助发现问题。

①多种报表样式：普通行列报表、主/子报表，交叉表，图形摘要报表。

②40 多种图形：条形图，饼图，曲线图，甘特图，雷达图，气泡图，股票图，漏斗图等。

③提供常用的报表模板：所有报表呈现连续性，不用每次重新设计。将仪表盘嵌入 RPT 文件中。

● 广泛的数据源连接——整合多系统数据。

①提供超过 35 个数据源驱动用于访问任何相关数据源。

②支持在一份报表中整合多个数据源。

● 可视化设计环境——快速上手，自定义报表。

①通过拖放元素组成报表：标题，数据库字段等。

②提供排序专家，分组专家，汇总专家，图标专家等。

③强大的公式语言：160 多个功能函数，自定义函数。

● 多样的文件导出格式——方便将信息递交给用户。

多达 10 余种文件导出格式，包括 DOC，XLS，HTML，XML，PDF，RTF，CSV，TXT。

● 连接所有数据源。

支持在一份报表中整合多个数据源。如图 5-8 所示。

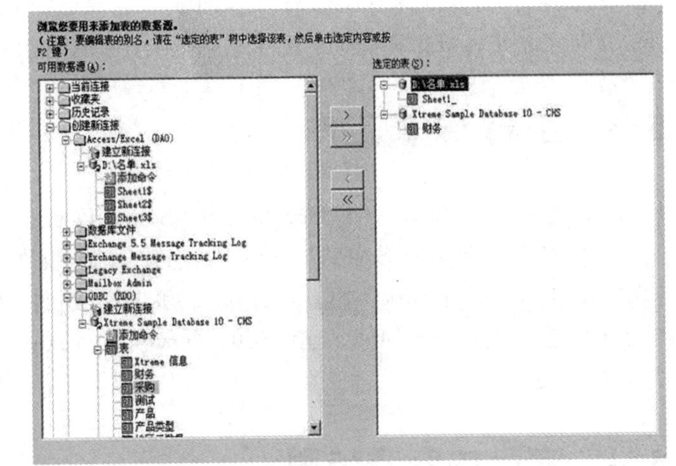

图 5-8　选择数据源

Oracle，DB2，Sybase，NCR，SQLServer，MySQL，MS Access，ODBC，JDBC，OLEDB，XML，Javabean，ADO. NET，COM，MS Excel，MS Exchange，Informix，Pervasive SQL，Lotus

Notes，ACT!6，Borland Database Engine，Text，File System，xBase，MS Outlook，NT Event Log，Microsoft IIS Log，Web Log 等。

- 设计报表——提高报表设计和维护的效率。

①可视化的报表设计环境。

②所见即所得的设计方式，无需在设计界面和预览界面切换。

③多种报表样式、20 多个图形类型、设计和应用自定义模版。

④强大的公式语言。

⑤参数与警示功能。

⑥文本对象、SQL 命令、自定义函数、公式、位图等可以存储在储备库中，共享和重用。

- 报表范例：满足合规要求的报表(如图 5-9 所示)。

①合规的报表样式。

②小计。

③报表总计。

④分层列表头。

⑤嵌入式 Logo。

⑥多行表头。

⑦将不同数据源整合到一份报表中。

⑧数据组合到一行中。

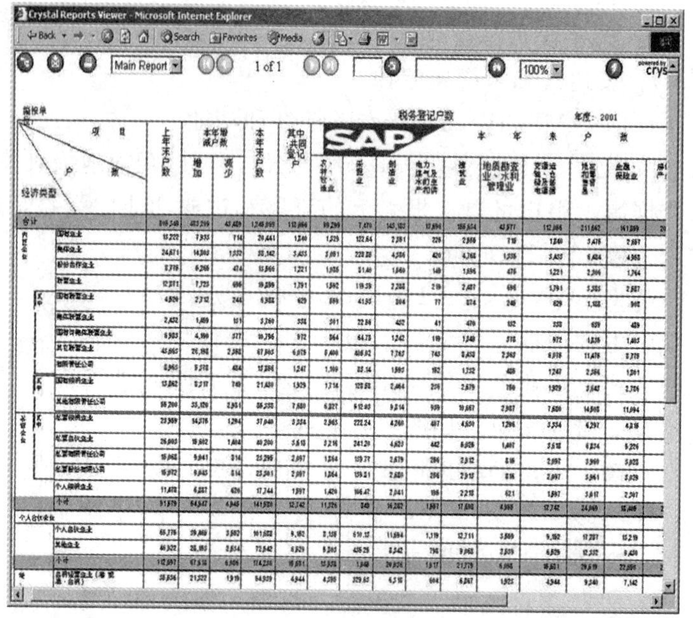

图 5-9　报表范例

5.2　实验目的

(1)熟悉 Dashboard 软件界面。

(2)了解 Dashboard 软件可视化数据的原理。

(3)学会向“柱形图”导入数据。

(4)熟悉 Crystal Reports 软件界面。

(5)了解 Crystal Reports 软件显示 Microsoft SQL Server 数据库数据的流程。

5.3　工具/准备工作

(1)需要一台装有 SAP Crystal Dashboard Design 2011 版本的 Win7 系统的计算机。

(2)需要一台装有 SAP Crystal Reports 2013 版本的 Win7 系统的计算机。

(3)需安装 Microsoft SQL Server 2008 以及组件 Management Studio。

(4)需建立一个 Microsoft SQL Server “yanshi”数据库，以及在“yanshi”子目录下建立一个“yanshi”表。

5.4　实验内容及步骤

5.4.1　Dashboard 实验

该实验将在 Dashboard 中通过控件可视化数据，向“柱形图”导入数据。

步骤 1　导入“Excel 模型”

此过程允许将“Excel 电子表格”的副本导入到 Dashboard 中，将使用此副本来选择数据。

(1)单击 Dashboard 图标，点击“blank model”，此时会创建一个空的“Dashboard model”，如图 5-10 所示。

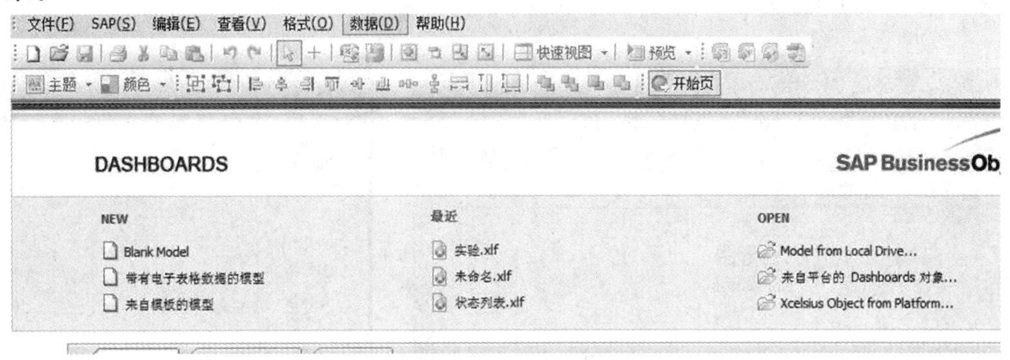

图 5-10　Dashboard 初始页面

(2)打开“Dashboard”页面，在工具栏找到“导入 Excel 文件”图标，如图 5-11 所示。

图 5-11　Dashboard 工具栏

(3)点击“Excel 图标”，选择需要导入的“Excel 文件”。本实验的数据文件为“水晶报表数据”，如图 5-12 所示。

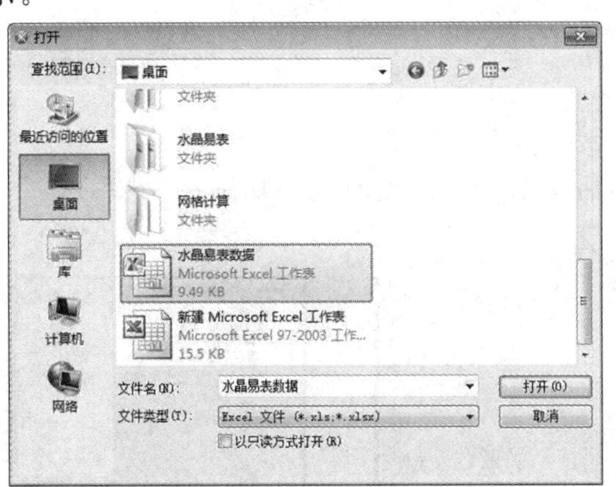

图 5-12　导入数据页面

(4)完成数据的导入，如图 5-13 所示。

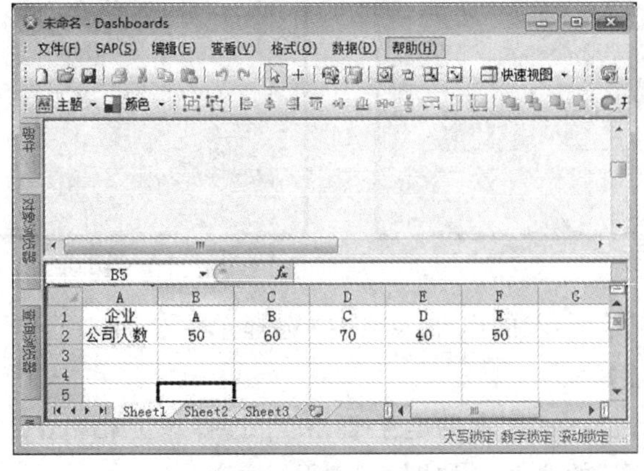

图 5-13　数据导入成功 Dashboard 页面

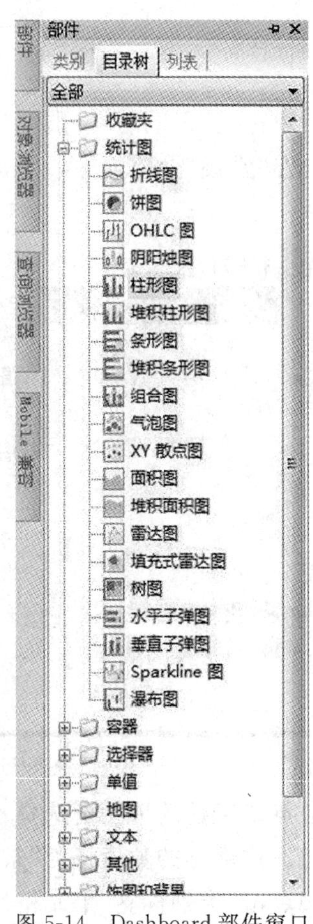

图 5-14　Dashboard 部件窗口

步骤 2　将数据连接到条形图

(1)在“Dashboard”页面，展开“部件”文件夹，然后展开“目录树”文件夹，然后展开“统计图”子文件夹，如图 5-14 所示。

(2)将“柱形图”拖到“画布”上，如图 5-15 所示。

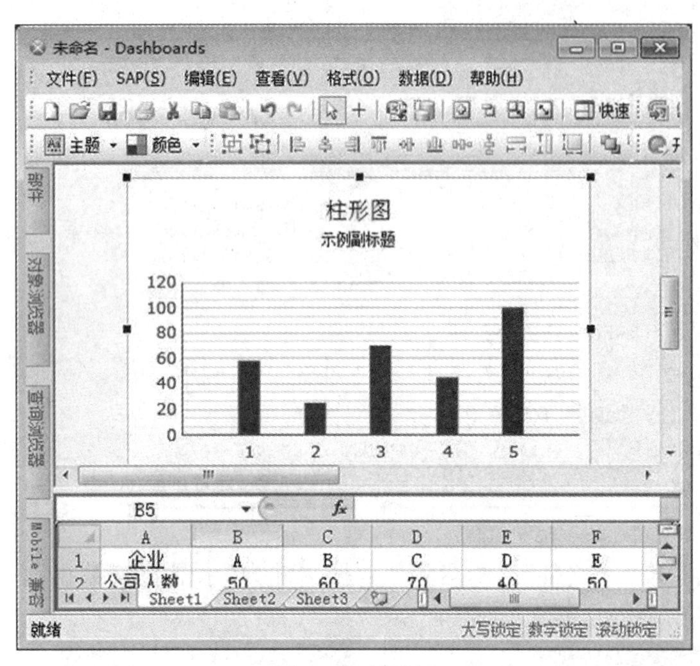

图 5-15　柱形图

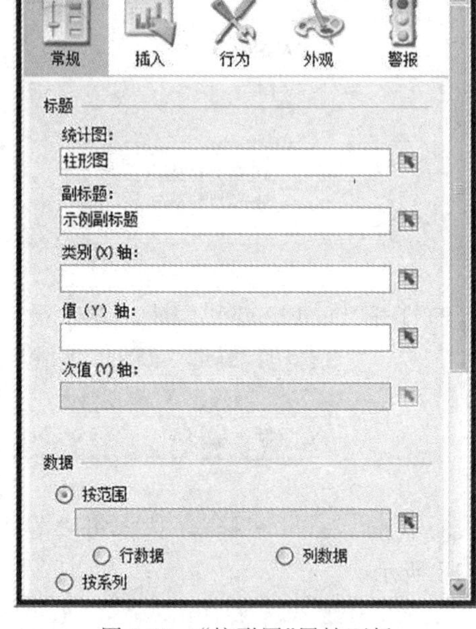

图 5-16　“柱形图”属性面板

(3)双击“柱形图”，会出现“柱形图”属性面板，如图 5-16 所示。

(4)在“常规”选项卡中，单击“按系列”，然后单击“+”，此时就添加了一个“系列 1”，如图 5-17 所示。

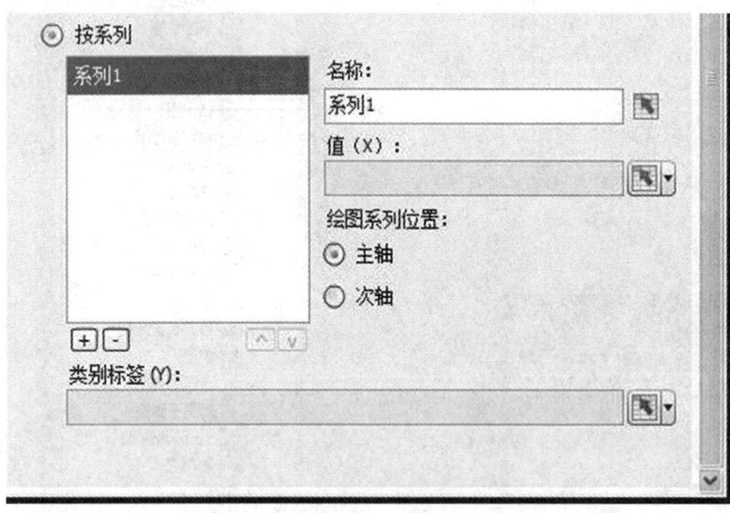

图 5-17　添加序列

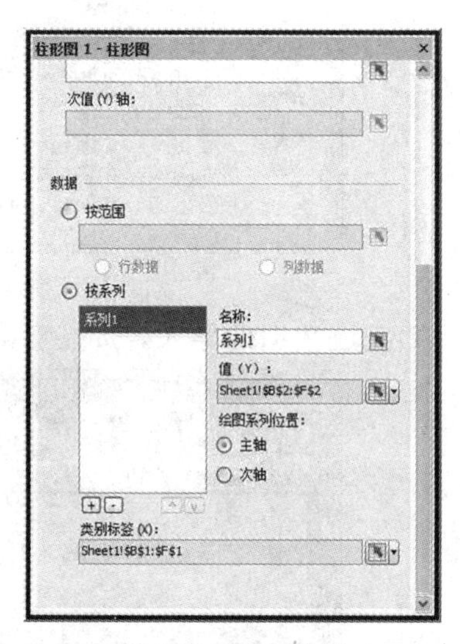

图 5-18　添加数据

(5)点击“值”的单元格选择器连接按钮，在“导入的电子表格”中选择单元格“B2：F2”，单击“确定”按钮。这部分的数值将为“条形图”的纵轴。

(6)点击“类别标签”单元格选择器连接按钮，在“导入的电子表格”中选择单元格“B1：F1”，然后单击“确定”按钮；这部分的内容将作为“条形图”的横轴，如图 5-18 所示。

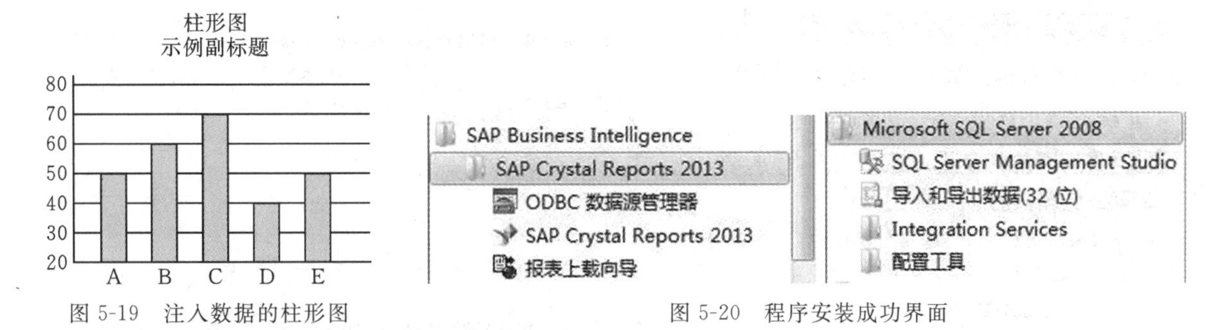

图 5-19　注入数据的柱形图　　　　图 5-20　程序安装成功界面

(7)完成“柱形图”的数据添加，如图 5-19 所示。

(8)点击“预览”，鼠标移动到“柱形图”各企业所在的柱形区域，便会显示出具体的数据。

5.4.2　Crystal Reports 实验

该实验将在 Crystal Reports 软件中显示 Microsoft SQL Server 数据库数据。

步骤 1　环境配置

(1)Win7 环境下安装“SAP Crystal Reports 2013”以及“Microsoft SQL Server 2008”。

安装 SQL Server 2008 时一定要采用“Windows 混合登录模式”(Windows 身份验证以及 SQL Server 身份验证)，因为水晶报表连接数据库需要“SQL Server 身份验证”，并且建立一个用户名为“sa”，密码为“123456”的 SQL Server 2008 本地服务器“Localhost”。程序安装完成如图 5-20 所示。

(2)连接本地数据库服务器“Localhost”。

单击“SQL Server Management Studio”，登录界面如图 5-21 所示。

图 5-21　登录服务器界面

图 5-22　登录服务器成功界面

连接本地服务器“Localhost”成功之后界面如图 5-22 所示。

(3)新建一个“yanshi”数据库。

用鼠标右键点击服务器“Localhost”目录下的“数据库”子目录，选择“新建数据库”，数据库名称为“yanshi”，然后点击“确定”按钮，如图 5-23 所示。

(4)新建一个“yanshi”表。

点开“yanshi”数据库子目录，用鼠标右键点击子目录中的“表”，选择“新建表”；在出现的界面输入列名的名称(本实验输入“水晶报表版本”)，数据类型(nchar(10))，是否允许 NULL 值(否)；完成后点击“关闭”按钮，在出现的重命名界面，重命名表为“yanshi”，如图 5-24 所示。

图 5-23 新建"yanshi"数据库

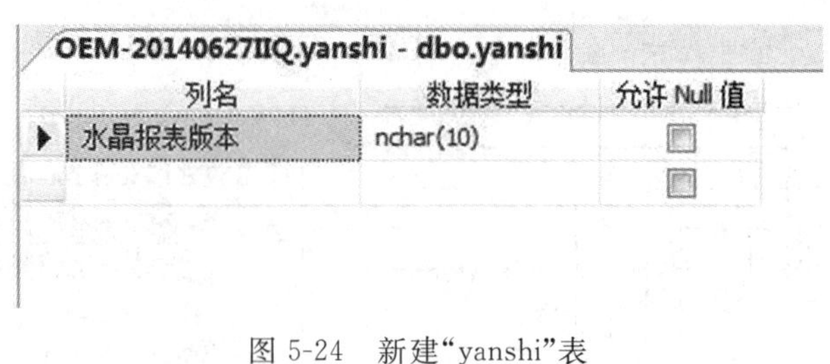

图 5-24 新建"yanshi"表

图 5-25 添加数据

(5)往"yanshi"表输入内容。

在"yanshi"数据库下的"yanshi"表的子目录中，找到表"dbo. yanshi"，并且点击鼠标右键选择编辑前 200 行，在出现界面的空白框中输入"2013"，如图 5-25 所示。

步骤 2 Crystal Reports 显示 Microsoft SQL Server 数据库数据

(1)建立一个新空白报表。

点击"Crystal Reports"图标，新建一个"空白报表"，默认命名为"报表 1"。

(2)水晶报表连接数据库"test"。

建立一个"新空白报表"成功之后，会出现一个"数据库专家"窗口，如图 5-26 所示。

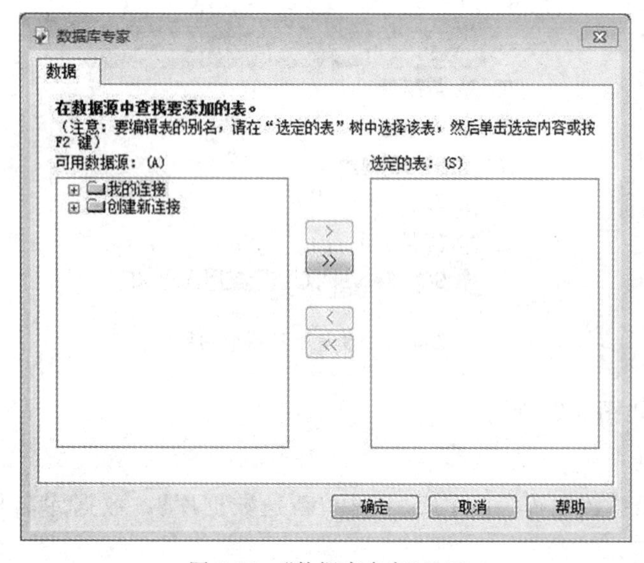

图 5-26 "数据库专家"界面

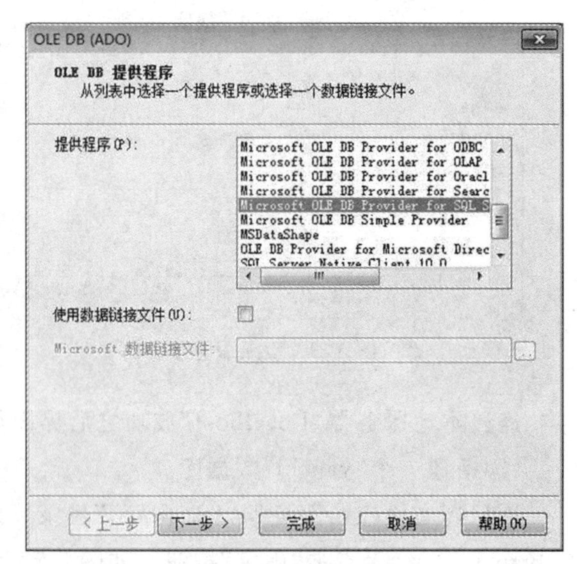

图 5-27 OLE DB 程序连接界面

选择"创建新连接"，然后选择"OLE DB(ADO)"，接着选择"Microsoft OLE DB Provider for SQL Server"，如图 5-27 所示。

点击"下一步"按钮，输入"服务器，用户 ID，密码以及数据库内容"，如图 5-28 所示。

图 5-28　OLE DB 连接服务器登录界面

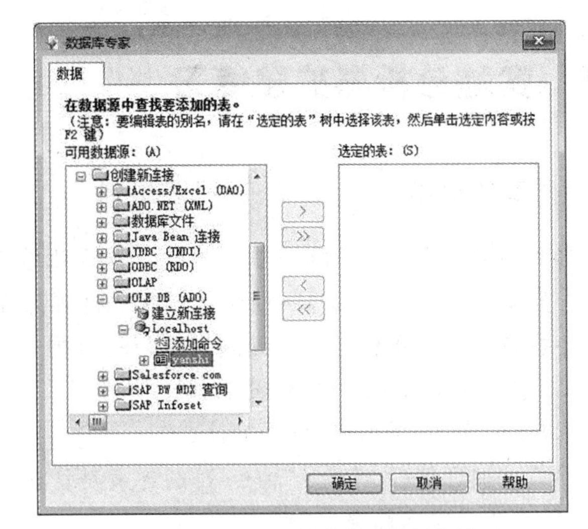

图 5-29　OLE DB 连接服务器成功界面

点击“下一步”按钮直至“完成”按钮。此时会在“OLE DB(ADO)”目录下看到服务器“Localhost”以及数据库“yanshi”，如图 5-29 所示。

(3)将“yanshi”数据库中的“表”添加到水晶报表。

在“步骤 2(2)”完成的基础上，点击数据库“test”，然后点击“dbo”，在表的子目录下找到表“yanshi”，并将它移动到“选定的表”中，点击“确定”按钮，如图 5-30 所示。

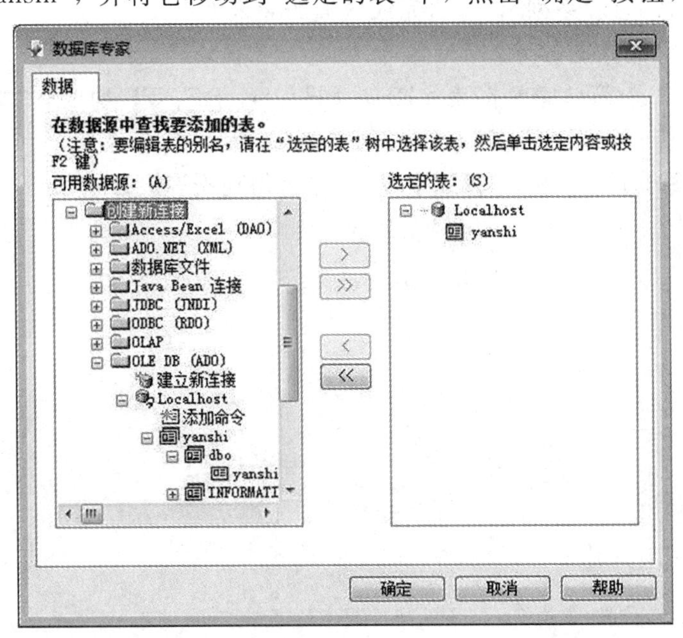

图 5-30　选定的表

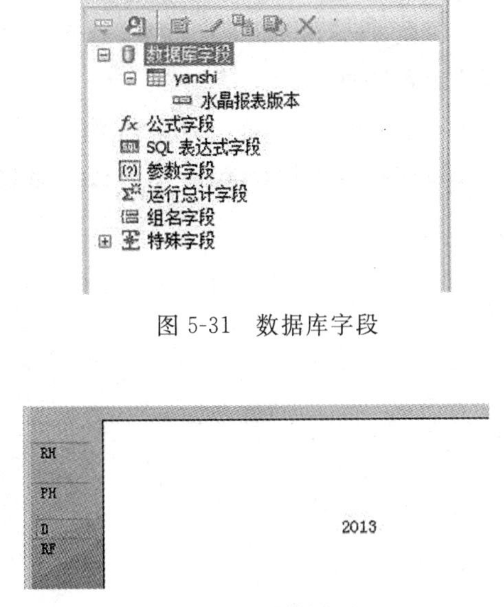

图 5-31　数据库字段

图 5-32　预览界面

此时，水晶报表连接数据库成功，在“字段资源管理器”的“数据库字段”就可以看到表“yanshi”，如图 5-31 所示。

(4)打开“水晶报表”界面。

“水晶报表”基本界面包括“报表头”，“页眉”，“详细资料”，“报表尾”，“页脚”。5 个空白部分对应着各个节的编辑区域。

(5)水晶报表预览界面显示数据。

将字段“水晶报表版本”随意拖到任一“节区域”，然后在工具栏点击“打印预览”，此时在“打印预览”界面，会在对应的“节区域”显示数字“2013”。(本实验拖到“详细资料”)，如图 5-32 所示。

5.5 实验分析与扩展练习

5.5.1 实验分析

本实验通过在 Dashboard 中通过控件可视化数据，向“柱形图”导入数据，以及在 Crystal Reports 软件中显示 Microsoft SQL Server 数据库数据等操作，了解 Dashboard 和 Crystal Reports 软件工具界面，并熟悉其基本操作，为后面制作复杂的可视化结果显示做准备。请总结分析下面几个问题：

(1)总结导入“Excel 模型”的步骤。

(2)分析添加“系列”的作用是什么。

(3)“类别标签(X)”以及“值(Y)”的含义是什么？

(4)总结描述水晶报表的开发环境。

(5)总结水晶报表连接到数据库基本步骤。

(6)分析水晶报表显示数据的原理是什么。

5.5.2 扩展练习

(1)在 Dashboard 中如何修改柱形图的标题以及外观？

(2)在 Dashboard 中若“数据按范围”，并非按“系列”，怎么完成数据的导入？

(3)在 Dashboard 中其他的统计图如何完成数据的导入？

(4)在 Crystal Reports 中自己学着设计一个简单完整报表，RH、PH、D、RF、PF 均要有“文本内容”或者数据。

(5)在 Crystal Reports 中熟悉“字段资源管理器”中的“特殊字段”，并运用到报表设计中。

(6)在 Crystal Reports 中怎么删除数据？

第二部分 数据挖掘实验篇

SHUJU WAJUE SHIYAN PIAN

实验 6 数据挖掘的基本数据分析

6.1 背景知识

数据挖掘往往是从数据的基本分析开始的，它主要是为了了解数据分布特征，把握数据间相关性强弱的基本手段，也是后续模型选择和深入分析的基础。数据的基本分析可以通过具体数字实现，也可以通过图形直观展示。

本实验是以电信客户数据(文件名为 Telephone. sav)为例，数据中包含的变量为 x_1 到 x_{15}，分别是：居住地、年龄、婚姻状况、家庭月收入(百元)、受教育水平、性别、家庭人数、基本服务累计开通月数、是否申请无线转移服务、上月基本费用、上月限制性免费服务项目的费用、无线服务费用、是否电子支付、客户所申请的服务套餐类型和是否流失。利用这份数据可分析流失客户的一般特征，同时建立模型进行客户流失的预测。本实验只对数据做基本分析。

6.2 实验目的

(1)熟悉基本数据分析的处理流程。

(2)进一步熟练掌握 SPSS Modeler 工具的操作。

6.3 工具/准备工作

(1)熟悉相关智能算法的基本原理。

(2)一台装有 IBM SPSS Modeler 软件的电脑。

6.4 实验内容及步骤

6.4.1 内容一：数据的质量探索

步骤 1 建立数据流

(1)在“源”中通过拖入“Statistics”文件节点读入 Telephone. sav 数据。

(2)建立“类型”节点，并说明各个变量角色。这里指定“流失”为目标变量。如图 6-1 所示。

(3)选择“输出”选项卡中“数据审核”节点并将其连接到数据流的恰当位置，点击鼠标右键，在“质量”选项卡下，选择检测方法为平均值的标准差，如图 6-2 所示。

步骤 2　结果输出

实验结果输出如图 6-3 所示。

图中深灰色部分表示输出变量取 YES，即客户流失的样本数。可以看出，各个变量上流失客户取值都是不同的。

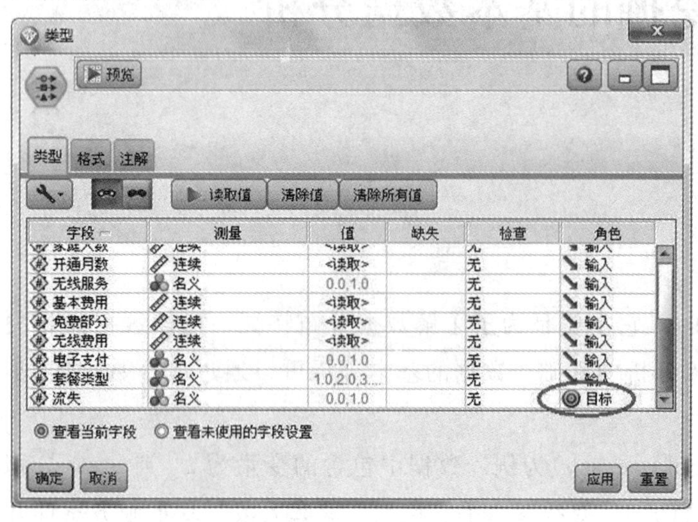

图 6-1 “类型”节点的设置

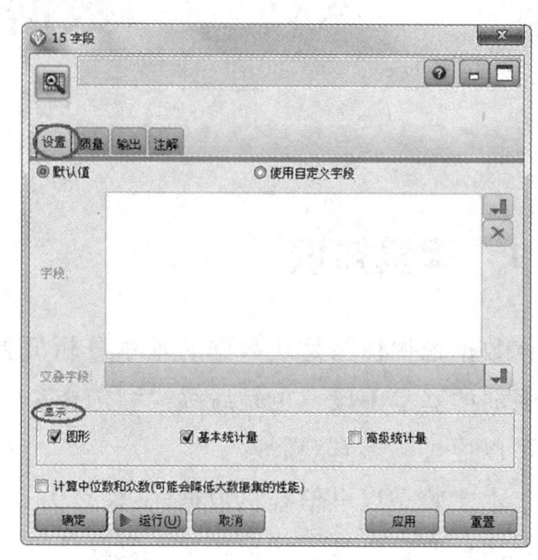

图 6-2 “数据审核”节点的参数设置和“质量”选项卡(a)

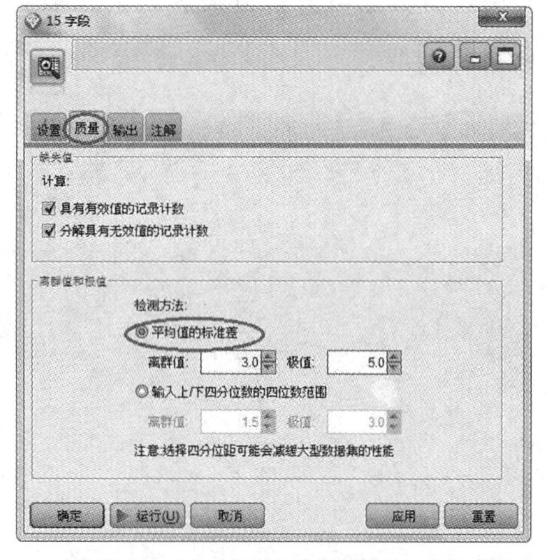

图 6-2 “数据审核”节点的参数设置和“质量”选项卡(b)

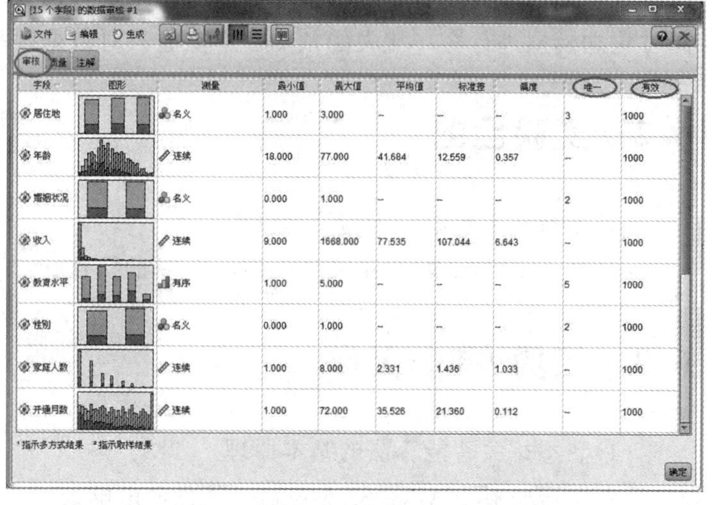

图 6-3 “数据审核”节点的计算结果

6.4.2　内容二：基本描述分析

这里分析的目标是对电信客户数据的基本服务、开通月数、免费部分和无线费用之间的相关系数以反映变量之间的相互关系。

步骤 1　建立数据流

选择“输出”选项卡中的“统计量”节点。

步骤 2　设置相关参数

(1)双击“统计量”节点，进行相应的设置。在“检查”框中添加开通月数、基本费用、免费部分和无线费用。

(2)在“相关”框中添加年龄、收入和家庭人数。如图 6-4 所示。

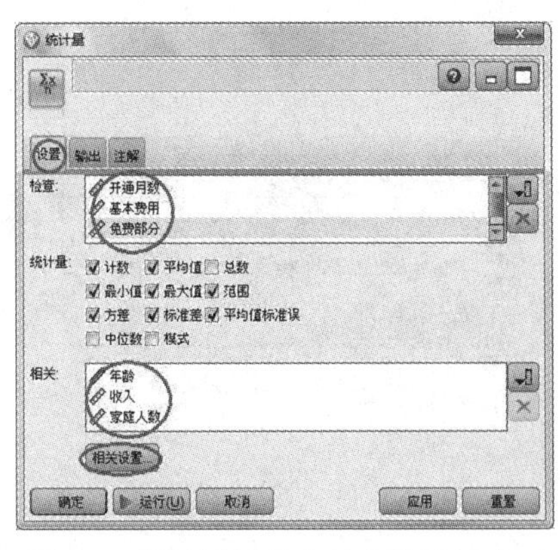

图 6-4 “统计量”节点的参数设置窗口

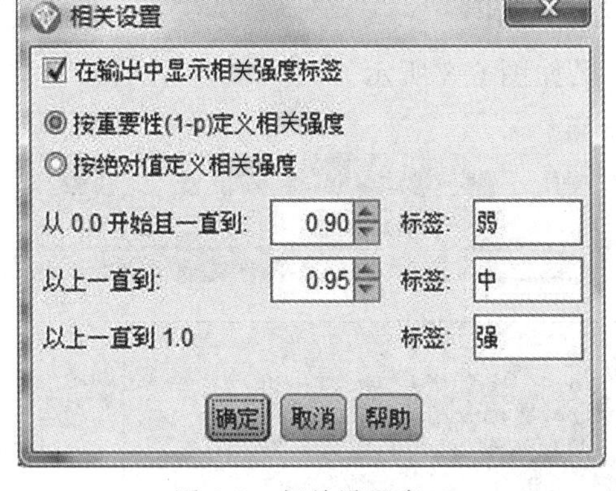

图 6-5 相关设置窗口

(3)在“相关设置”中，勾选“按重要性定义相关强度”。如图 6-5 所示。

计算结果如图 6-6 所示。可以看出，以“基本费用”为例，它与“年龄”和“收入”都有相关性，它们之间简单相关系数虽然为 0.401 和 0.195，但从统计量的角度来看有 95%以上的把握认为它们之间是非 0 相关。“基本费用”与“家庭人数”呈负弱相关。其他的分析相似。

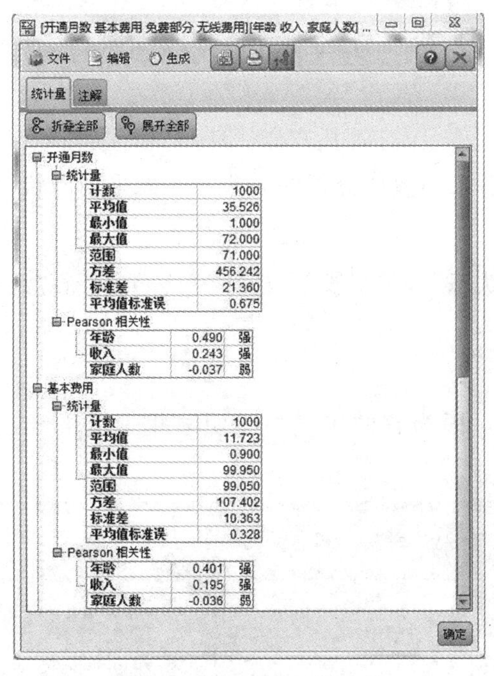

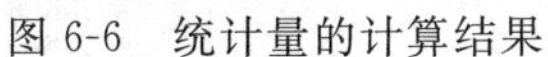
图 6-6 统计量的计算结果

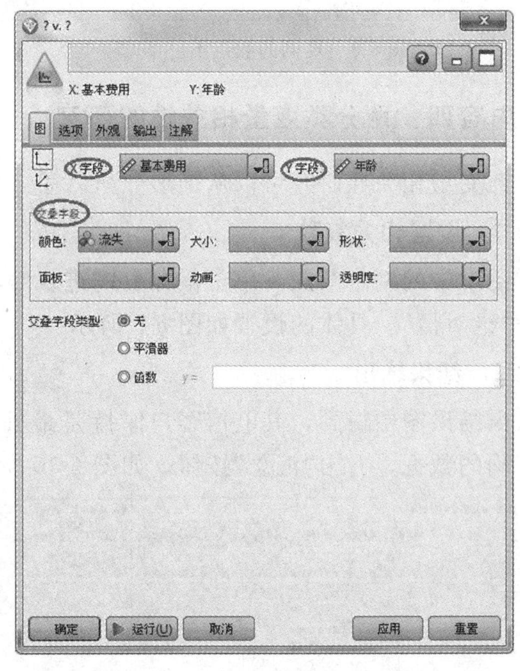

图 6-7 “图”节点的参数设置窗口

6.4.3 内容三：绘制散点图

数值之间变量的相关性可以采用上一个实验，也可以通过散点图来直观观察。此次主要观察基本费用和年龄之间的相关性。

步骤 1 构建数据流

选择“图形”选项卡中的“图”节点。

步骤 2 设置相关参数

(1)双击“图”节点，选择编辑菜单，进行参数窗口的设置。

(2)在“X 字段”和“Y 字段”框中分别选择“基本费用”和“年龄”。在“交叠字段”下，选择“颜色”—“流失”，不同颜色表示流失变量不同取值的样本点。如图 6-7 所提“图”节点的参数设置窗口。

步骤 3　结果输出

输出的结果如图 6-8 所示。

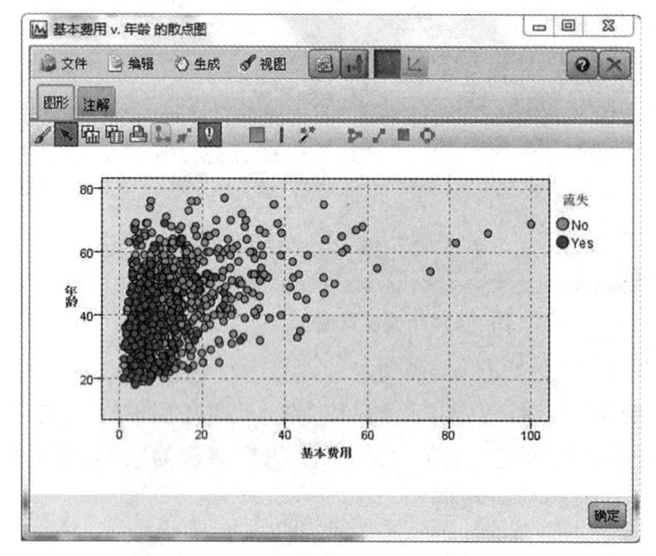

图 6-8　案例的散点图

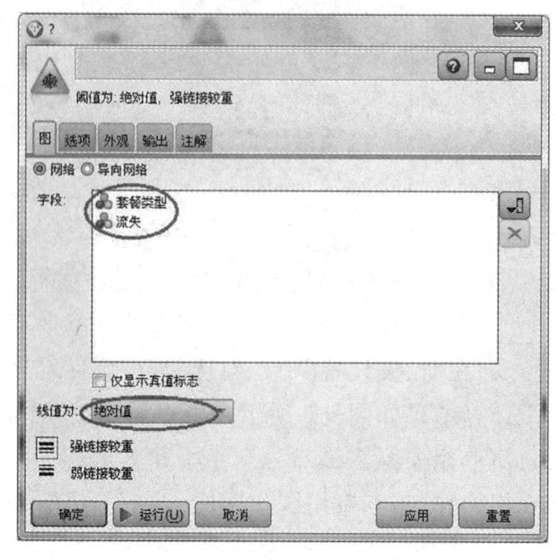

图 6-9　“网络”节点的参数设置窗口

6.4.4　内容四：两分类变量相关性的研究

两分类变量相关性研究可以从图形分析入手，然后采用数值分析的方法。下面采用网状图分析。

步骤 1　设置相关参数

选择图形中的网络节点，单击鼠标右键进入编辑状态，在“字段”下选择“套餐类型”和“流失”，设置线值为“绝对值”。具体的设置如图 6-9 所示。

步骤 2　结果输出

可以由结果图中得到，其电信客户保持是最好的，因为它的未流失线明显粗于流失线。为了得到更为准确的数据，右击“汇总”按钮。如图 6-10 所示。

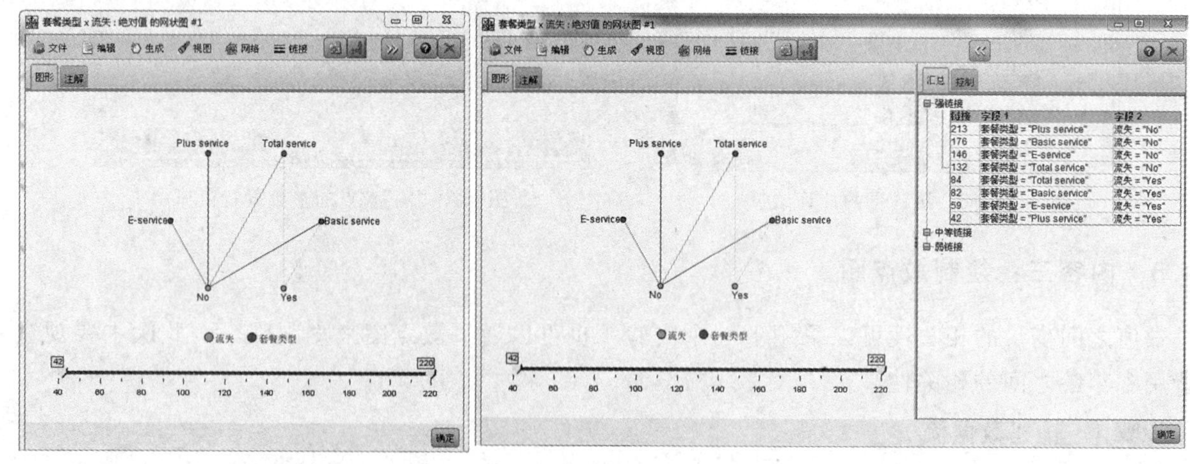

图 6-10　案例的网络图

6.4.5　内容五：变量重要性分析

步骤 1　窗口设置

选择“模型”选项卡中的“特征选择”节点，将其连接到数据流的恰当位置，点击鼠标右键，选择弹出菜单中编辑窗口，将“流失”添加到目标选项中，其他的全部添入输入。具体操作如图 6-11 所示。

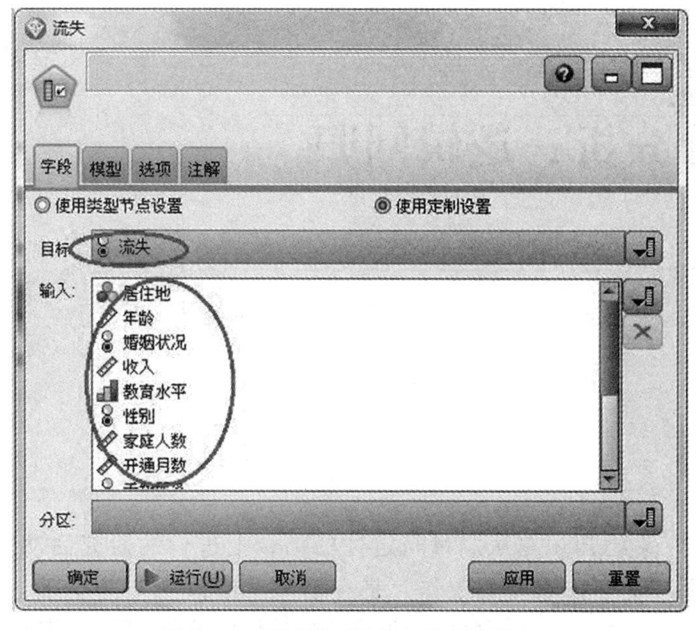

图 6-11　“特征选择”节点的窗口设置

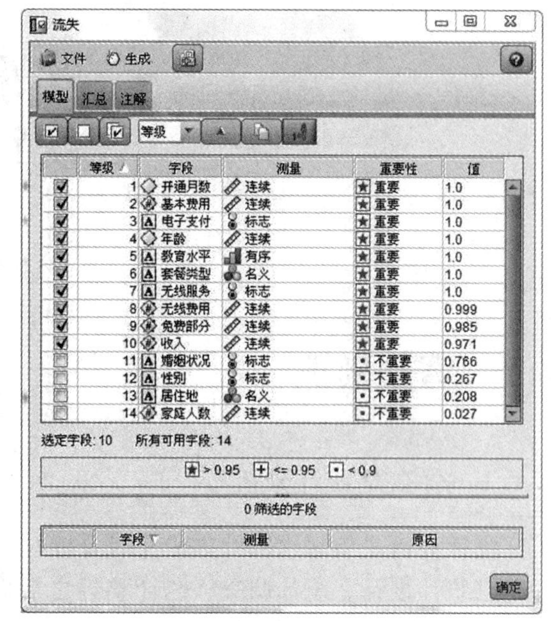

图 6-12　案例的结果图

步骤 2　结果输出

由结果输出可以看出，开通月数、基本费用、电子支付、年龄、受教育程度、套餐类型、收入以及各种费用等变量对预测客户是否流失很重要，其他的变量则意义不大。结果输出如图 6-12 所示。

6.5　实验分析与扩展练习

6.5.1　实验分析

本次实验通过对数据质量、基本描述、散点图、相关性、重要性五个方面进行内容分析，比较全面地了解该数据的相关信息，并得到了相应的结果。请总结分析下面几个问题：

(1)针对上述案例，分析保存客户与流失客户的基本费用是否存在显著的差异。

(2)如何评价数据质量？相关性和重要性有何区别？

6.5.2　扩展练习

(1)针对上述的五个内容，分别更改一些参数，观察是否对结果造成影响。

(2)利用本实验数据(Telephone.sav)和 WEKA 软件来进行简单的数据描述分析。

要点提示：

- WEKA 无法直接读取 .sav 文件，因此要将 .sav 文件转换为 .csv。
- WEKA 无法直接识别中文，因此要将文件中的变量名称中包含的中文改为英文。
- 数据处理好之后，进入 WEKA Explorer 界面，点击“open file”，打开 .csv 文件后，单击右下角“Visualize All”，可以看到所有变量的条形图。然后可以进行相关的数据描述。

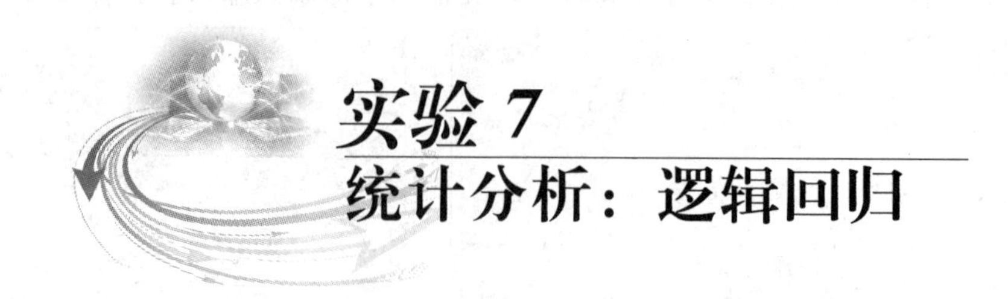

实验 7 统计分析：逻辑回归

7.1 背景知识

7.1.1 什么是统计分析

统计分析是指运用统计方法及与分析对象有关的知识，从定量与定性的结合上进行的研究活动。它是继统计设计、统计调查、统计整理之后的一项十分重要的工作，是在前几个阶段工作的基础上通过分析从而达到对研究对象更为深刻的认识。它又是在一定的选题下，集分析方案的设计、资料的搜集和整理而展开的研究活动。统计分析是统计工作中统计设计、资料收集、整理汇总、统计分析、信息反馈五个阶段最关键的一步。如果缺少这一步或这一步做得不好，均降低统计工作的作用。可以确切地说，没有统计分析，统计工作就没有活力、没有发展，也没有统计工作的地位。

7.1.2 统计分析方法

统计分析方法包括逻辑思维方法和数量关系分析方法。在统计分析中两者密不可分，应结合运用。具体如下：

(1)逻辑思维方法。

逻辑思维方法是指辩证唯物主义认识论的方法。统计分析必须以马克思主义哲学作为世界观和方法论的指导。唯物辩证法对于事物的认识要从简单到复杂，从特殊到一般，从偶然到必然，从现象到本质。坚持辩证的观点、发展的观点，从事物的发展变化中观察问题，从事物的相互依存、相互制约中分析问题，对统计分析具有重要的指导意义。

(2)数量关系分析方法。

数量关系分析方法是运用统计学中论述的方法对社会经济现象的数量表现，包括社会经济现象的规模、水平、速度、结构比例、事物之间的联系进行分析的方法。如对比分析法、平均和变异分析法、综合评价分析法、结构分析法、平衡分析法、动态分析法、因素分析法、相关分析法等。

数据挖掘的实际应用中，输出变量的分类预测问题极为普遍，分析方法也种类繁多，如后面实验中所讨论的决策树方法，神经网络方法等。统计学对于该类问题也有一套严谨的研究思路，通常采用 Logistic 回归分析方法和判别分析方法等。值得注意的是，统计方法对于变量类型和分布等都是有比较严格的限制，因此，通常情况下必须满足一定的条件才可以使用。本次实验通过 Logistic 回归分析来理解统计分析方法。

7.1.3 二项 Logistic 回归方程

回归分析(regression analysis)是确定两种或两种以上变数间相互依赖的定量关系的一种统计分析方法。运用十分广泛，回归分析按照涉及的自变量的多少，可分为一元回归分析和多元回归分析；

按照自变量和因变量之间的关系类型，可分为线性回归分析和非线性回归分析。如果在回归分析中，只包括一个自变量和一个因变量，且两者的关系可用一条直线近似表示，这种回归分析称为一元线性回归分析。如果回归分析中包括两个或两个以上的自变量，且因变量和自变量之间是线性关系，则称为多元线性回归分析。

回归分析变量之间的关系或进行相关预测时，输出的变量应为数值型变量。当输出的变量为二分类变量时，不符合回归分析对变量类型的要求，此时应该采用的是二项 Logistic 回归分析；当输出的变量是多分类变量时，采用的是多项 Logistic 回归分析。本实验主要讨论的是二项 Logistic 回归分析。

首先，对于一元线性模型 $y_i=\beta_0+\beta_1 x_i+\varepsilon_i$，其回归模型 $E(y_i)=\beta_0+\beta_1 x_i$ 是对输出变量均值的预测。当输入的变量为 0/1 的二分类变量时，如果还是采用线性回归模型建立回归方程，则变成了输入变量是 x_i 时对输出变量 $y_i=1$ 的概率预测。

由此得到的启发：可利用一般线性回归模型对输出变量取值为 1 的概率 P 进行建模，此时的回归模型输出变量的取值范围就是 0～1 之间。回归方程的一般形式为：

$$P_{y=1}=\beta_0+\beta_1 x。$$

由于一般线性回归方程的输出变量的取值在 $-\infty$～$+\infty$ 之间，而概率 P 的取值为 0～1 之间，如果对概率 P 作合理的转换处理，使其取值范围与一般线性回归模型吻合，则可以利用一般线性回归方程做相关的研究分析。

其次，采用一般线性回归模型时，方程中的 P 与输入变量之间的关系是线性的。实际应用中，它们之间常常是一种非线性的关系。例如：购买房子的概率通常不会随着年收入的增长而呈显著增长。一般的表现为，在年收入增长的初期，购买房子的可能性较为缓慢；当增长到一定的时期时，购买的可能性会快速增加；当年收入再增加到某一个时期时，购买房子的可能性基本保持了稳定。因此这种关系是非线性的。所以基于以上的分析，可对上述模型做如下处理。

第一：将 P 转换成 Ω。

$$\Omega=\frac{P}{1-P}。$$

其中，Ω 表示相对风险或是优势(Odds)，是事件发生概率与不发生概率之比。由于 Ω 与 P 的增长或下降的一致性，使得模型易于解释。

第二：Ω 转换成 $\ln(\Omega)$。

$$\ln(\Omega)=\ln\left(\frac{P}{1-P}\right)。$$

其中 $\ln(\Omega)$ 称为 Logit P。

经过这一转换后，Logit P 与 P 仍然呈现增长或下降的一致性。且取值范围为 $-\infty$～$+\infty$，与一般线性回归方程输出变量的取值刚好吻合。

经过了上述两步的转换，即得到了一般线性回归模型建立的输出变量与输入变量之间的多元分析模型，即

$$\mathrm{Logit}P=\beta_0+\sum_{i=1}^{k}\beta_i x_i。$$

此式子为 Logistic 回归方程。可见式子中 Logit P 与输入变量之间是线性关系。

将 $\mathrm{Logit}P=\beta_0+\sum_{i=1}^{k}\beta_i x_i$ 与式子 $\ln(\Omega)=\ln\left(\frac{P}{1-P}\right)$ 结合，得到最终的结果为

$$P=\frac{1}{1+\exp\left[-\left(\beta_0+\sum_{i=1}^{k}\beta_i x_i\right)\right]}。$$

该式子是典型的增长函数，体现了概率 P 和输入变量之间的非线性关系。

7.2 实验目的

7.2.1 SPSS Modeler 的 Logistic 统计方法

(1)了解和熟悉 SPSS Modeler 及其相关知识。

(2)掌握 SPSS Modeler 工具建立多项 Logistic 回归的方法。

(3)学会运用 SPSS Modeler 进行多项 Logistic 回归的内容。

7.2.2 Microsoft SQL Server 的 Logistic 统计方法

(1)熟悉和了解逻辑回归相关知识。

(2)利用 SQL Server 2008 进行逻辑回归的数据挖掘实验。

7.3 工具/准备工作

7.3.1 采用 SPSS Modeler 实验

(1)在开始实验前，请回顾教科书的相关内容。

(2)需要准备一台安装有 SPSS Modeler 15.0 软件系统的计算机。

7.3.2 采用 Microsoft SQL Server 2008 实验

(1)Microsoft SQL Server 2008。

(2)Microsoft SQL Server Analysis Services。

(3)Adventure Works DW 示例数据库。

7.4 实验内容及步骤

7.4.1 SPSS Modeler 实验

本实验采用的数据源来自文件 Brand.sav。该数据的变量分别是不同性别(x_2，1 为男，2 为女)、三种职业(x_1)顾客选购三种品牌(x_3)的数据。本实验主要探讨的例子说明多项 Logistic 回归的操作和意义。

步骤 1 构建多项 Logistic 回归数据流

(1)通过“Statistic 文件”节点读入文件名为 Brand.sav 的数据。

(2)数据流中添加“类型”节点。

(3)在“建模”模块下选择“Logistic”节点连接在数据流的恰当位置。

步骤 2 设置相关参数

(1)右击“类型”节点，将 x_3 设置为目标，其他保持不变，如图 7-1 所示。

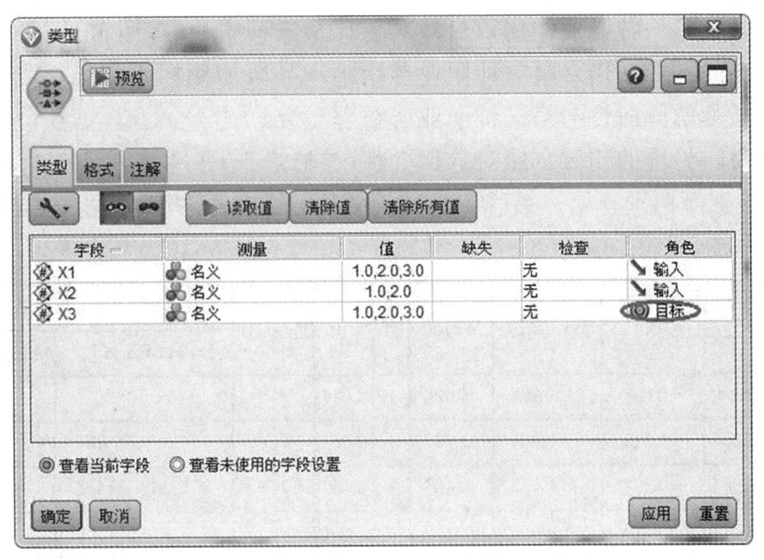

图 7-1　“类型”节点的相关设置窗口

(2)右击“Logistic”节点，在模型下，将使用分区数据勾选为“无”，采用的过程选择“多项式”，“多项式过程”中“方法”采用“进入法”，其他保持不变，如图 7-2 所示。

步骤 3　结果运行

本例的计算结果如图 7-3 所示。

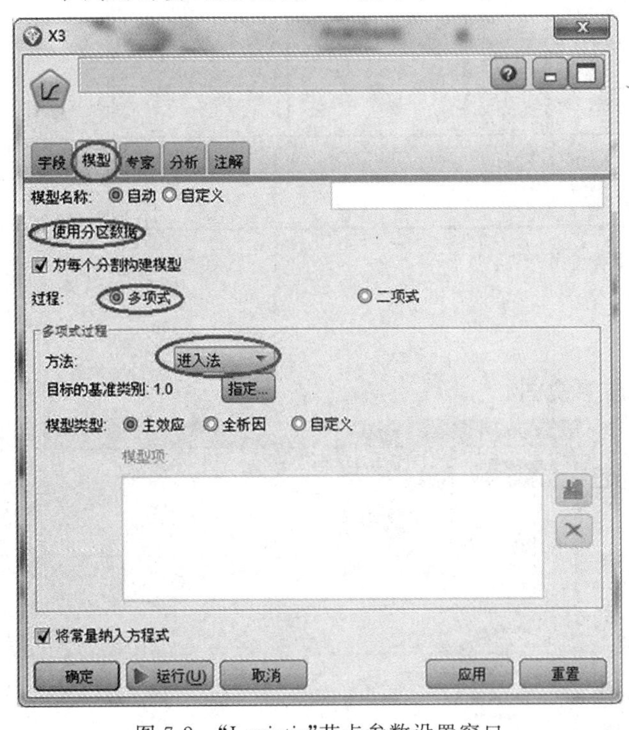

图 7-2　“Logistic”节点参数设置窗口

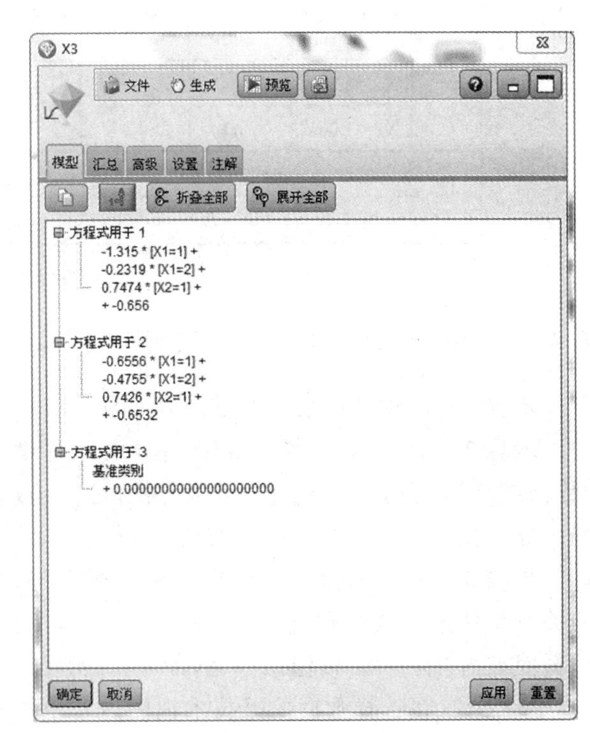

图 7-3　结果输出

结果包含两个回归方程。

第一个方程为

$$\ln \frac{P_1}{P_3} = -0.656 - 1.315x_1(1) - 0.231x_1(2) + 0.747x_2(1)。$$

以第三种职业作为职业的参照水平，以女性作为性别的参照水平，研究对象是选择第一品牌的概率与第三品牌概率之比的自然对数(如图 7-4 所示)。

● 当性别相同时，第一种职业的比数自然对数比第三种职业(参照水平)平均减少了1.315，第一种职业是第三种职业的0.269倍。第一种职业选择第一品牌的倾向不如第三种职业，且统计显著，第一种职业选择第一品牌的倾向性与第三种职业有显著差异。

● 当职业相同时，男性的比数自然对数比女性(参照水平)平均多0.747个单位，男性是女性的2.112倍。男性较女性更倾向选择第一品牌，且统计表明，男性选择第一品牌的倾向性与女性有显著差异。

X3(a)		B	Std.Error	Wald	df	Sig.	Exp(B)	95% Confidence Interval for Exp(B)	
								Lower Bound	Upper Bound
1.000	Intercept	−0.656	0.296	4.924	1	0.026			
	[X1=1.000]	−1.315	0.384	11.727	1	0.001	0.269	0.127	0.570
	[X1=2.000]	−0.232	0.333	0.486	1	0.486	0.793	0.413	1.522
	[X1=3.000]	0(b)	.	.	0	.	.	.	.
	[X2=1.000]	0.747	0.282	7.027	1	0.008	2.112	1.215	3.670
	[X2=2.000]	0(b)	.	.	0	.	.	.	.
2.000	Intercept	−0.653	0.293	4.986	1	0.026			
	[X1=1.000]	−0.656	0.339	3.730	1	0.053	0.519	0.267	1.010
	[X1=2.000]	−0.475	0.344	1.915	1	0.166	0.622	0.317	1.219
	[X1=3.000]	0(b)	.	.	0	.	.	.	.
	[X2=1.000]	0.743	0.271	7.533	1	0.006	2.101	1.237	3.571
	[X2=2.000]	0(b)	.	.	0	.	.	.	.
a.The reference category is:3.000.									
b.This parameter is set to zero because it is redundant.									

图7-4　结果输出图

7.4.2　Microsoft SQL Server 实验

步骤1　创建分析服务项目，数据源，以及数据源视图。

步骤2　在解决方案资源管理器中，右键单击“数据结构”，再选择“新建挖掘结构”，进入数据挖掘向导首页后，点击“下一步”按钮。

步骤3　进入选择定义方法页面，选择“从现有的关系型数据库或数据仓库”，即为默认值，直接在该页面点击“下一步”按钮。

步骤4　在选择数据挖掘技术视图内，单击选项“您要使用何种数据挖掘技术”的下拉列表，选择“Microsoft 逻辑回归”，点击“下一步”按钮。

步骤5　在选择数据源视图中，选取“Adventure Works DW”数据库后，点击“下一步”按钮。

步骤6　选取“vTargetMail”表后，点击“下一步”按钮，如图7-5所示。

图7-5　指定表类型

步骤7　选择所需的索引键、输入变量、预测变量。本实验以 CustomerKey 为索引键，BikeBuyer 为预测变量，点击“建议”了解预测变量和其他变量之间的相关性，选取其中影响力较大的输入变量，之后点击“完成”按钮，回到原来界面，点击“下一步”按钮，如图 7-6 和图 7-7 所示。

图 7-6 指定定型数据

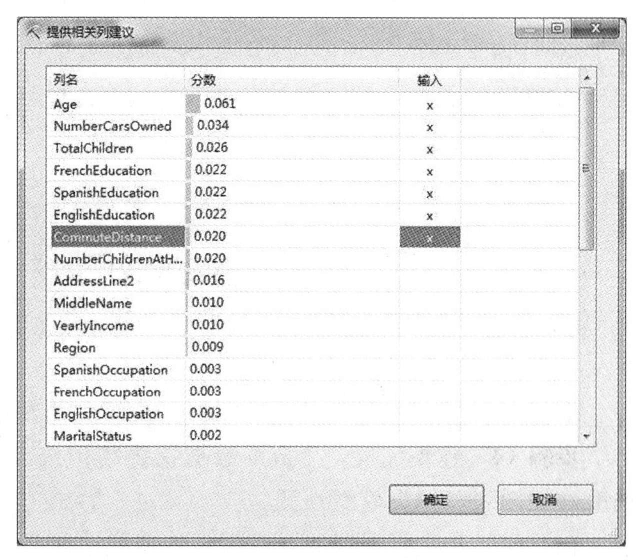

图 7-7 相关列建议

步骤 8 在“指定列的内容和数据类型”页面中，点击“检测”自动探测变量内容类型和数据类型，如图 7-8 所示。

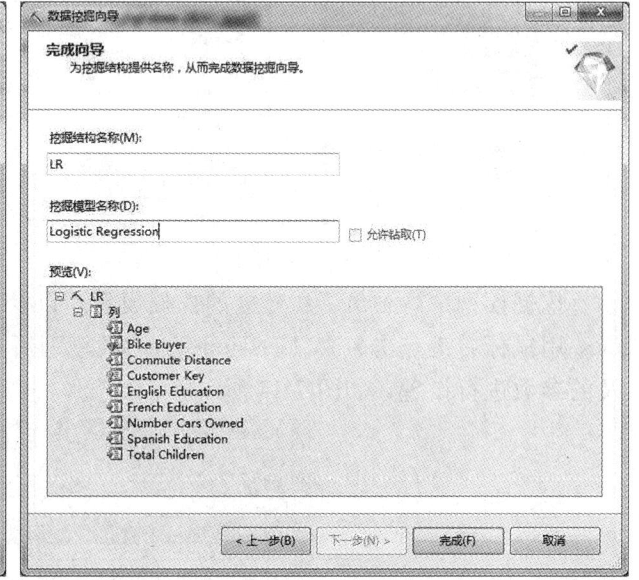

图 7-8 指定列的内容和数据类型

图 7-9 挖掘结构完成向导

步骤 9 在“创建测试集”页上，清除选项“测试数据百分比”的文本框。单击“下一步”按钮。

步骤 10 在“完成向导”页面中，更改挖掘结构名称和挖掘模型名称，点击“完成”按钮，如图 7-9 所示。

步骤 11 选择上方的挖掘模型查看器后，程序会问是否先生成部署项目？点击“是”按钮。接着程序会提示必须先处理“vTargetMail”挖掘模型，是否继续？仍然点击“是”按钮。

步骤 12 在以下页面点击“运行”按钮，如图 7-10 所示。

图 7-10　挖掘模型的处理

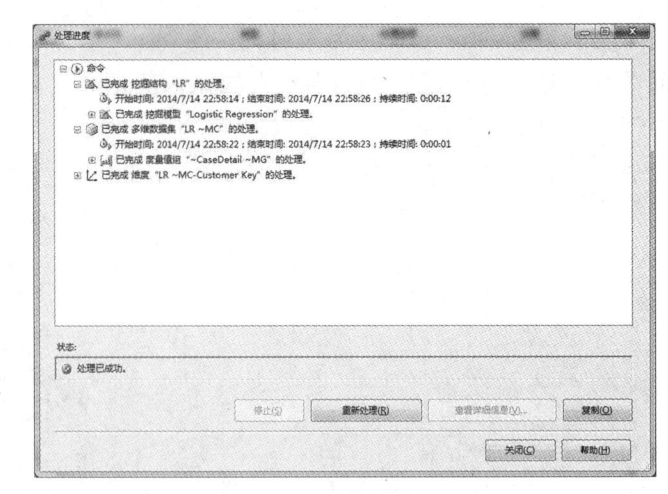

图 7-11　挖掘模型处理进度

步骤 13　执行完毕后，点击“关闭”按钮，回到原来页面，再次点击“关闭”按钮，如图 7-11 所示。

步骤 14　建模完成。生成的数据挖掘结构接口包含挖掘结构、挖掘模型、挖掘模型查看器、挖掘准确性图表和挖掘模型预测。

在挖掘结构中，展现的是数据间的关联性和分析的变量列表，如图 7-12 所示。

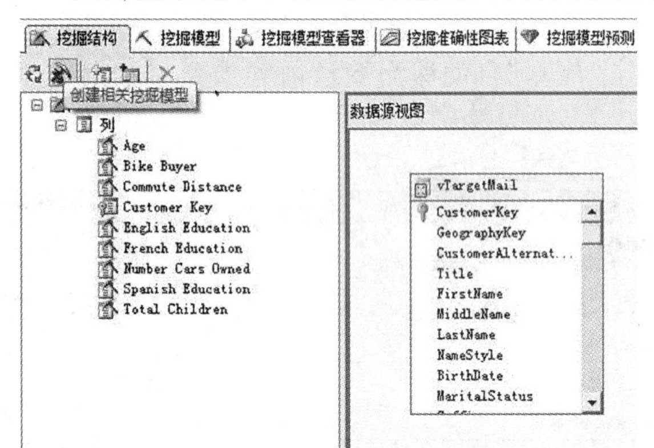

图 7-12　挖掘结构图

图 7-13　挖掘模型

挖掘模型中，列出了所建立的挖掘模型，以及变量使用状况，如图 7-13 所示。

用鼠标右键点击名为“Decision Tree”的模型所在的列，然后选择“设置算法参数”，可以对算法涉及的参数进行设置，如图 7-14 所示。

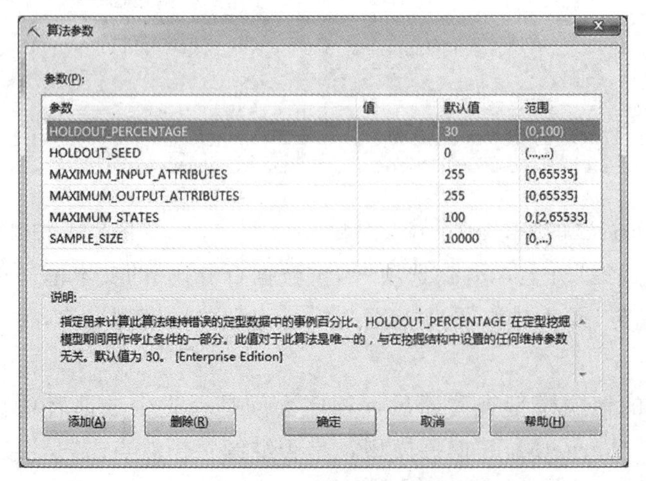

图 7-14　模型参数设置

挖掘模型查看器呈现该挖掘模型，通过柱状图表示出某一变量的状态对预测变量影响的方向和强度，如图 7-15 所示。

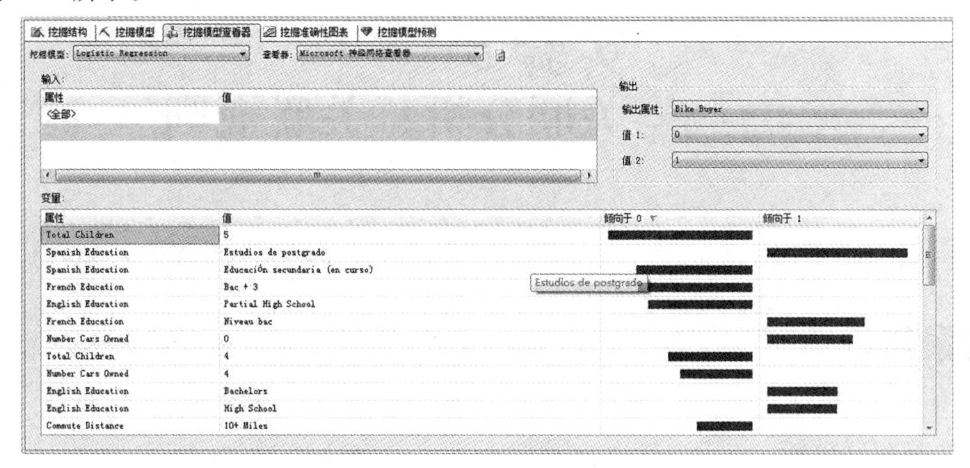

图 7-15　模型查看器

7.5　实验分析与扩展练习

7.5.1　实验分析

统计分析是数据挖掘的基础，本实验围绕逻辑回归模型的创建，分别利用 SPSS Modeler 和 Microsoft SQL Server 数据挖掘工具来实现，从而理解统计分析的主要作用。

逻辑回归是根据输入域值对记录进行分类的统计方法，通过建立一组方程，把输入域值与输出字段每一类的概率联系起来。模型分析二分类或有序因变量与解释变量的关系，用自变量去预测因变量在给定某个值的概率。一旦生成模型，便可用于估计新的数据的概率。概率最大的目标类被指定为该记录的预测输出值。

在多项 Logistic 回归分析中，输出的变量是多分类型的。多项 Logistic 回归模型的基本思想类似于我们常见的二项 Logistic 回归，其研究的目的是分析输出变量各类别与某参照类别的对比情况。通过 SPSS Modeler 和 Microsoft SQL Server，运用多项 Logistic 回归，可以明显地了解各个变量之间的相互关系。

请总结分析下面几个问题：

(1)结合本次实验数据结果，分析逻辑回归模型的二分类原理。

(2)当本次实验选择的是第 2 个方程时，说说方程代表的意义。

(3)采用二项 Logistic 回归会出现什么样的结果和问题。

7.5.2　扩展练习

(1)尝试改变挖掘算法的参数，来提高预测准确率，在“挖掘模型准确性图表”中，对挖掘模型进行验证。

(2)利用 Excel 2007 或 Excel 2010 的 SQL Server 2008 数据挖掘插件操作 Microsoft 逻辑回归算法。

(3)利用实验数据(weather. arff)和 WEKA 软件来进行简单的逻辑回归分析。

要点提示：

● 进入 WEKA Explorer 界面，点击“open file”，打开 weather. arff 文件后，单击“Classify”，单击“Choose”，单击“Functions”后，找到“Logistic”。

实验 8
关联分析：关联规则

8.1 背景知识

8.1.1 什么是关联分析

关联分析就是从大量数据中发现项集之间有趣的关联和相关联系。关联分析的一个典型例子是购物篮分析。该过程通过发现顾客放入其购物篮中的不同商品之间的联系，分析顾客的购买习惯。通过了解哪些商品频繁地被顾客同时购买，这种关联的发现可以帮助零售商制定营销策略。其他的应用还包括价目表设计、商品促销、商品的排放和基于购买模式的顾客划分。

可从数据库中关联分析出形如“由于某些事件的发生而引起另外一些事件的发生”之类的规则。如“67%的顾客在购买啤酒的同时也会购买尿布”，因此通过合理的啤酒和尿布的货架摆放或捆绑销售可提高超市的服务质量和效益。又如“‘C语言’课程优秀的同学，在学习‘数据结构’时为优秀的可能性达88%”，那么就可以通过强化“C语言”的学习来提高教学效果。

关联分析是一种简单、实用的分析技术，就是发现存在于大量数据集中的关联性或相关性，从而描述了一个事物中某些属性同时出现的规律和模式。

8.1.2 关联分析方法

关联分析的目的是为了挖掘出隐藏在数据间的相互关系。常用的关联分析方法是关联规则和序列模式。

(1)关联规则的基本概念。

①项集或候选项集。

项集 $Item=\{Item_1, Item_2, \cdots, Item_m\}$；$TR$ 是事物的集合；$TR \subset Item$，并且 TR 是一个$\{0, 1\}$属性的集合。集合 $K_Item=\{Item_1, Item_2, \cdots, Item_m\}$称为 K 项集或者 K 项候选项集。

②频繁项集和非频繁项集。

设 X，Y 是数据集 D 中的项集。

(1)若 $X \subseteq Y$，则 $\text{support}(X) \geqslant \text{support}(Y)$。

(2)若 $X \subseteq Y$，如果 X 是非频繁项集，则 Y 也是非频繁项集。

(3)若 $X \subseteq Y$，若 Y 是频繁项集，则 X 也是频繁项集。

③支持度。

数据集 D 中包含项集 X 的事务数称为项集 X 的支持数，记为 σ_x。项集 X 的支持度记为 $\text{support}(X)$，

$$\text{support}(X)=\frac{\sigma_x}{|D|}\times 100\%。$$

其中，$|D|$ 是数据集 D 中的事务项，若 $\text{support}(X)$不小于用户指定的最小支持度阈值 minsup，

则称 X 为频繁项集，否则称 X 为非频繁项集。

④可信度。

可信度 confidence，规则 $A \Rightarrow B$ 具有可信度 $conf(A \Rightarrow B)$ 表示数据库中包含 A 的事物同时也包含 B 的百分比，是 $A \cup B$ 的支持度 $sup(A \cup B)$ 与前件 A 的支持度 $sup(A)$ 的百分比。项集的可信度记为

$$conf(A \Rightarrow B) = \frac{sup(A \cup B)}{sup(A)}。$$

⑤产生关联规则。

若 $support(X \Rightarrow Y) \geqslant minsup$ 且 $confidence(X \Rightarrow Y) \geqslant minconf$，称为关联规则 $X \Rightarrow Y$ 为强关联规则，否则称关联规则 $X \Rightarrow Y$ 为弱规则。

(2)关联规则应用。

关联规则用于寻找在同一个事件中出现的不同项的相关性，如在一次购买活动中所买不同商品的相关性。例如，在购买面包和黄油的顾客中，有90%的人同时也买了牛奶(面包＋黄油)。用于关联规则发现的主要对象是事务型数据库，其中针对的应用则是售货数据，也称货篮数据。一个事务一般由几个部分组成：事务处理时间、一组顾客购买的物品、有时也有顾客标志号(如信用卡号)。

由于条形码技术的发展，零售部门可以利用前端收款机收集存储大量的售货数据。因此，如果对这些历史事务数据进行分析，则可对顾客的购买行为提供极有价值的信息。例如，可以帮助如何摆放货架上的商品(如把顾客经常同时买的商品放在一起)，帮助如何规划市场(怎样相互搭配进货)。由此可见，从事务数据中发现关联规则，对于改进零售业等商业活动的决策非常重要。

设 $I=\{i_1, i_2, \cdots, i_m\}$ 是一组物品集(一个商场的物品可能有上万种)，D 是一组事务集(称为事务数据库)。D 中的每个事务 T 是一组物品，显然满足 $T \in I$。如果 $X \in T$，称事务 T 支持物品集 X。关联规则是以下形式的一种蕴含：X 属于 Y，其中，且：

①如果 D 中有 $S\%$ 的事务支持物品集 X，则物品集 X 具有大小为 S 的支持度。

②如果物品集 XUY 的支持度为 S，则称关联规则 X 指向 Y，在事务数据库 D 中具有大小为 S 的支持度。

③如果 D 中支持物品集 X 的事务中有 $C\%$ 的事务同时也支持物品集 Y，称规则 X 指向 Y，在事务数据库 D 中具有大小为 C 的可信度。

如果不考虑关联规则的支持度和可信度，那么在事务数据库中存在无穷多的关联规则。事实上，人们一般只对满足一定的支持度和可信度的关联规则感兴趣。因此，为了发现有意义的关联规则，需要给定两个阈值：最小支持度和最小可信度。前者即用户规定的关联规则必须满足的最小支持度，它表示了一组物品集在统计意义上需满足的最低程度；后者即用户规定的关联规则必须满足的最小可信度，它反映了关联规则的最低可靠度。在实际情况下，一种更有用的关联规则是泛化关联规则。因为物品概念间存在一种层次关系，如夹克衫、滑雪衫属于外套类，外套、衬衣又属于衣服类。有了层次关系后，可以帮助发现一些更多的有意义的规则。例如买外套、买鞋子(此处，外套和鞋子是较高层次上的物品或概念，因而该规则是一种泛化的关联规则)。由于商店或超市中有成千上万种物品，平均来讲，每种物品(如滑雪衫)的支持度很低，因此有时难以发现有用规则；但如果考虑到较高层次的物品(如外套)，则其支持度就较高，从而可能发现有用的规则。

另外，关联规则发现的思路还可以用于序列模式发现。用户在购买物品时，除了具有上述关联规律，还有时间上或序列上的规律。因为很多时候顾客会这次买这些东西，下次买同上次有关的一些东西，接着又买有关的某些东西。

8.1.3 Apriori 算法

关联规则的研究和应用是数据挖掘中最活跃和比较深入的分支，目前，已经提出了许多关联规

则挖掘的理论和算法。最著名的是 R. Agrawal 等人在 1993 年设计了一个 Apriori 算法，这是一种最具有影响力的挖掘布尔关联规则频繁项集的算法。该算法将关联规则挖掘分解成两个子问题：

第一，找出存在于事务数据库中的所有的频繁数据项目集。即那些支持度大于用户给定支持度阈值的项目集。

第二，在找出的频繁项目集的基础上产生强关联规则。即产生那些支持度和可信度分别大于或等于用户给定的支持度和可信度阈值的关联规则。

Apriori 算法在寻找频繁项集时，利用了频繁项集的向下封闭性，即频繁项集的子集必须是频繁项集，采用逐层搜索的迭代方法，由候选项集生成频繁项集，最终由频繁项集得到关联规则，这些操作主要是由连接和剪枝来完成。Apriori 算法如下：

(1)L_1＝{频繁 1-项集}；

(2)For($k=2$；$L_{k-1}\neq\Phi$；$k++$)　do begin

(3)$C_k=apriori\text{-}gen(L_{k-1})$；产生新的候选项集

(4)For 所有事务 $t\in D$　do begin

(5)$C_t=subset(C_k:t)$；t 中所包含的候选 k 项集

(6)For 所有候选 $c\in C_t$　do

(7)$c.count++$；

(8)End；

(9)$L_k=\{c\in C_k \mid c.count\geq \text{min sup}\}$

(10)End；

(11)结果＝$\bigcup_k L_k$；

End；

算法的第一次遍历计算每一个项集的支持度，以确定频繁 1-项集。随后的第 k 次遍历包括两个阶段。首先，使用在第($k-1$)次遍历中找到的频繁项集 L_{k-1} 和 Apriori-gen 函数产生候选项集 C_k。其中 Apriori-gen 函数包含连接(joining)和剪枝(pruning)两步。接着扫描数据库，计算 C_k 中候选项集的支持度。利用 hash 树可以有效确定 C_k 中的一个候选项集是否包含在事务 t 中。见表 8-1。

表 8-1　符号定义

k-项集	一个有 k 个项目的项集
L_k	频繁 k-项集(那些有最小支持度的项集)的集合。该集合中每个成员有两个域：项集和支持度计数(support count)
C_k	候选 k-项集(潜在的频繁项集)的集合。该集合中每个成员有两个域：项集和支持度计数

8.2　实验目的

8.2.1　SPSS Modeler 的关联规则

(1)了解和熟悉 SPSS Modeler 及其相关知识。

(2)掌握 SPSS Modeler 工具建立 Apriori 关联规则的方法。

(3)学会运用 SPSS Modeler 关联规则进行相关的内容分析。

8.2.2 Microsoft SQL Server 的关联规则

(1)熟悉和了解关联规则相关知识。
(2)利用 SQL Server 2008 进行关联规则的数据挖掘实验。

8.3 工具/准备工作

8.3.1 采用 SPSS Modeler 实验

(1)在开始实验前，请回顾教科书的相关内容。
(2)需要准备一台安装有 SPSS Modeler 15.0 软件系统的计算机。

8.3.2 采用 Microsoft SQL Server 2008 实验

(1)Microsoft SQL Server 2008。
(2)Microsoft SQL Server Analysis Services。
(3)Adventure Works DW 示例数据库。

8.4 实验内容及步骤

8.4.1 SPSS Modeler 实验

本实验分析的是超市顾客个人信息和他们的一次购买商品数据，采用的是关联分析中的 Apriori 算法。本实验的数据来自文件中名为 BASKETS. txt 的文件。数据的内容主要包括两个部分，第一部分是顾客个人的基本信息，主要的变量有会员卡号(cardid)、消费金额(value)、支付方式(pmethod)、性别(sex)、是否户主(homeown)、年龄(age)、收入(income)；第二部分是顾客的一次购买商品的信息，主要变量有果蔬(fruitveg)、鲜肉(freshmeat)、奶制品(dairy)、罐头蔬菜(cannedveg)、罐头肉(cannedmeat)、冷冻食品(frozenmeal)、啤酒(beer)、葡萄酒(wine)、软饮料(softdrink)、鱼(fish)、糖果(confectionery)，均为二分类型变量，取值 T 表示购买，F 表示未购买，是一种事实表的数据组织格式。本次试验分析的是哪些商品最有可能同时购买。具体的实验步骤如下。

步骤 1 创建 Apriori 算法数据流

(1)通过"可变文件"节点读入数据 BASKETS. txt。

(2)选择建模卡片中的"Apriori"节点并将其连接到数据流中的恰当位置，右击鼠标，选择菜单中的编辑选项进行参数设置。

步骤 2 设置具体参数

(1)在"字段"下，选择"使用定制设置"选项。在"后项"和"前项"框中选择关联规则的后项和前项的变量，本例中分析连带销售商品，因此所有商品均被选入后项和前项。如图 8-1(a)所示。

(2)在"类型"下，指定当前前项最低条件支持度，默认值 10%；最小规则置信度，默认为 80%；最大前项数，默认为 5；勾选"仅包含标志变量的真值"，表示只显示项目出现的规则，而不显示项目不出现时的规则，这里只关心的是商品的连带购买。如图 8-1(b)所示。

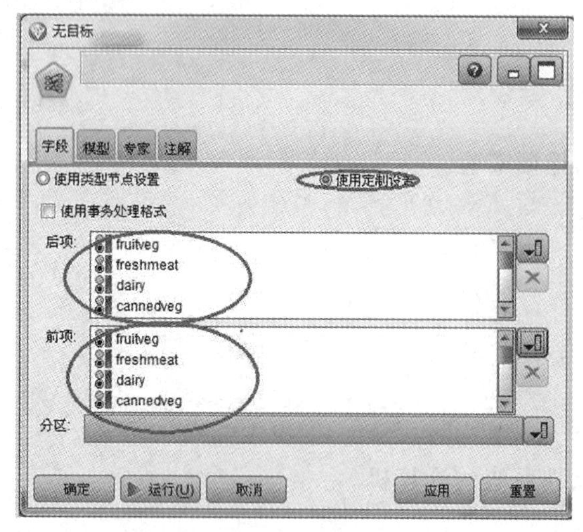

(a)字段设置窗口

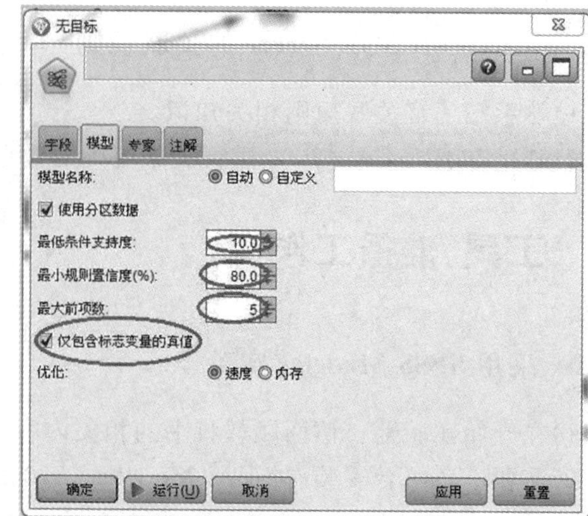

(b)模型设置窗口

图 8-1　Apriori 的参数设置窗口

(3)在“专家”的选项下，选择模式“专家”选项，并选择评价关联规则的度量指标，这里选择默认选项“规则置信度”。如图 8-2 所示。

步骤 3　结果运行

实验结果如图 8-3 所示。

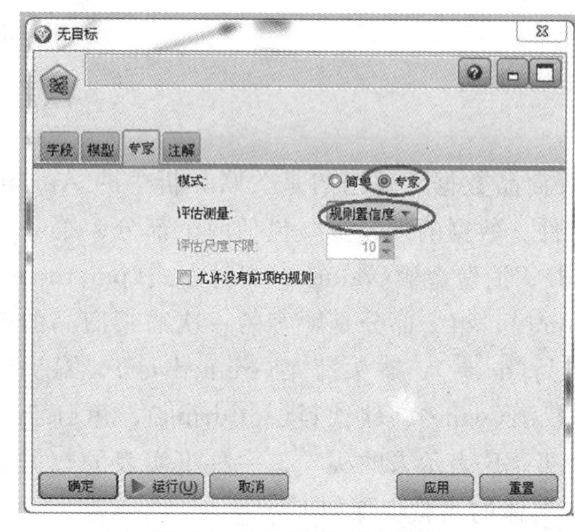

图 8-2　“专家”选项卡设置

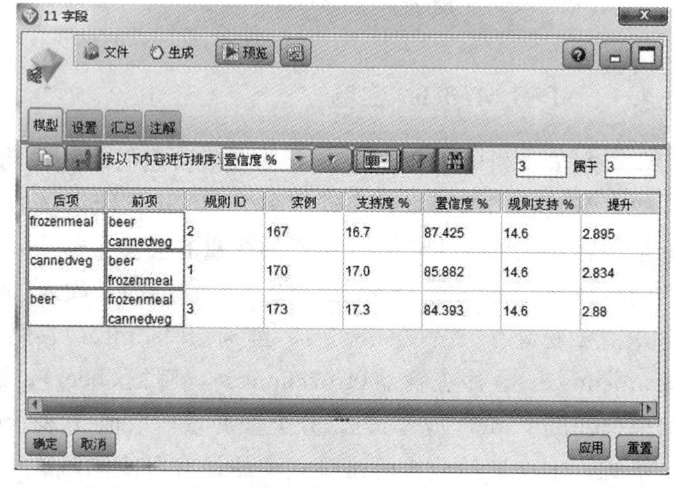

后项	前项	规则 ID	实例	支持度 %	置信度 %	规则支持 %	提升
frozenmeal	beer cannedveg	2	167	16.7	87.425	14.6	2.895
cannedveg	beer frozenmeal	1	170	17.0	85.882	14.6	2.834
beer	frozenmeal cannedveg	3	173	17.3	84.393	14.6	2.88

图 8-3　结果分析

结果说明：如按第 2 条关联规则，购买啤酒和冷冻食品则会同时购买罐头蔬菜，样本中购买啤酒和冷冻食品的样本为 170；同样也说明购买啤酒和冷冻食品的顾客有 85.882%的可能购买罐头蔬菜，该规则的支持度为 14.6%。本例中产生了三条关联规则：啤酒和罐头蔬菜→冷冻食品(S=14.6%，C=87.425)；啤酒和冷冻食品→罐头蔬菜(S=14.6%，C=85.882%)；冷冻食品和罐头蔬菜→啤酒(S=4.6%，C=84.393%)。同时，三条关联规则的提升度(2.895，2.834，2.88)都可以接受。因此，啤酒、罐头蔬菜、冷冻食品是最有可能连带销售的商品。

可以利用关联规则考察哪类顾客符合哪条关联规律。如果某个顾客满足某条关联规则，则可以推断其有一定的可能性同时购买某种商品，反之，则无法预测。

步骤 4　考察关联规律

(1)将 Apriori 节点中的模型计算的结果添加到数据流编辑区域的恰当位置。

(2)点击鼠标右键选择“编辑”选项，进行“选项”的设置。

(3)“最大预测数”中输入数值，默认为 3。

(4)勾选“忽略不匹配篮项目”，表示样本应用规则时不能按顺序完全匹配前项的所有项目时，允许采用非精度匹配。勾选“检查预测不在篮中”，表示样本应用关联规则时，给出的后项结果不应出现在前项中。如图 8-4 所示。

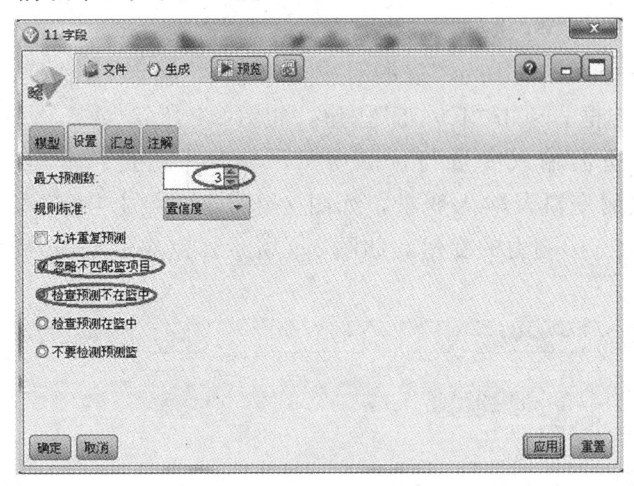

图 8-4 Apriori 模型结果的“设置”的设置

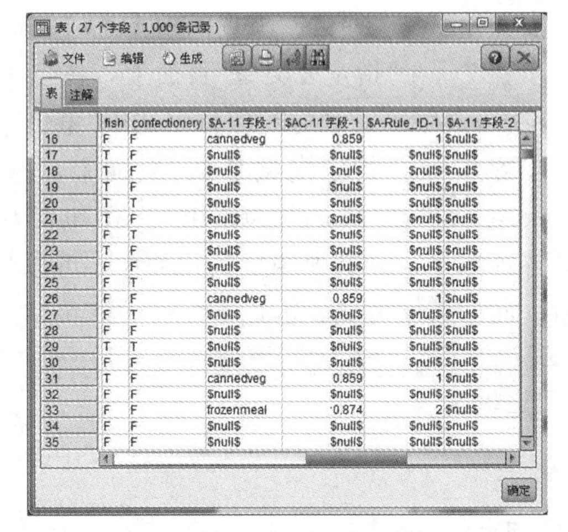

图 8-5 实验推测结果

通过“表”节点课观测具体的结果。＄A、＄AC、＄A-Rule 分别表示每个样本应用关联规则的推断结果、置信度和规则编号。例如在表中向编号 16 的顾客运用关联规则 1，可以推测其有 85.9％的可能性同时购买罐头蔬菜。当然，如果样本不符合任何关联规则，也就是没有一条关联规则中出现的商品出现在顾客的购买清单中，则推断结果为系统缺失值＄null＄。实验结果如图 8-5 所示。

8.4.2 Microsoft SQL Server 实验

步骤 1 创建分析服务项目，数据源，以及数据源视图。

步骤 2 双击“解决方案资源管理器”中的数据源视图“Adventure Works DW.dsv”，在出现的视图页面中，定位“vAssocSeqOrders”和“vAssocSeqLineItems”两张表，选择“vAssocSeqOrders”表中的“OrderNumber”列，将该列拖到“vAssocSeqLineItems”表中，并将其放到“OrderNumber”列上。“vAssocSeqOrders”和“vAssocSeqLineItems”之间就存在一种新的“多对一关系”。如果连接成功，数据源视图中，两张表将会如图 8-6 所示：

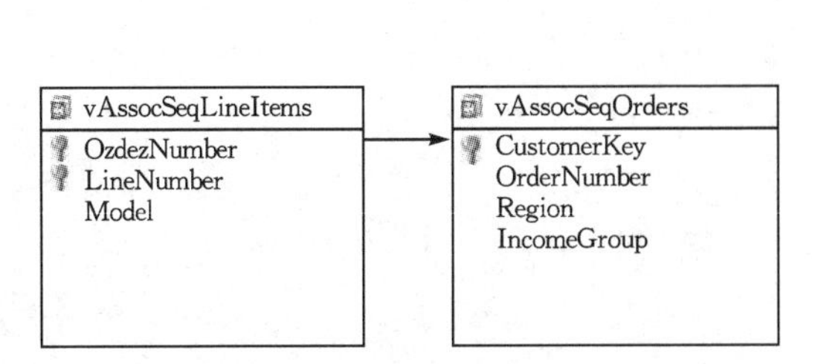

图 8-6 表关系视图

图 8-7 指定表类型

步骤 3 在解决方案资源管理器中，右键点击“数据结构”，新建挖掘结构，进入数据挖掘向导首页后，点击“下一步”按钮。

步骤 4　进入选择定义方法页面，选择现有的关系型数据库或数据仓库，即为默认值，直接在该页面点击“下一步”按钮。

步骤 5　在选择数据挖掘技术试图内，选择“Microsoft 关联规则”后，点击“下一步”按钮。

步骤 6　在选择数据源视图中，选取“Adventure Works DW”数据库后，点击“下一步”按钮。

步骤 7　在“指定表类型”页面上，在“vAssocSeqLineItems”表的对应行中选中“嵌套”复选框，在“vAssocSeqOrders”表的对应行中选中“事例”复选框。单击“下一步”按钮，如图 8-7 所示。

步骤 8　在“指定定型数据”页面上，选择所需输入变量与预测变量，以及索引键。本实验以“Order Number”“Model”为索引，“Model”为预测变量及输入变量，如图 8-8 所示。点击“建议”，可以了解预测变量和其他变量的相关性，可以找出有影响力的变量，如图 8-9 所示。完成后点击“确定”按钮，回到原来界面，再点击“下一步”按钮。

图 8-8　指定定型数据

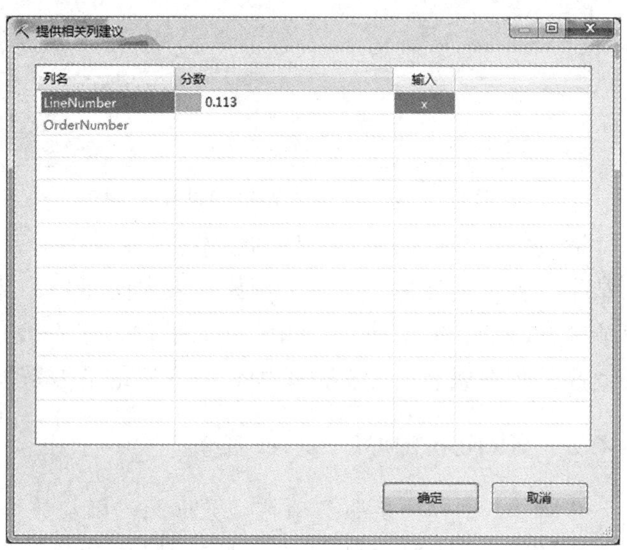

图 8-9　变量相关性

步骤 9　在“指定列的内容和数据类型”页上，查看你们选择的内容，再单击“下一步”按钮。

步骤 10　在“创建测试集”页上，清除选项“测试数据百分比”的文本框。单击“下一步”按钮。

步骤 11　更改挖掘结构名称，勾选“允许钻取”，点击“完成”按钮，如图 8-10 所示。

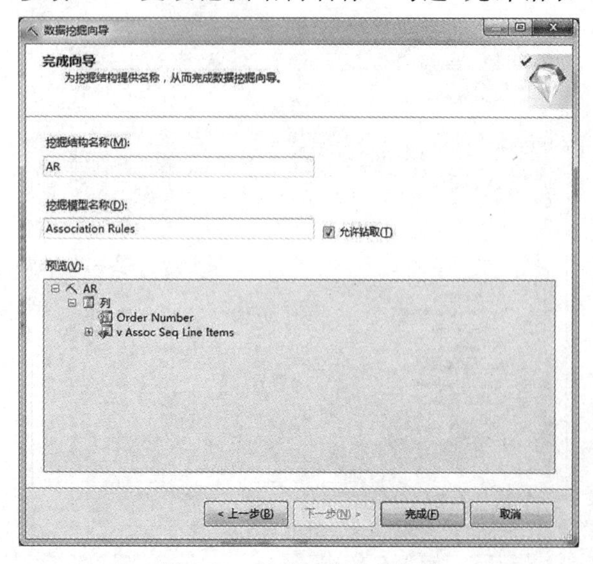

图 8-10　挖掘结构完成向导

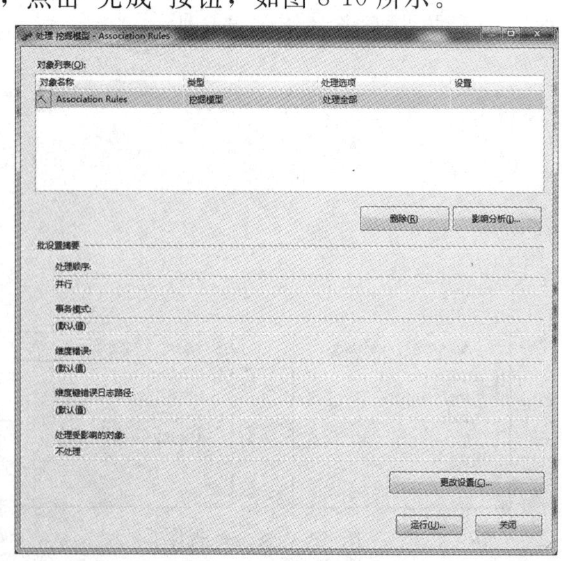

图 8-11　挖掘模型处理

步骤 12　选择上方的挖掘模型查看器后，程序会问是否先生成部署项目？点击“是”。接着会问是否继续？仍然点击“是”。

步骤 13　点击“运行”按钮。如图 8-11 所示。

步骤 14　执行完毕后，点击“关闭”按钮，回到原来界面，再一次点击“关闭”按钮。

步骤 15　建模完成。产生数据挖掘结构接口，包含挖掘结构、挖掘模型查看器、挖掘准确性图表以及挖掘模型预测。

挖掘结构展现了分析时所有选择的变量，包含索引键、输入变量和可预测变量以及数据间的关联性，如图 8-12 所示。

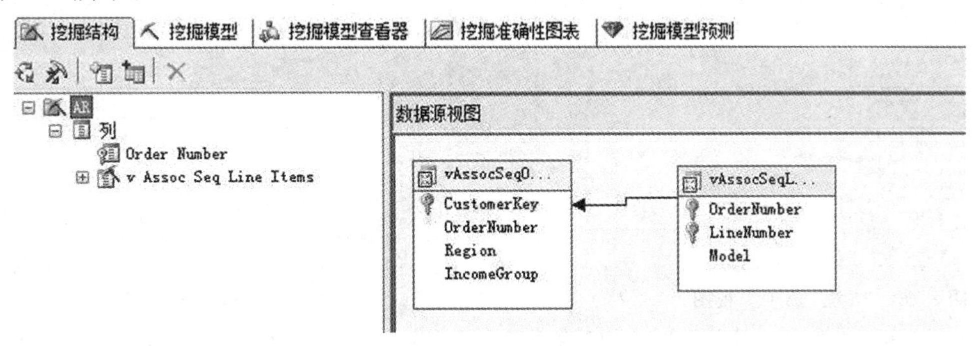

图 8-12　挖掘结构

在挖掘模型中，主要是列出所建立的挖掘模型，可以新增挖掘模型，并调整变量，变量使用情况包含 Ignore(忽略)、Input(输入变量)、Predict(预测变量、输入变量)以及 PredictOnly(预测变量)，如图 8-13 所示。

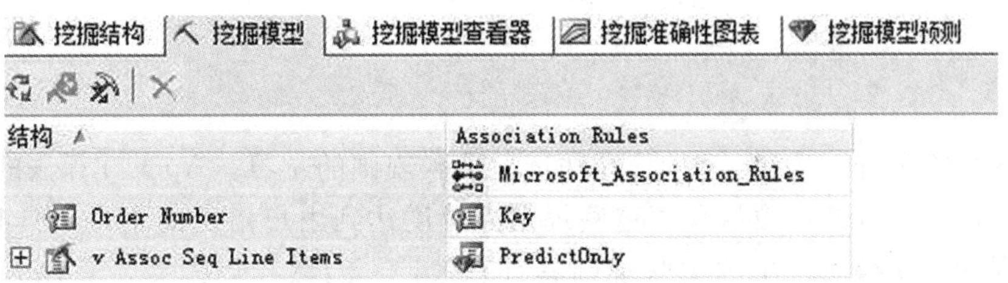

图 8-13　挖掘模型

在“挖掘模型”选项卡中，右键点击名为“Association Rules”的模型所在的列，然后选择“设置算法参数”，可以对相关的参数进行设置，如图 8-14 所示。

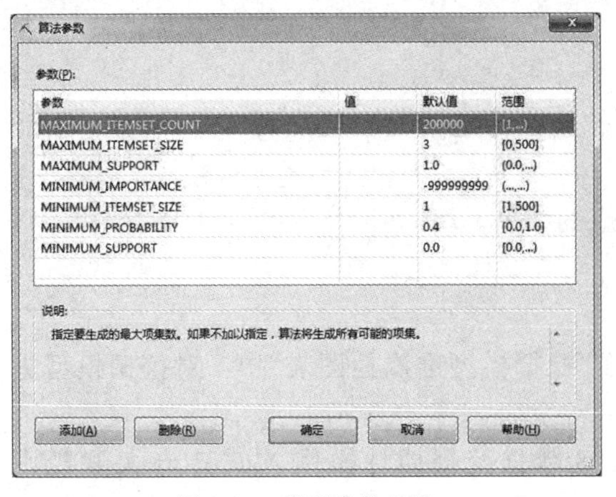

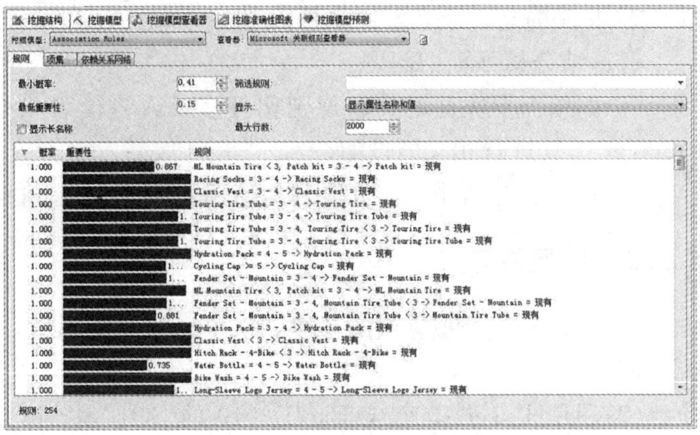

图 8-14　模型参数设置

图 8-15　“规则”选项卡视图

点击“挖掘模型查看器”选项卡，会呈现出三个选项卡：“规则”、“项集”和“依赖关系网络”。

在“规则”选项卡中，可以查看 Apriori 算法中所产生的关联规则。用户可以通过此查看器了解关联规则以及其信息水平与支持，如图 8-15 所示。

点击“项集”选项卡，可以查看 Apriori 算法产生的对象组，我们可以通过此查看器了解各个对象组及其支持，如图 8-16 所示。

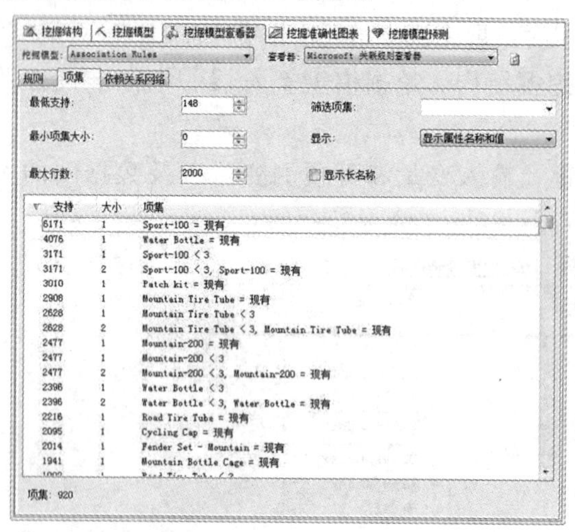

图 8-16 “项集”选项卡视图

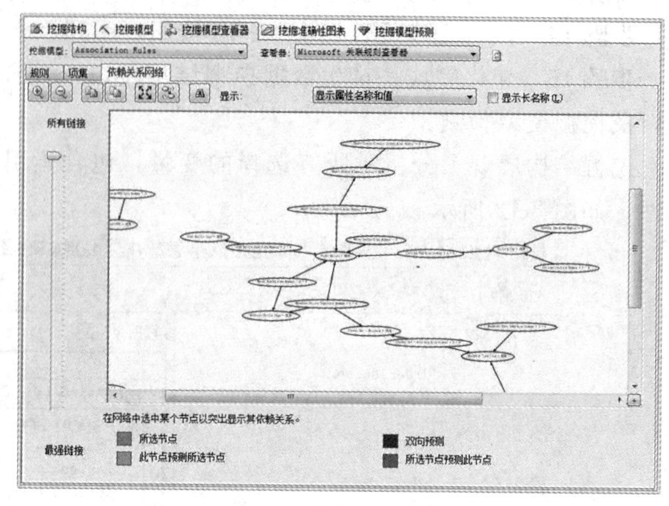

图 8-17 依赖关系网络视图

在“依赖关系网络”选项卡中，用户可以通过鼠标点击，并通过图形颜色了解产品的相关性，如图 8-17 所示。

8.5 实验分析与扩展练习

8.5.1 实验分析

本实验通过购物篮数据，选择 Apriori 算法进行关联规则的学习。Apriori 算法的关联规则由于是在频繁集的基础上产生，因此有效保证了这些规则支持度达到用户指定的水平，具有一定的适用性。再加上置信度的限制，使得所产生的关联规则具有有效性。当然我们需要从其他方面进一步考察关联规则的实用性。

本实验最终得到的结果可以通过挖掘模型查看器中的“规则”选项卡来查看 Apriori 算法所得到的关联规则。在规则中，有一个重要性的指标，该指标通过对数的方式来获取，表示在有事件 A 以及没有事件 A 的条件下，发生事件 B 的概率。

请总结分析下面的问题：

(1)如果需要关注的关联规则比较多，或者读者只是想关注特定情况下的规则，如何使用 SPSS Modeler 工具进行相关的过滤。

(2)在相关分析中，如何合理地使用 GRI 算法得到相应的结果。

8.5.2 扩展练习

(1)尝试改变挖掘算法的参数，来提高预测准确率，在“挖掘模型准确性图表”中，对挖掘模型进行验证。

(2)利用 Excel 2007 或 Excel 2010 的 SQL Server 2008 数据挖掘插件操作 Microsoft 关联规则算法。

(3)利用本实验数据(BASKETS. txt)和 WEKA 软件来进行简单的关联规则分析。

要点提示：

- WEKA 无法直接读取 . txt 文件，因此要将 . sav 文件转换为 . csv。
- 进入 WEKA Explorer 界面，点击“open file”，删除无关属性“income”和“age”。
- 数据处理好之后，选择标签并单击“Associate”，打开“Choose”，选择“Associations”中的“Apriori”，单击“Start”即可。

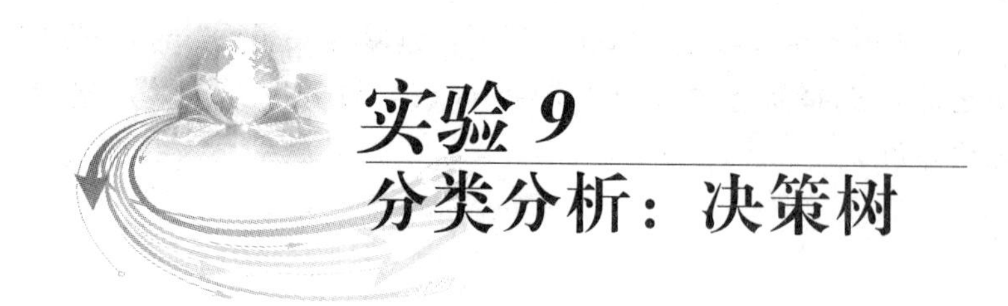

实验 9 分类分析：决策树

9.1 背景知识

9.1.1 什么是分类分析

人们认识事物往往先把被认识的对象进行分类，以便寻找其中相同与不同的特征，因而分类学是人们认识世界的基础科学。在医学实践中也经常需要做分类的工作，如根据病人的一系列症状、体征和生化检查的结果，判断病人所患疾病的类型；或根据一系列检查方法及其结果，将之划分成某几种方法适合用于甲类病的检查，另几种方法适合用于乙类病的检查；等等。

分类是人类学习的基本手段，在生产和生活中，人们往往面对非常复杂的事物，如果把相似的东西归为一类，把有明显区别的事物分属在不同的类别中，处理起来就大为简便。

数据挖掘中的分类是一种数据分析形式。设有一个数据库和一组具有不同特征的类别(标志)，该数据库中的每一条记录都被赋予一个类别的标记，这样的数据库称为示例数据库或训练集。分类分析就是通过分析示例数据库中的数据，为每个类别做出准确的描述或建立分析模型或挖掘出分类规则，然后用这个分类规则对其他数据库中的记录进行分类，可以用于提取描述重要数据类的模型或预测未来的数据趋势。

分类是一个已知类别的归类问题，如已知麻雀、大雁、老鹰都是“鸟”这个类别，老虎、狮子、豹子是“兽”类，现在要对天鹅进行归类，自然是分类问题。要构建分类器，必须有一个训练样本集作为学习的样本，以便于分类器构造合适的样本空间用于对未知的样本(测试样本)进行分类预测。分类分为以下两步：

(1)建立一个模型，描述预定的数据类集或概念集。假定每个元组属于一个预定义的类，由一个称为类标号属性的属性值确定。为建立模型而被分析的数据元组形成训练数据集。训练数据集中的单个元组称为训练样本，并随机地从样本群中选取。

(2)使用模型进行分类。首先评估模型的预测准确率。评估分类准确率的方法有多种，如保持(holdout)方法是一种根本随机选取并使用类标号样本测试集的简单方法，这些样本随机选取，并独立于训练样本。每个测试样本，将已知的类标号与样本的学习模型类预测进行比较，如果一致，则预测正确；如果不一致，则预测错误。

分类的目的是学习一个分类函数，通过分类器把数据库中的数据项映射到给定类别中的某一个。

9.1.2 分类分析的方法

分类实际上是有导师的学习过程，它的特点是根据已经掌握的每类若干样本的数据信息，总结出分类的规律性，建立判别公式和判别规则。然后，当遇到新的样本点时，只需要根据总结出的判别公式和判别规则，就能判别该样本点所属的类别。分类和归类都可以用于预测，两者的区别是：

分类的输出是离散值，回归是连续值。

目前已有多种分类分析模型得到应用，主要有基于决策树分类法、统计分类方法、神经网络方法、Bayesian分类、RoughSet分类、SVM方法、Boosting算法、覆盖算法等。值得一提的是，数据的特点如数据噪音、缺失、分布以及类型等，都对分类的效果产生较大的影响。目前普遍认为，不存在某种分类的方法能适用于各种特点的数据。

9.1.3 决策树

决策树(Decision Tree)是在已知各种情况发生概率的基础上，通过构成决策树来求取净现值的期望值大于等于零的概率，评价项目风险，判断其可行性的决策分析方法，是直观运用概率分析的一种图解法。由于这种决策分支画成的图形很像一棵树的枝干，故称决策树。决策树算法属于有监督的学习，要求数据既包括输入变量同时也包括输出变量。

决策树得名于其分析的结论的展示方式类似一棵倒置的树。如图9-1所示。

图中，最左侧节点称为根节点，中间节点为内部节点，同层节点为兄弟节点，最右侧节点称为叶节点。称树的每个节点都只能生长出两个分支的树为二叉树，如果能够长出多于两个的分支，则称为多叉树。

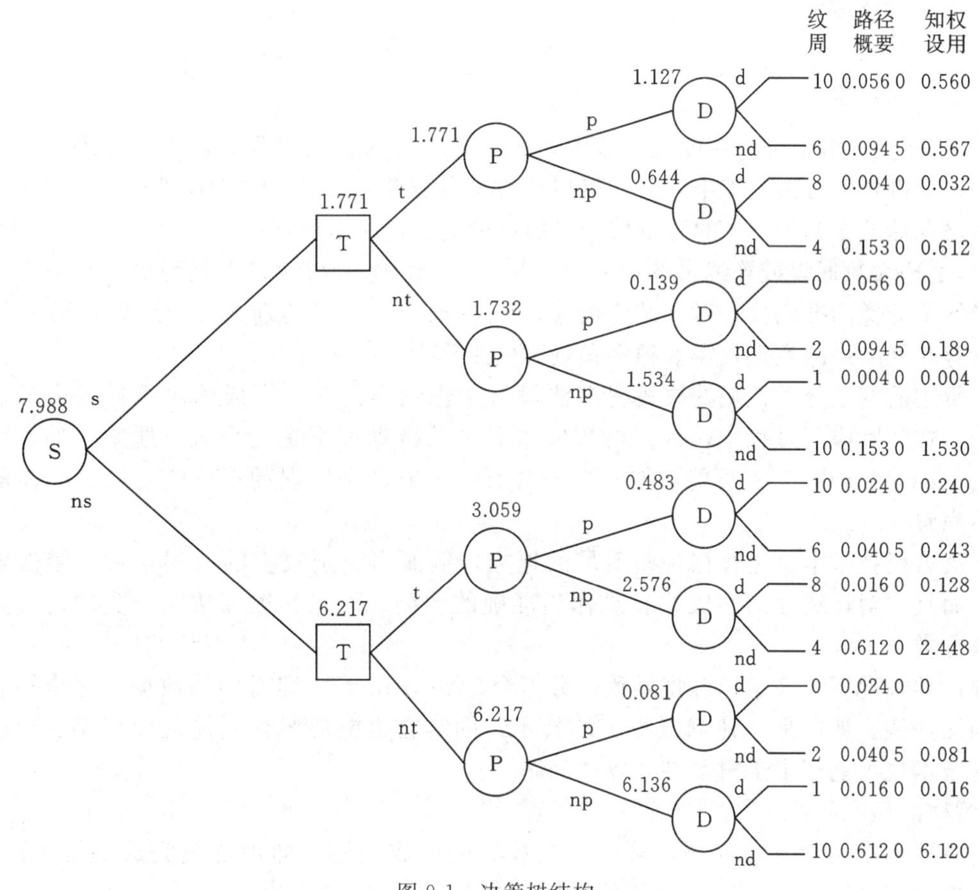

图9-1 决策树结构

(1)决策树的分类。

决策树分为分类树和回归树两种，分类树对离散变量做决策树，回归树对连续变量做决策树。分类或回归的结果均体现在决策树的叶节点上。分类树叶节点所含样本中，其输出变量的众数类别就是分类结果；回归树叶节点所含样本中，其输出变量的平均值就是预测结果。因此对新数据进行分类预测时，只需要按照决策树的层次，从根节点开始依次对新数据输入变量值进行判断并进入不同的决策树分支，直到叶节点为止。

使用决策树进行分类分为两步：

第 1 步：利用训练集建立并精化一棵决策树，建立决策树模型。这个过程实际上是一个从数据中获取知识，进行机器学习的过程。

第 2 步：利用生成完毕的决策树对输入数据进行分类。对输入的记录，从根节点依次测试记录的属性值，直到到达某个叶节点，从而找到该记录所在的类。

问题的关键是建立一棵决策树。这个过程通常分为两个阶段：

①建树(Tree Building)：决策树建树算法见后，可以看得出，这是一个递归的过程，最终将得到一棵树。

②剪枝(Tree Pruning)：剪枝的目的是降低由于训练集存在噪声而产生的起伏。

(2)决策树方法评价。

①优点。

与其他分类算法相比决策树有如下优点：

a. 速度快：计算量相对较小，且容易转化成分类规则。只要沿着树根向下一直走到叶，沿途的分裂条件就能够唯一确定一条分类的谓词。

b. 准确性高：挖掘出的分类规则准确性高，便于理解，决策树可以清晰地显示哪些字段比较重要。

②缺点。

一般决策树的劣势：

a. 缺乏伸缩性：由于进行深度优先搜索，所以算法受内存大小限制，难于处理大训练集。一个例子：在 Irvine 机器学习知识库中，最大可以允许的数据集仅仅为 700KB，2 000 条记录。而现代的数据仓库动辄存储几个 G-Bytes 的海量数据，用以前的方法是显然不行的。

b. 使用处理大数据集或连续量的种种改进算法(离散化、取样)，不仅增加了分类算法的额外开销，而且降低了分类的准确性，对连续性的字段比较难预测。当类别太多时，错误可能就会增加得比较快，对有时间顺序的数据，需要很多预处理的工作。

但是，所用的基于分类挖掘的决策树算法没有考虑噪声问题，生成的决策树很完美，这只不过是理论上的，在实际应用过程中，大量的现实世界中的数据都不是以个人意愿来定的，可能某些字段上缺失值(missing values)；可能数据不准确含有噪声或者是错误的；可能是缺少必需的数据造成了数据的不完整。

另外，决策树技术本身也存在一些不足的地方，例如当类别很多的时候，它的错误就可能出现甚至很多。而且它对连续性的字段比较难作出准确的预测。而且一般算法在分类的时候，只是根据一个属性来分类。

在有噪声的情况下，完全拟合将导致过分拟合(overfitting)，即对训练数据的完全拟合反而不具有很好的预测性能。剪枝是一种克服噪声的技术，同时它也能使树得到简化而变得更容易理解。另外，决策树技术也可能产生子树复制和碎片问题。

(3)决策树的核心问题。

决策树主要围绕两大核心问题：第一，决策树的生成问题，即训练集完成决策树的建立过程。第二，决策树的剪枝问题，即利用检查样本集对形成的决策树进行精简。

①决策树的生成。

决策树的生成过程本质是对训练样本的反复分组的过程。决策树上的各个分支是在数据不断分组的过程中逐渐生长出来的。当生成的某组数据继续生成的分支不再有任何意义，则停止生长；当所有数据分组的继续分组均不再有任何意义时，决策树的生长过程也是停止的。由此，一个完整的决策树就开始生成了。因此，决策树的生成的核心算法就是确定数据分组的标准，即决策树的分支准则。如图 9-2 是一个决策树的生成过程。

在图中差异下降是否显著是指：分组样本中输出变量取值的差异性是否随着决策树的生长而显著减少。有效的决策树的分支应当使枝中的样本的输出变量取值尽快趋同，差异性迅速下降。达到叶节点的一般标准是叶节点中的样本的输出变量均为相同类别，或达到用户指定的决策停止生长的标准。

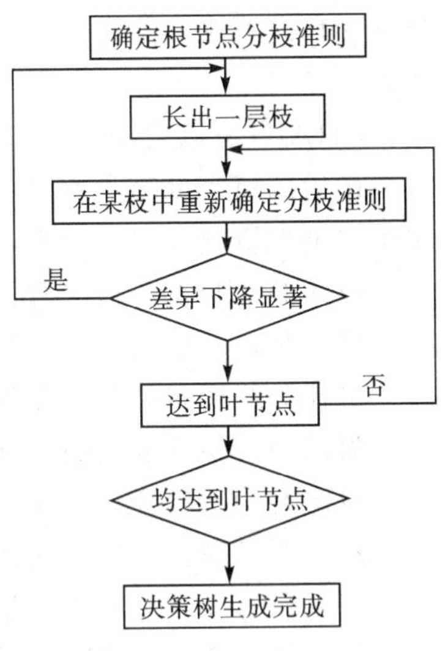

图 9-2 决策树的生长过程

分支准则的确定涉及两个方面的问题：第一，如何在众多的输入变量中选择一个当前最佳的分组变量；第二，如何从分组变量的众多取值中找到一个最佳的分割点。不同决策树的算法如 C5.0、CHAID 等，采用了不同的策略。

②决策树的剪枝。

一个完整的决策树并不是一棵分类预测新数据对象的最佳树。其主要的原因在于，算法生成的决策树非常的详细并且庞大，每个属性都被详细地加以考虑，当处理的样本数据不断减少时，决策树对数据总体规律的代表程度也在不断地下降。随着决策树的生成和样本数的减少，越深层处的节点所体现的数据特征越个性化，一般性就越差。例如“月收入大于 5 000 元且是男性且姓名是李四的人购买某种商品”。可见，虽然完整的决策树能够反映训练样本集中的数据特征，但很可能因其失去一半代表性而无法用于对数据的分类预测上，这种现象就是所谓的过拟合问题。Quinlan 教授试验，在数据集中过拟合的决策树的错误率比经过简化的决策树的错误率更高。

对于过拟合的问题，可以通过剪枝的方法来解决。剪枝的方法可以分为两种：预剪枝（Pre-Pruning）和后剪枝（Post-Pruning）。预剪枝就是及早地停止决策树的增长，后剪枝就是待决策树完全生长完毕后再来进行剪枝。

预剪枝最直接的方法可以是事先指定决策树生长的最大深度，或者，为了防止某个树节点上的样本数太少，事先指定一个最小样本量。这些都可以有效阻止决策树的充分生长。

后剪枝是从另外的一个角度解决过拟合问题。它在允许决策树充分生长的基础上，再依据一定的规则，剪去决策树中那些不具有一般代表性的子树，是一个边修剪边验证的过程。在剪枝的过程中，它不断计算当前决策子树对输出变量的预测精度或误差。用户可以事先指定一个允许的最大错误率，当剪枝达到某个深度时，当前的错误率高于允许的最大值，则应停止剪枝，否则可以继续剪枝。如图 9-3 所示。

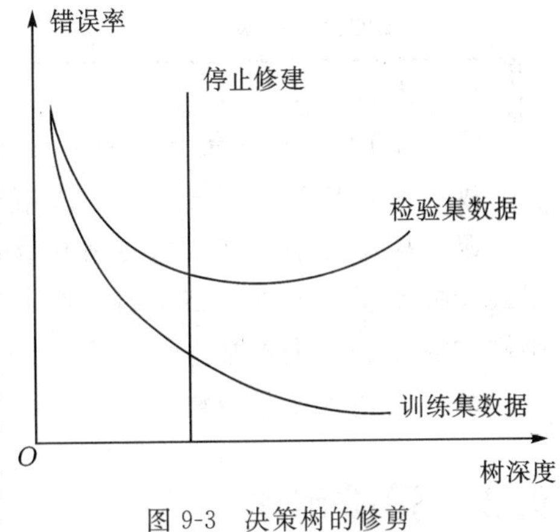

图 9-3 决策树的修剪

剪枝过程特别重要，所以在最优决策树生成过程中占有重要地位。有研究表明，剪枝过程的重要性要比树生成过程更为重要，对于不同的划分标准生成的最大树（Maximum Tree），在剪枝之后都能够保留最重要的属性划分，差别不大。反而是剪枝方法对于最优树的生成更为关键。

9.1.4 CHAID 算法

CHAID 根据细分变量区分群体差异的显著性程度（卡方值）的大小顺序，将消费者分为不同的细分群体，最终的细分群体是由多个变量属性共同描述的，因此属于多变量分析。在形式上，CHAID 非常直观，它输出的是一个树状的图形。

它以因变量为根节点，对每个自变量（只能是分类或有序变量，也就是离散性的，如果是连续变量，如年龄、收入要定义成分类或有序变量）进行分类，计算分类的卡方值（Chi-Square-Test）。如果每个变量的分类均显著，则比较这些分类的显著程度(P 值的大小)，然后选择最显著的分类法作为子节点。

CHAID 可以自动归并自变量中的类别，使之显著性达到最大。

最后的每个叶节点就是一个细分市场 CHAID 自动地把数据分成互斥的、无遗漏的组群，但只适用于类别型资料。当预测变量较多且都是分类变量时，CHAID 分类最适宜。

(1)CHAID 的一般步骤。

第一步，对输入变量的预处理。

最佳分组变量和分割点的确定依据是统计检验结果。

第二步，属性变量的预处理。

对定类的属性变量，在其多个分类水平中找到对目标变量取值影响不显著的分类，并合并它们。

对定距型属性变量，先按分位点分组，然后再合并具有相同质性的组。

如果目标变量是定类变量，则采用卡方检验。

如果目标变量为定距变量，则采用 F 检验。

统计学依据数据的计量尺度将数据划分为三大类，即定距型数据(Scale)、定序型数据(Ordinal)和定类型数据(Nominal)。见表 9-1。

表 9-1 数据的计量尺度

类型	定义	举例
Scale	通常指诸如身高、体重、血压等的连续性数据，也包括诸如人数、商品件数等离散型数据。	某个女生的身高为 168cm。
Ordinal	定序型数据具有内在固有大小或高低顺序，但它又不同于定距型数据，一般可以用数值或字符表示。	如职称变量有低级、中级和高级三个取值，可以分别用 1、2、3 等表示。
Nominal	指没有内在固定大小或高低顺序，一般以数值或字符表示的分类数据。	如数字"1"代表汉族、"2"代表苗族、"3"代表壮族。

(2)CHAID 的剪枝。

CHAID 采用剪枝策略，通过参数控制决策树的充分生长。

● 决策树最大深度：如果决策树层数已经达到了指定的深度，则停止生长。

● 树中父节点和子节点所包含的最少样本量或比例：对父节点是指，如果节点的样本量已低于最少样本量或比例，则不再分组；对于子节点是指，如果分组后生成的子节点中的样本量低于最小样本或比例，则不必进行分组。

● 当输入变量与输出变量的相关性小于一个指定值，则不必进行分组。

9.2 实验目的

9.2.1 SPSS Modeler 的决策树

(1)了解和熟悉 SPSS Modeler 及其相关知识。

(2)掌握 SPSS Modeler 工具建立 CHAID 决策树的方法。

(3)学会运用 SPSS Modeler 决策树进行相关的内容分析。

9.2.2 Microsoft SQL Server 的决策树

(1)熟悉和了解决策树相关知识。

（2）利用 SQL Server 2008 进行决策树的数据挖掘实验。

9.3　工具/准备工作

9.3.1　采用 SPSS Modeler 实验

（1）在开始实验前，请回顾教科书的相关内容。

（2）需要准备一台安装有 SPSS Modeler 15.0 软件系统的计算机。

9.3.2　采用 Microsoft SQL Server 实验

（1）Microsoft SQL Server 2008。

（2）Microsoft SQL Server Analysis Services。

（3）Adventure Works DW 示例数据库。

9.4　实验内容及步骤

9.4.1　SPSS Modeler 实验

本实验以电信客户数据（文件名为 Telephone. sav）为例，数据中包含的变量 x_1 到 x_{15} 分别是：居住地、年龄、婚姻状况、家庭月收入（百元）、受教育水平、性别、家庭人数、基本服务累计开通月数、是否申请无线转移服务、上月基本费用、上月限制性免费服务项目的费用、无线服务费用、是否电子支付、客户所申请的服务套餐类型和是否流失。本节的分析是在基本分析的基础上进行的，具体的 CHAID 算法如下所示。

步骤 1　构建 CHAID 数据流

（1）通过“Statistic 文件”节点读入文件名为 Telephone. sav 的数据。

（2）数据流中添加“分区”节点，将样本集划分为训练集和测试集，如图 9-4 所示。

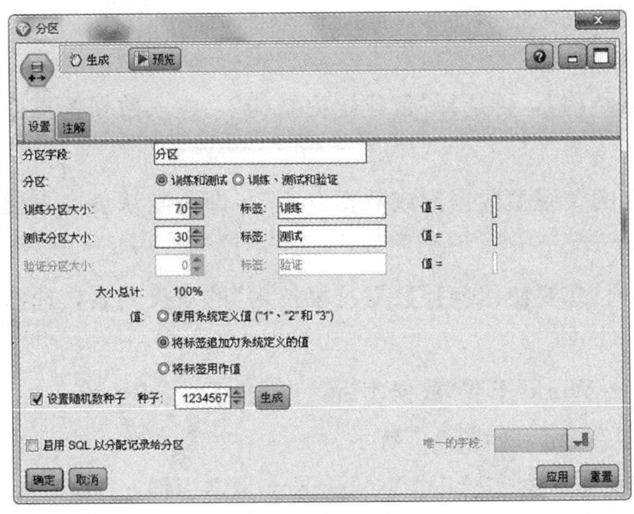

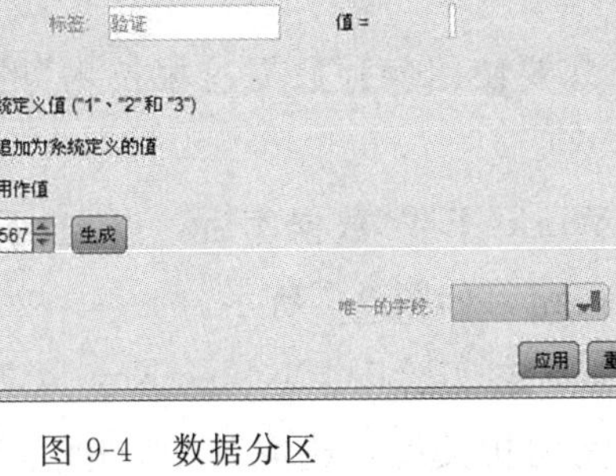

图 9-4　数据分区

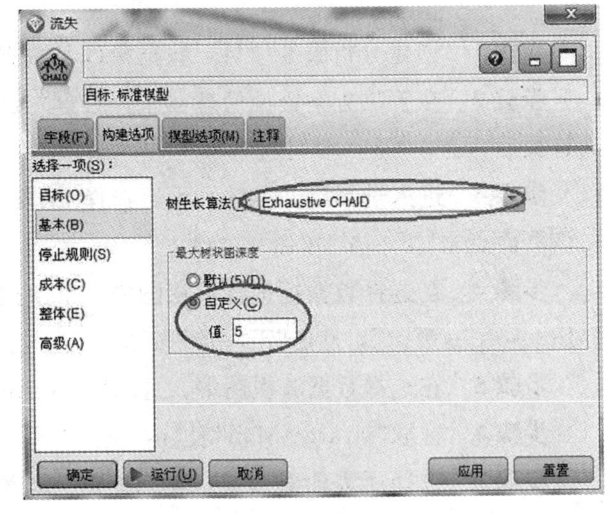

图 9-5　相关 CHAID 参数的设置

(3)选择建模模块中的“CHAID(C)”节点，将其连接到数据流的恰当位置。

步骤 2　设置相关参数

(1)右击鼠标，在“构建选项”—“基本(B)”，选择树的生长算法为 Exhaustive CHAID。

自定义最大树状图深度为 5，如图 9-5 所示。

(2)其他相关参数的设置默认。

步骤 3　结果运行

得到的结果如图 9-6 所示。

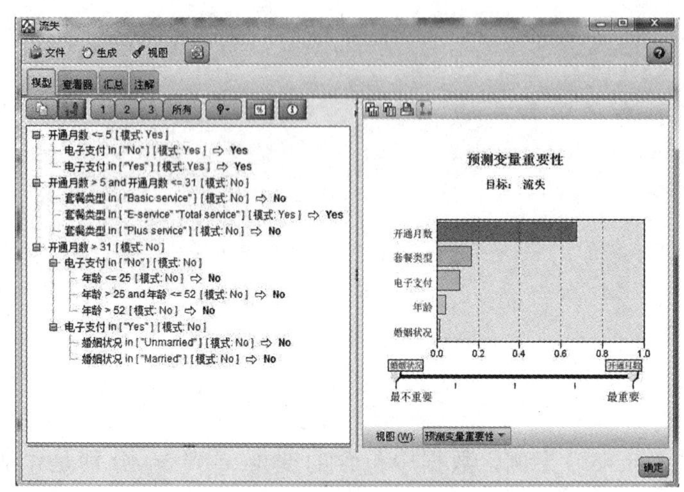

图 9-6　实验分析结果图

图 9-7　指定表类型

CHAID 首先确定开通月数为最佳的分组变量，将其分为三组，开通月数小于等于 5 的，开通月数大于 31 和开通月数大于 5 小于 31 的。按照一层一层进行分组，但是很快会发现其中的某些推理规则没有太多的参考价值。例如，对于开通月数大于 31 个月的用户，无论是否采用电子支付方式，年龄如何，婚姻如何，最终的结果都是未流失。这种情况与该算法的剪枝方式有一定的联系。

9.4.2　Microsoft SQL Server 实验

步骤 1　创建分析服务项目，数据源以及数据源视图。

步骤 2　在解决方案资源管理器中，右键“数据结构”，再选择“新建挖掘结构”，进入数据挖掘向导首页后，点击“下一步”按钮。

步骤 3　进入选择定义方法页面，选择“从现有的关系型数据库或数据仓库”，即为默认值，直接在该页面点击“下一步”按钮。

步骤 4　在选择数据挖掘技术视图内，单击选项“您要使用何种数据挖掘技术”的下拉列表，选择“Microsoft 决策树”，点击“下一步”按钮。

步骤 5　在选择数据源视图中，选取“Adventure Works DW”数据库后，点击“下一步”按钮。

步骤 6　选取“vTargetMail”表后，点击“下一步”按钮，如图 9-7 所示。

步骤 7　选择所需的索引键、输入变量、预测变量。本实验以 CustomerKey 为索引键，BikeBuyer 为预测变量，点击“建议”了解预测变量和其他变量之间的相关性，选取其中影响力较大的输入变量，之后点击“完成”，回到原来界面，点击“下一步”按钮，如图 9-8 和图 9-9 所示。

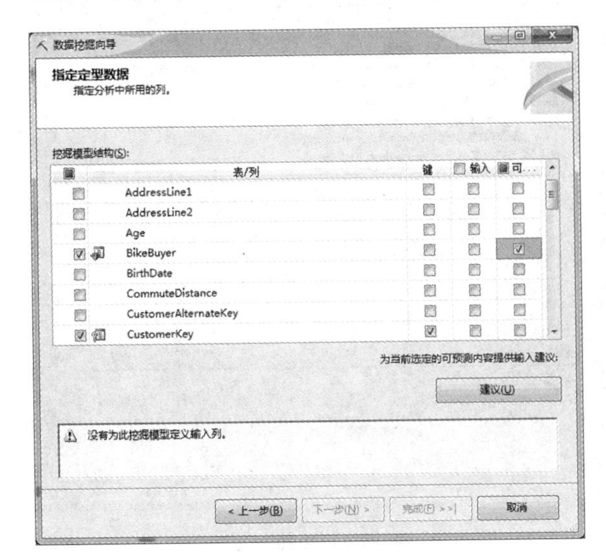

图 9-8 指定定型数据

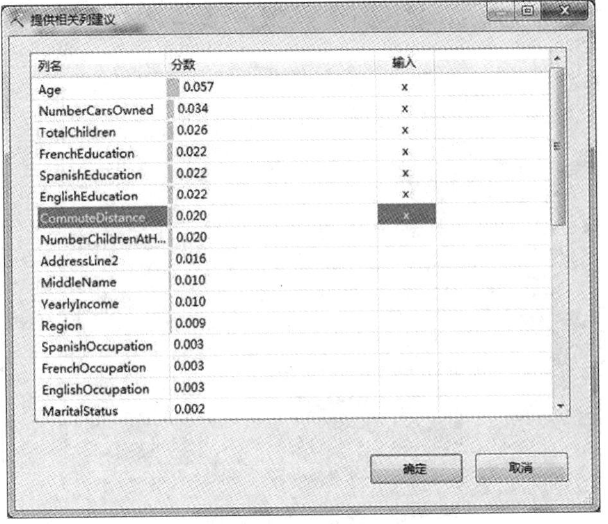

图 9-9 变量相关性

步骤 8 在“指定列的内容和数据类型”页面中，点击“检测”自动探测变量内容类型和数据类型，如图 9-10 所示。

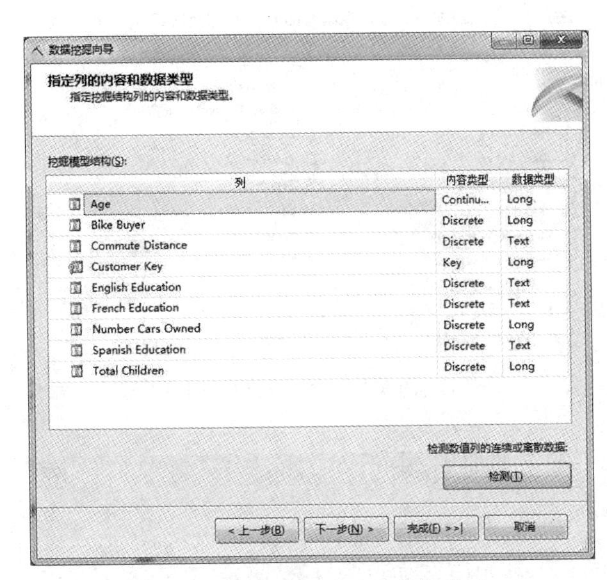

图 9-10 指定列的内容和数据类型

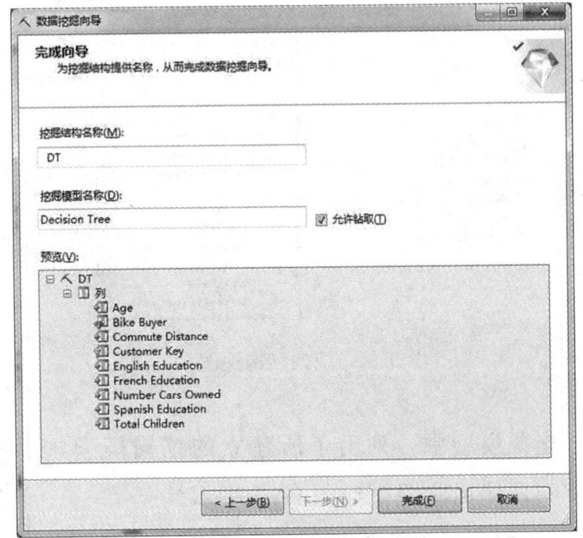

图 9-11 挖掘结构完成向导

步骤 9 在“创建测试集”页上，清除选项“测试数据百分比”的文本框。单击“下一步”按钮。

步骤 10 在“完成向导”页面中，更改挖掘结构名称和挖掘模型名称，勾选“允许钻取”，点击“完成”按钮，如图 9-11 所示。

步骤 11 选择上方的挖掘模型查看器后，程序会问是否先生成部署项目？点击“是”。接着程序会提示必须先处理“vTargetMail”挖掘模型，是否继续？仍然点击“是”。

步骤 12 在以下页面点击“运行”按钮，如图 9-12 所示。

步骤 13 执行完毕后，点击“关闭”按钮，回到原来页面，再次点击“关闭”按钮，如图 9-13 所示。

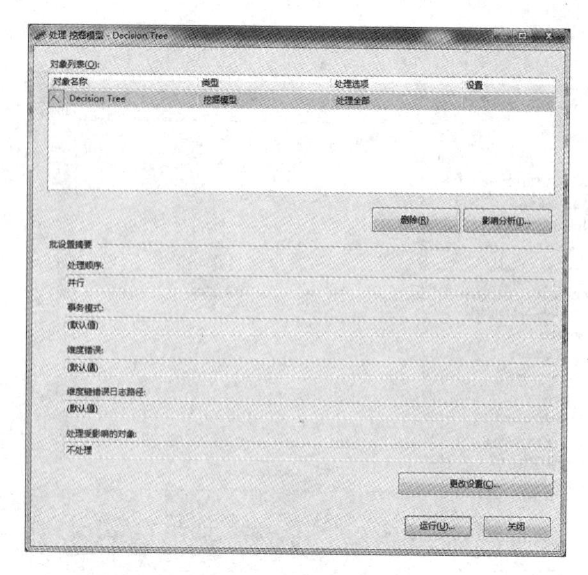

图 9-12　挖掘模型的处理

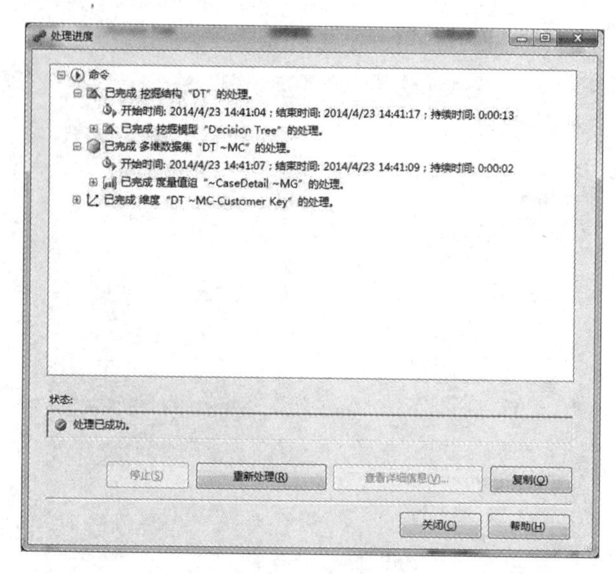

图 9-13　处理进度

步骤 14　建模完成。生成的数据挖掘结构接口包含挖掘结构、挖掘模型、挖掘模型查看器、挖掘准确性图表和挖掘模型预测。

在挖掘结构中，展现的是数据间的关联性和分析的变量列表，如图 9-14 所示。

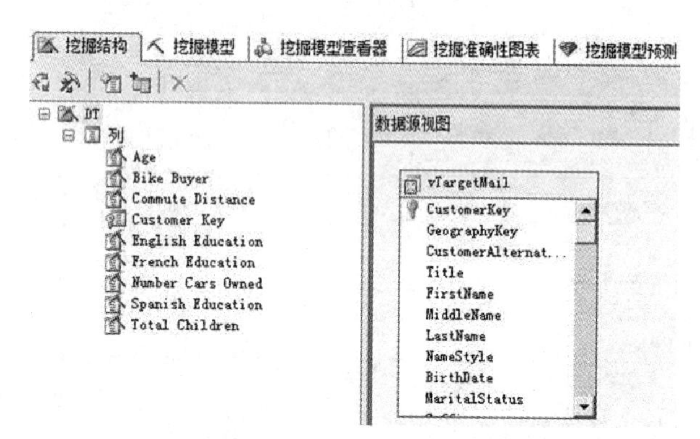

图 9-14　挖掘结构视图

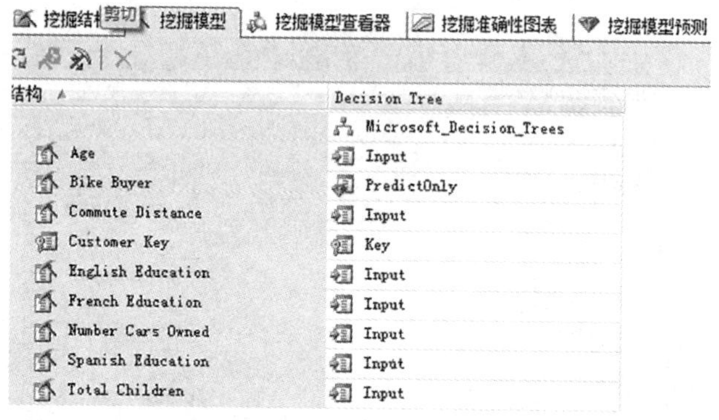

图 9-15　挖掘模型视图

挖掘模型中，列出了所建立的挖掘模型，以及变量使用状况，如图 9-15 所示。

在"挖掘模型"选项卡中，右键点击名为"Decision Tree"的模型所在的列，然后选择"设置算法参数"，可以对相关的参数进行设置，如图 9-16 所示。

挖掘模型查看器展现了此树状结构，单击节点会在"挖掘图例"窗口显示节点的详细信息。右键单击节点，选择"钻取"，还可以查看节点的钻取信息，或者来自模型的列，或者来自挖掘结构的列，如图 9-17 所示。

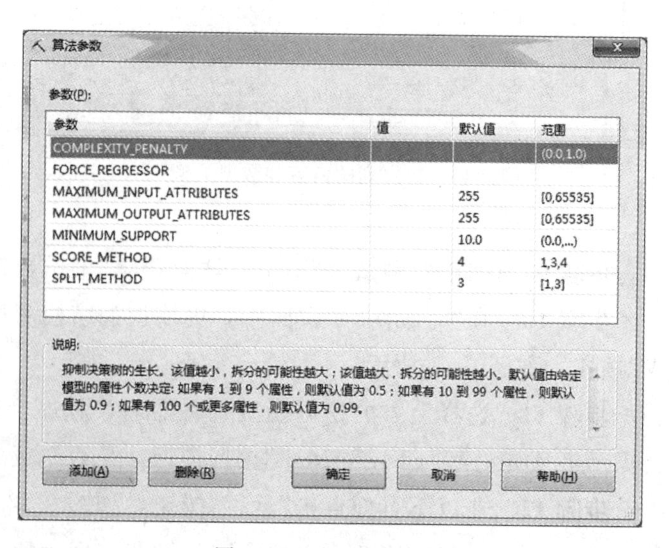

图 9-16　设置算法参数

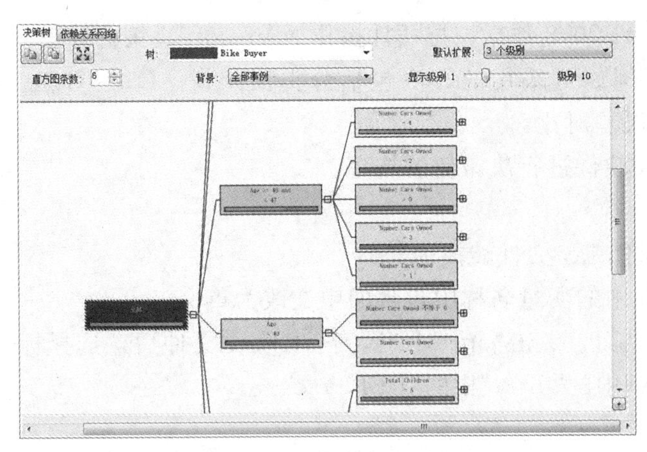

图 9-17　“决策树”选项卡

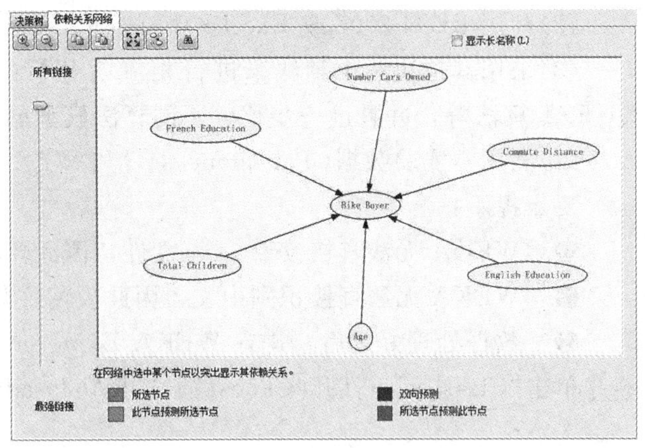

图 9-18　“依赖关系网络”选项卡

而在依赖关系网络中，可以了解因变量与自变量间的关联性强弱，如图 9-18 所示。

9.5　实验分析与扩展练习

9.5.1　实验分析

决策树是用样本的属性作为节点，用属性的取值作为分支，也就是类似流程图的过程，其中每个内部节点表示在一个属性上的测试，每个分支代表一个测试输出，而每个树叶节点代表类或类分布。它对大量样本的属性进行分析和归纳。根节点是所有样本中信息量最大的属性，中间节点是以该节点为根的子树所包含的样本子集中信息量最大的属性，决策树的叶节点是样本的类别值。从树的根节点出发，将测试条件用于检验记录，根据测试结果选择适当的分支，沿着该分支或者达到另一个内部节点，使用新的测试条件或者达到一个叶节点，叶节点的类称号就被赋值给该检验记录。决策树的每个分支要么是一个新的决策节点，要么是树的结尾，称为叶子。在沿着决策树从上到下遍历的过程中，在每个节点都会遇到一个问题，对每个节点上问题的不同回答导致不同的分支，最后会到达一个叶子节点。这个过程就是利用决策树进行分类的过程。决策树算法能从一个或多个的预测变量中，针对类别因变量，预测出个例的趋势变化。

请总结分析下面几个问题：

(1)在 SQL Server 2008 中是如何查看决策树模型并得到依赖关系强度的？

(要点提示：可以通过挖掘模型查看器来查看决策树模型。在模型中，我们可以看到决策树显示由一系列拆分组成，最重要的拆分由算法确定，位于“全部”节点中查看器的左侧。其他拆分出现在右侧。依赖关系网络显示了模型中的输入属性和可预测属性之间的依赖关系。并能通过滑块来筛选依赖关系强度。)

(2)对于 CHAID 算法，SPSS Modeler 如何进行交互方式建模？

(要点提示：包含决策树的生长和剪枝、模型效益的评估、利润的定义和风险的测度等方面，同 CART 节点一样，采用预修剪和后修建的方式进行剪枝。另外，损失矩阵也将影响最终分类的确定，但不影响决策树分组变量的选择。)

9.5.2　扩展练习

(1)尝试改变挖掘算法的参数，来提高预测准确率。在“挖掘模型准确性图表”中，对挖掘模型进行验证。

(2)利用 Excel 2007 或 Excel 2010 的 SQL Server 2008 数据挖掘插件操作 Microsoft 决策树算法。

(3)采用其他决策树算法来进行相应的分析，例如可采用的算法包括分类回归树、C5.0 算法、QUEST 算法等，并且进一步比较不同算法模型的误差对比。

(4)利用本实验数据(Telephone. sav)和 WEKA 软件进行决策树的构建。

要点提示：

- WEKA 无法直接读取 . sav 文件，因此要将 . sav 文件转换为 . csv。
- WEKA 无法直接识别中文，因此要将文件中的变量名称中包含的中文改为英文。
- 数据处理好之后，进入 WEKA Explorer 界面，点击“open file”，打开 . csv 文件后，选择标签并单击“Classify”，打开“Choose”，选择“Classify”中的“Tree”中的“REPTree”。

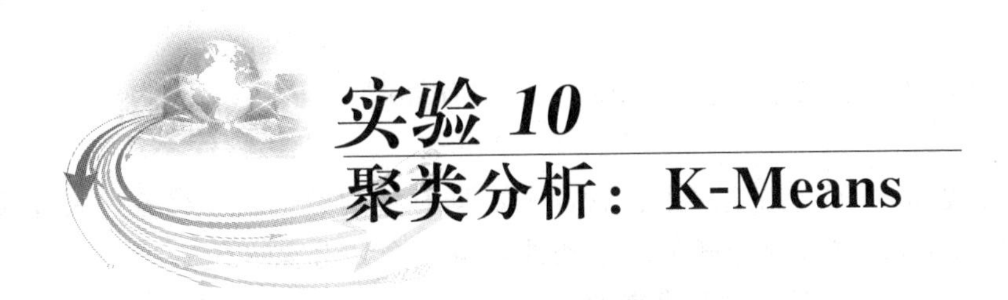

实验 10 聚类分析：K-Means

10.1 背景知识

10.1.1 什么是聚类分析

聚类分析是研究“物以类聚”问题的分析方法。在社会经济研究中十分常见。例如，收集到大型商厦的顾客自然特征、消费行为等方面的数据，顾客群细分是最常见的分析需求。聚类分析是解决这类问题的有效方法。它能够将一批样本数据，在没有先验知识的前提下，根据数据的诸多特征，按照其在性质上的亲疏程度进行自动分组，且使组内个体的结构特征具有较大相似性，组间个体的特征相似性较小。

聚类分析在很多领域都有着广泛的应用，包括生物学、医药学、人类学、市场营销和经济学等。应用形式有动植物分类、疾病归类、图像处理过程、模式识别及信息检索等。聚类分析最开始应用的领域之一是生物学的分类，近年来面向网络的应用也很多。例如，通过对网络日志的分析来发现用户模式、产品购买和页面浏览中的个性化推荐等。作为商务智能的一个方法，聚类分析还可以作为一个单独使用的工具，以帮助分析数据的分布、了解各数据类的特征、确定所感兴趣的数据类以便进一步地分析。当然，聚类分析也可以作为其他方法(如分类和定性归类方法)的预处理步骤。

聚类分析是一种探索性的分析，在分类的过程中，人们不必事先给出一个分类的标准，聚类分析能够从样本数据出发，自动进行分类。聚类分析所使用方法的不同，常常会得到不同的结论。不同研究者对于同一组数据进行聚类分析，所得到的聚类数未必一致。

10.1.2 聚类分析的方法

由于聚类算法在搜索数据内在结构方面具有全面性和客观性等特点，因此在数据挖掘领域得到了广泛应用。目前，聚类算法已经有很多，可以从不同的角度对它们进行分类。见表 10-1。

表 10-1 不同角度聚类算法的分类

分类角度	包含类型
聚类结果角度	覆盖聚类算法和非覆盖聚类算法
	层次聚类和非层次聚类
	确定聚类和模糊聚类
聚类变量类型角度	数值型聚类算法、分类型聚类算法和混合型聚类算法
聚类原理角度	划分方法、层次方法、基于密度的方法、基于网格方法、基于模型的方法

下面分别对划分方法(Partitioning Methods)、层次方法(Hierarchical Methods)、基于密度的方法(Density-based Clustering Methods)、基于网格的方法(Grid Clustering Methods)、基于模型的方

法进行简单的介绍。

(1)划分方法。

划分方法是最基本的聚类方法，如K-Means、K-Medoids、PAM、CLARA及CLARANS等都属于划分方法。

划分方法的主要思路如下：给定一个包含n个数据对象的数据集，该方法首先将数据集进行初始的K个划分，其中$K \leqslant n$。这些划分满足两个条件：每一个划分至少包含一个对象；每一个对象属于且仅属于一个划分。以后通过不断地迭代来改变划分，使得每一次改进之后的划分都比前一次更好。划分好坏的标准就是同一个划分内的数据对象的相似性越大越好，不同划分之间的对象的相似性越小越好。当后一次划分和前一次划分相比没有发生任何变化时，聚类过程结束。

(2)层次方法。

层次聚类方法是将数据对象分为若干组并形成一个组的树形结构来进行聚类的。层次聚类方法又可以分为自上而下和自下而上的层次聚类两种，而且自下而上的聚合层次聚类方法比自上而下的分解层次聚类方法更加频繁地应用到实际中。

自下而上的聚合层次聚类方法的思路是：初始将每一个对象作为一个类别，然后将这些类别按照一定的聚合条件聚合成较大的类别，直到所有对象都聚合成一个列别或满足一定的聚合终止条件为止。自上而下的分解层次聚类方法的思路恰好相反：初始将所有对象看成一个大的类别，然后按照一定的分解条件将其分解为一个个小的类别，直到所有的对象均独立成为一个类别或满足一定的分解终止条件为止。

(3)基于密度的方法。

基于密度的聚类方法的基本思路是：只要一个类别中数据点的密度大于某个阈值，就把它加到与之相近的类别中。这类方法可以避免如采用基于距离的聚类方法带来的只能发现圆球形或球状类别的缺点，可以发现任意形状的聚类结果，并且对孤立点数据不敏感。在这类方法中，类别被看做是数据空间中被低密度区域分割开的高密度对象区域。由于计算密度的复杂度较大，且扫描整个数据库的查询操作较为频繁，数据量大时会造成频繁的I/O操作。基于密度的聚类方法主要有DBSCAN和OPTICS等。

(4)基于网格的方法。

基于网格的聚类方法采用的是一种多分辨率的网格数据结构。该方法将空间量化为有限数目的单元，这些单元形成了网格结构，所有聚类操作都是在网格上进行的。基于网格的聚类方法和其他聚类方法相比较，有着处理速度快、处理时间独立于数据对象的数目、仅依赖于量化空间中每一维上单位数目的特点。目前主要有以下三种有代表性的基于网格的聚类方法：STING、WaveCluster和CLIQUE。

(5)基于模型的方法。

基于模型的聚类方法试图将给定的待聚类数据和某种数据模型达成最佳拟合。这类方法往往假定：数据都有一个潜在的混合概率分布。目前有两种主要的基于模型的聚类方法：概念聚类方法和神经网络方法。

目前，流行的数据挖掘软件中除包含经典的K-Means聚类算法外，还包含了由两步聚类方法以及人工神经网络模型衍生出来的Kohonen网格聚类等方法，这些方法都属于无指导学习方法。

10.1.3 K-Means聚类及应用

(1)K-Means聚类。

K-Means聚类也称快速聚类，属于覆盖型数值划分聚类算法，它得到的聚类结果，每一个样本都是唯一属于一个类，而且聚类变量为数值型。由于 K-Means 方法所处理的聚类变量均为数值型，因此，它将点和点之间的距离定义为欧氏距离(Euclidean Distance)，即数据点 x 和 y 间的欧氏距离是两个点的 p 个变量值之差的平方和的平方根，数学定义为

$$\mathrm{EUCLID}(x, y)=\sqrt{\sum_{i=1}^{p}(x_i-y_i)^2}。$$

除此之外，还包括切比雪夫(Chebychev)距离、Block 距离、明考斯基(Minkowski)距离等。

图 10-1 直观反映了 K-Means 聚类的过程。

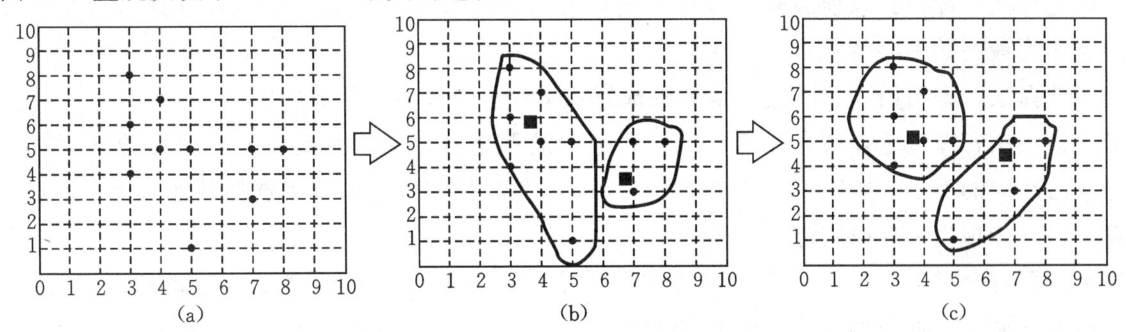

图 10-1　K-Means 方法示例

根据所给的数据点的坐标，通过对其使用 K-Means 方法进行聚类，以下为该方法的执行步骤(见表 10-2)。

表 10-2　数据点的坐标

序号	坐标	序号	坐标
1	(3，4)	6	(5，1)
2	(3，6)	7	(5，5)
3	(3，8)	8	(7，3)
4	(4，5)	9	(7，5)
5	(4，7)	10	(8，5)

首先假定随机选择两个数据点，如点 1：(3，4)和点 9：(7，5)作为初始的类别中心，在图 10-1(a)中用圆点表示出来，点 1 所在的类别为 K_1，点 9 所在的类别为 K_2。

第一次迭代：计算每一个数据点到这两个类别中心的欧氏距离，并将它们划分在距离相近的类别中。对于产生的两个类别分别计算平均值，得到两个类别的中心，如图 10-1(b)所示。

第二次迭代：对经过第一次迭代调整后的类别，重新计算每个点到两个类别中心的欧氏距离，并按照最近原则进行重新划分。结果如图 10-1(c)。

第三次迭代：对经过第二次迭代调整后的类别，重新计算每个点到两个类别中心的欧氏距离，并按照最近原则进行重新划分。知道均方差收敛且没有发生变化，聚类过程结束。

最终通过使用 K-Means 方法得到的两个类别为 K_1：{1，2，3，4，5，7}和 K_2：{6，8，9，10}。

(2)K-Means 聚类的算法流程。

首先从 n 个数据对象任意选择 k 个对象作为初始聚类中心；而对于所剩下其他对象，则根据它们与这些聚类中心的相似度(距离)，分别将它们分配给与其最相似的(聚类中心所代表的)聚类；然后再计算每个所获新聚类的聚类中心(该聚类中所有对象的均值)；不断重复这一过程直到标准测度函数开始收敛为止。

在这样的思路下，K-Means 聚类算法的具体过程如下。

● 第一步指定聚类数目 K。

K-Means 聚类过程中，首先需要确定的是聚类的数目。聚类数目的确定本身并不简单，既要考虑最终的聚类的结果，也要根据研究问题的实际出发。聚类数目太小或是太大都会对结果产生影响。

● 第二步确定 K 个初始类中心。

类中心是各个类特征的典型代表。指定聚类数目 K 后，还应该指定 K 个类的初始类中心点。通常对于初始中心的选择采用以下的方法：

经验选择法，即根据以前经验了解样本应聚成几类以及如何聚类，只需要选择每个类中具有代表性的点作为最初始中心就行。

随机选择法，即初始中心的选择是随机选择几个样本点作为初始类的中心点。

最大最小法，即先选择所有样本点中相距最远的两个点作为初始类中心，然后选择第三个样本点，它与已确立的类中心的距离是其余点中最大的。然后按照同样的原则选择其他的类中心点。

● 第三步根据最近原则进行聚类。

依次计算每个样本点到 K 个类中心点的欧氏距离，并按照距 K 个类中心点的距离最近的原则，将所有样本分派到最近的类中，形成 K 个类。

● 第四步重新确认 K 个类中心。

● 第五步判断是否终止。

如果没有满足条件则返回到第三步，不断重复上述的过程，直到满足条件为止。

10.2 实验目的

10.1.2 SPSS Modeler 的聚类分析

(1)了解和熟悉 SPSS Modeler 及其相关知识。

(2)掌握 SPSS Modeler 工具建立 K-Means 聚类的方法。

(3)学会运用 SPSS Modeler 聚类进行相关的内容分析。

10.2.2 Microsoft SQL Server 的聚类分析

(1)熟悉和了解聚类相关知识。

(2)利用 SQL Server 2008 进行聚类的数据挖掘实验。

10.3 工具/准备工作

10.3.1 采用 SPSS Modeler 实验

(1)在开始实验前，请回顾教科书的相关内容。

(2)需要准备一台安装有 SPSS Modeler 15.0 软件系统的计算机。

10.3.2 采用 Microsoft SQL Server 实验

(1)Microsoft SQL Server 2008。

(2)Microsoft SQL Server Analysis Services。

(3)Adventure Works DW 示例数据库。

10.4　实验内容及步骤

10.4.1　SPSS Modeler 实验

本实验是以我国 31 个省市自治区 2008 年各地区经济发展的数据为例，来讨论 K-Means 的具体操作。文件名为 K-Means.sav，它是一个 SPSS 类型的文件。文件中的变量 x_1 至 x_{11} 依次表示：人口数及分性别的人口数，反映各地区的人口水平；出生预期寿命和每万人平均病床数，反映各地区人民的健康水平；大专以上文化程度人口比例反映各地区的教育水平；人均 GDP、第三产业增加值占 GDP 的比例、人均道路面积、省会城市空气质量达到并好于二级的天数以及人均环境污染治理投资额，反映各地区的经济发展和社会环境水平等。本次实验分析的目的，根据所给变量，研究我国 31 个省会自治区的综合发展水平，分析哪些省会自治区处在相同的发展结构水平上。具体实验步骤如下所示。

步骤 1　创建 K-Means 聚类数据流

(1)通过"Statistics 文件"节点导入本节分析文件 K-Means.sav。

(2)选择"字段选项"—"类型"节点，双击"类型"节点，在类型的编辑窗口中，设置"地区"角色为"无"，如图 10-2 所示。

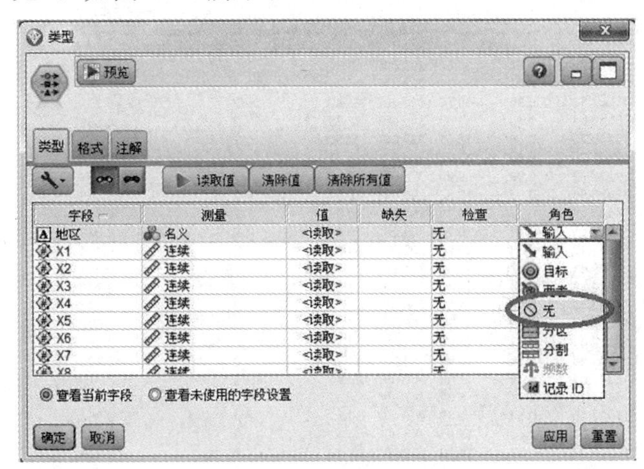

图 10-2　参数的设置

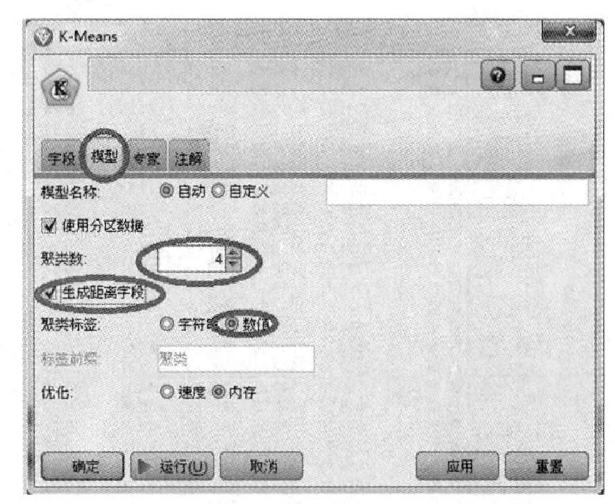

图 10-3　K-Means 参数的设置

(3)在"建模"卡中选择"K-Means"节点，将其连接到数据流中。

步骤 2　设置相关参数

(1)点击鼠标右键，选择菜单中的"编辑"选项进行参数设置。

(2)在"模型"模块下指定聚类数目为 4，勾选"生成距离字段"和"数值"选项，如图 10-3 所示。

(3)在"专家"模块下，勾选"模式"下的"专家"选项。其他保持不变。

步骤 3　结果运行

本例的聚类的结果如图 10-4 和图 10-5 所示。

由图 10-4 分析结果得到了 4 类所包含的样本数(分别是 2，4，10，15)以及各样本所占的百分比(48.4%，32.3%，12.9%，6.5%)。

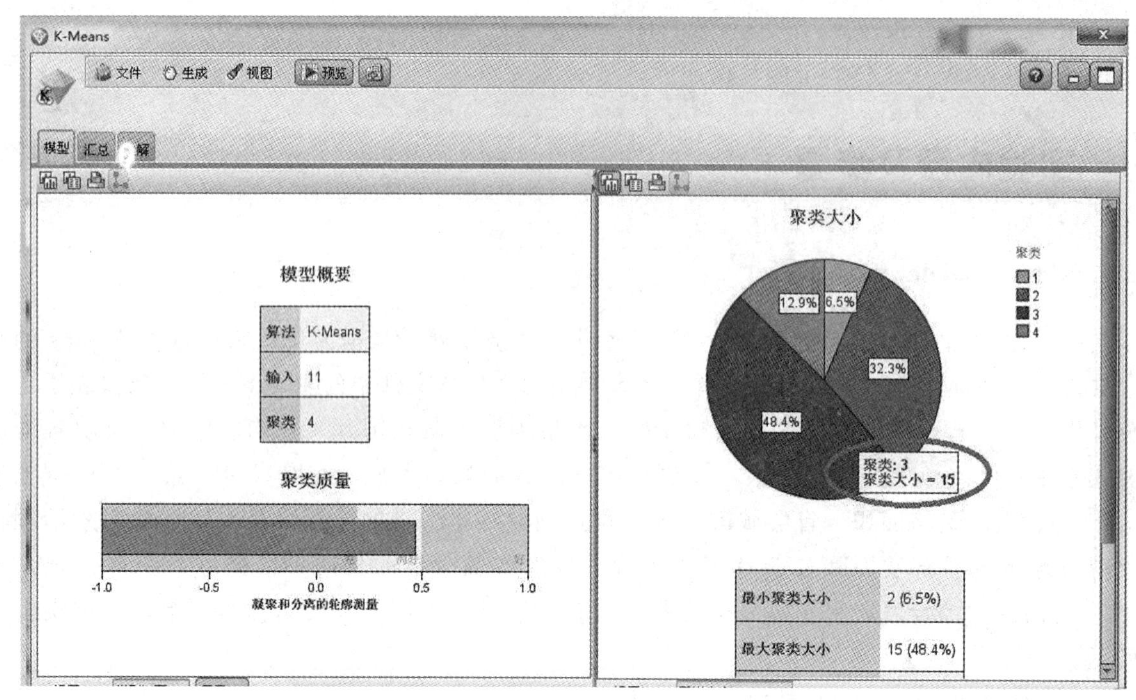

图 10-4　实验结果图

在图 10-5 中可以知道每一个变量属于哪一个类以及它与类中心的欧氏距离。

表 (14 个字段，31 条记录)

	地区	X1	X2	X3	X4	X5	X6	X7	X8	X9	X10	X11	$KM-K-Means	$K[illegible]-K-Means
1	上 海	1900.11	950.96	949.27	78.14	0.70	21.99	72091.25	0.54	4.63	328.00	55.02	1	0.366
2	北 京	1670.01	848.93	821.20	76.10	0.70	26.91	62802.15	0.73	6.21	274.00	46.30	1	0.366
3	四 川	8311.39	4209.81	4101.58	71.20	0.27	4.12	15047.13	0.35	10.78	319.00	23.82	2	0.351
4	广 东	9663.36	4951.52	4711.84	73.27	0.30	6.61	36940.01	0.43	11.65	345.00	42.25	2	0.582
5	湖 南	6499.21	3360.99	3138.11	70.66	0.27	6.10	17166.15	0.38	12.01	329.00	22.56	2	0.372
6	湖 北	5828.30	2955.47	2872.83	71.08	0.27	7.67	19440.29	0.40	13.03	294.00	28.27	2	0.404
7	河 南	9572.27	4839.80	4732.58	71.54	0.25	4.36	19230.33	0.29	9.90	325.00	26.10	2	0.539
8	山 东	9579.48	4792.90	4786.58	73.92	0.34	5.14	32436.06	0.33	19.60	295.00	89.64	2	0.663
9	安 徽	6256.82	3209.58	3047.24	71.85	0.24	3.72	14183.19	0.37	14.15	257.00	18.80	2	0.594
10	浙 江	5174.75	2633.37	2541.49	74.70	0.34	9.04	41522.65	0.41	15.20	301.00	28.91	2	0.576
11	江 苏	7797.97	3800.34	3997.63	73.91	0.32	6.68	38872.43	0.38	20.28	322.00	51.73	2	0.494
12	河 北	7100.45	3619.28	3481.29	72.54	0.30	4.47	22799.41	0.33	14.49	301.00	29.43	2	0.164
13	新 疆	2142.50	1087.82	1054.68	67.41	0.46	8.94	19619.16	0.34	12.47	261.00	41.71	3	0.738
14	青 海	564.49	284.55	280.05	66.03	0.33	6.93	17033.70	0.34	11.16	296.00	20.14	3	0.604
15	甘 肃	2676.32	1354.00	1322.44	67.47	0.29	4.21	11867.43	0.39	10.37	268.00	45.06	3	0.572
16	陕 西	3833.03	1942.84	1890.19	70.07	0.33	8.24	17874.41	0.33	12.67	301.00	28.33	3	0.332
17	西 藏	290.42	141.26	149.15	64.37	0.31	1.59	13632.46	0.55	13.46	353.00	45.35	3	0.825
18	云 南	4616.35	2400.23	2216.23	65.49	0.29	3.26	12347.64	0.39	12.09	366.00	22.60	3	0.579
19	贵 州	3847.35	1999.55	1847.80	65.96	0.21	3.25	8664.14	0.41	6.22	347.00	26.90	3	0.545
20	重 庆	2879.93	1451.86	1428.07	71.73	0.25	3.99	17697.15	0.41	9.49	297.00	34.31	3	0.350
21	海 南	864.15	452.31	411.84	72.92	0.25	5.31	16886.33	0.40	12.05	366.00	4.42	3	0.642
22	广 西	4876.21	2545.43	2330.78	71.29	0.23	3.02	14707.28	0.37	11.83	352.00	31.09	3	0.478
23	江 西	4467.08	2283.31	2183.77	68.95	0.23	5.83	14506.86	0.31	11.06	344.00	11.51	3	0.409
24	福 建	3662.23	1842.39	1819.84	72.55	0.25	5.46	29553.31	0.39	12.05	354.00	43.22	3	0.432
25	黑龙江	3910.71	1977.45	1933.37	72.37	0.35	5.71	21249.34	0.34	9.28	308.00	24.85	3	0.353
26	吉 林	2791.88	1412.29	1379.59	73.10	0.37	7.24	23009.78	0.38	10.39	342.00	34.33	3	0.348
27	辽 宁	4395.49	2207.78	2187.71	73.34	0.43	10.59	30625.87	0.35	9.95	323.00	46.73	3	0.551
28	宁 夏	623.79	317.59	306.20	70.17	0.33	7.05	17610.31	0.36	14.82	330.00	146.73	4	0.393
29	内蒙古	2459.53	1260.99	1198.53	69.87	0.33	7.05	31558.11	0.33	12.76	340.00	90.81	4	0.383
30	山 西	3470.01	1759.98	1709.92	71.65	0.37	6.80	19996.28	0.34	9.54	303.00	155.21	4	0.471
31	天 津	1140.25	562.12	578.24	74.91	0.47	14.84	55728.05	0.38	14.39	322.00	143.09	4	0.578

图 10-5　实验结果图

从结果图 10-5 中可以知道 31 条数据共分为 4 类，例如上海和北京在第一类中，广西和江西在第三类中等等。同样的，$ KMD－K-Means 中可以知道每一个地区与对应类的中心点之间的距离。

10.4.2　Microsoft SQL Server 实验

步骤 1　创建分析服务项目，数据源，以及数据源视图。

步骤 2　在解决方案资源管理器中，右键点击数据结构，新建挖掘结构，进入数据挖掘向导首页后，点击“下一步”按钮。

步骤 3　进入选择定义方法页面，选择现有的关系型数据库或数据仓库，即为默认值，直接在该页面点击“下一步”按钮。

步骤 4　在选择数据挖掘技术视图内，选择“Microsoft 聚类分析”后，点击“下一步”按钮。

步骤 5　在选择数据源视图中，选取“Adventure Works DW”数据库后，点击“下一步”按钮。

步骤 6　选取“vTargetMail”表后，点击“下一步”按钮，如图 10-6 所示。

图 10-6　指定表类型

图 10-7　指定定型数据

步骤 7　选择所需要输入的索引键、输入变量以及预测变量。本例选取 CustomerKey 为索引，所选的输入变量为：Age、Commute Distance、Gender、House OwnerFlag、Martial Status、Number Cars Owned、Region、Total Children、YearIncome。完成后点击“确定”按钮，如图 10-7 所示。

步骤 8　点击“检测”自动检测变量数据内容类型以及数据类型，完成后点击“下一步”按钮，如图 10-8 所示。

图 10-8　指定列的内容和数据类型

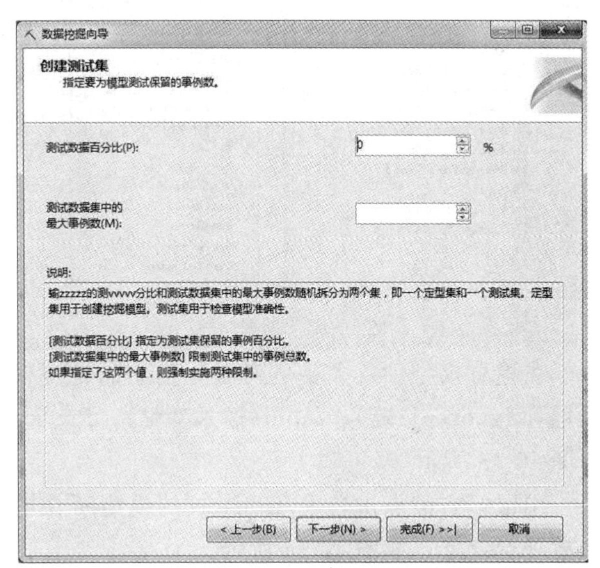

图 10-9　创建测试集

步骤 9　在“创建测试集”页上，清除选项“测试数据百分比”的文本框。单击“下一步”按钮，如图 10-9 所示。

步骤 10 更改挖掘结构名称，勾选“允许钻取”，点击“完成”按钮，如图 10-10 所示。

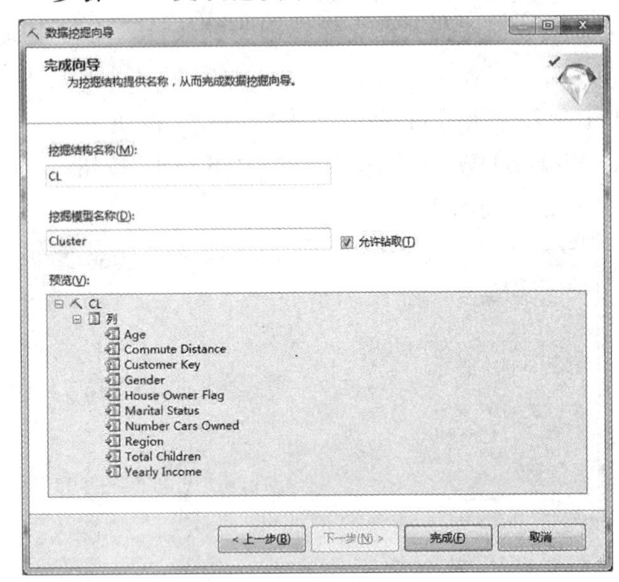

图 10-10 挖掘结构完成向导

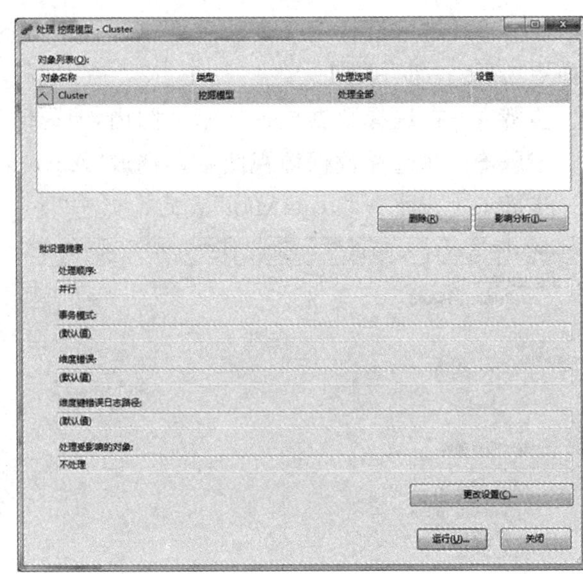

图 10-11 处理挖掘模型

步骤 11 选择上方的挖掘模型查看器后，程序会问是否先生成部署项目？点击“是”。接着会问是否继续？仍然点击“是”。

步骤 12 点击“运行”按钮，如图 10-11 所示。

步骤 13 执行完毕后，点击“关闭”按钮，回到原来界面，再一次点击“关闭”按钮。

步骤 14 建模完成。产生数据挖掘结构接口，包含挖掘结构、数据模型查看器、挖掘精确度图表以及挖掘模型预测。

挖掘结构展现了分析时所有选择的变量，包含索引键、输入变量和可预测变量，以及数据间的关联性，如图 10-12 所示。

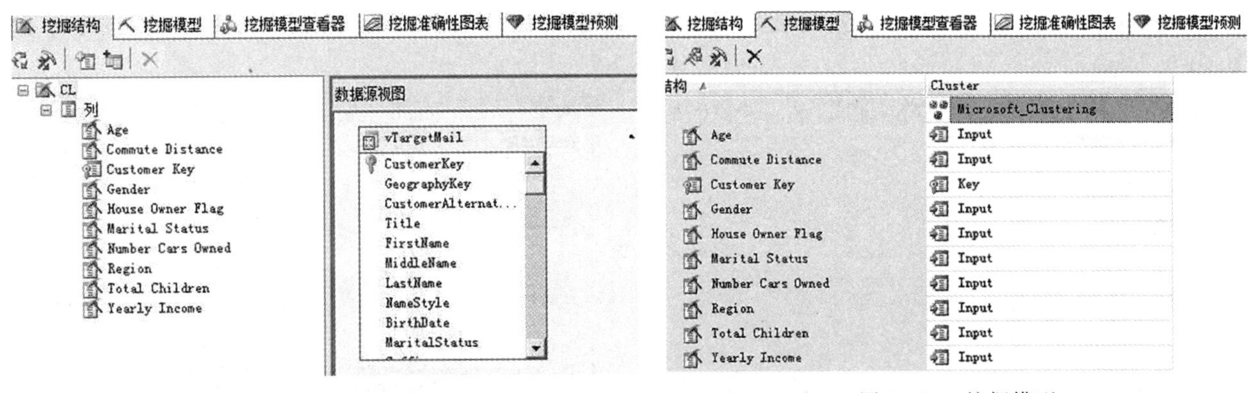

图 10-12 挖掘结构　　　　图 10-13 挖掘模型

在挖掘模型中，主要是列出所建立的挖掘模型，可以新增挖掘模型，并调整变量，变量使用情况包含 Ignore(忽略)、Input(输入变量)、Predict(预测变量、输入变量)以及 Predict Only(预测变量)，如图 10-13 所示。

用鼠标右键点击名为“Cluster”的模型所在的列，然后选择“设置算法参数”，可以对算法涉及的参数进行设置，如图 10-14 所示。

挖掘模型查看器展示的是聚类分析的结果，各分类之间的连线，表示的是不同类之间关联性的强弱。用鼠标右键点击“聚类”节点，在出现的菜单上点击“钻取”，选择“仅限模型列”或“模型和结构列”，可以浏览该类中的样本数据特征，如图 10-15 所示。

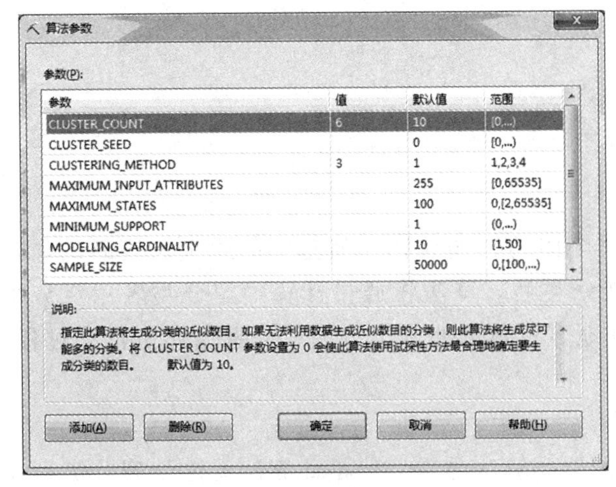

图 10-14　设置算法参数

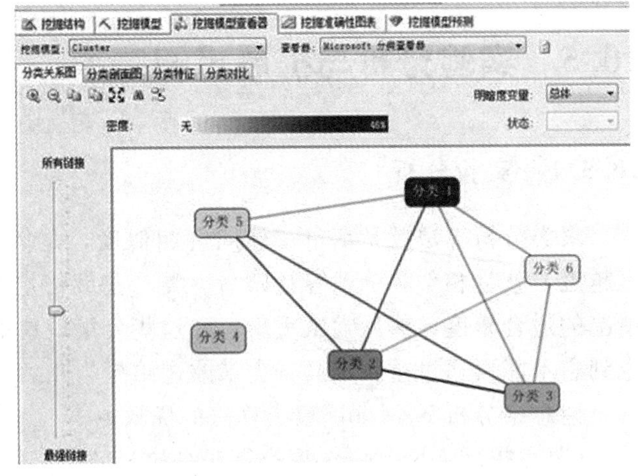

图 10-15　“分类关系图”选项卡

在“分类剖面图”中，可以了解因变量与自变量之间的关联性强弱，如图 10-16 所示。

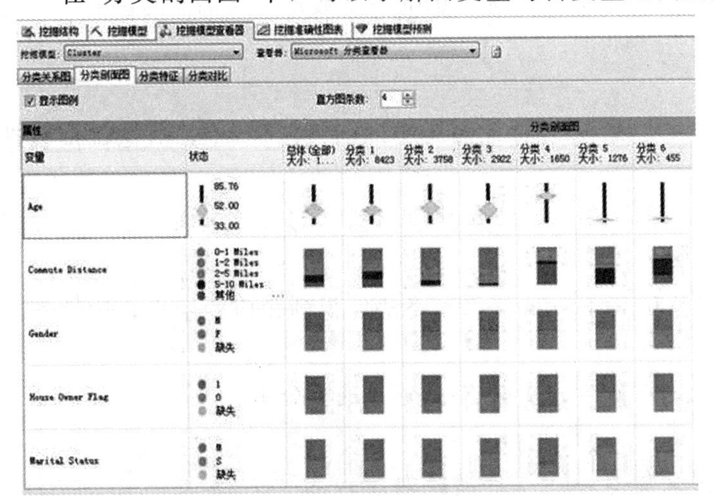

图 10-16　“分类剖面图”选项卡

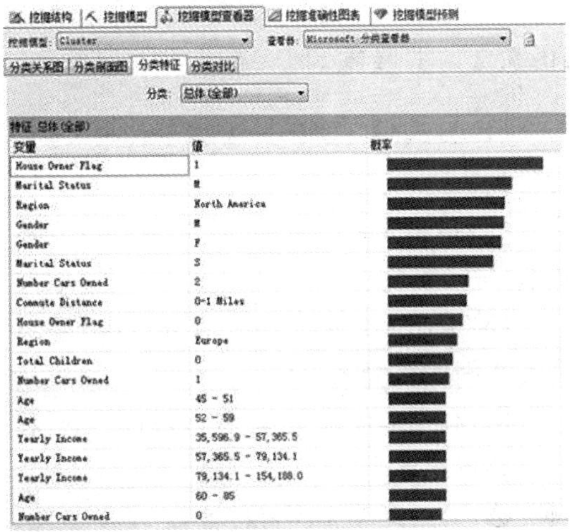

图 10-17　“分类特征”选项卡

“分类特征”呈现的是每一类的特性，如图 10-17 所示。

“分类对比”呈现的是两类间特性的比较，如图 10-18 所示。

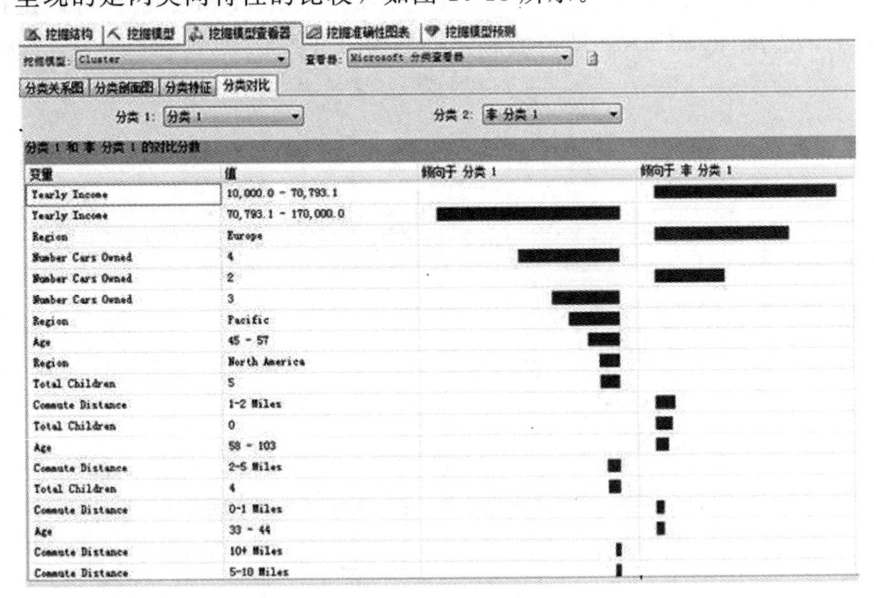

图 10-18　“分类对比”选项卡

10.5 实验分析与扩展练习

10.5.1 实验分析

聚类分析算法就是衡量个体间的相似度，是依据个体的数据点在几何空间的距离来判断的，距离越近，就越相似，就越容易归为一类。在最初定义分类后，算法将通过计算确定分类表示点分组情况的适合程度，然后尝试重新定义这些分组以更好地表示数据的分类。该算法将循环执行此过程，直到它不能再通过重新定义分类来改进结果为止。

请总结分析 K-Means 聚类算法的优缺点。

（要点提示：K-Means 聚类算法是执行效率最快的聚类算法之一。但是此算法无法处理分类型变量和该算法在聚类的时候需要指定聚类数目。这就意味着分析人员必须对所研究问题和数据有比较全面的把握，但是难度比较大。最后必须注意类中心采用均值，因而易受数据中极端值的影响。）

10.5.2 扩展练习

(1)尝试改变挖掘算法的参数，来提高预测准确率。在“挖掘模型准确性图表”中，对挖掘模型进行验证。

(2)利用 Excel 2007 或 Excel 2010 的 SQL Server 2008 数据挖掘插件操作 Microsoft 聚类分析算法。

(3)采用其他的聚类方法分析，如两步聚类和 Kohonen 网络聚类法，得到相应的结果，比较不同聚类之间的差异及共同点。

(4)利用本实验数据(K-Means. sav)和 WEKA 软件来进行 K-Means 聚类分析。

要点提示：

- WEKA 无法直接读取 . sav 文件，因此要将 . sav 文件转换为 . csv。
- WEKA 无法直接识别中文，因此要将文件中的变量名称中包含的中文改为英文。
- 数据处理好之后，进入 WEKA Explorer 界面，点击“open file”，打开 . csv 文件后，选择标签并单击“Cluster”，打开“Choose”，选择“Clusterer”中的“SimpleKMeans”。可以选择分类个数，在选择算法编辑框中，选择“numClusters”，填写分类个数即可。

实验 11
预测分析：人工神经网络

11.1 背景知识

11.1.1 什么是预测分析

预测分析是在企业经营预测过程中，根据过去和现在预计未来，以及根据已知推测未知数据的各种科学的专门分析方法。

预测分析的一般步骤：

(1)预测目标分析和确定预期期限：确定预测目标和预测期限是进行预测工作的前提。

(2)进行调研，收集资料：预测以一定的资料和信息为基础，以预测目标为中心，充分收集详尽、可靠的资料。同时要去伪存真，去掉不真实和与预测对象关系不密切的资料。

(3)选择合适的预测方法：分析研究当前预测理论领域的各种预测模型和预测方法。预测方法的选取应服从预测的目的和资料、信息的条件。

(4)考虑模型运行平台：依据预测理论和预测方法，选择合适的数据库和编程语言实现预测模型系统。

(5)对预测的结果进行分析和评估：考核预测结果是否满足预测目标的要求，对各种预测模型进行相关检验，比较预测精确度。

(6)模型的更新：应该根据最新的管理、经济动态和新到来的信息数据，重新调整原来的预测模型以提高预测的准确性。

11.1.2 预测分析的方法

按预测目标范围的不同，预测分析的方法可分为宏观预测和微观预测。如宏观经济预测是指对整个国民经济或一个地区、一个部分的经济发展前景的预测。而微观经济预测是以单个经济单位的经济活动前景作为考察的对象。按照预测期限长短不同，预测分析的方法可分为长期预测、中期预测和短期预测；按照预测结果的性质不同，预测分析的方法可分为定性预测和定量预测。

(1)定性预测。

定性预测主要是根据事务的性质和特点以及过去和现在的有关数据，对事物做非数量化的分析，然后根据这种分析对事物的发展趋势做出判断和预测。定性预测在很大程度上取决于经验和专家的努力，依靠人们的主观判断来取得预测结果。其特点是：简单易行、花费时间少、应用历史较久。当缺乏统计数据时，不能构成数学模型或环境变化很大、历史统计数据无法反映事物变化规律时一般用定性预测。

(2)定量预测。

定量预测主要是利用历史统计数据并通过一定的数学方法建立模型，以模型为主对事物的未来做出判断和预测的数量化分析，也称为客观预测。常用的定量预测分析的方法有回归分析、时间序列分析、人工神经网络等。

11.1.3 人工神经网络

人工神经网络是一种应用类似于大脑神经突触连接的结构进行信息处理的数学模型。在工程与学术界也常直接简称为神经网络或类神经网络。神经网络是一种运算模型，由大量的节点(或称神经元)和节点之间相互连接构成。每个节点代表一种特定的输出函数，称为激励函数(Activation Function)。每两个节点间的连接都代表一个对于通过该连接信号的加权值，称之为权重，这相当于人工神经网络的记忆。网络的输出则依网络的连接方式、权重值和激励函数的不同而不同。而网络自身通常都是对自然界某种算法或者函数的逼近，也可能是对一种逻辑策略的表达。

它的构筑理念是受到生物(人或其他动物)神经网络功能运作的启发而产生的。人工神经网络通常是通过一个基于数学统计学类型的学习方法(Learning Method)得以优化，所以人工神经网络也是数学统计学方法的一种实际应用，通过统计学的标准数学方法我们能够得到大量的可以用函数来表达的局部结构空间，另一方面在人工智能学的人工感知领域，我们通过数学统计学的应用可以做人工感知方面的决定问题(也就是说通过统计学的方法，人工神经网络能够类似人一样具有简单的决定能力和简单的判断能力)，这种方法比起正式的逻辑学推理演算更具有优势。

与人脑相似，人工神经网络由相互连接的神经元(也称为处理单元(Processing Element))组成。如果将人工神经网络看成是一张图，则这些处理单元也称为节点(Node)。处理单元之间的连接称为边，边反映列各个处理单元之间的关联性，关联性的强弱体现在边的权值上。

(1)人工神经网络的种类。

人工神经网络的种类繁多，可以从拓扑结构、连接方式和学习方式等角度划分。

①从拓扑结构角度划分。

根据拓扑网络结构可以划分为两层神经网络、三层神经网络和多层神经网络。神经网络分为输入层、输出层和隐藏层(如果可能)。如图 11-1 所示。

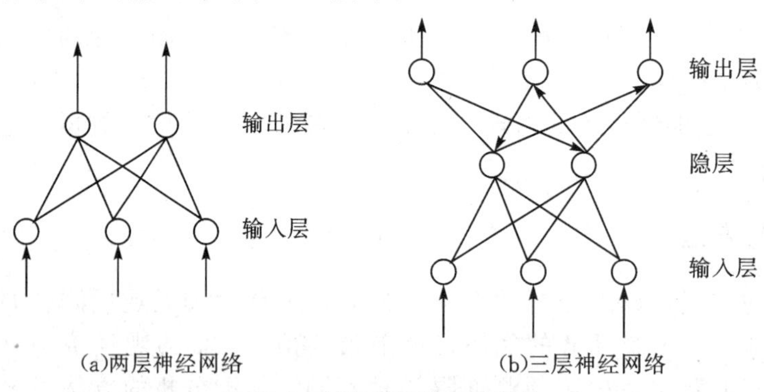

图 11-1 神经网络的拓扑结构

图中，神经网络的最底层为输入层，最顶层为输出层，中间层为隐层。人工神经网络的复杂程度与网络的层数和每层的处理单元有关。其节点又称为输入节点，输出节点和隐藏节点。其中：输入节点负责接收和处理训练样本集中各输入变量值，输入节点数由输入变量数决定；隐藏节点负责实现非线性样本的线性变换，隐藏层的节点个数和层数可自行决定；输出节点负责给出输出变量的分类预测结果。如果输出变量为二分类型(即 Flag 型)，则输出节点个数为 2，取值为二进制的 0 和 1；如果输出变量为多分类型(Set 型)，则输出节点个数为 3，取值为二进制的 0 和 1；如果输出变量为数值型(Numeric 型)，则输出节点数为 1。

②从连接方式的角度划分。

神经网络连接分为层间连接和层内连接，连接强度用权值表示。

从连接方式可以分为下面两种：

● 前馈式神经网络：前馈式神经网络的连接是意向的，上层节点的输出是下层节点的输入。目前数据挖掘软件中的神经网络大多为前馈式神经网络。

● 反馈式神经网络：除单向连接外，输出节点的输出又作为输入节点的输入，即有反馈的连接。

层内连接方式指神经网络同层内部同层节点之间相互连接，如 Kohonen 网络。

③从学习方式角度划分。

从学习方式看，神经网络可分为如下两种：

● 感知机：采用有指导的学习方法，即训练样本的输出变量值为已知，它直接指导神经网络模型的训练。反向传播网络和 Hopfield 网络等都属于感知机。

● 认知机：采用无指导的学习方法，即训练样本没有输入变量和输出变量的角色划分，各节点通过竞争学习，形成聚类，如 Kohonen 网络等。

(2)人工神经网络属性。

神经网络是由大量处理单元组成的非线性大规模自适应动力系统。它是在现代神经科学研究成果的基础上提出来的，试图通过模拟大脑神经网络处理、记忆信息的方式设计一种新的机器使之具有人脑那样的信息处理能力。同时，对这种神经网络的研究将进一步加深对思维及智能的认识。

为了模拟大脑信息处理的机理，人工神经网络具有以下基本属性：

①非线性。非线性关系是自然界的普遍特性。大脑的智慧就是一种非线性现象。人工神经元处在激活或是抑制两种不同的状态，这种行为在数学上则表现为一种非线性关系。具有阈值的神经元构成的网络具有良好的性能，可以提高容错性和储存容量。

②非局域性。一个神经网络通常由多个神经元广泛连接而成。一个系统的整体行为不仅取决于单个神经元的特征，而且可能主要由几个神经单元之间的相互作用、相互连接所决定。通常单元之间的大量连接可以模拟大脑的非局域性。

③非定常性。人工神经网络具有自适应、自组织和自学习能力。神经网络不但处理的信息可以有各种变化，而且在处理信息的同时，非线性动力系统本身也在不断地变化。

④非凸性。一个系统的演化方向，在一定条件下将取决于某个特定的状态函数，例如能量函数，它的极值对应于系统比较稳定的状态。非凸性是指这种函数有多个极值，故系统具有多个比较稳定的平衡状态，这将导致系统演化的多样性。

(3)人工神经网络中的节点和意义。

节点是人工神经网络的重要元素。输入节点只负责数据的输入，且没有上层节点与之相连，因而比较特殊。除此之外的其他节点，都具有这样的共同特征，即接收上层节点的输出作为本节点的输入，对输入进行计算后给出本节点的输出。

将神经网络放大去看，完整的节点由加法器和激活函数两个部分组成。如图 11-2 所示。

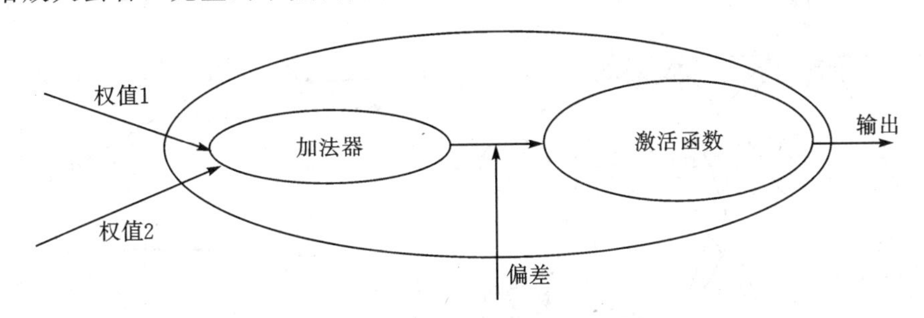

图 11-2　神经网络中的处理单元

①加法器。

加法器的作用是对自身输入的加权求和，是自身输入的线性组合。

②激活函数。

激活函数(Activation Function)的作用是将加法器的结果映射到指定的取值范围内，事实上一个处理单元(Processing Element)的计算是非常简单的，但随着处理单元个数和层数的增多，计算工作量将剧增。因此，神经网络的处理难度取决于网络结构的复杂程度。

③节点的意义。

在加法器和激活函数的共同作用下，节点将起到一个超平面的作用。从几何意义上讲，如果将训练样本集中的每个样本看作 n 维空间(n 为输入变量)上的点，那么，一个节点就是一个超平面。一个超平面将 n 维空间划分为两个部分。理想状况下，处于超平面上部的所有节点为一类，超平面下部所有点为另一类，可实现二值分类；多个节点是多个超平面，它们相互平行或相交，将 m 维空间划分成若干区域。理想情况下，处于不同区域的样本点均分属不同的类别，可实现多值分类。

11.1.4 BP 反向传播网络

反向传播(Back-Propagation，BP)学习算法简称 BP 算法，采用 BP 算法的前馈型神经网络简称 BP 网络。作为一种前馈型神经计算模型，BP 网络与多层感知器没有本质的区别。但是有了 BP 算法，BP 网络便有了强大的计算能力，可表达各种复杂映射。

反向传播网络有以下三个突出的特点：

(1)网络中的每个神经元包含一个非线性激活函数，与罗森布拉特感知器使用的硬限幅函数相反，非线性激活函数是光滑的。满足非线性要求的一个普遍应用形式是由 logistic 函数定义的 sigmoid 非线性函数：

$$y_i=\frac{1}{1+\exp(-v_j)}。$$

式中，v_j 是神经元 j 的激活值，即所有突触输入的加权和减去偏置，y_j 是神经元 j 的输出。非线性的出现是很重要的，否则网络的输入输出关系会被归结为由单层感知器所具有。

(2)网络包括一层或多层神经元的隐层，它不是网络输入输出的部分。这些隐层神经元逐步从输入模式中提取更多的有用特征，可以使网络学习复杂的任务。

(3)网络的连接强度由网络突触决定，网络连接的改变可以通过突触连接数量变化或通过权值的改变而改变。

11.1.5 BP 网络的结构

反向传播网络实际上是一个多层感知器，因而具有类似多层感知器的体系结构，也是典型的前馈型神经网络的体系结构。图 11-3 显示为一个具有两个隐层和一个输出层的多层感知器的结构图。网络是全部连接的，表明在任意层上的一个神经元与它前一层上的所有节点都连接起来。信号在一层一层的基础上逐步传播。

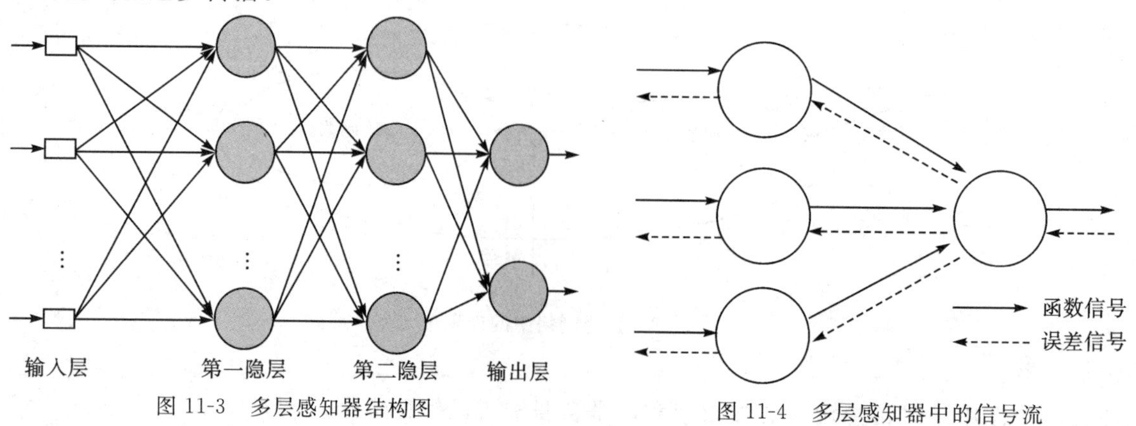

图 11-3　多层感知器结构图

图 11-4　多层感知器中的信号流

多层网络可以解决非线性可分问题。由于有隐层后使得学习比较困难，所以限制了多层网络的发展。BP算法的出现解决了这个问题。图11-4所示为多层前向网络中的一部分，其中有两种信号流通。

(1)函数信号。

函数信号是从网络输入层中的末端而来的一个输入信号，通过网络的传播，达到网络的输出层的末端即成为一个输出信号。人们把这样的一个信号称为“函数信号”有两个原因：第一，在网络输出端时假设它表现为有用的函数；第二，在函数信号通过网络上每一个神经元处，该处正好都被当成输入以及与该神经元有关的权值的一个函数计算。函数信号也被称为输入信号。

(2)误差信号。

误差信号产生于网络的一个输出神经元，并通过网络反向传播。人们称为“误差信号”，是由于网络的每一个神经元对它的计算都以某种形式设计误差依赖函数。

BP网络每一个隐层或输出层的神经元被设计用来进行以下两种计算：

①计算一个神经元的输出处出现的函数信号，它表现为关于输入信号以及与该神经元有关的突触权值的一个连续非线性函数。

②梯度向量(即误差曲面对于一个神经元输入相连接的权值的梯度)的估计计算。它需要反向通过网络。

11.2 实验目的

11.2.1 SPSS Modeler 的预测分析

(1)了解和熟悉SPSS Modeler及其相关知识。

(2)掌握SPSS Modeler工具建立B-P反向传播网络的方法。

(3)学会运用SPSS Modeler B-P反向传播网络进行相关的内容分析。

11.2.2 Microsoft SQL Server 的聚类分析

(1)熟悉和了解神经网络相关知识。

(2)利用SQL Server 2008进行神经网络的数据挖掘实验。

11.3 工具/准备工作

11.3.1 采用 SPSS Modeler 实验

(1)在开始实验前，请回顾教科书的相关内容。

(2)需要准备一台安装有SPSS Modeler 15.0软件系统的计算机。

11.3.2 采用 Microsoft SQL Server 实验

(1)Microsoft SQL Server 2008。

(2)Microsoft SQL Server Analysis Services。

(3)Adventure Works DW示例数据库。

11.4 实验内容及步骤

11.4.1 SPSS Modeler 实验

本实验将以一份虚拟的电信客户数据为例，文件名为 Telephone.sav，它是一个 SPSS 文件。该数据中的变量 x_1 至 x_{15} 分别是：居住地、年龄、婚姻状况、家庭月收入、受教育的程度、性别、家庭人口、基本服务累计开通月数、是否申请无线转移服务、上月基本费用、上月限制性服务项目的费用、无线服务费用、是否电子支付、客户所申请的服务套餐类型、是否流失。本实验实践神经网络的具体操作，目标是建立客户流失预测模型。

步骤 1　创建 K-Means 聚类数据流

(1)通过“Statistic 文件”节点读入文件名为 Telephone.sav 的数据。

(2)在数据流中添加“分区”节点，将样本集划分为训练集和测试集，如图 11-5 所示。

(3)在“建模”模块下选择“神经网络”节点连接在数据流的恰当位置。

步骤 2　设置相关参数

(1)点击鼠标右键，点击“编辑”按钮进行主要参数的设置。

(2)在“选项”选项卡下，勾选“显示反馈图形”。

(3)在“模型”选项卡下，勾选“使用分区数据”和“为每个分割构建模型”；选择“快速”方法；停止采用“默认值”。如图 11-6 所示。

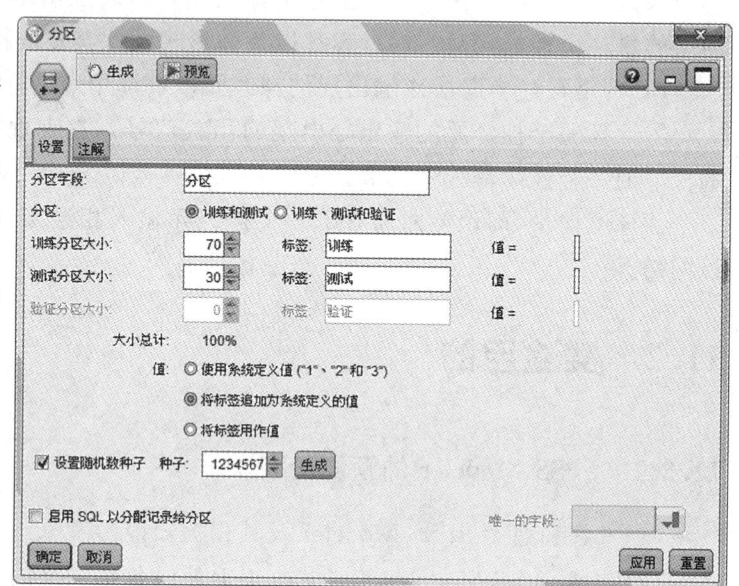

图 11-5　数据分区

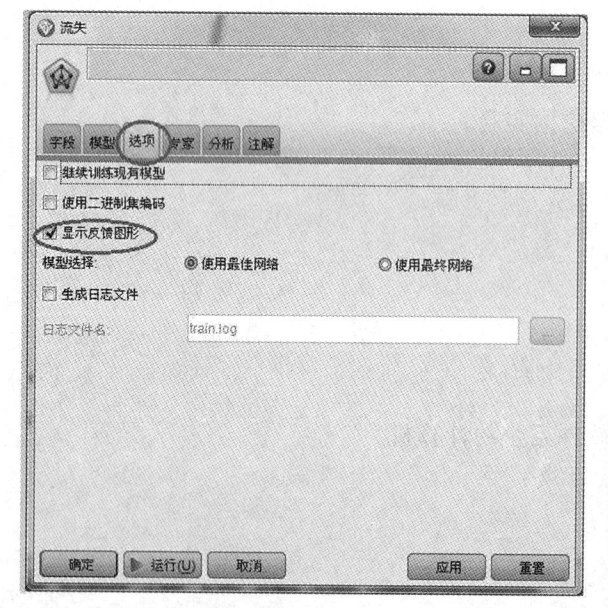

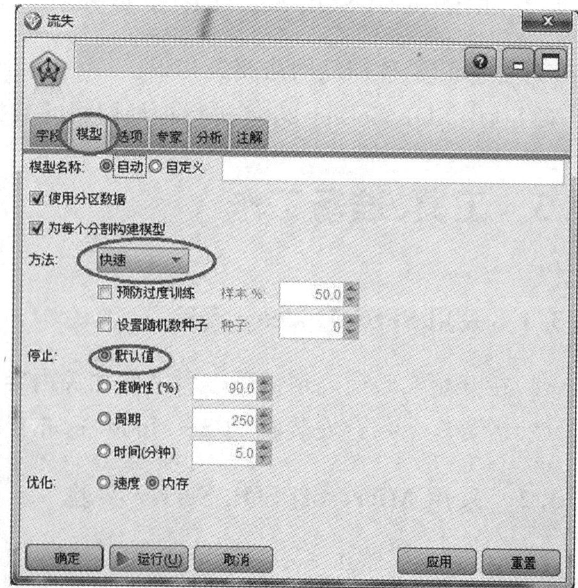

图 11-6　神经网络的参数设置对话框

步骤 3 结果运行

计算的结果如图 11-7 所示。

估计的准确性：本次估计的预测精度为 96.636%。它们是基于训练样本集计算的。

网络结构：有 25 个输入节点，1 个隐层，10 个隐节点，1 个输出节点。本例中原有 14 个输入变量，对其中的分类型变量需转换为多个数值型变量，共 25 个输入变量。

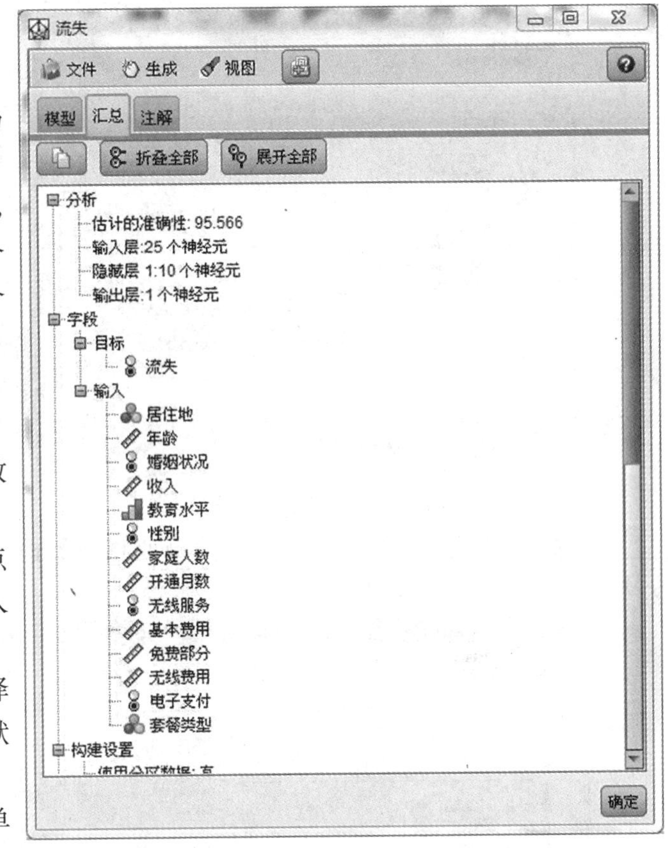

图 11-7 结果输出图

11.4.2 Microsoft SQL Server 实验

步骤 1 创建分析服务项目，数据源以及数据源视图。

步骤 2 在解决方案资源管理器中，右键点击“数据结构”，再选择“新建挖掘结构”，进入数据挖掘向导首页后，点击“下一步”按钮。

步骤 3 进入“选择定义方法”页面，选择“从现有的关系型数据库或数据仓库”，即为默认值，直接在该页面点击“下一步”按钮。

步骤 4 在“选择数据挖掘技术视图”内，单击选项“您要使用何种数据挖掘技术”的下拉列表，选择“Microsoft 神经网络”后，点击“下一步”按钮。

步骤 5 在“选择数据源视图”中，选取“Adventure Works DW”数据库后，点击“下一步”按钮。

步骤 6 选取“vTargetMail”表后，点击“下一步”按钮，如图 11-8 所示。

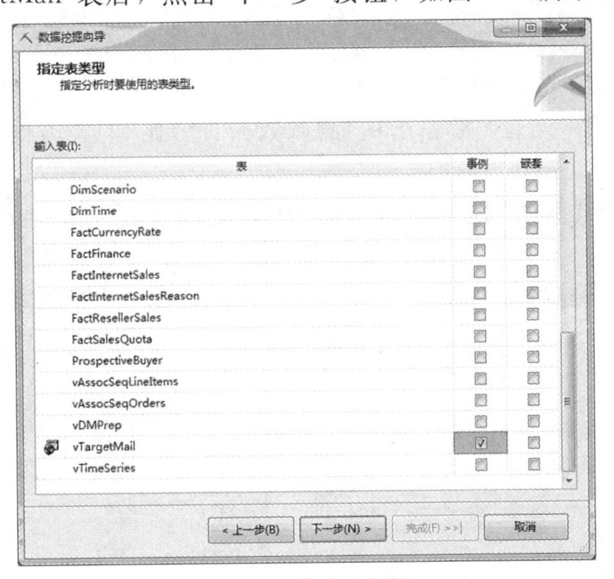

图 11-8 指定表类型

步骤 7 选择所需输入变量、预测变量以及索引键。本实验以 CustomerKey 为索引键，Bike Buyer 为预测变量。选取完索引键和预测变量之后，点击“建议”按钮，可以了解预测变量和其他变量之间的关联性，选取其中影响力较大的变量作为输入变量。完成后点击“确定”按钮。之后回到原来的界面，点击“下一步”按钮，如图 11-9 和图 11-10 所示。

图 11-9 指定定型数据

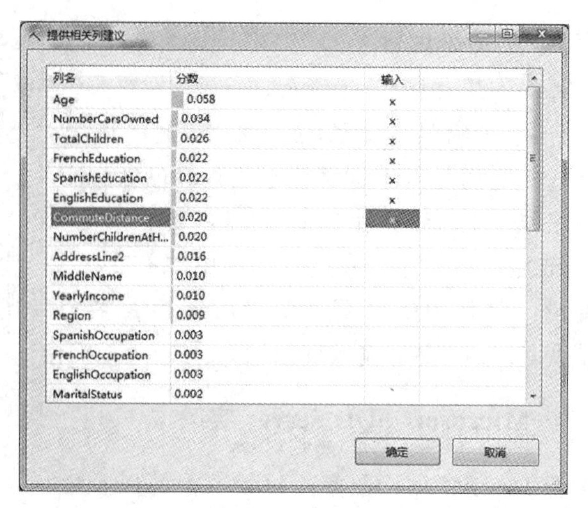

图 11-10 变量相关性

步骤 8 点击“检测”按钮，自动检测变量数据内容以及数据类型。确定数据属性之后，点击“下一步”按钮，如图 11-11 所示。

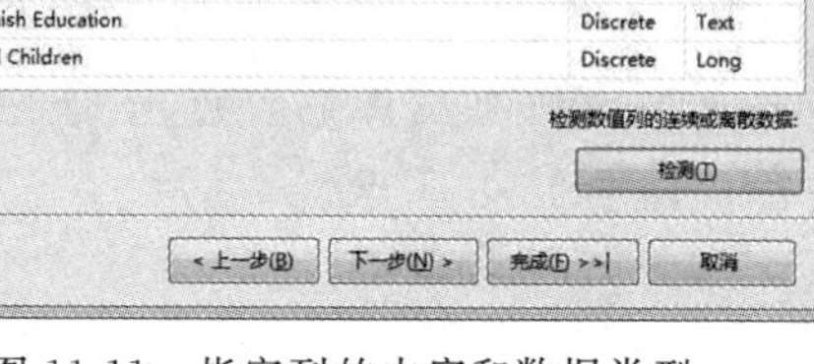

图 11-11 指定列的内容和数据类型

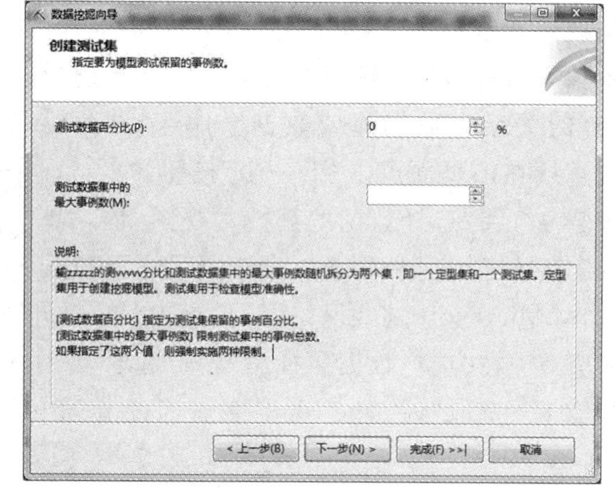

图 11-12 创建测试集

步骤 9 在“创建测试集”页上，清除选项“测试数据百分比”的文本框。单击“下一步”按钮，如图 11-12 所示。

步骤 10 在“完成向导”页的“挖掘结构名称”中，更改挖掘结构名称，点击“完成”按钮，如图 11-13 所示。

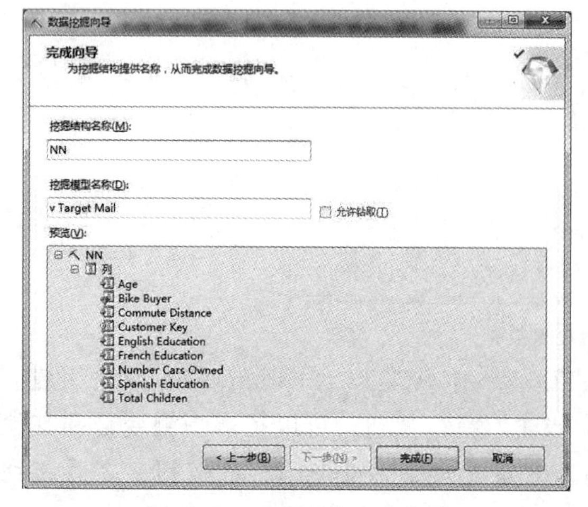

图 11-13 挖掘结构完成向导

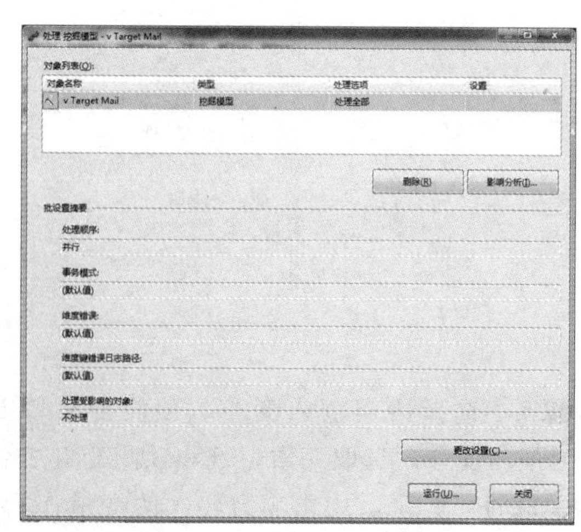

图 11-14 挖掘模型的处理

步骤 11　选择上方的挖掘模型查看器后，程序会问是否先生成部署项目？点击“是”。接着程序会提示必须先处理“vTargetMail”挖掘模型，是否继续？仍然点击“是”。如图 11-14 所示。

步骤 12　点击“运行”按钮。

步骤 13　执行完毕后点击“关闭”按钮，接着会回到原来界面，再次点击“关闭”按钮，建模完成。

所产生的数据挖掘结构接口包括挖掘结构、挖掘模型、挖掘模型查看器、挖掘准确性图表和挖掘模型预测。

在挖掘结构中，主要展现的是数据间的关联性以及分析的变量，如图 11-15 所示。

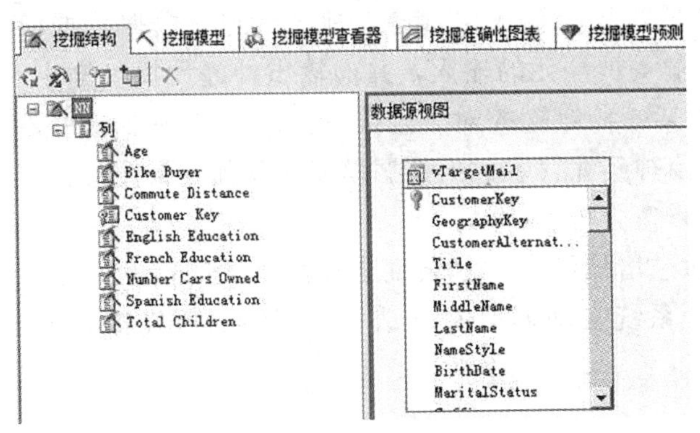

图 11-15　挖掘结构

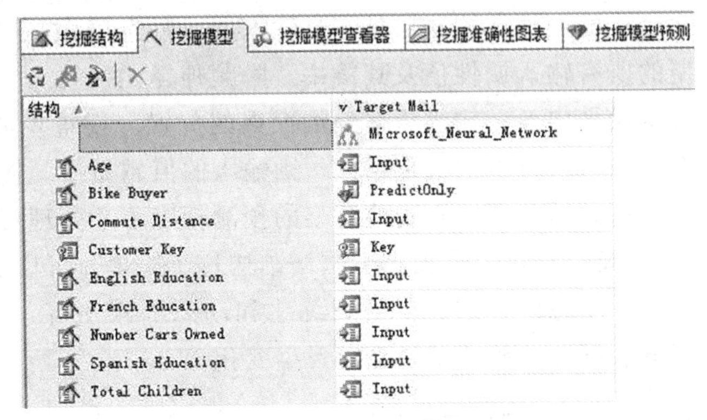

图 11-16　挖掘模型

在挖掘模型中，主要列出挖掘模型中的变量，如图 11-16 所示。

在挖掘模型中，右键点击“vTargetMail”，选择“设置算法参数”，可以修改模型的参数设置，如图 11-17 所示。

在“挖掘模型查看器”中，展示的是该挖掘模型的结果，通过柱状图表示某一变量的取值状态对预测变量影响的方向和大小，如图 11-18 所示。

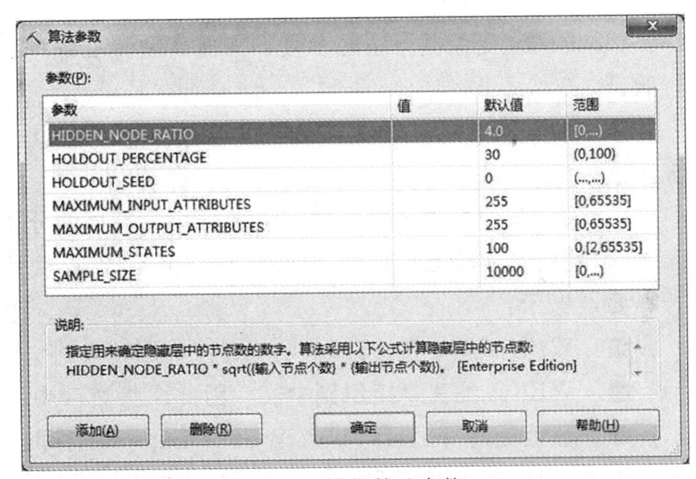

图 11-17　设置算法参数

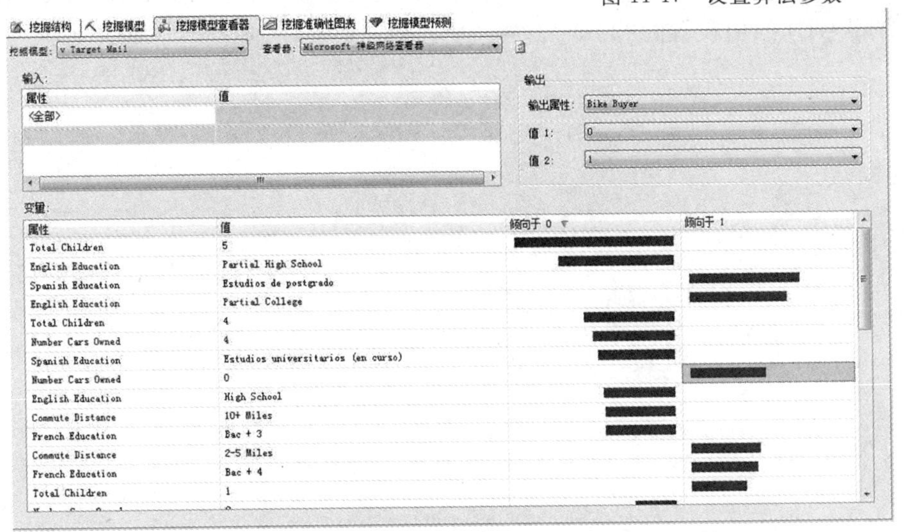

图 11-18　挖掘模型查看器

11.5 实验分析与扩展练习

11.5.1 实验分析

神经网络是一组连接的输入输出单元，其中每一个连接都与一个权相连接。在训练学习阶段，通过调整训练网络的权，使得能够预测输入样本的正确类标号。神经网络算法创建由多至三层神经元组成的网络。这些层分别是输入层、可选隐藏层和输出层。输入层：输入神经元定义数据挖掘模型的所有输入属性值及其概率。隐藏神经元接收来自输入神经元的输入，并向输出神经元提供输出。隐藏层是向各种输入概率分配权重的位置。权重说明某一特定输入对于隐藏神经元的相关性或重要性。输入所分配的权重越大，则输入的值越重要。输出神经元代表数据挖掘模型的可预测属性值。

请总结分析：本实验模型的预测精度不十分理想，请分析其原因。

（要点提示：主要在于网络结构过于简单，可以通过增加结构的复杂度来提高预测的精度。还可以选择动态增补法、多层训练法和动态消减法等，让系统自动调整网络结构。模型的精度提高了，变量敏感性分析的结果也会发生变化。）

11.5.2 扩展练习

(1)尝试改变挖掘算法的参数，来提高预测准确率。在“挖掘模型准确性图表”中，对挖掘模型进行验证。

(2)利用 Excel 2007 或 Excel 2010 的 SQL Server 2008 数据挖掘插件操作 Microsoft 神经网络算法。

(3)采用其他的神经网络的方法进行相关数据的分析，如径向基函数网络。

(4)利用本实验数据(Telephone. sav)和 WEKA 软件来进行 B-P 反向传播网络的实验分析。

要点提示：

- WEKA 无法直接读取 . sav 文件，因此要将 . sav 文件转换为 . csv。
- WEKA 无法直接识别中文，因此要将文件中的变量名称中包含的中文改为英文。
- 数据处理好之后，进入 WEKA Explorer 界面，点击“open file”，打开 . csv 文件后，选择标签并单击“Classify”，打开“Choose”，选择“Classify”下的“Functions”下的“MultilayerPerceptron”，进入参数设置，并将 GUI 的值设置为“True”。

第三部分 商务智能实验篇

SHANGWU ZHINENG SHIYAN PIAN

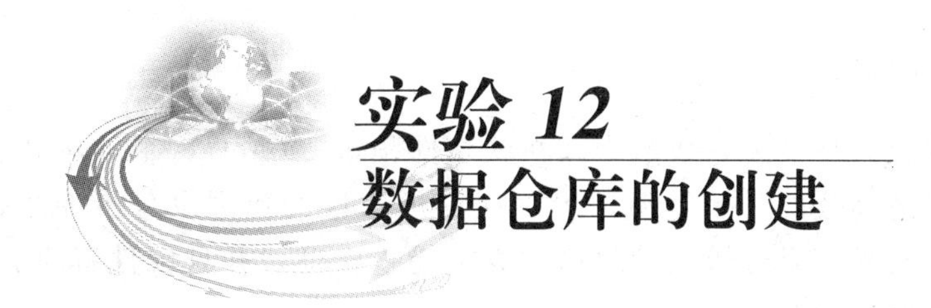

实验12 数据仓库的创建

12.1 背景知识

数据仓库，英文名称为Data Warehouse，可简写为DW或DWH。数据仓库是为企业所有级别的决策制定过程提供支持的所有类型数据的战略集合。它是单个数据存储，出于分析性报告和决策支持的目的而创建。为企业提供需要业务智能来指导业务流程改进和监视时间、成本、质量和控制。数据仓库是决策支持系统(DSS)和联机分析应用数据源的结构化数据环境。数据仓库研究和解决从数据库中获取信息的问题。数据仓库的特征在于面向主题、集成性、稳定性和时变性。

12.1.1 数据仓库的特点

数据仓库，是在数据库已经大量存在的情况下，为了进一步挖掘数据资源、为了决策需要而产生的，它并不是所谓的“大型数据库”。数据仓库建设的目的，是以前端查询和分析作为基础，由于有较大的冗余，所以需要的存储也较大。为了更好地为前端应用服务，数据仓库往往有如下几个特点：

(1)效率足够高。数据仓库的分析数据一般分为日、周、月、季、年等，可以看出，以日为周期的数据要求的效率最高，要求24小时甚至12小时内，客户能看到昨天的数据分析。由于有的企业每日的数据量很大，设计不好的数据仓库经常会出问题，延迟1日至3日才能给出数据，显然是不行的。

(2)对数据质量要求高。数据仓库所提供的各种信息，需要准确的数据，但由于数据仓库流程通常分为多个步骤，包括数据清洗、装载、查询、展现等，复杂的架构会有更多层次，那么由于数据源有脏数据或者代码不严谨，都可以导致数据失真，客户看到错误的信息就可能导致分析出错误的决策，造成损失，而不是效益。

(3)具有扩展性。之所以有的大型数据仓库系统架构设计复杂，是因为考虑到了未来3年至5年的扩展性，这样的话，未来不用太快花钱去重建数据仓库系统，就能很稳定地运行。数据仓库系统能很稳定地运行，主要体现在数据建模的合理性，数据仓库方案中多出一些中间层，使海量数据流有足够的缓冲，不至于数据量大很多，就运行不起来了。从上面的介绍中可以看出，数据仓库技术可以将企业多年积累的数据唤醒，不仅能为企业管理好这些海量数据，而且能挖掘出数据潜在的价值，从而成为通信企业运营维护系统的亮点之一。正因为如此，广义地说，基于数据仓库的决策支持系统由三个部件组成：数据仓库技术、联机分析处理技术和数据挖掘技术，其中数据仓库技术是系统的核心，在这个部分后面的实验里，将围绕数据仓库技术，介绍现代数据仓库的主要技术和数据处理的主要步骤，讨论在通信运营维护系统中如何使用这些技术为运营维护带来帮助。

(4)面向主题。操作型数据库的数据组织面向事务处理任务，各个业务系统之间各自分离，而数据仓库中的数据是按照一定的主题域进行组织的。主题是与传统数据库的面向应用相对应的，是一个抽象概念，是在较高层次上将企业信息系统中的数据综合、归类并进行分析利用的抽象。每一个主题对应一个宏观的分析领域。数据仓库排除对于决策无用的数据，提供特定主题的简明视图。

12.1.2 数据仓库的用途

信息技术与数据智能大环境下，数据仓库在软硬件领域、Internet 和企业内部网解决方案以及数据库方面提供了许多经济高效的计算资源，可以保存极大量的数据供分析使用，且允许使用多种数据访问技术。开放系统技术使得分析大量数据的成本趋于合理，并且硬件解决方案现在也更为成熟。在数据仓库应用中主要使用的技术如下。

(1)并行：计算的硬件环境、操作系统环境、数据库管理系统和所有相关的数据库操作、查询工具和技术、应用程序等各个领域都可以从并行的最新成就中获益。

(2)分区：分区功能使得支持大型表和索引更容易，同时也提高了数据管理和查询性能。

(3)数据压缩：数据压缩功能降低了数据仓库环境中通常需要的用于存储大量数据的磁盘系统的成本，新的数据压缩技术也已经消除了压缩数据对查询性能造成的负面影响。

12.1.3 数据仓库的发展

企业的数据处理大致分为两类：一类是操作型处理，也称为联机事务处理，它是针对具体业务对数据库联机的日常操作，通常对少数记录进行查询、修改。另一类是分析型处理，一般针对某些主题的历史数据进行分析，支持管理决策。两者具有不同的特征，主要体现在以下几个方面。

(1)处理性能：日常业务涉及频繁、简单的数据存取，因此对操作型处理的性能要求是比较高的，需要数据库能够在很短时间内做出反应。

(2)数据集成：企业的操作型处理通常较为分散，传统数据库面向应用的特性使数据集成困难。

(3)数据更新：操作型处理主要由原子事务组成，数据更新频繁，需要并行控制和恢复机制。

(4)数据时限：操作型处理主要服务于日常的业务操作。

(5)数据综合：操作型处理系统通常只具有简单的统计功能。

12.1.4 数据仓库的设计原则

数据仓库具有改变业务的威力。它能帮助公司深入了解客户行为，预测销售趋势，确定某一组客户或产品的收益率。尽管如此，数据仓库的实现却是一个长期的、充满风险的过程。有六项指导原则可帮助企业快速实现数据仓库计划并评估其过程：

(1)简化需求收集和设计

公司通常会难以确定，哪些数据重要，哪些使得他们无法利用有价值的非结构化信息来驱动关键业务流程。组织应该检查一下 IT 经理是否深入理解业务计划以及支持计划所需的信息。例如源数据在哪里？需要怎样的转换能让其为关键应用程序所用？

(2)支持业务和 IT 用户协作

不完整、过时或不准确的数据会导致可信信息的缺乏。要注意公司是否有一个业务术语表供用户查看、用于协作并根据他们集体的业务视角进行调整。

(3)避免代价高昂的低级错误和返工

明确公司是否拥有一个包含界定完善的数据模型的实施策略，为目前和将来的应用程序提供信息。

(4)识别匹配信息，创建单一视图

同一事实的多个版本会导致在管理用户、产品和合作伙伴关系方面出现问题——增加违反法规遵从性的风险。

(5)使用最快的、最具伸缩性的方法进行转换和发布

明确公司是否有能够利用并行处理的自动化过程，公司系统能否及时按需将数据发布给用户和

应用程序。

(6)通过信息服务扩展信息可访问性

明确企业是否能真正将信息用作共有财产，IT 专家能否保存好这些财产并让被授权者使用，信息能否在合适的时间发布到合适的地方和合适的场景下。

12.1.5　数据仓库的实现方式

数据仓库是一个过程而不是一个项目。

数据仓库系统是一个信息提供平台，它从业务处理系统获得数据，主要以星型模型和雪花模型进行数据组织，并为用户提供各种手段从数据中获取信息和知识。

从功能结构划分，数据仓库系统至少应该包含数据获取(Data Acquisition)、数据存储(Data Storage)、数据访问(Data Access)三个关键部分。

企业数据仓库的建设，是以现有企业业务系统和大量业务数据的积累为基础。数据仓库不是静态的概念，只有把信息及时交给需要这些信息的使用者，供他们做出改善其业务经营的决策，信息才能发挥作用，信息才有意义。而把信息加以整理归纳和重组，并及时提供给相应的管理决策人员，是数据仓库的根本任务。因此，从产业界的角度看，数据仓库建设是一个工程，是一个过程。

12.1.6　数据仓库的体系结构

(1)数据源。

数据源是数据仓库系统的基础，是整个系统的数据源泉。通常包括企业内部信息和外部信息。内部信息包括存放于 RDBMS 中的各种业务处理数据和各类文档数据。外部信息包括各类法律法规、市场信息和竞争对手的信息等等。

(2)数据的存储与管理。

数据的存储与管理是整个数据仓库系统的核心。数据仓库的真正关键是数据的存储和管理。数据仓库的组织管理方式决定了它有别于传统数据库，同时也决定了其对外部数据的表现形式。要决定采用什么产品和技术来建立数据仓库的核心，则需要从数据仓库的技术特点着手分析。针对现有各业务系统的数据，进行抽取、清理，并有效集成，按照主题进行组织。数据仓库按照数据的覆盖范围可以分为企业级数据仓库和部门级数据仓库(通常称为数据集市)。

(3)OLAP 服务器。

OLAP 服务器对分析需要的数据进行有效集成，按多维模型予以组织，以便进行多角度、多层次的分析，并发现趋势。其具体实现可以分为：ROLAP(关系型在线分析处理)、MOLAP(多维在线分析处理)和 HOLAP(混合型线上分析处理)。ROLAP 基本数据和聚合数据均存放在 RDBMS 之中；MOLAP 基本数据和聚合数据均存放于多维数据库中；HOLAP 基本数据存放于 RDBMS 之中，聚合数据存放于多维数据库中。

(4)前端工具。

前端工具主要包括各种报表工具、查询工具、数据分析工具、数据挖掘工具以数据挖掘及各种基于数据仓库或数据集市的应用开发工具。其中数据分析工具主要针对 OLAP 服务器，报表工具、数据挖掘工具主要针对数据仓库。

12.1.7　数据仓库的组成部分

(1)数据抽取工具。

数据抽取工具把数据从各种各样的存储方式中拿出来，进行必要的转化、整理，再存放到数据仓库内。对各种不同数据存储方式的访问能力是数据抽取工具的关键，应能生成 COBOL 程序、

MVS 作业控制语言(JCL)、UNIX 脚本和 SQL 语句等，以访问不同的数据。数据转换包括：删除对决策应用没有意义的数据段；转换到统一的数据名称和定义；计算统计和衍生数据；给缺值数据赋给缺省值；把不同的数据定义方式统一。

(2)数据仓库数据库。

数据仓库数据库是整个数据仓库环境的核心，是数据存放的地方和提供对数据检索的支持。相对于操纵型数据库来说，其突出的特点是对海量数据的支持和快速的检索技术。

(3)元数据。

元数据是描述数据仓库内数据的结构和建立方法的数据。可将其按用途的不同分为两类，技术元数据和商业元数据。

技术元数据是数据仓库的设计和管理人员用于开发和日常管理数据仓库使用的数据。包括：数据源信息；数据转换的描述；数据仓库内对象和数据结构的定义；数据清理和数据更新时用的规则；源数据到目的数据的映射；用户访问权限，数据备份历史记录，数据导入历史记录，信息发布历史记录等。

商业元数据从商业业务的角度描述了数据仓库中的数据。包括：业务主题的描述，包含的数据、查询、报表。

元数据为访问数据仓库提供了一个信息目录(Information Directory)，这个目录全面描述了数据仓库中都有什么数据、这些数据怎么得到的、怎么访问这些数据。元数据是数据仓库运行和维护的中心，数据仓库服务器利用它来存贮和更新数据，用户通过它来了解和访问数据。

(4)数据集市。

数据集市是指为了特定的应用目的或应用范围，而从数据仓库中独立出来的一部分数据，也可称为部门数据或数据市场。在数据仓库的实施过程中往往可以从一个部门的数据集市着手，以后再用几个数据集市组成一个完整的数据仓库。需要注意的就是在实施不同的数据集市时，同一含义的字段定义一定要相容，这样在以后实施数据仓库时才不会造成大麻烦。

(5)数据仓库管理。

数据仓库管理包括：安全和特权管理；跟踪数据的更新；数据质量检查；管理和更新元数据；审计和报告数据仓库的使用和状态；删除数据；复制、分割和分发数据；备份和恢复；存储管理。

(6)信息发布系统。

信息发布系统是指把数据仓库中的数据或其他相关的数据发送给不同的地点或用户。基于 Web 的信息发布系统是对多用户访问的最有效方法。

(7)访问工具。

访问工具是指为用户访问数据仓库提供手段。有数据查询和报表工具；应用开发工具；管理信息系统(EIS)工具；在线分析(OLAP)工具；数据挖掘工具。

12.1.8 数据仓库的设计步骤

(1)选择合适的主题(所要解决问题的领域)。

(2)明确定义事实表。

(3)确定和确认维。

(4)选择事实表。

(5)计算并存储 fact 表中的衍生数据段。

(6)转换维表。

(7)数据库数据采集。

(8)根据需求刷新维表。

(9)确定查询优先级和查询模式。

硬件平台：数据仓库的硬盘容量通常要是操作数据库硬盘容量的 2 倍至 3 倍。通常大型机具有更可靠的性能和稳定性，也容易与历史遗留的系统结合在一起；而 PC 服务器或 UNIX 服务器更加灵活，容易操作和提供动态生成查询请求进行查询的能力。选择硬件平台时要考虑的问题：是否提供并行的 I/O 吞吐？对多 CPU 的支持能力如何？

数据仓库 DBMS：它的存储大数据量的能力、查询的性能和对并行处理的支持如何。

网络结构：数据仓库的实施在哪部分网络段上会产生大量的数据通信，需不需要对网络结构进行改进。

12.2 实验目的

(1)理解数据库与数据仓库之间的区别与联系。

(2)掌握典型的关系型数据库及其数据仓库系统的工作原理以及应用方法。

(3)掌握数据仓库建立的基本方法及其相关工具的使用。

12.3 工具/准备工作

(1)在开始实验前，请回顾教科书的相关内容。

(2)需要准备一台安装有 Microsoft SQL Server 2008 的计算机。

12.4 实验内容及步骤

本次实验使用 Microsoft SQL Server 的示例数据库 Adventure Works，用其用户订单模型相关数据建立数据仓库。Adventure Works 的由来：Adventure Works Cycles，Adventure Works 示例数据库所基于的虚构公司，是一家大型跨国生产公司。公司生产金属和复合材料的自行车，产品远销北美、欧洲和亚洲市场。公司总部设在华盛顿州的伯瑟尔市，拥有 290 名雇员，而且拥有多个活跃在世界各地的地区性销售团队。

步骤 1 首先安装 Adventure Works 示例数据库，如图 12-1 所示。

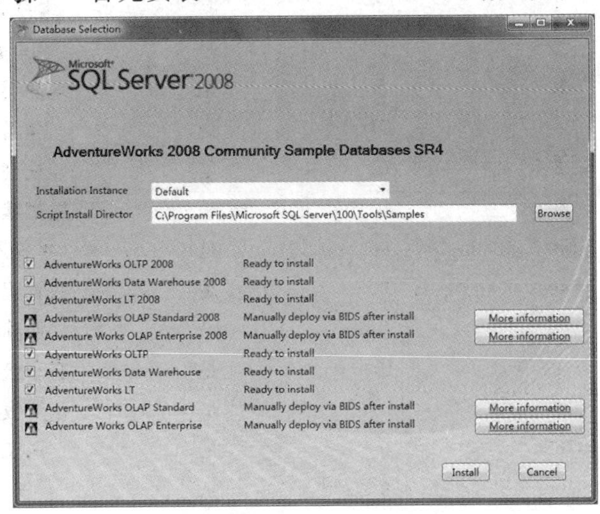

图 12-1 Adventure Works 数据库安装

图 12-2 Adventure Works 数据库表结构

步骤 2 查看安装好的数据库信息，了解相关表结构。如图 12-2 所示。

步骤 3 分析订单业务模型，设计数据仓库相关表结构，如表 12-1 至表 12-8 所示。

表 12-1 DIM _ ORDER _ METHOD：下订单方式维表

列名	数据类型	长度	精度	是否为空	说明
ONLINEORDERFLAG	int	4	10	是	id
DSC	varchar	20	0	是	含义

表 12-2 DIM _ SALEPERSON：销售人员维表

列名	数据类型	长度	精度	是否为空	说明
SALESPERSONID	int	4	10	是	销售人员 ID
DSC	varchar	20	0	是	销售人员名称
SALETERRITORY _ DSC	varchar	50	0	是	所属区域

表 12-3 DIM _ SHIPMETHOD：发货方式维表

列名	数据类型	长度	精度	是否为空	说明
SHIPMETHODID	int	4	10	是	发货方法 ID
DSC	varchar	20	0	是	发货方法

表 12-4 DIM _ DATE：订单日期维表

列名	数据类型	长度	精度	是否为空	说明
TIME _ CD	varchar	8	0	是	日期
TIME _ MONTH	varchar	6	0	是	年月
TIME _ YEAR	varchar	6	0	是	年
TIME _ QUARTER	varchar	8	0	是	季度
TIME _ WEEK	varchar	6	0	是	星期
TIME _ XUN	varchar	4	0	是	旬

表 12-5 DIM _ CUSTOMER：客户维表

列名	数据类型	长度	精度	是否为空	说明
CUSTOMERID	int	4	10	是	客户 ID
CUSTOMER _ NAME	varchar	100	0	是	客户名
CUSTOMERTYPE	varchar	20	0	是	客户类型
AGE	int	4	10	是	年龄
SEX	varchar	2	0	是	性别
MaritalStatus	varchar	10	0	是	婚姻状况
YearlyIncome	varchar	50	0	是	年收入
Education	varchar	50	0	是	教育程度
Occupation	varchar	50	0	是	职称
NumberCarsOwned	int	4	10	是	有车数量
TotalChildren	int	4	10	是	孩子数量
COUNTRY _ NAME	varchar	100	0	是	国家
STATEPROVINCE _ NAME	varchar	100	0	是	省
CITY _ NAME	varchar	100	0	是	城市

表 12-6 DIM _ ORDER _ STATUS：订单状态维表

列名	数据类型	长度	精度	是否为空	说明
STATUS	int	4	10	是	订单状态 ID
DSC	varchar	30	0	是	订单状态

表 12-7 V _ SUBTOTAL _ VALUES：订单价值段

列名	数据类型	长度	精度	是否为空	说明
ORDER _ VALUES _ ID	int	4	10	是	订单价值段 ID
DSC	varchar	30	0	是	价值段
MIN _ VALUE	int	4	10	是	最小价值
MAX _ VALUE	int	4	10	是	最大价值

表 12-8 FACT _ SALEORDER：订单分析事实表

列名	数据类型	长度	精度	是否为空	说明
SALEORDERID	int	4	10	是	订单号
TIME _ CD	varchar	8	0	是	订单时间
STATUS	int	4	10	是	订单状态
ONLINEORDERFLAG	int	4	10	是	下订单方式
CUSTOMERID	int	4	10	是	客户 ID
SALESPERSONID	int	4	10	是	销售人员 ID
SHIPMETHOD	int	4	10	是	发货方式
ORDER _ VALUES	int	4	10	是	订单价值段
SUBTOTAL	decimal	9	10	是	销售额
TAXAMT	decimal	9	10	是	税
FREIGHT	decimal	9	10	是	运费

步骤 4 根据以上设计，建立数据库，并进行 ETL，代码编写如下：

```
------------------------------------
建立数据
------------------------------------
USEmaster
CREATEDATABASE[DW]ONPRIMARY
(NAME=N'DW', FILENAME=N'C: \DW\DW.mdf')
LOGON
(NAME=N'DW_log', FILENAME=N'C: \DW\DW_log.ldf')
GO
USEDW
------------------------------------
--1. 创建维度表
------------------------------------
/*1.1 订单方式*/
```

```
CREATETABLEDIM _ ORDER _ METHOD
(ONLINEORDERFLAGINT, DSCVARCHAR(20))

/ * 1.2 销售人员及销售地区 * /
CREATETABLEDIM _ SALEPERSON
(SALESPERSONIDINT, DSCVARCHAR(20),
SALETERRITORY _ DSCVARCHAR(50))

/ * 1.3 发货方式 * /
CREATETABLEDIM _ SHIPMETHOD
(SHIPMETHODIDINT, DSCVARCHAR(20))

/ * 1.4 订单日期 * /
CREATETABLEDIM _ DATE
(TIME _ CDVARCHAR(8),
TIME _ MONTHVARCHAR(6),
TIME _ YEARVARCHAR(6),
TIME _ QUARTERVARCHAR(8),
TIME _ WEEKVARCHAR(6),
TIME _ XUNVARCHAR(4))

/ * 1.5 客户 * /
CREATETABLEDIM _ CUSTOMER
(CUSTOMERIDINT,
CUSTOMER _ NAMEVARCHAR(100),
CUSTOMERTYPEVARCHAR(20),
AGEINT,
SEXVARCHAR(2),
MaritalStatusVARCHAR(10),
YearlyIncomeVARCHAR(50),
EducationVARCHAR(50),
OccupationVARCHAR(50),
NumberCarsOwnedINT,
TotalChildrenINT,
COUNTRY _ NAMEVARCHAR(100),
STATEPROVINCE _ NAMEVARCHAR(100),
CITY _ NAMEVARCHAR(100))

/ * 1.6 订单状态 * /
CREATETABLEDIM _ ORDER _ STATUS
(STATUSINT, DSCVARCHAR(30))
```

```
/ * 1.7 客户价值 * /
CREATETABLEV _ SUBTOTAL _ VALUES
(ORDER _ VALUES _ IDINT,
DSCVARCHAR(30),
MIN _ VALUEINT,
MAX _ VALUEINT)

------------------------------------
--2. 维度表的 ETL
------------------------------------
INSERTINTODIM _ ORDER _ METHODVALUES(0,'销售人员')
INSERTINTODIM _ ORDER _ METHODVALUES(1,'客户在线')

INSERTINTODIM _ SHIPMETHOD
SELECTShipMethodID, NAMEFROMAdventureWorks. Purchasing. ShipMethod

INSERTINTODIM _ SALEPERSON
SELECTA. SalesPersonID,'', B. Name
FROMAdventureWorks. Sales. SalesPersonA,
AdventureWorks. Sales. SalesTerritoryB
WHEREA. TerritoryID=B. TerritoryID

INSERTINTODIM _ ORDER _ STATUSVALUES(1,'处理中')
INSERTINTODIM _ ORDER _ STATUSVALUES(2,'已批准')
INSERTINTODIM _ ORDER _ STATUSVALUES(3,'预订')
INSERTINTODIM _ ORDER _ STATUSVALUES(4,'已拒绝')
INSERTINTODIM _ ORDER _ STATUSVALUES(5,'已发货')
INSERTINTODIM _ ORDER _ STATUSVALUES(6,'已取消')

INSERTINTOV _ SUBTOTAL _ VALUESVALUES(1,'0-100', 0, 100)
INSERTINTOV _ SUBTOTAL _ VALUESVALUES(2,'100-500', 100, 500)
INSERTINTOV _ SUBTOTAL _ VALUESVALUES(3,'500-1000', 500, 1000)
INSERTINTOV _ SUBTOTAL _ VALUESVALUES(4,'1000-2000', 1000, 2000)
INSERTINTOV _ SUBTOTAL _ VALUESVALUES(5,'2000-5000', 2000, 5000)
INSERTINTOV _ SUBTOTAL _ VALUESVALUES(6,'5000 以上', 5000, 1000000000)

declare@daydateTIME
SET@day='2001-01-01'
while@day<'2005-01-01'
BEGIN
```

```
    insertintoDIM _ DATE
    SELECTCONVERT(CHAR(8), @day, 112),
    CONVERT(CHAR(6), @day, 112),
    CONVERT(CHAR(4), @day, 112)+'年',
    '第'+CAST(DATEname(QUARTER, @day)ASVARCHAR(1))+'季度',
    DATEname(weekday, @day),
    caseWHENDATEPART(DAY, @day)<11 THEN'上旬'WHENDATEPART(DAY, @
    day)<21 THEN'中旬'ELSE'下旬'END
    SELECT@day=DATEADD(DAY, 1, @day)
END
----------------------------------------
--3. 建事实表
----------------------------------------
CREATETABLEFACT _ SALEORDER(
SALEORDERIDINT,
TIME _ CDVARCHAR(8),
STATUSINT,
ONLINEORDERFLAGINT,
CUSTOMERIDINT,
SALESPERSONIDINT,
SHIPMETHODINT,
ORDER _ VALUESINT,
SUBTOTALDECIMAL(10, 2),
TAXAMTDECIMAL(10, 2),
FREIGHTDECIMAL(10, 2))
----------------------------------------
--4. 事实表的 ETL
----------------------------------------
/ * 4.1 FACT _ SALEORDER 的 ETL * /
TRUNCATETABLEFACT _ SALEORDER
INSERTINTOFACT _ SALEORDER
SELECTSalesOrderID, CONVERT(CHAR(8), A.OrderDate, 112),
A.Status, A.OnlineOrderFlag,
A.CustomerID, A.SalesPersonID,
A.ShipMethodID, B.ORDER _ VALUES _ ID,
A.SubTotal, A.TaxAmt, A.Freight
FROMAdventureWorks.Sales.SalesOrderHeaderA,
V _ SUBTOTAL _ VALUESB
WHEREA.SubTotal>=B.MIN _ VALUEANDA.SubTotal<B.MAX _ VALUE
```

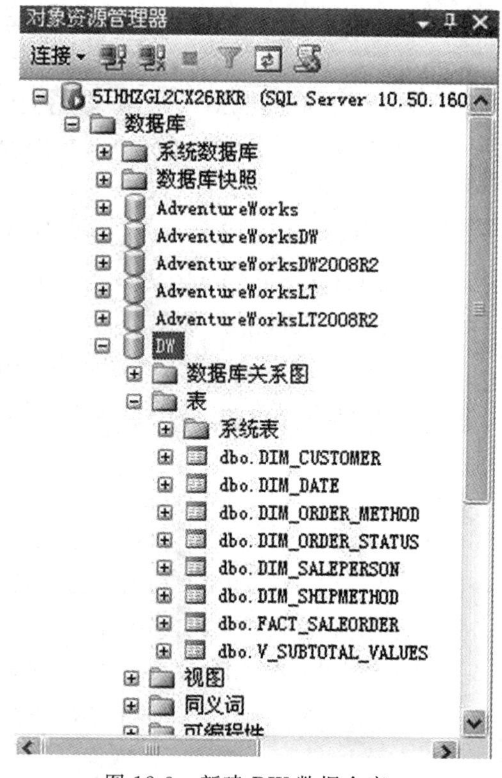

图 12-3 新建 DW 数据仓库

步骤 5 ETL 完成之后，数据仓库即基本建立完成，如图 12-3 所示。

12.5 实验分析与扩展练习

12.5.1 实验分析

通过本次实验，我们掌握了建立数据仓库的一般步骤：首先分析业务模型和客户需求，从而确定数据源，建立分析主题；然后设计数据仓库表结构；最后根据设计的表和数据源进行ETL，其中有些表的数据可能需要手动生成，有些表的数据需要从数据源获得，并且经常需要对数据进行转换以符合数据仓库的需要，这是数据仓库建立过程中比较重要的一个步骤，同时工作量也比较大。

请总结分析下面几个问题：

(1)在新建数据仓库过程中，它与数据库的建立有什么区别？

(2)为什么数据仓库的建立能够有效提高处理数据的能力？

12.5.2 扩展练习

(1)请用界面化工具新建数据仓库的维表。

(2)运用Oracle数据库新建数据仓库。

实验 13 数据抽取、转换、装载(ETL)

13.1 背景知识

商务智能所依赖的信息系统通常是一个由传统系统、不兼容数据源、数据库与应用共同构成的复杂数据集合，各个部分之间无法交流，而且它们是花费很大精力和财力的、不可替代的系统。特别是系统的数据，由于来源、格式不一样，加大了商务智能系统实施数据整合的难度。因此，需要一个解决方案来化解企业数据不一致与集成化的问题，使我们能够从传统环境与平台中采集数据，并对其进行高效转换，这个解决方案就是 ETL(Extract-Transform-Load，即数据抽取、转换、装载的过程)，作为 BI/DW(Business Intelligence/Data Warehouse)的核心和灵魂，能够按照统一的规则集成并提高数据的价值，是负责完成数据从数据源向目标数据仓库转化的过程，是实施数据仓库的重要步骤。如果说数据仓库的模型设计是一座大厦的设计蓝图，数据是砖瓦的话，那么 ETL 就是建设大厦的过程。在整个项目中最难部分是用户需求分析和模型设计，而 ETL 的规则设计和实施则是工作量最大的，占整个项目的 60%～80%，这是国内外从众多实践中得到的共识。

ETL 是数据抽取(Extract)、清洗(Cleaning)、转换(Transform)、装载(Load)的过程，是构建数据仓库的重要一环，用户从数据源抽取出所需的数据，经过数据清洗，最终按照预先定义好的数据仓库模型，将数据加载到数据仓库中去。

13.1.1 数据抽取(Extract)

数据抽取用于获取商务智能系统中所需的数据，它们通常是源数据的子集。因为数据通常分布在各个不同的业务系统中，为确保分散的业务数据能够顺利地进入数据仓库，在充分理解数据定义后，应规划需要的数据源及数据定义，确定可操作的数据源，制定数据抽取方案。

数据抽取是在对数据仓库的主题和数据本身内容理解的基础上，选择主题所涉及的相关数据。数据选择过程将搜索所有与业务对象相关的内容和外部数据信息，并从中选择出适用于数据挖掘的数据。数据选择包括属性选择和数据抽样，即在数据源中选择：①数据域，也称为字段或列；②元组，也称为记录或行。

数据仓库中的数据主要是历史数据，用于分析数据，进行业务决策，如预测业务的发展趋势。因此在数据仓库中需要指明数据的时间属性，在将数据加载到数据仓库之前需要完成数据的时间戳设置。

数据仓库中的数据源主要是在线事务处理数据，数据源中的数据存在大量的数据更新，因此存在如何将数据源中的数据变化反映到数据仓库中的问题。这涉及如下两个方面。

(1)数据更新方式。

数据更新主要的考虑因素有增量更新、实时更新、周期更新。在初次数据提取时将采用批量加载，而后当数据源中的数据发生变化时，通常采用增量更新，以避免较大的网络负载和处理开销。

当数据源中的数据发生变化时，随之改变数据仓库中的数据，称为实时更新；但通常的做法是按固定周期间隔将数据源中的数据更新反映到数据仓库中，即周期更新，这样开销更小，并且由于数据仓库中通常保存的是历史数据，不会影响分析结果。但周期更新的潜在问题是“更新丢失”。如果在一个周期中发生多次数据更新，由于事务系统通常不保存历史数据，数据仓库更新时通常只有最近一次的数据更新信息，从而会丢失周期中的部分数据更新。通常通过数据源的日志获取所有的更新信息来处理这个问题。

(2)数据传输模式。

数据的传输模式即数据仓库中的数据是采用拉(Pull)的方式还是推(Push)的方式。在数据抽取时要深刻理解业务，例如，选取一个数据，在源系统的多个表中都存在，随意地选取一个在后续的分析中可能会导致意想不到的结果，因此数据提取必须谨慎。通常考虑如下几个因素。

①抽取策略。不同特征的数据采用不同的抽取策略，保证减小对系统的影响，同时又保证提取的效率。小数据量的如一些管理数据、配置表数据等，采用完全抽取；大数据量的如账单、话单数据，按周期采用不同时间戳来增量抽取。

②抽取周期。根据数据源的不同性质和实际分析需求而有不同，例如，话单数据可以每天提取，而账单数据在每个账目周期的最后一天提取。

③抽取时期。在相关业务系统空闲的时段进行。

④抽取的目标数据。a. 数据库比较：将整个数据库的瞬态图与上一幅相比较，在增量文件中记录下二者之间的差异，最后将增量文件传送到数据仓库中，该方法时间和资源代价昂贵。b. 应用程序日志：源系统的应用程序在数据改变时记录下来，然后发送到数据仓库中集成，简化了 ETL 过程的工作，却增加了源系统端应用程序小组的负担。c. 数据库日志：检查 DBMS 维护的日志，确定最近更新的记录，该方法不需要应用程序员方面的任何编码，且日志的维护是由 DBMS 自动进行的。d. 时间戳：在数据改变时加上时间戳，那么检索时间戳在上一次提取以后的数据记录即可，该方法简单易行，但需要全表扫描，影响性能。e. 位图索引：在 OLTP 中，为每一个记录添加一个更新字段，其中一个字段设为修改过的。数据提取只关注那些修改过的记录，提取之后将这些记录的更新字段设置为没有改变的。位图索引将必须维护的代码量和用于提取数据的资源降到最少。

13.1.2　数据转换(Transform)

数据转换主要是针对数据仓库建立的模型，通过一系列转换实现将数据从业务模型变换到分析模型。数据转换是真正将源数据变为目标数据的关键环节，它包括数据格式转换、数据汇总计算等。数据转换又可以分为数据变化和数据归纳。

(1)数据变化。

①数据离散化：将属性(如数量型属性)离散化成若干区间。

②新建变量：根据原始数据生成一些新的变量作为预测变量。

③转换变量：将原始数据进行转换，如取值域、格式方面的转换。

④拆分数据：根据业务需求对数据项进行分解，如地址信息拆分为城市、街道、邮编等。

⑤格式变换：规范化数据格式，如定义时间、数值、字符等数据加载格式。

(2)数据归纳。

数据归纳将辨别出需要挖掘的数据集合，缩小处理范围，是在数据选择的基础上对挖掘数据的进一步简约。数据归纳又称数据缩减或数据浓缩，数据归纳就是将初始数据集转换成某种更加紧凑的形式又不丢失语义信息的过程。常见的数据归纳处理方法有以下几种。

①数据聚集：采用切换、旋转、投影技术等对原始数据进行抽象和聚集，可以聚集现有字段中的数值或数据字段进行统计。例如，将月薪、月销售量等按地区进行汇总。聚集可以在不同的力度上进行，如轻度汇总或高级汇总等。数据聚集大大减少了数据量，加快了决策分析的过程。

②维归约：维归约是数据选择中的属性选择，主要是根据一定的评价标准在属性集上选择区分能力强的子集，或者说发现和分析目标相关的属性集，删除冗余属性和不相关属性。从基数为 N 的原属性集中选择出基数为 $M \leqslant N$ 的属性集的标准通常是：使所有决策类中的例子在 M 维属性空间中的概率分布与它们在原 N 维属性空间中的概率分布尽可能相同。维归约减少了数据量，提高了规则生成效率，并使得生成的规则简化，增强了生成规则的可理解性。

③属性值归约：属性值归约包括连续值属性的离散化和符号型属性的合并。连续值属性的离散化是根据某种评价标准，在属性值域范围内设置若干划分点，然后用特定的符号或数值代表每个子区间；符号型属性的合并在检验两个相邻属性值之间对决策属性的独立性的基础上，判断是否应当将其合并。属性值归约通过选择替代的、较小的数据表示形式减少了数据量。

④数据压缩：数据压缩使用数据编码或变换得到原数据的归约或压缩表示。如果原数据可由压缩数据重新构造而不丢失任何信息，则称压缩技术是无损的，否则是有损的。目前普遍使用的小波变换和主成分分析都是有损数据压缩技术，对稀疏或倾斜数据有很好的压缩效果。

⑤数据抽样：数据抽样主要利用统计学中的抽样方法，如简单随机抽样、等距抽样、分层抽样等，用数据的较小样本表示大的数据集。

13.1.3 数据加载

数据加载(Load)主要是将经过提取、转换的数据加载到数据仓库中，即入库。加载任务主要是确定数据入库的次序、装入初始数据和进行数据的定期刷新。主要的加载策略如下。

(1)直接追加：每次加载时将数据追加到目标表中。

(2)全面覆盖：对提取数据本身已包括了数据的当前和所有历史数据，采用全面覆盖的方式。

(3)更新追加：对于需要连续记录业务的状态变换，根据当前的最新状态同历史状态数据进行对比的情况，采用更新追加。

13.2 实验目的

(1)了解和熟悉 SAP Business Objects Data Services 4.1 工具及其相关知识。

(2)掌握 Data Services Designer 工具建立 ETL 的方法。

13.3 工具/准备工作

(1)在开始实验前，请回顾教科书的相关内容。

(2)需要准备一台安装有 SAP Business Objects Data Services 4.1 和 Oracle 数据库软件系统的计算机。

13.4 实验内容及步骤

步骤 1 启动 Data Services Designer

(1)按如下路径启动 Designer：开始→程序→SAP Business Objects Data Services 4.1→Data

Services Designer 设计工具。

(2)登录系统，相应参数如图 13-1 所示。

- 在系统后输入或选择“202.114.36.195:6400”。
- 在用户名后输入“administrator”和密码“Datacvg133”。
- 在“身份验证”后选择“Enterprise”。
- 单击“Log On”按钮。

(3)系统会显示资源库，在本例中使用 ds _ rep 资源库，输入密码，如图 13-2 所示。

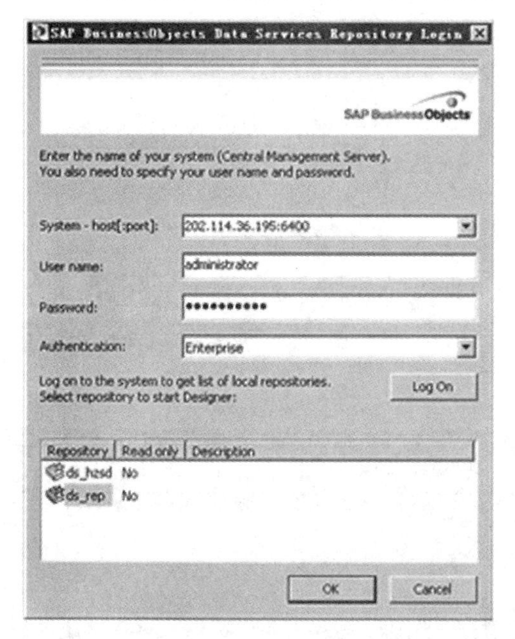

图 13-1　登录系统

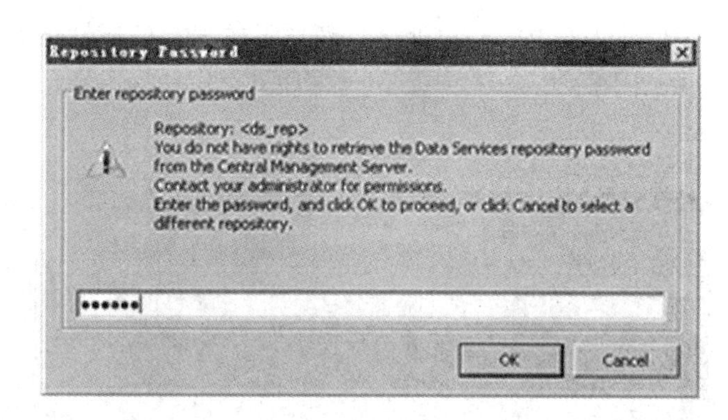

图 13-2　资源库登录

(4)系统进入 Designer“开始”界面，如图 13-3 所示。

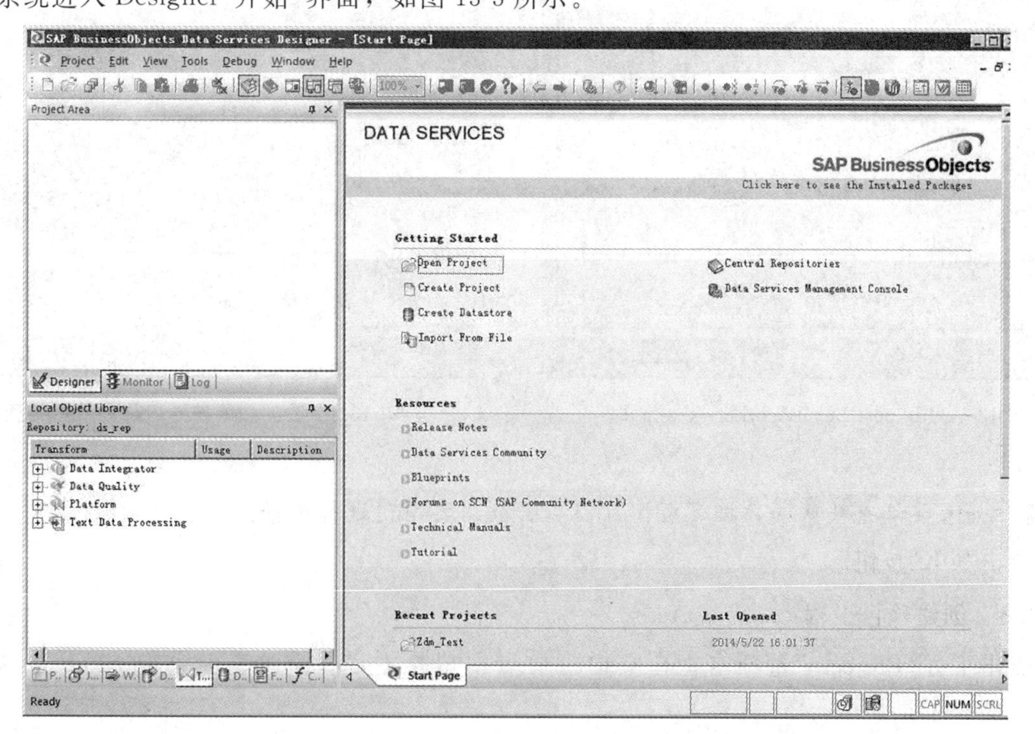

图 13-3　Designer 开始界面

步骤 2　抽取数据源

(1)点击下方“Formats”选项卡，在 Excel 类型下点击鼠标右键选择新建按钮“New”。如图 13-4 所示。

(2)在系统弹出的“Import Excel Workbook”对话框中进行如下操作，如图 13-5 所示。

- 在“Format name”后输入“数据转换实验”。
- 在“Directory”后选择 Excel 文件存放路径。
- 在“File name”后选择 Excel 文件名“练习实验. xls”。
- 点击“Worksheet”，选择“Sheet1”。
- 选中“All fields”。
- 勾选“Use first row values as column name”。
- 点击“Import schema”。

(3)对话框上方空白处会自动显示数据源的属性名称和数据类型，如图 13-6 所示。

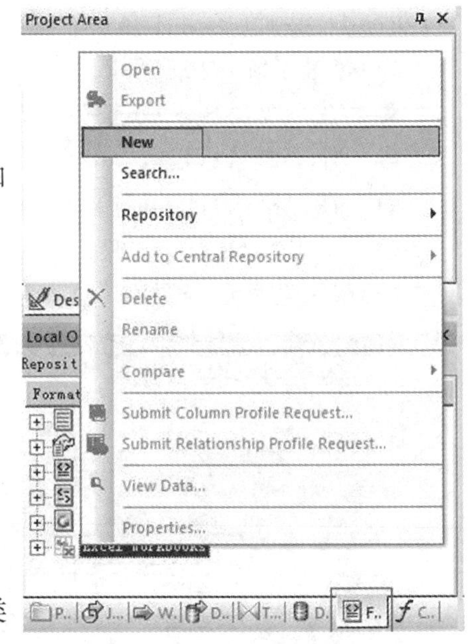

图 13-4　新建 Excel 类型数据表

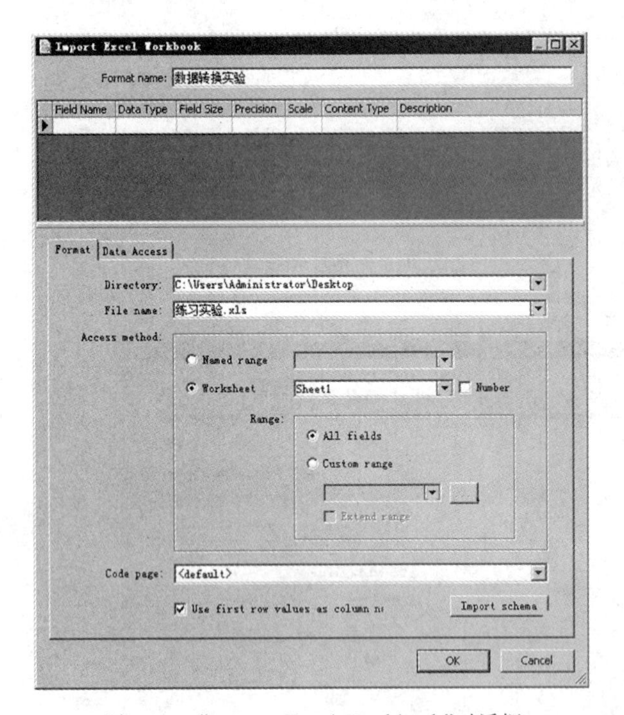

图 13-5　“Import Excel Workbook”对话框

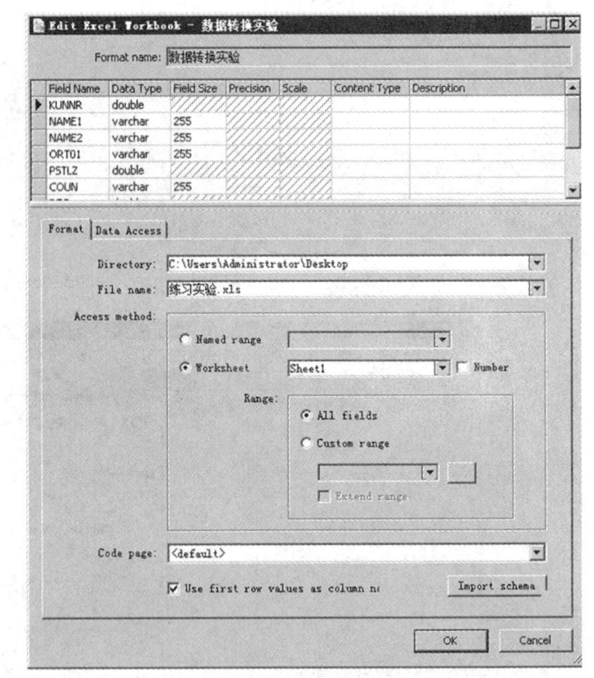

图 13-6　数据源的属性名称和数据类型

注意：如果要调整默认的数据类型，可以单击数据类型列进行选择。

(4)单击“OK”按钮。

步骤 3　创建项目工程

(1)点击下方“Projects”选项卡，在空白窗口点击鼠标右键，选择新建按钮“New”，如图 13-7 所示。

(2)创建工程，本文命名为“练习实验 DS”，如图 13-8 所示。

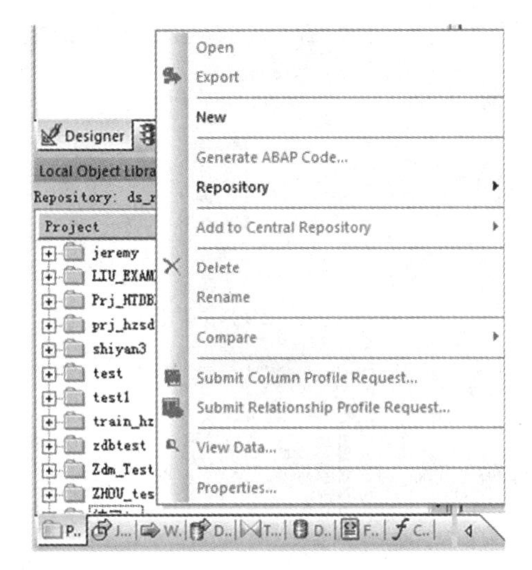

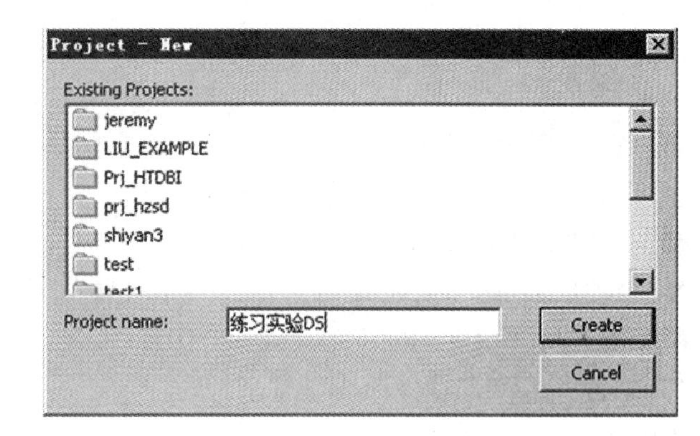

图 13-7　新建工程项目　　　　图 13-8　工程项目名称

(3)完成后，将其拖放到“Project Area”空白区域。

(4)同上，点击下方的“Jobs”，在空白窗口点击鼠标右键，选择新建按钮“New”，如图 13-9 所示。

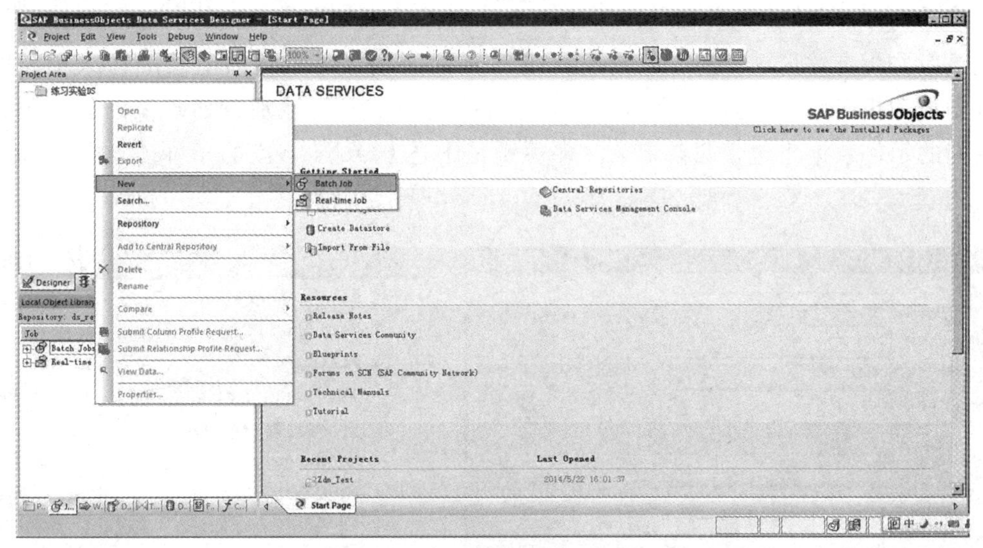

图 13-9　新建“Jobs”

(5)完成后，将其拖放到“Project Area”空白区域。

(6)同理，Work Flow 和 Data Flow 采用同样的方法，完成后如图 13-10 所示。

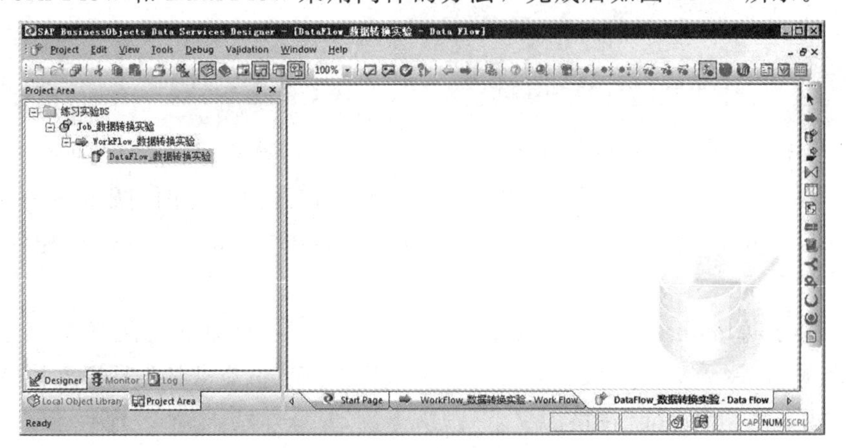

图 13-10　新建 Work Flow 和 Data Flow

步骤 4　创建与 DW 的连接

(1)单击左下方的“Datastore”选项卡，在空白处点击鼠标右键，选择新建按钮“New”，如图 13-11 所示。

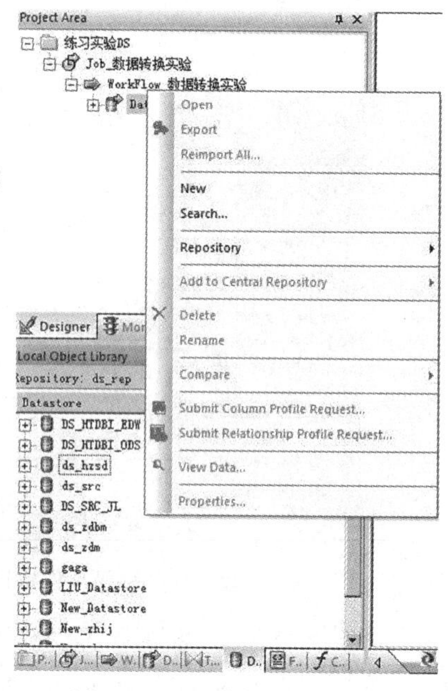

图 13-11　新建“Datastore”

(2)在“Create New Datastore”选项框中，相应设置如图 13-12 所示。

- 在“Datastore name”后输入“DW _ shujuzhuanh”。
- 在“Datastore type”后选择“Database”。
- 在“Database type”后选择“Oracle”。
- 在“Database version”后选择“Oracle 11g”。
- 输入所在数据库的 Hostname、SID、Port、用户名和密码。

(3)单击“OK”确定连接 DW。

步骤 5　域值或似真性检查

为了从一个简单的示例开始，我们首先检查特定字段/列的值。目的在于过滤掉未包含在给定/允许的值集合内的值。在本例中，我们检查 COUN 字段是否仅包含表示美国、德国、英国和澳大利亚的值。这些记录应作为有效记录传递，以便进行进一步的处理，而无效的记录应写入单独的目标，以允许进一步分析和更正数据。其他可选检查还包括检查一个人的性别、邮政编码的范围、有效日期范围等。我们的示例数据集包含两条记录，并不满足上述 COUN 字段的条件。这些记录应写入特定的容器。

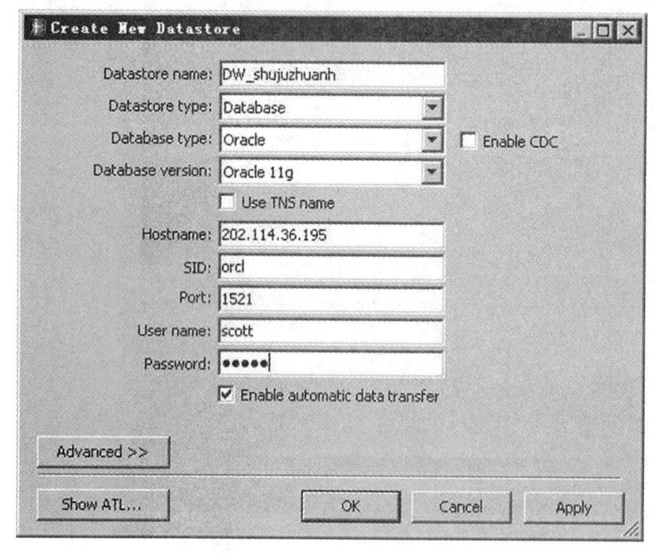

图 13-12　“Create New Datastore”选项框

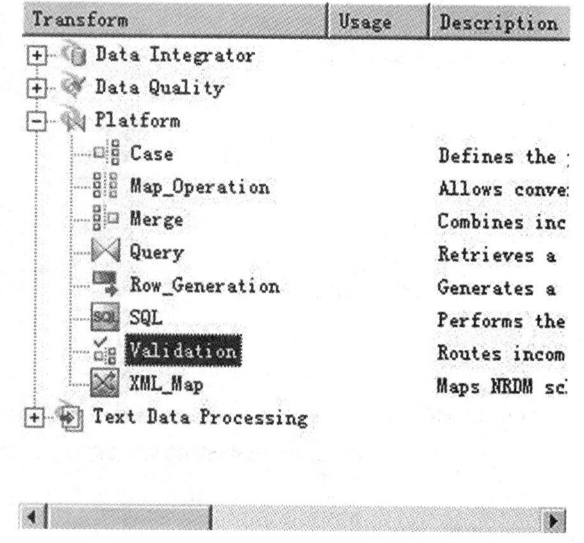

图 13-13　选择“Validation”转换控件

(1)在 Data Flow 内，将上一步新建的数据源拖放到工作区内。本例使用的是一个平面文件。

(2)选择“Transform”选项卡，从“Platform”文件夹中选择“Validation”转换控件。将其拖放到工作区内，如图 13-13 所示。

(3)将上文新建的 Datastore，拖放两张 Template tables，并分别命名两张表。

注意：Template tables 是无定义数据类型表，不需要在 DW 中重新新建事务表并确定其数据类型。

(4)连接数据源、“Validation”转换。

(5)双击“Validation”转换控件，在下方的“Rules”中选择“Add”按钮，如图 13-14 所示。

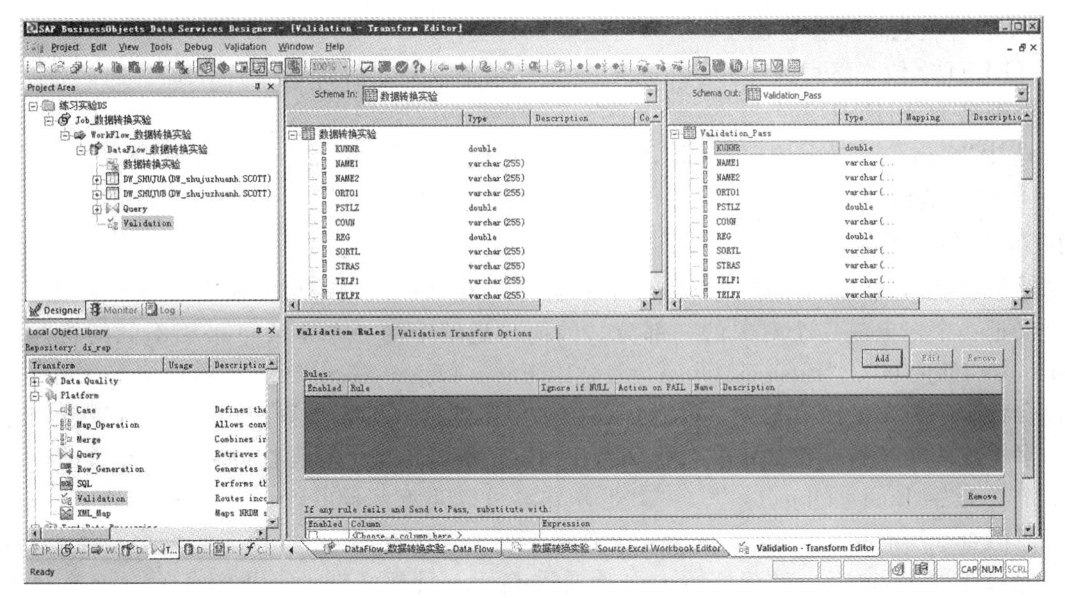

图 13-14　“Validation”转换界面

(6)选中复选框 Enable-validation，标记 COUN 字段，然后为 Validation Rule 定义以下参数，如图 13-15 所示。

● 规则名为“SHUJUZHUANH”。

● 选中“Condition”中的“IN SET”，并输入字符串“‘DE’、‘EN’、‘US’和‘AU’”，这些将作为 COUN 字段的有效值。

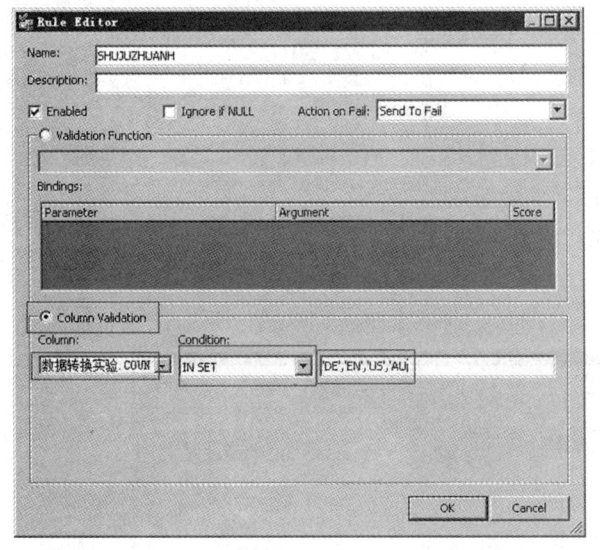

图 13-15　编辑 Rules

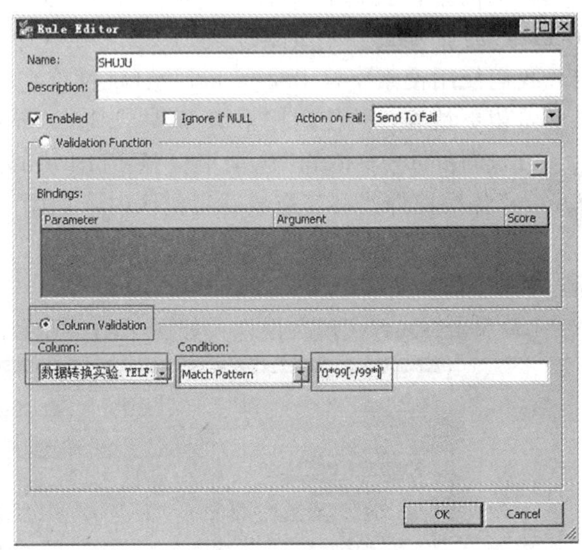

图 13-16　编辑 Rules

步骤 6　模式匹配

为了确保数据具有特定结构(模式)，可以使用“Validation”转换控件的模式匹配。它允许您检查电话号码、日期、时间和编号的模式。对于我们的客户数据示例，我们检查所提供电话号码的模式。我们只接受以字符“0”开头的电话号码，并使用“/”或“-”字符将区号与实际电话号码分隔开来。因此我们为字段 TELF1 定义了模式 '0 * 99[-/]99 * '。关于如何定义模式的具体描述以及模式中允许使用的所有对象，请参见参考指南和 match pattern 函数。

注意：如果您希望实现更加复杂的模式匹配，可以在自定义的条件内使用 match _ regex 函数。

由于我们要检查与域检查中不同的字段，但检查的是相同的数据，因而可在用于域检查的同一

个“Validation”转换控件中整合模式，从而进行匹配检查。

标记 TELF1 字段，然后为 Validation Rule 定义以下参数，如图 13-16 所示。

- 规则名为“SHUJU”。
- 选中“Condition”中的“Match Pattern”，并输入字符串“'0 * 99[-/]99 * '”，这些将作为 TELF1 字段的有效值。

步骤 7　字符串匹配

许多对象(例如，姓名、城市、产品、客户等)在一个数据集内都可能使用了不同的拼写形式，但定义的仅仅是一个对象或一个对象的一部分。因而，记录中的一个字段可采用不同的拼写形式，例如，“Business Objects”、“BusinessObjects”、“Business Object Germany”、“Business Object”等。为了过滤包含特定字符串的所有记录，可能有必要使用通配符来指定规则/字符串，可以使用通配符来表示一个字符或多个字符，例如定义包含字符串“Busi”与“Object”的所有记录都是有效的，因而将搜索字符串定义为“ * Busi * Object * ”。一个业务方案可以是查找同一个主要城市的郊区、根据相同/类似的字段值查找所有记录(例如，属于一家企业的所有子公司)，或者检测同一个对象的拼写错误。这项检查无法通过 Validation 转换实现，而是通过 Query 转换实现的。我们在 Query 转换内使用了 WHERE 子句与 LIKE 语句。可用通配符是标准的 SQL 通配符：

- “%”字符替代 0 个或多个字符。
- “ _ ”字符替代一个字符。
- “[charlist]”表示列于字符列表中的任意一个字符。
- “[! charlist]”表示未列于字符列表中的任意一个字符。

在本例中，我们希望找到指定其名称的字段 NAME1 为“Becker”的企业的所有记录。考虑到与大小写有关的拼写错误，我们使用搜索字符串“ _ ecker%”(跳过首字符的检查)。如果您希望更精确，可使用搜索字符串“[bB]ecker%”。

(1)选择“Transform”选项卡，从 Platform 文件夹中选择“Query”转换控件。将其拖放到工作区内，如图 13-17 所示。

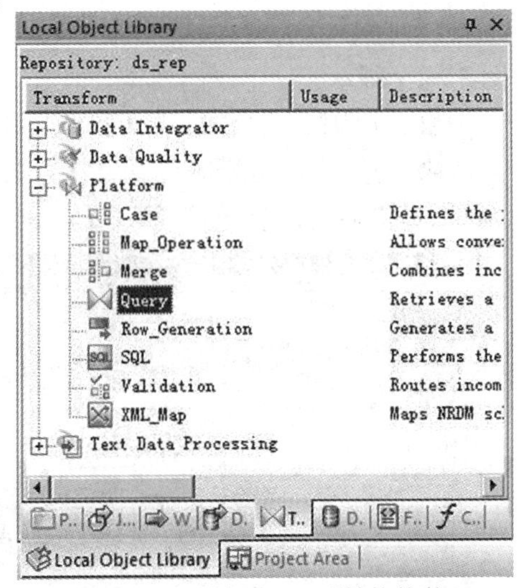

图 13-17　选择“Query”转换控件

(2)连接“Validation”与“Query”转换控件，并选择“Pass”通过数据流。

(3)双击“Query”转换控件，如图 13-18 所示。

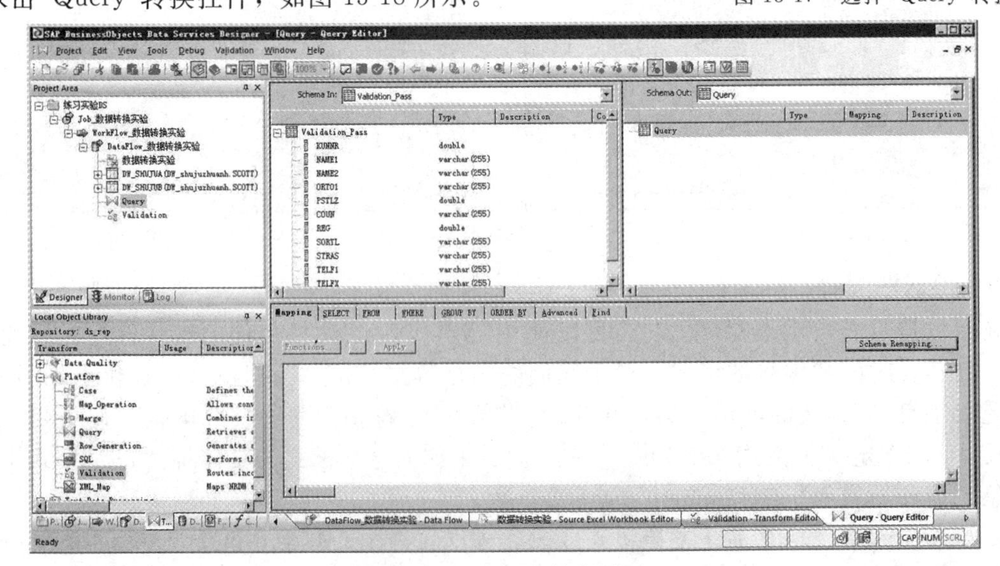

图 13-18　“Query”转换界面

(4)在“Mapping”选项卡中将左边的属性拖放到右边，如图 13-19 所示。

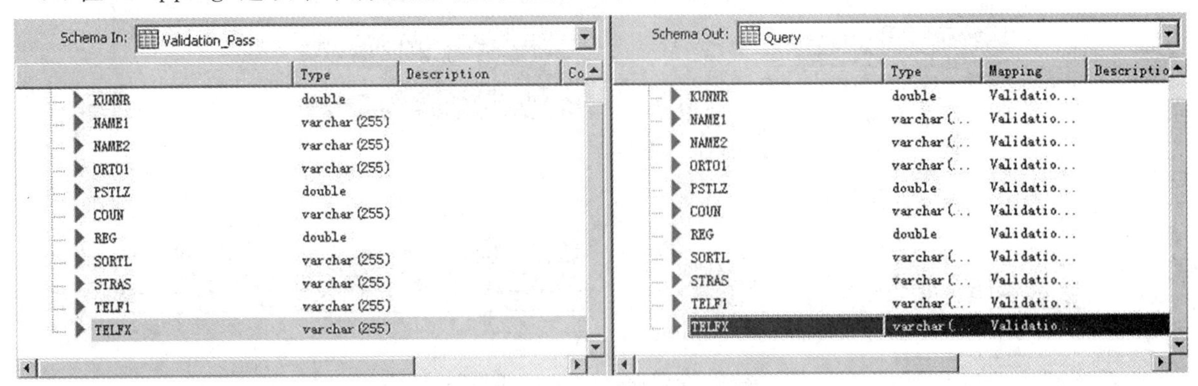

图 13-19　“Mapping”选项卡拖放属性

(5)切换到“WHERE”选项卡。

(6)将字段 NAME1 拖放到工作区中，使用字符串“‘like‘ _ ecker%’”完成 WHERE 语句，如图 13-20 所示。

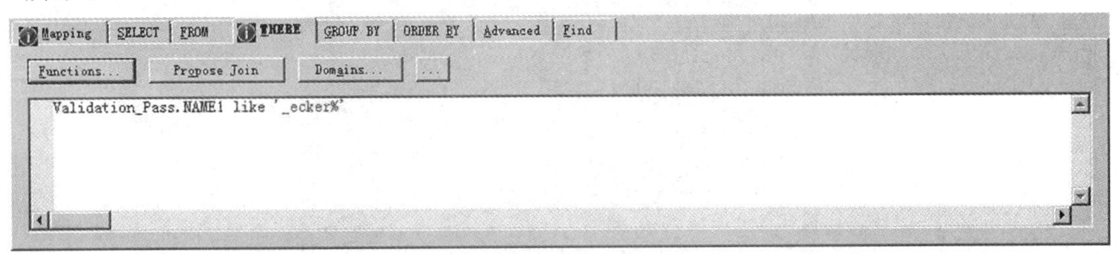

图 13-20　编辑条件

(7)连接“Validation”与另外一张表，并选择“Fail”。

(8)添加额外的验证。使用菜单项 Validata Current 图标 即可验证 Data Flow。

(9)数据流完成，如图 13-21 所示。

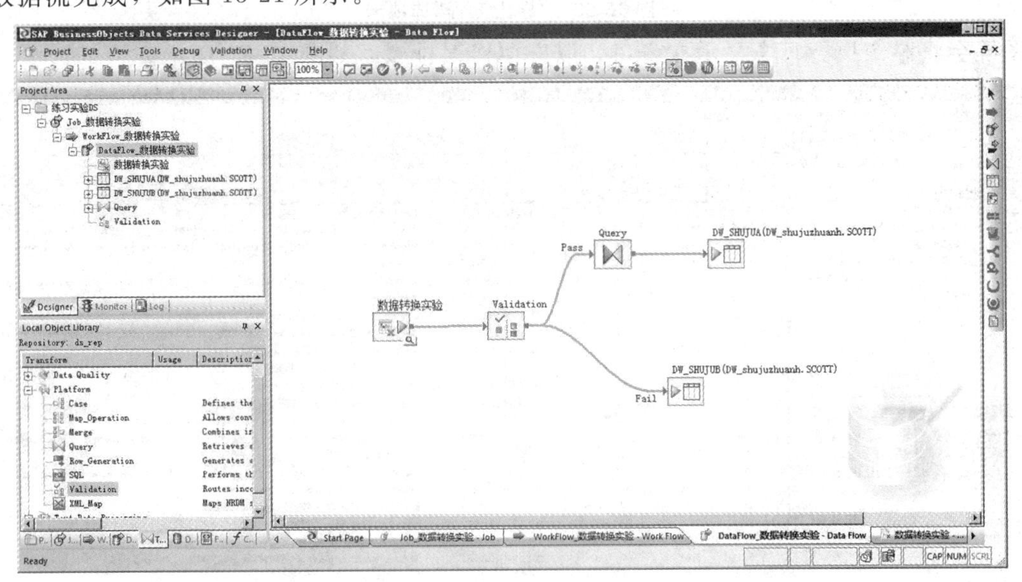

图 13-21　数据流程图

步骤 8　导出工程

(1)如果 Job 和 Data Flow 正确，即可保存并执行。将光标定位到 Job 名称上，从上下文菜单中选择“Execute”，如图 13-22 所示。

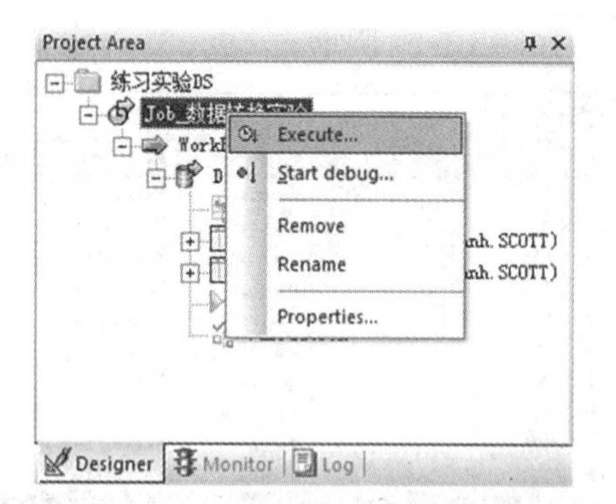

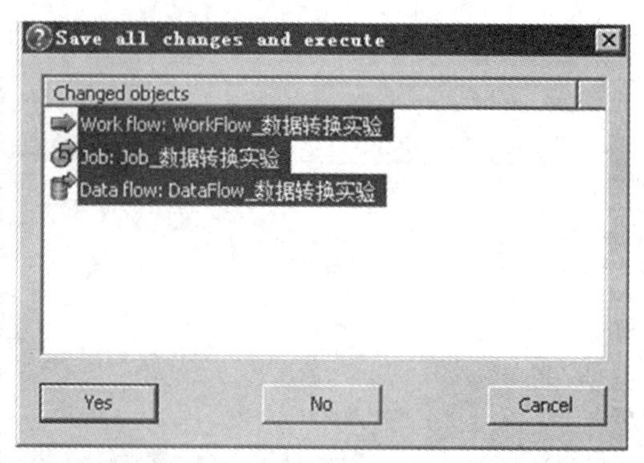

图 13-22　导出工程

(2)系统弹出“导出工程”选项卡，参数设置如图 13-23 所示。

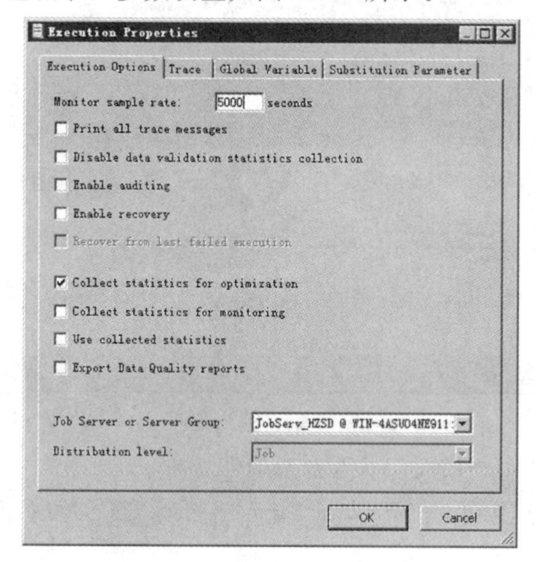

图 13-23　“导出工程”选项卡

(3)系统会将整个执行日志显示在窗口，以方便错误排查，如图 13-24 所示。

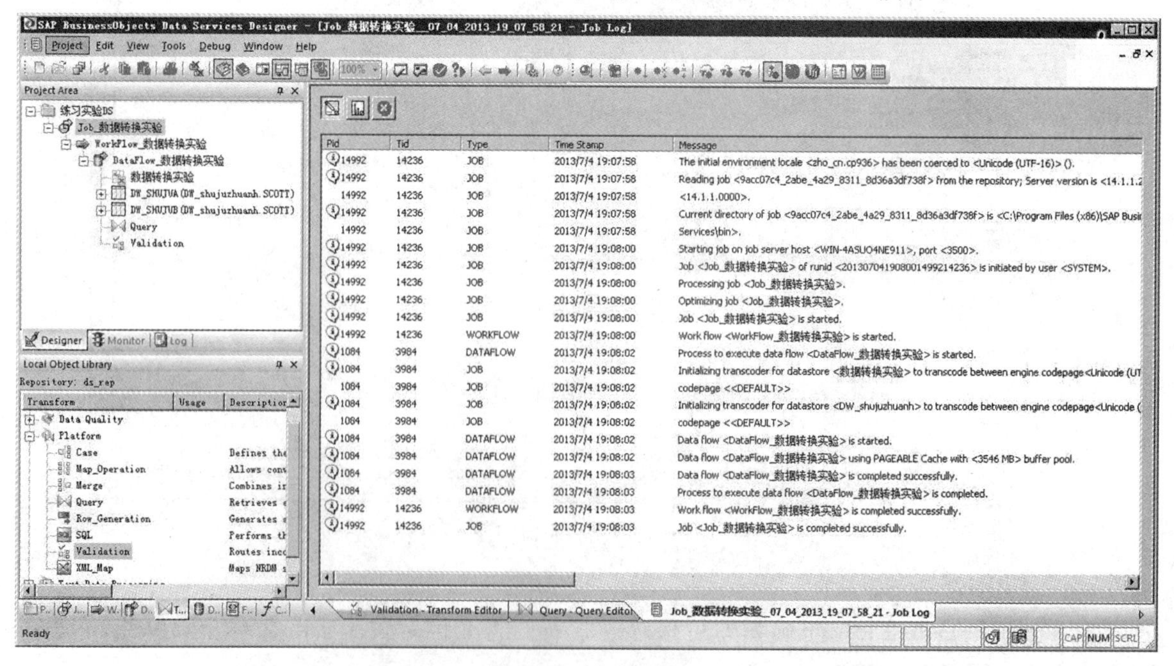

图 13-24　执行日志

(4)成功完成作业之后，可以通过返回到 Data Flow 显示来检查验证结果。为有效和无效目标使用了“View Data”选项之后，即可显示最后结果，如图 13-25 所示。

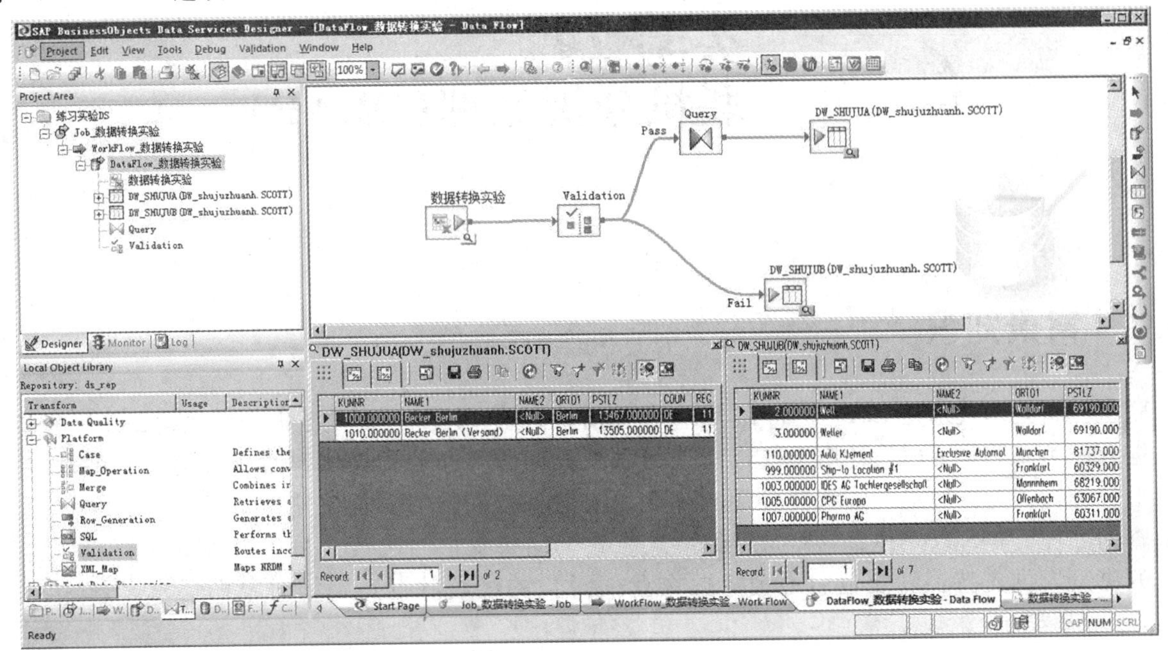

图 13-25　ETL 结果显示

(5)在 Oracle 数据库中就能看到数据经过转换后的表 DW _ SHUJUA 了。

13.5　实验分析与扩展练习

13.5.1　实验分析

通过本次实验，我们掌握了 ETL 的一般步骤：首先分析数据质量，建立分析主题；然后对数据源进行 ETL 过程，提升源数据质量。重要的是我们熟悉和掌握了 Data Services Designer 工具建立 ETL 的方法，以及如何连接数据仓库等过程。

请总结分析下面几个问题：

(1)数据通过 ETL 之后，其数据质量在哪些方面得到改善?

(2)如何分析数据质量的好坏?

13.5.2　扩展练习

(1)如何抽取增量数据，请写出实验步骤。

(2)运用 Microsoft SQL Server 2008 实现 ETL 过程。

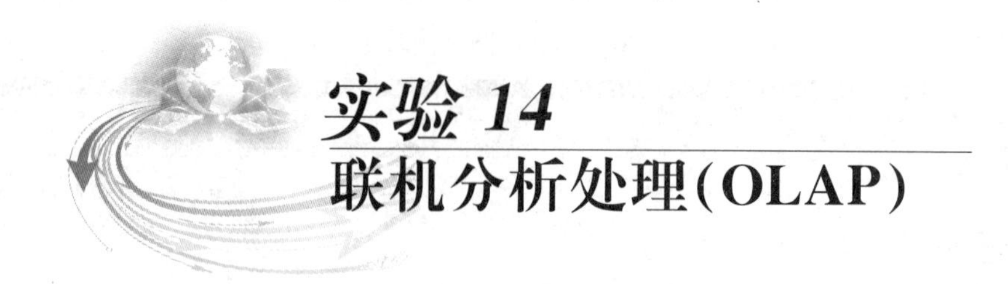

实验 14 联机分析处理(OLAP)

14.1 背景知识

联机分析处理技术是 E. F. Code 在 1993 年提出来的。OLAP 系统是数据仓库系统最主要的应用，以数据仓库为基础，专门设计用于支持复杂的联机数据访问和分析操作，通过对信息的多种可能的观察形势进行快速、稳定一致和交互性的存取，依据分析人员的要求快速、灵活地进行大数据量的复杂查询处理，并且以一种直观而易懂的形式将查询结果提供给决策人员，为决策人员和高层管理人员的决策提供支持，以便他们准确掌握企业(公司)的经营状况，了解对象的需求，制定正确的方案。

14.1.1 联机分析处理的特点

OLAP 是基于数据仓库的信息分析处理过程，其目标是满足决策支持和多维环境特定的查询报表需求。因此，OLAP 具有如下特点：

(1)快速性。用户对 OLAP 的快速反应能力有很高的要求，系统应能在短时间内对用户的大部分分析要求做出反应。如果终端用户在 30 秒内没有得到系统响应就会变得不耐烦，因而可能失去分析主线索，影响分析质量。对于大量的数据分析要达到这个速度并不容易，因此就更需要一些技术上的支持，如专门的数据存储格式、大量的事先运算、特别的硬件设计等。

(2)可分析性。OLAP 系统应能处理与应用有关的任何逻辑分析和统计分析。尽管系统可以事先编程，但并不意味着系统定义了所有的应用。在应用 OLAP 的过程中，用户无需编程就可以定义新的专门计算，将其作为分析的一部分，并以用户所希望的方式给出报告。用户可在 OLAP 平台上进行数据分析，也可连接到其他外部分析工具上。

(3)多维性。系统必须提供对数据的分析和多维视图的分析，包括对层次维和多重层次维的完全支持，事实上，多维分析是分析企业数据最有效的方法，是 OLAP 的灵魂。

(4)信息性。不论数据量有多大，也不管数据存储在何处，OLAP 系统应能及时获得信息，并且管理大容量信息。

(5)共享性。共享性是在大量用户之间实现潜在地共享秘密数据所必需的安全需要。

14.1.2 多维数据模型：数据立方体

从逻辑上讲，数据仓库是一个多维数据库。OLAP 是以多维分析为基础，刻画了在管理和决策过程中对数据进行多层面、多角度的分析处理的要求。在数据仓库的多维数据模式和联机分析处理中，要求在逻辑上采用多维的方式来组织和处理数据。该模型将数据看作多维的数据立方体，下面介绍多维数据模型的组成元素。

(1)维。

根据数据分析的需求，确定多维模式中的一些属性作为对数据对象性质的观察角度，称为维(Dimension)，维往往决定着数据对象的属性。同时，反映数据对象特性的属性称为指标。例如，创建一个数据仓库销售表，记录商品的销售，涉及的维有时间、项目、分店和地点。其中维的一个取值成为该维的一个维成员(Member)，是数据项在某维中位置的描述。同时，人们观察的某个特定的角度还可以存在细节不同的多个描述，称为维的层次(Hierarchy)。维层次是 OLAP 操作中下钻操作和上卷操作的基础。

(2)度量(Measure)。

度量值是一组数据，当多维数据集的各个维都选中一个维成员，这些维成员的组合就唯一确定了一个或几个值。度量值是所分析的多维数据集的中心值，是最终用户浏览多维数据集时重点查看的数据。

(3)立方体和超立方体。

数据立方体是一类多维矩阵，让用户从多个角度探索和分析数据集，通常是一次同时考虑三个因素(维度)。

当我们试图从一堆数据中提取信息时，我们需要工具来帮助我们找到那些有关联的和重要的信息，以及探讨不同的情景。一份报告，不管是印在纸上的还是出现在屏幕上，都是数据的二维表示，是行和列构成的表格。在我们只有两个因素要考虑时，这就足矣，但在真实世界中我们需要更强的工具。

数据立方体是二维表格的多维扩展，如同几何学中立方体是正方形的三维扩展一样。“立方体”这个词让我们想起三维的物体，我们也可以把三维的数据立方体看作一组类似的互相叠加起来的二维表格。

但是数据立方体不局限于三个维度。大多数在线分析处理(OLAP)系统能用很多个维度构建数据立方体，在实际中，我们常常用很多个维度来构建数据立方体，但我们倾向于一次只看三个维度(如图 14-1 所示)。数据立方体之所以有价值，是因为我们能在一个或多个维度上给立方体做索引。

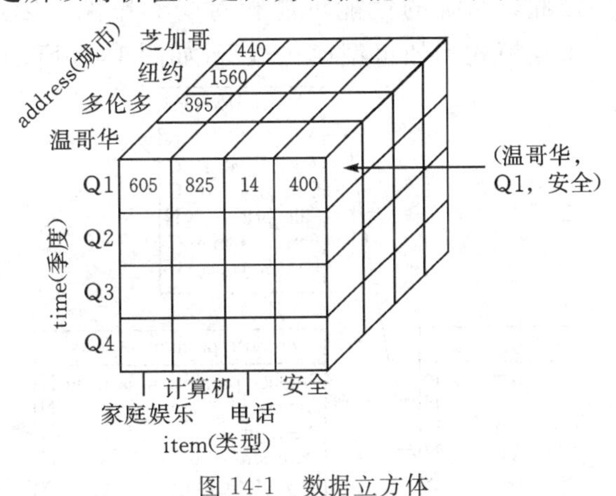

图 14-1　数据立方体

14.1.3　多维数据模型的组织模式

对于三维以上的数据立方体，很难用可视化的方式直观地表示出来。然而，数据仓库需要简明的、面向主题的模式，因此人们用较为形象的星型模式和雪花模式来描述，便于联机数据分析。

(1)星型模式。

最常见的模型范式是星型模式，其中数据仓库包括一个大的中心表(事实表)和一组小的附属表(维表)。事实表包含大批数据并且不含冗余，维表一般较小，每维一个。这种模式图很像星光四射，维表显示在围绕中心的射线上(如图 14-2 所示)。

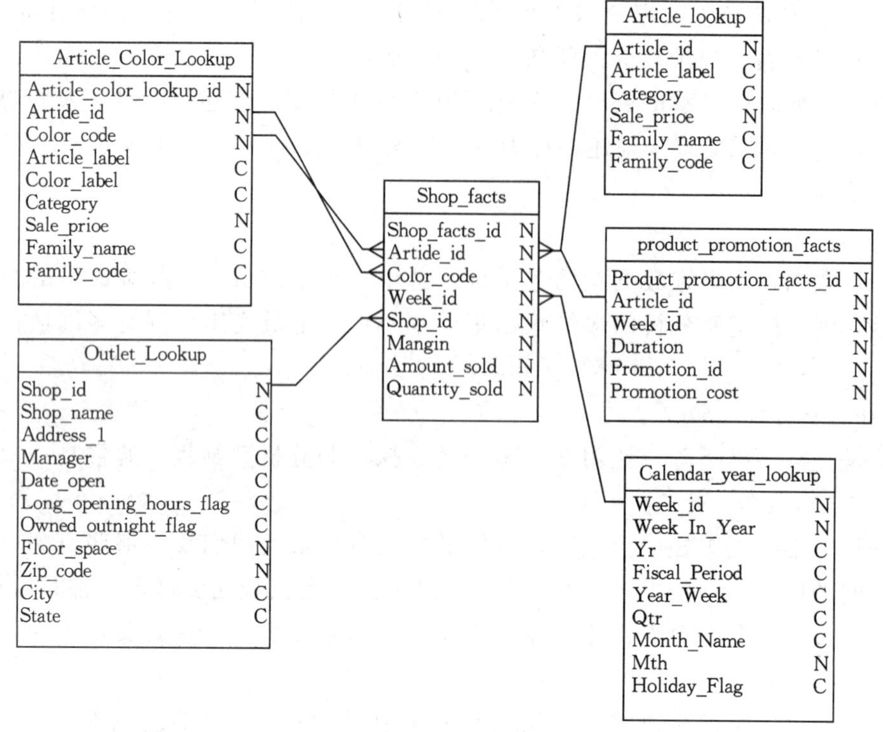

图 14-2 星型模式

(2)雪花模式。

雪花模式是星型模式的变种，其中某些维表被规范化，以便减少冗余。即把某些维表进一步分解，生成附加的表，使模式图形成类似于雪花的形状。这种表易于维护，并节省存续空间。然而，与典型的巨大事实表相比，这种空间的节省可以忽略。此外，由于执行查询需要更多的链接操作，雪花结构可能降低浏览的效率。因此，系统的性能可能相对受到影响。因此，尽管雪花模式减少了冗余，但是在数据仓库设计中，雪花模式不如星型模式流行(如图 14-3 所示)。

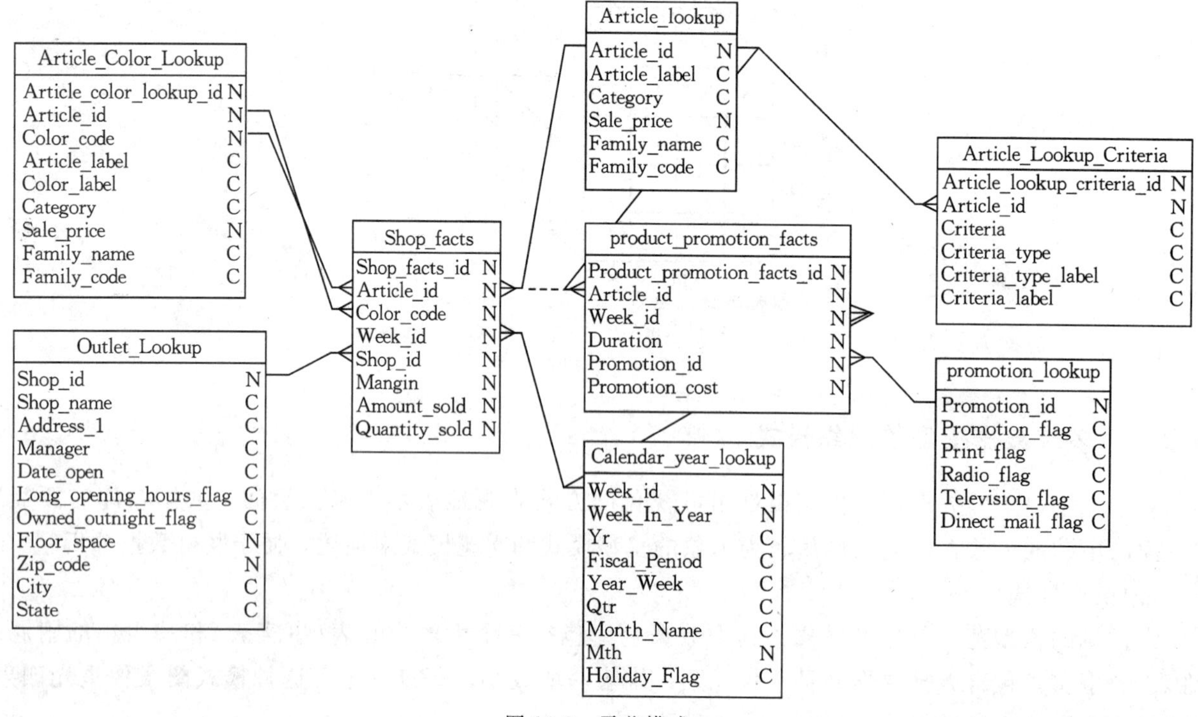

图 14-3 雪花模式

14.1.4　多维分析操作

OLAP 的基本操作是指对以多维形式组织起来的数据采取切片、切块、旋转等各种分析动作，以求剖析数据，使最终用户能从多个角度、多侧面地观察数据仓库中的数据，从而深入地了解包含在数据中的信息和内涵(如图 14-4 所示)。

(1)多维切片。

在多维分析过程中，如果对多维数据集的某个维选定一维成员，导致一个子立方体，这种选择操作就成为切片(Slice)。也即：如有(维 1，维 2，…，维 i，…，维 n，观察变量)多维数据集，对维 i 选定了某个维成员，则(维 1，维 2，…，维 i，…，维 n，观察变量)就是多维数据集(维 1，维 2，…，维 i，…，维 n，观察变量)在维 i 上的一个切片。这种切片的数量完全取决于维 i 上的维成员的个数，如果维数越多，可以做的切片也就越多。

(2)多维的切块。

与切片类似，如在一个多维数据集中对两个(及其以上的)维选定维成员的操作可成为切块(Dice)。即在(维 1，维 2，…，维 i，…，维 k，…，维 n，观察变量)多维数据集上，对维 i，…，维 k，…，选定了维成员，则(维 1，维 2，…，维 i，…，维 k，…，维 n，观察变量)就是多维数据集(维 1，维 2，…，维 i，…，维 k，…，维 n，观察变量)在维 i，…，维 k 上的一个切块。显然，当 $i=k$ 时，切块操作就退化成切片操作。

(3)上卷。

上卷(Roll-up)是对数据进行更为宏观的观察。通过一个维的概念分层向上攀升或者通过维规约，对数据立方体进行聚集。上卷操作实现维的简化操作，可将指定维的幅度缩小或删除指定维。如按时间维表上卷，可以获得用户每段时间(1 个季度，1 年)浏览情况的总和，按访问资源类型维表上卷，可获得用户一大类资源访问情况的信息。

(4)下钻。

下钻(Drill-down)是对数据进行更为详细的观察。下钻操作是上卷的逆操作，通过沿着维的概念分层向下或引入新的维度值实现，下钻操作可以获得更详细的数据。如对时间维度进行下钻操作，将其细化到季度，甚至可以更详细到日期，对访问资源类型维度进行下钻，可得到用户对每大类资源中各个小类资源访问的情况。

图 14-4　多维分析操作

(5)旋转。

旋转(Pivot)又称为转轴(Rotate)，是一种目视操作，将立方体的各个维的角度进行转动。它转动数据的视角，提供数据的替代表示，使用户能够更加直观地显示所要查询的数据。在对数据仓库的多维数据集进行显示操作过程中，用户常常希望能将多维数据集改变其显示的维的方向，也就是说进行多维数据集的旋转操作。旋转操作可将多维数据集中的不同维进行交换显示，以使用户更加直观地观察数据集中不同维之间的关系。

14.2　实验目的

(1)掌握 SAP BO Designer 工具建立 Universe 的方法。

(2)学会运用 OLAP Universe 进行相关主题的结构搭建。

(3)学会在 InfoView 中建立 Webi 查询和报表。

14.3　工具/准备工作

(1)在开始实验前，请回顾教科书的相关内容。

(2)需要准备一台安装有 SAP Business Objects 和 Access 2007 软件系统的计算机。

14.4　实验内容及步骤

步骤 1　启动 Designer，插入表(Table)和插入连接(Join)

(1)在菜单中选择“插入”→“表”，系统弹出“表浏览器”窗口。

(2)在“表浏览器”窗口中，选择三张表，即 Article _ lookup、Calendar _ year _ lookup 和 Shop _ facts，单击“插入”按钮，如图 14-5 所示。

图 14-5　插入三张表

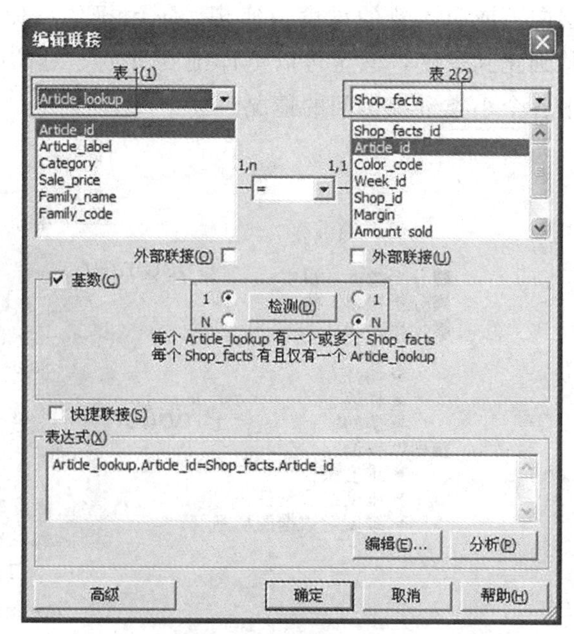

图 14-6　编辑联接(Join)

(3)关闭“表浏览器”窗口。

(4)在菜单中选择“插入”→“联接”来加入联接(Join)，系统弹出“编辑联接对话框”，设置 Article _ lookup. Article _ id:Shop _ facts. Article _ id=1：N，如图 14-6 所示。

注意：在“基数”区域，可以单击“检测”按钮得到系统提示的比例关系，也可以手动选择和更改比例关系。

(5)同上一步操作，设置 Calendar _ year _ lookup. Week _ id：Shop _ facts. Week _ id=1：N。如图 14-7 所示。

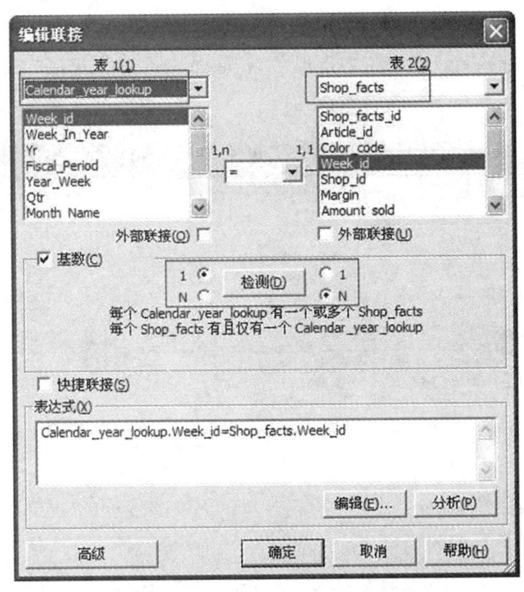

图 14-7　编辑联接(Join)

Article_lookup	
Article_id	N
Article_label	C
Category	C
Sale_price	N
Family_name	C
Family_code	C

Shop_facts	
Shop_facts_id	N
Article_id	N
Color_code	N
Week_id	N
Shop_id	N
Mangin	N
Amount_sold	N
Quantity_sold	N

Calendar_year_lookup	
Week_id	N
Week_In_Year	N
Yr	C
Fiscal_Period	C
Year_Week	C
Qtr	C
Month_Name	C
Mth	N
Holiday_Flag	C

图 14-8　模式(Schema)

(6)编辑联接后的结果，即模式(Schema)，如图 14-8 所示。

注意：可以通过手动联接和拖动表。

步骤 2　创建类(Class)和对象(Object)

(1)在菜单中选择“插入”→“类”，系统弹出“编辑 1 类的属性”对话框，如图 14-9 所示。

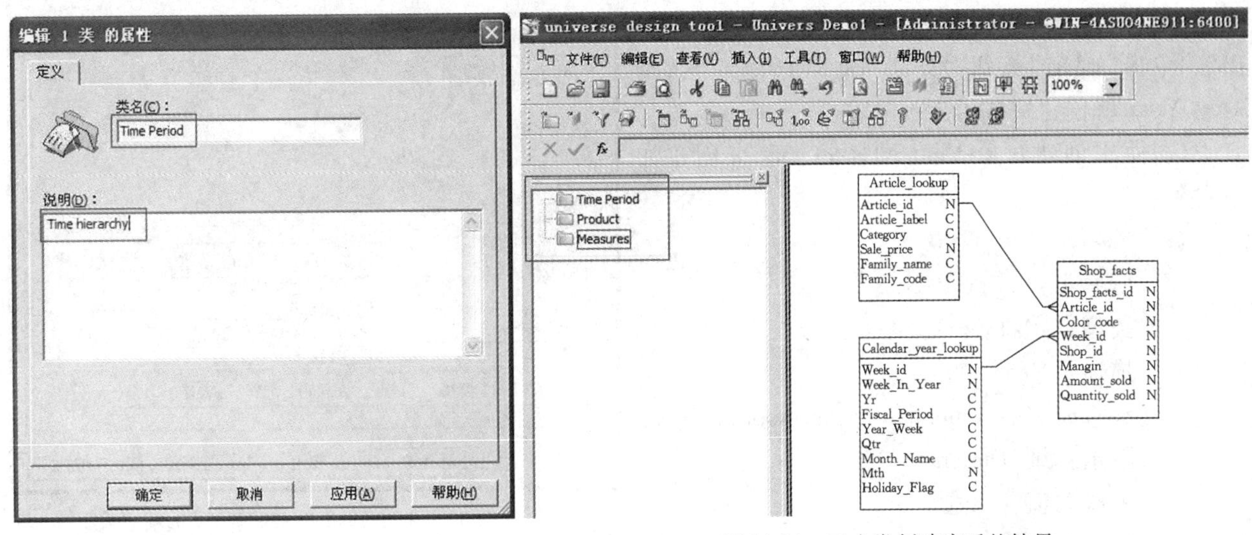

图 14-9　创建类(Class)　　图 14-10　三个类创建完后的结果

(2)一共创建三个类，见表 14-1。类创建完后，结果如图 14-10 所示。

表 14-1 新建类

类 名	描 述
Time Period	Time hierarchy
Product	Product hierarchy
Measures	3 years historical view showing measures

(3)用鼠标右键点击类“Time Period”，选择“对象”创建一个新的维 Year，系统弹出“编辑 1 对象的属性”对话框。

(4)切换至“定义”选项卡，在“名称”文本框中输入“Year”，在“类型”下选择“字符”，在“描述”下输入“Year 2003-2006”，单击 Select 框右侧的箭头“≫”，如图 14-11 所示。

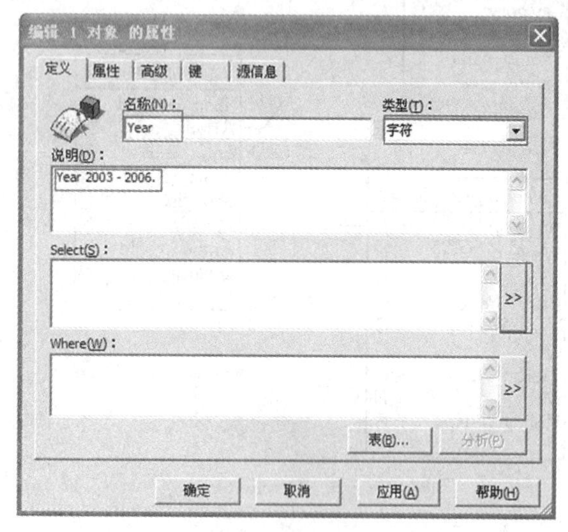

图 14-11 编辑对象

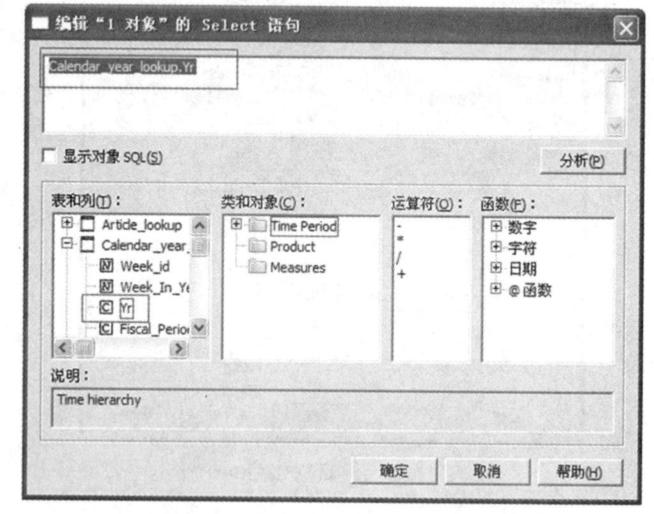

图 14-12 编辑对象的 Select 语句

(5)在弹出的对话框中输入“Calendar_year_lookup. Yr”或展开表 Calendar_year_lookup，双击“Yr”，单击“确定”按钮，如图 14-12 所示。

(6)切换至“属性”选项卡，在限定下选择“维”(Dimension)，保留“关联列值”和“允许用户编辑此列的值”勾选状态，勾选“与 Universe 一同导出”，单击“确定”按钮，如图 14-13 所示，这样，对象 Year 就创建完成了。

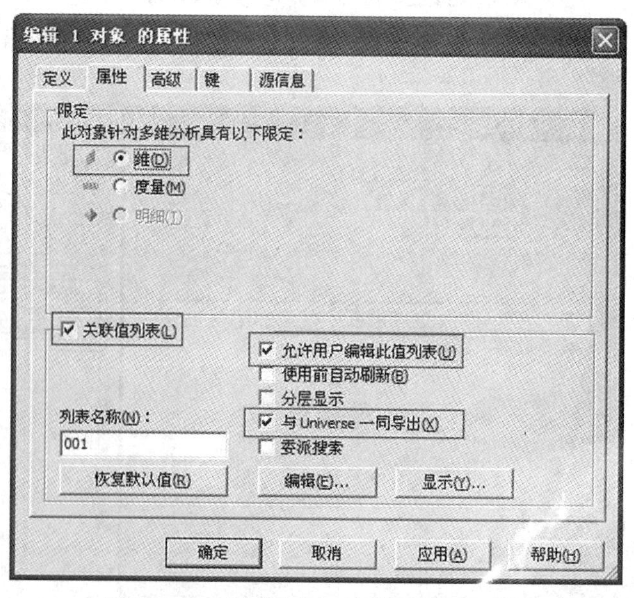

图 14-13 创建“对象”下的“属性”选项卡

(7)使用创建对象 Year 同样的步骤来创建如下对象。

- Year

  所属类：Time Period。

  类型：字符。

  描述：Year 2003-2006。

  Select 语句：Calendar_year_lookup. Yr。

  限定：维(Dimension)。

  关联列值：勾选。

- Fiscal Period

  所属类：Time Period。

类型：字符。

描述：Year FY99-FY01。

Select 语句：Calendar _ year _ lookup. Fiscal _ period。

限定：明细(Detail)。

关联维：Year(Time Period)。

关联列值：勾选。

- Quarter

所属类：Time Period。

类型：字符。

描述：Quarter number：Q1，Q2，Q3，Q4。

Select 语句：{fn concat('Q'，Calendar _ year _ lookup. Qtr)}。

限定：维(Dimension)。

关联列值：勾选。

- Month

所属类：Time Period。

类型：数字。

描述：Year 2003-2006。

Select 语句：Month number in year，1-12。

限定：维(Dimension)。

关联列值：勾选。

- Week

所属类：Time Period。

类型：数字。

描述：Week1-53. Week 53 may overlap with week 1 of the following year。

Select 语句：Calendar _ year _ lookup. Week _ in _ year。

限定：维(Dimension)。

关联列值：勾选。

- Lines

所属类：Product。

类型：字符。

描述：Product line. Each line contains a set of categories。

Select 语句：Article _ lookup. Family _ name，如图 14-14 所示。

限定：维(Dimension)。

关联列值：勾选。

- Sales revenue

所属类：Measures。

类型：数字。

描述：Sales revenue \$-\$ revenue of SKU sold。

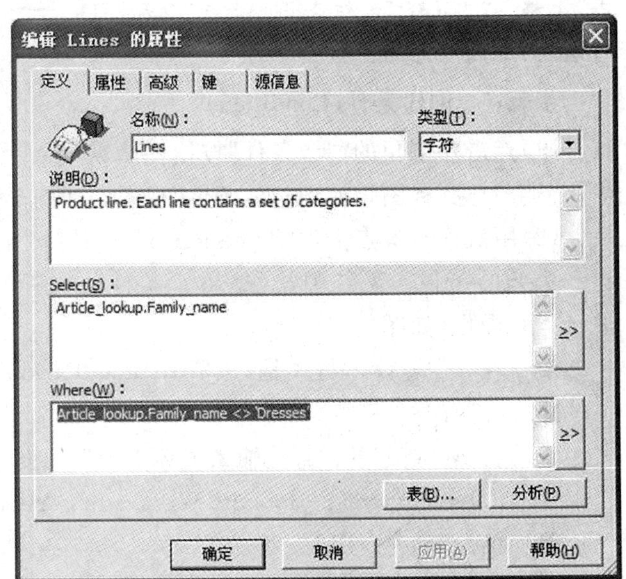

图 14-14　创建 Where 语句

Select 语句：sum(Shop_facts. Amount_sold)，如图 14-15 所示。

限定：度量(Measure)。

关联列值：勾选。

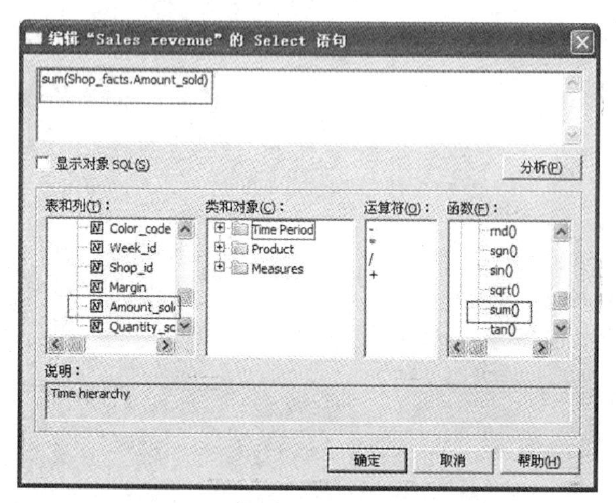

图 14-15 度量 Sales revenue 的 Select 语句

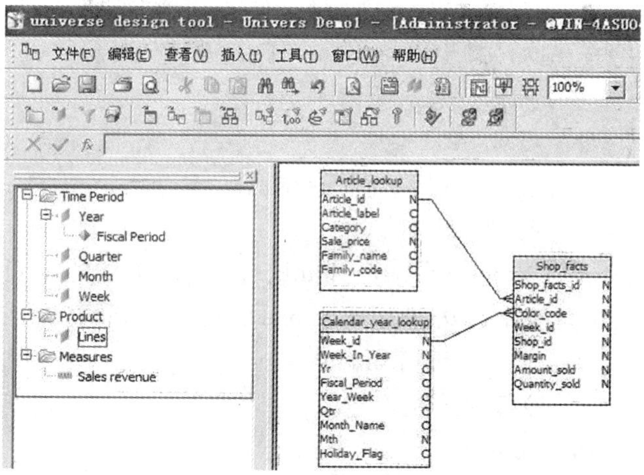

图 14-16 类和对象创建完成后的结果

(8)类和对象创建完成后的结果如图 14-16 所示。

步骤 3 创建层次(Hierarchy)

(1)在菜单中选择"工具"→"层次"，系统弹出"层次结构编辑器"对话框。

(2)在"默认层次结构"下，双击"Time Period"类，在"自定义层次结构"下，会出现"Time Period"类，单击"确定"按钮来保存 Hierarchy，如图 14-17 所示。

注意："默认层次结构"中对象 Year、Quarter、Week 的顺序可以通过选择后，单击"上移"或"下移"按钮来调整，可以和"缺省层次"中的顺序不一致。

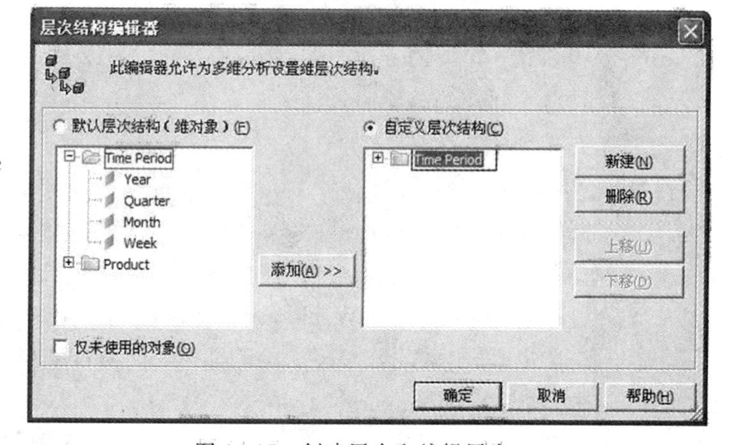

图 14-17 创建层次和编辑层次

步骤 4 创建条件(Condition)

(1)点击左下角的"类/条件"按钮，从默认的"类/对象"视图切换到"类/条件"视图，如图 14-18 所示。

(2)用鼠标右键点击类"Time Period"，选择"条件"来创建一个新的条件。系统弹出"编辑 1 条件的属性"对话框，进行下述操作(如图 14-19 所示)：

图 14-18 点选"类/条件"按钮

- 在"名称"文本框中输入"Christmas Period"。
- 在"描述"下输入"Filter for Christmas rush period-Weeks 46 to 52(incl. occasional week 53)"。
- 在"Where"下，直接输入或单击"》"按钮，用 SQL editor 来写 Select 语句：
  Calendar_year_lookup. Week_In_Year BETWEEN 46 AND 53。
- 单击"确定"按钮。

(3)"条件"创建完成后，在"类/条件"视图中的类"Time Period"下，出现一个条件"Christmas Period"，结果如图 14-20 所示。

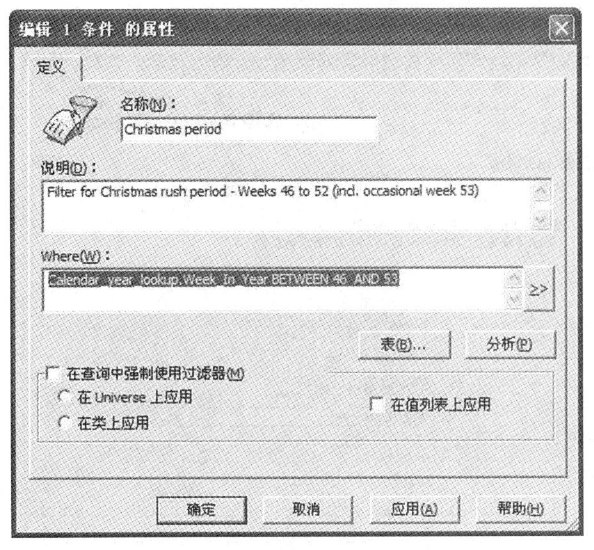

图 14-19　创建条件和编辑条件

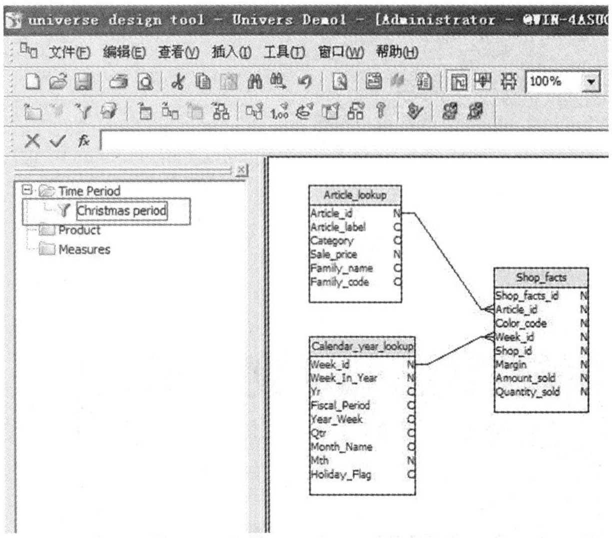

图 14-20　创建“条件”和“类/条件”视图结果

步骤 5　导出 Universe

(1)在菜单中选择“文件”→“保存”，在弹出的“另存为”对话框中(如图 14-21 所示)输入文件名“Universe _ Demo1”，保存在系统默认的 Universes 文件夹中。当然也可以保存在其他文件夹中。

(2)在菜单中选择“文件”→“导出”，系统弹出“导出 Universe”对话框，如图 14-22 所示。

在图 14-23 所示对话框中：

- 选择“浏览”来指明目标 Universe 域，本例选择 BOE Server 上 Universe 根文件夹“WIN-4ASUO4NE911：6400”，然后点击“确定”按钮，如图 14-23 所示。
- 选择“组”下面的“Everyone”。
- 单击“确定”按钮。

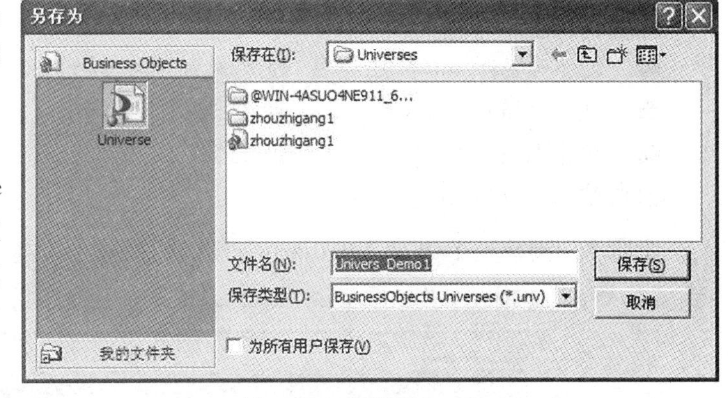

图 14-21　保存 Universe

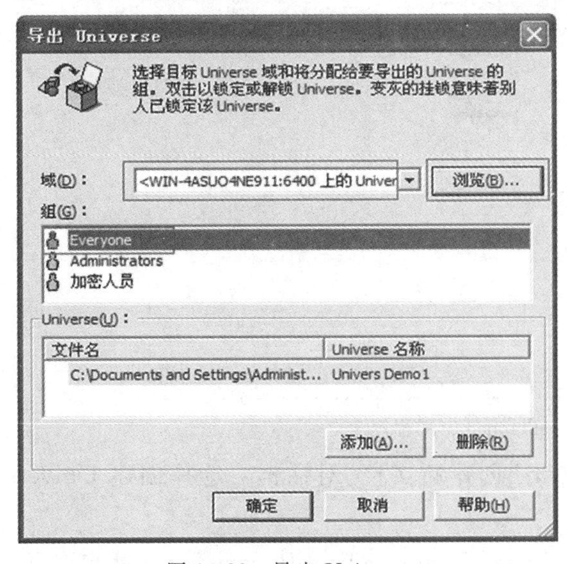

图 14-22　导出 Universe

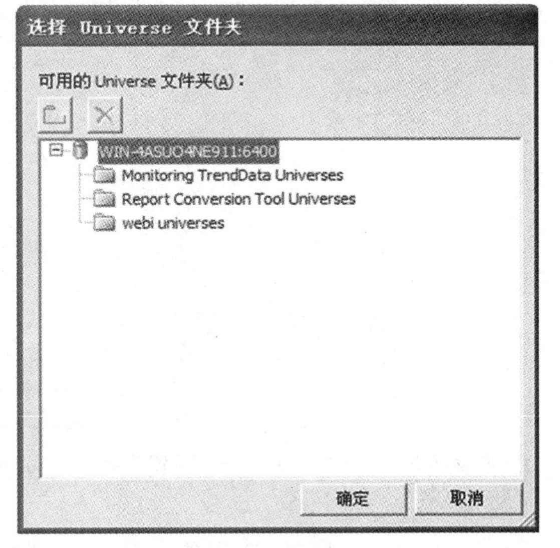

图 14-23　选择 Universe 文件夹

(3)系统弹出信息提示对话框，表明 Universe 被成功导出，即上传到 Server 上，如图 14-24

所示。

图 14-24 Universe 已成功导出

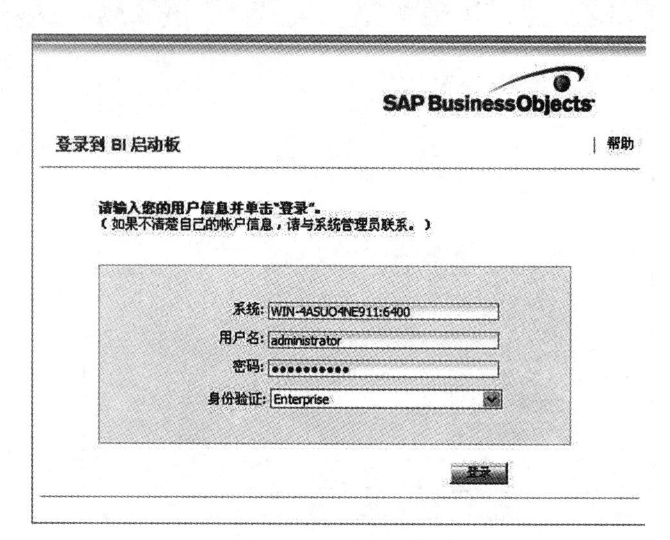

图 14-25 InfoView 登录界面

步骤 6 启动 Business Objects Enterprise Java InfoView

(1)打开 Internet Explorer，输入链接 http://202.114.36.195:8080/BOE/BI。

(2)登录系统，如图 14-25 所示。

- 选择系统 WIN-4ASUO4NE911:6400。
- 输入 User Name(用户名)和 Password(密码)。
- 在 Authentication(身份验证)后选择 Enterprise。
- 单击"Log On(登录)"按钮。

然后就可以登录 InfoView。

步骤 7 创建一个 Web Intelligence 查询和报表

(1)单击"应用程序"选择 Web Intelligence 应用程序，如图 14-26 所示。

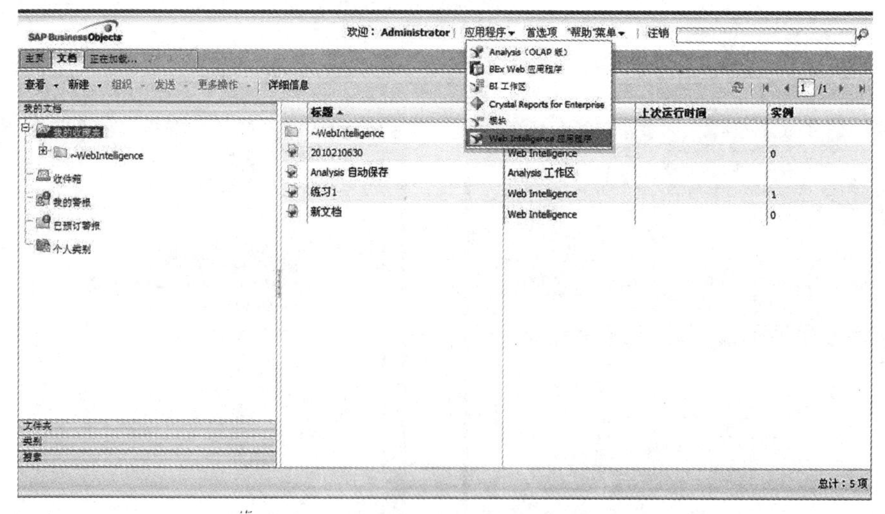

图 14-26 选择 Web Intelligence 应用程序

(2)在菜单中选择"文档"→"新建"命令，页面弹出"创建新文档"对话框，选择创建 Universe 选项，如图 14-27 所示。

(3)在 Universe 列表中选择单击前文创建的 Universe Demo1，Java Report Panel 就启动了，如图 14-28 所示。

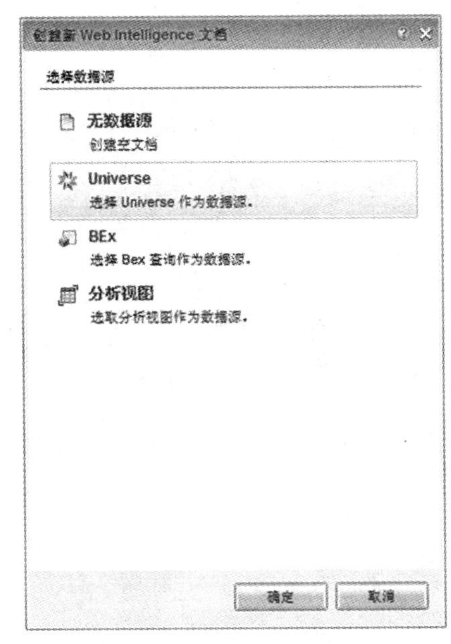

图 14-27 创建 Web Intelligence 文档

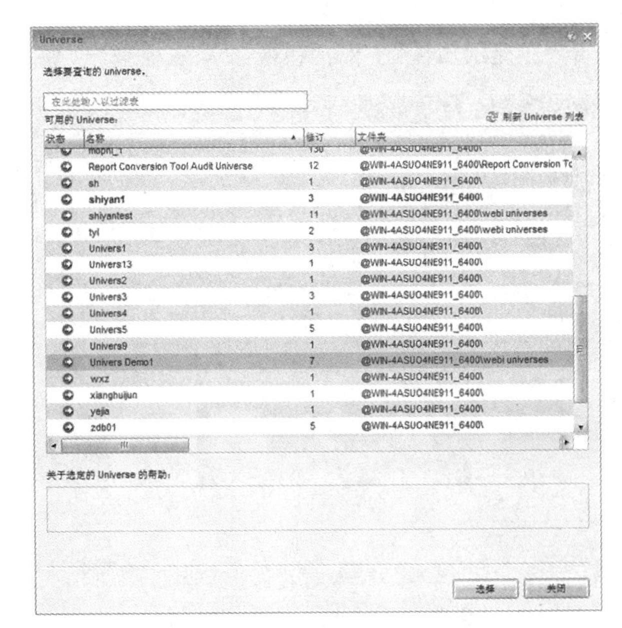

图 14-28 选择 Universe

(4)几秒钟之后，Java Report Panel 就加载成功了。新建的 WebI 查询界面如图 14-29 所示。

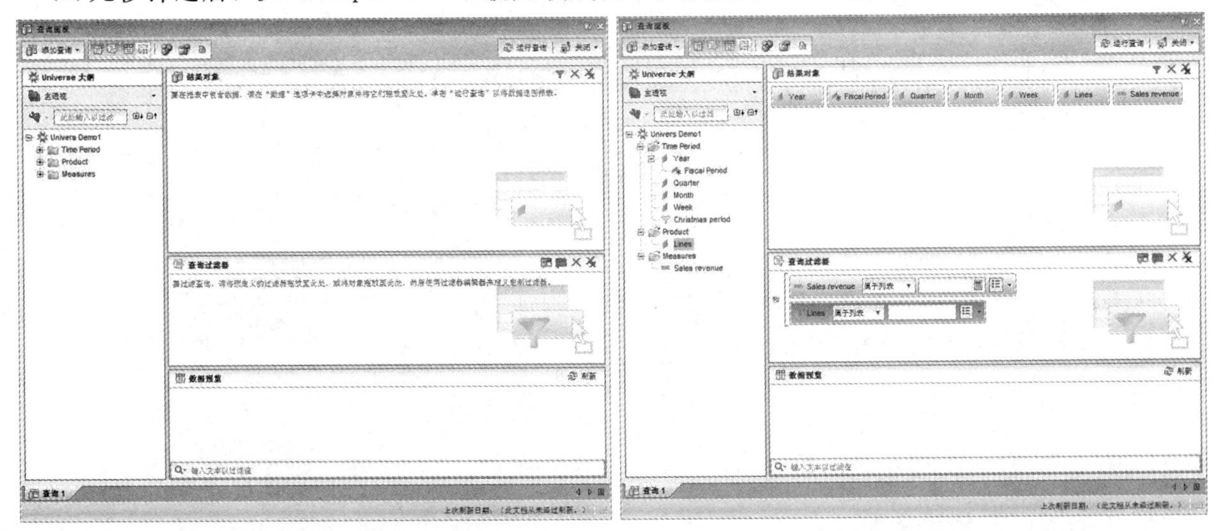

图 14-29 新建的 WebI 查询界面

图 14-30 结果对象和查询过滤器

(5)拖放对象包括 Year、Fiscal Period、Quarter、Month、Week、Lines 和 Sales revenue 到“结果对象”区域，拖放条件 Christmas Period 和 Lines 到“查询过滤器区域”，如图 14-30 所示。

(6)在“查询过滤器”中“Lines”的选项卡中：

- 单击“属于列表”右侧下箭头，并选择“等于”，结果如图 14-31 所示。
- 单击最右侧的下箭头并选择“提示”，结果如图 14-32 所示。

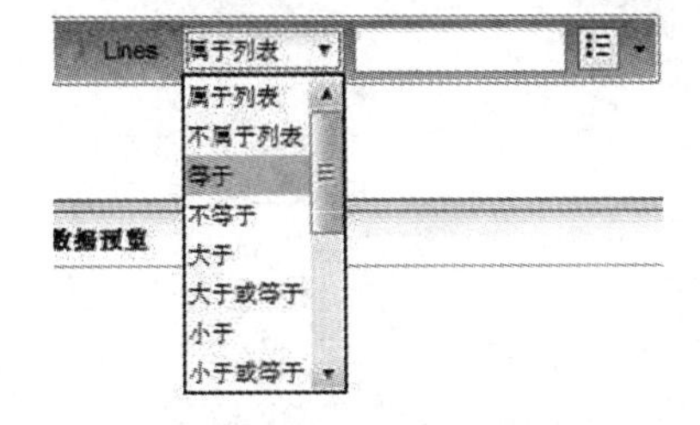

图 14-31 选择“属于列表”中“等于”的结果

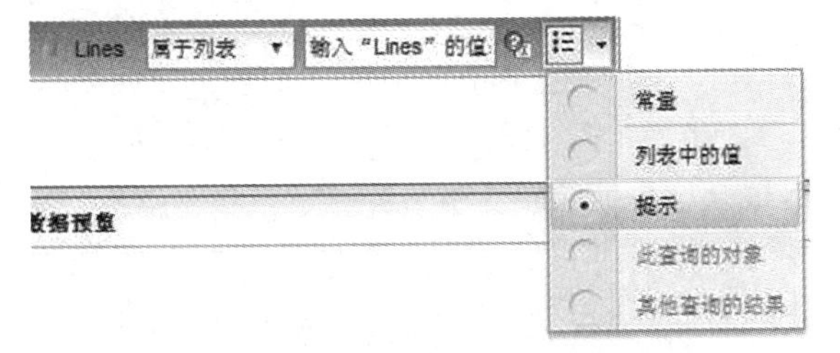

图 14-32 选择“提示”后的结果

● 单击“提示属性”图标按钮，系统弹出“提示”对话框，如图 14-33 所示。

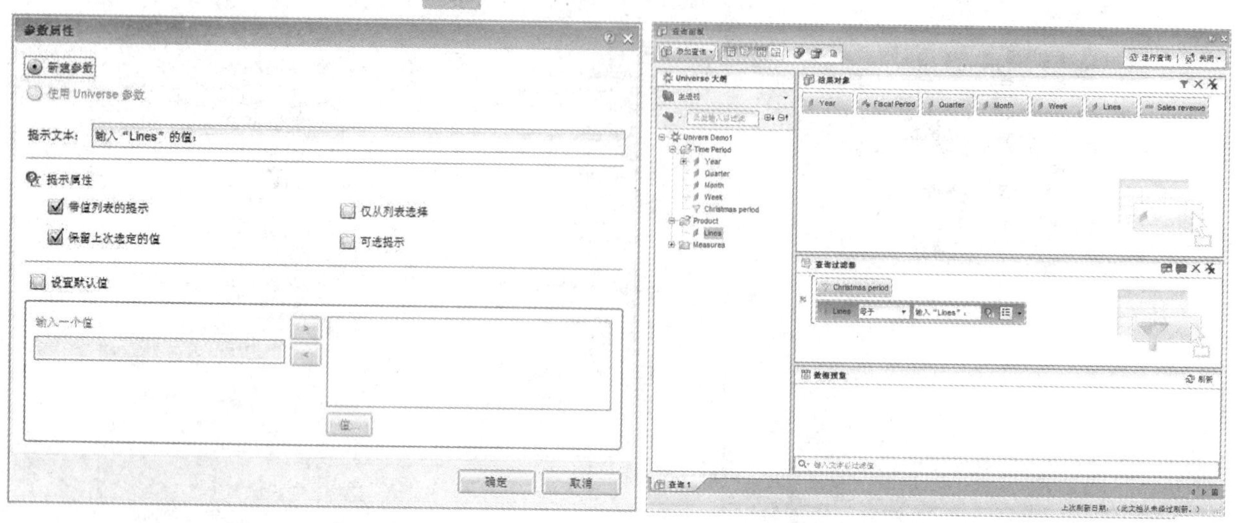

图 14-33 提示窗口

图 14-34 设定报表对象和条件

(7)7 个查询对象和两个“查询过滤器”就已经被定义好了，如图 14-34 所示。

(8)单击“运行查询”，弹出“提示”对话框，如图 14-35 所示。

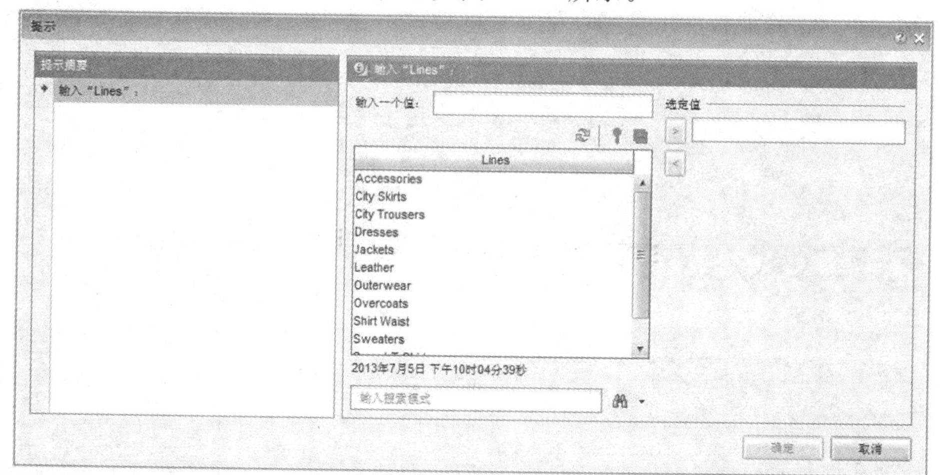

图 14-35 弹出提示对话框

(9)双击“Lines”下的“City Skirts”，将“输入 Lines：”的取值设定为 City Skirts，再单击“运行查询”，如图 14-36 所示。

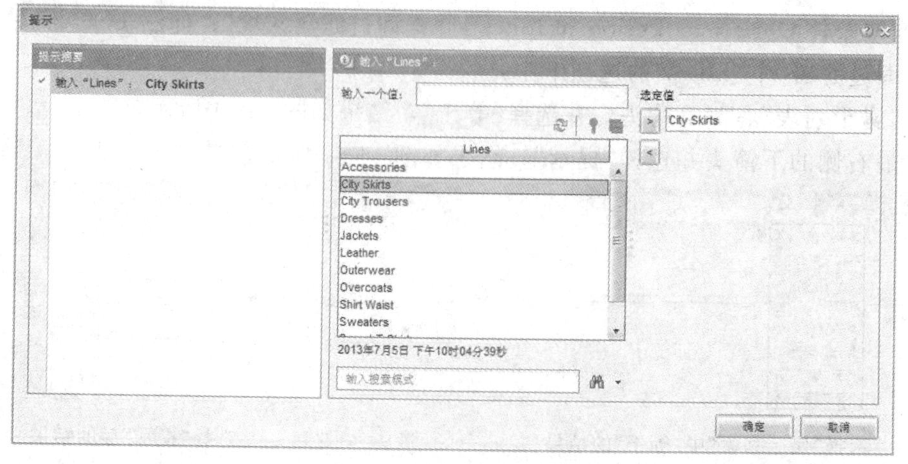

图 14-36 输入条件取值

(10)这样就生成了报表，如图 14-37 所示。

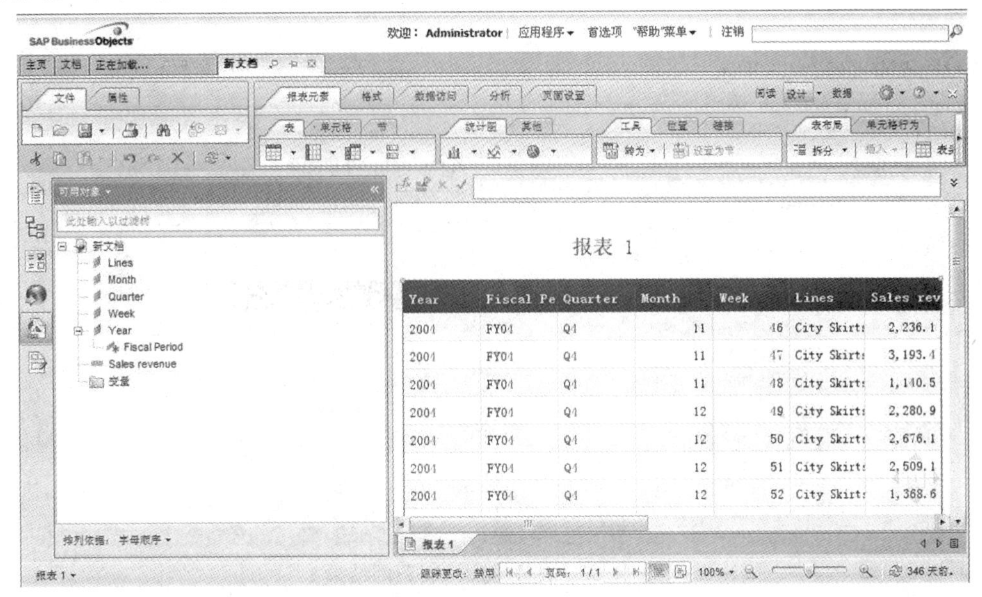

Year	Fiscal Pe	Quarter	Month	Week	Lines	Sales rev
2004	FY04	Q4	11	46	City Skirts	2,236.1
2004	FY04	Q4	11	47	City Skirts	3,193.4
2004	FY04	Q4	11	48	City Skirts	1,140.5
2004	FY04	Q4	12	49	City Skirts	2,280.9
2004	FY04	Q4	12	50	City Skirts	2,676.1
2004	FY04	Q4	12	51	City Skirts	2,509.1
2004	FY04	Q4	12	52	City Skirts	1,368.6

图 14-37　生成报表

步骤 8　创建变量(Variable)

(1)单击“数据访问”选择“变量编辑器”按钮来创建一个新变量，如图 14-38 所示。

- 在“名称”文本框中输入 Row Number。
- 在“公式”下输入“=LineNumber()-1”。
- 在“资格”后选择“维”。
- 单击“确定”按钮。

(2)报表变量“Row Number”就创建了，该变量用于展示报表中数据的行号。

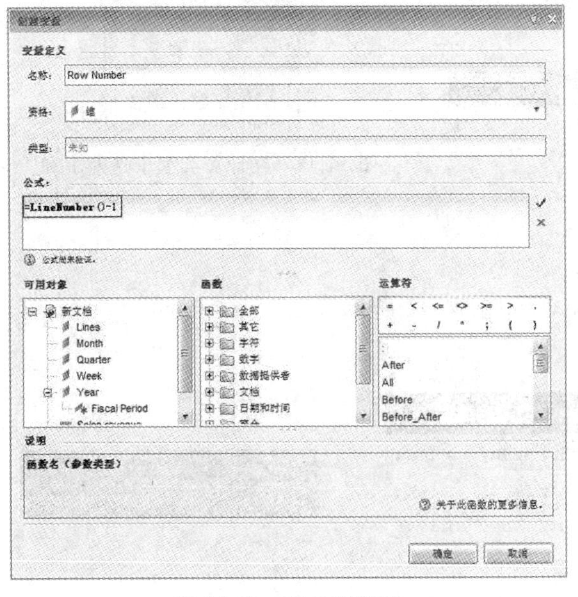

图 14-38　变量编辑器

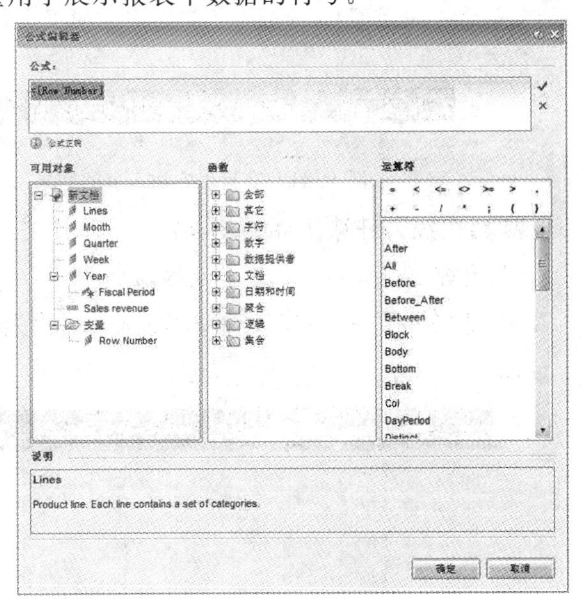

图 14-39　公式编辑器

步骤 9　在表(Table)中加入新列(Column)

(1)用鼠标右键点击“Year”列，选择“插入”。

(2)输入“NO.”在新列的列头。

(3)在新列列头“NO.”下面的内容行中点击“公式工具栏”，输入“=[Row Number]”。如图 14-39 所示。

(4)新列结果如图 14-40 所示。

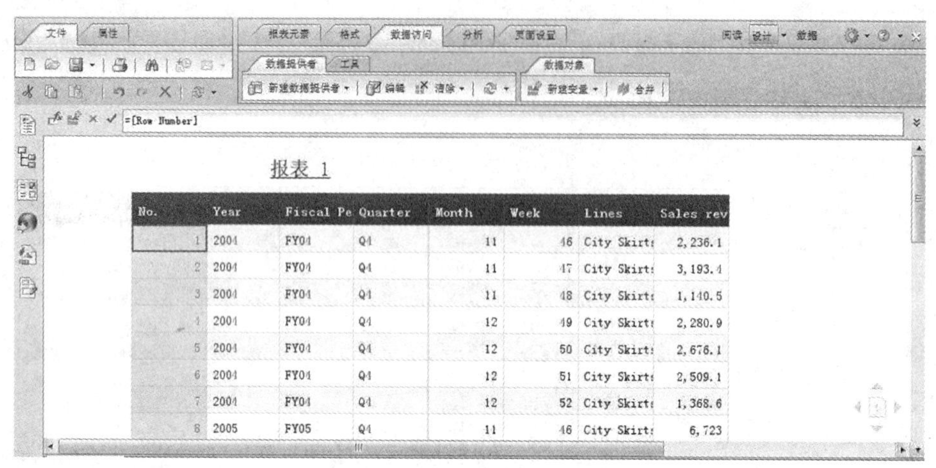

No.	Year	Fiscal Pe	Quarter	Month	Week	Lines	Sales rev
1	2004	FY04	Q4	11	46	City Skirt:	2,236.1
2	2004	FY04	Q4	11	47	City Skirt:	3,193.4
3	2004	FY04	Q4	11	48	City Skirt:	1,140.5
4	2004	FY04	Q4	12	49	City Skirt:	2,280.9
5	2004	FY04	Q4	12	50	City Skirt:	2,676.1
6	2004	FY04	Q4	12	51	City Skirt:	2,509.1
7	2004	FY04	Q4	12	52	City Skirt:	1,368.6
8	2005	FY05	Q4	11	46	City Skirt:	6,723

图 14-40　在表中加入新列的结果

步骤 10　加入节(Section)

用鼠标右键点击“Year”列内容(不是列头)，选择“设置为节”，结果如图 14-41 所示。

2004

No.	Fiscal Pe	Quarter	Month	Week	Lines	Sales rev
1	FY04	Q4	11	46	City Skirt:	2,236.1
2	FY04	Q4	11	47	City Skirt:	3,193.4
3	FY04	Q4	11	48	City Skirt:	1,140.5
4	FY04	Q4	12	49	City Skirt:	2,280.9
5	FY04	Q4	12	50	City Skirt:	2,676.1
6	FY04	Q4	12	51	City Skirt:	2,509.1
7	FY04	Q4	12	52	City Skirt:	1,368.6

2005

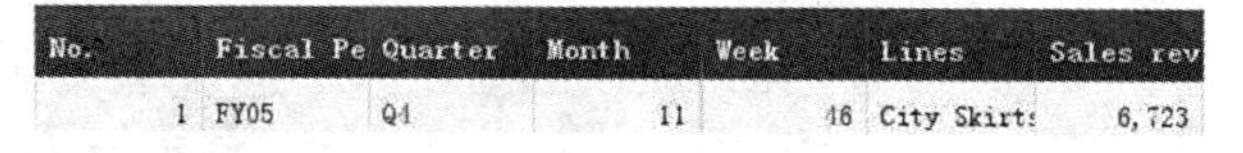

No.	Fiscal Pe	Quarter	Month	Week	Lines	Sales rev
1	FY05	Q4	11	46	City Skirt:	6,723

图 14-41　在报表中加入节的结果

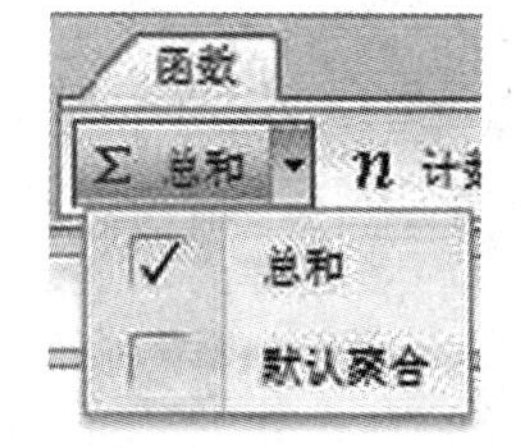

图 14-42　在计算类型中选择求和

步骤 11　加入计算(Calculation)

(1)单击列“Sales revenue”来选择该列。

(2)选择“分析”→“函数”，单击“插入总和”按钮，如图 14-42 所示。

2004

No.	Fiscal Pe	Quarter	Month	Week	Lines	Sales rev
1	FY04	Q4	11	46	City Skirt:	2,236.1
2	FY04	Q4	11	47	City Skirt:	3,193.4
3	FY04	Q4	11	48	City Skirt:	1,140.5
4	FY04	Q4	12	49	City Skirt:	2,280.9
5	FY04	Q4	12	50	City Skirt:	2,676.1
6	FY04	Q4	12	51	City Skirt:	2,509.1
7	FY04	Q4	12	52	City Skirt:	1,368.6
					总和:	15,404.7

图 14-43　在表中加入计算的结果

Year	Sales revenue
2004	15,404.7
2005	37,956.3
2006	10,137.6

图 14-44　创建新表

(3)“总和”结果值就加在表尾，如图 14-43 所示。

步骤 12　下钻报表

(1)用鼠标右键点击报表选项卡“报表 1”，选择“插入报表”创建一个新的报表选项卡“报表 2”。

(2)创建一个表，将左侧可用对象 Year 和 Sales revenue 分别放入列头，如图 14-44 所示。

(3)选择“分析”→“钻取”，切换到钻取模式，在靠近数据后会显示下画线，如图 14-45 所示。

Year	Sales revenue
2004	15,404.7
2005	37,956.3
2006	10,137.6

向下钻取到 Quarter

图 14-45　启动钻取模式

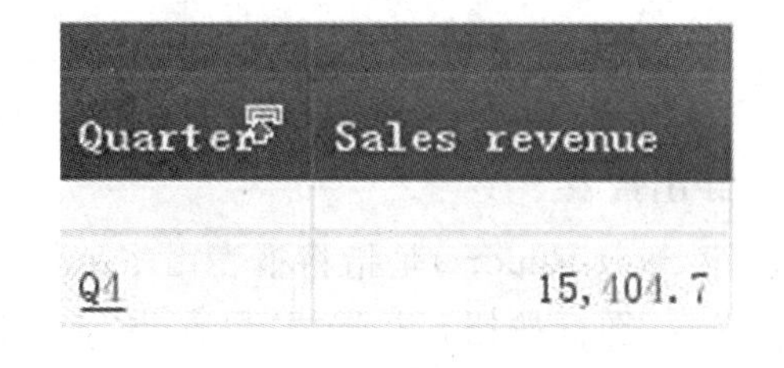

图 14-46　单击“年”后下钻到季度

(4)现在可以“下钻/上卷”，单击“2004”，下钻到 Q4，结果如图 14-46 所示。

(5)同样可以用鼠标右键点击“Quarter”，下钻到“Month”或单击向上箭头从“Quarter”上卷到“Year”。

步骤 13　加入图表

(1)用鼠标右键点击报表选项卡“报表 2”，选择插入报表，创建新报表选项卡“报表 3”。

(2)在左上侧切换到“报表元素”，依次展开“统计图”→“更多柱形图”→“柱形图”，将“柱形图”图表类型拖放到屏幕右侧，如图 14-47 所示。

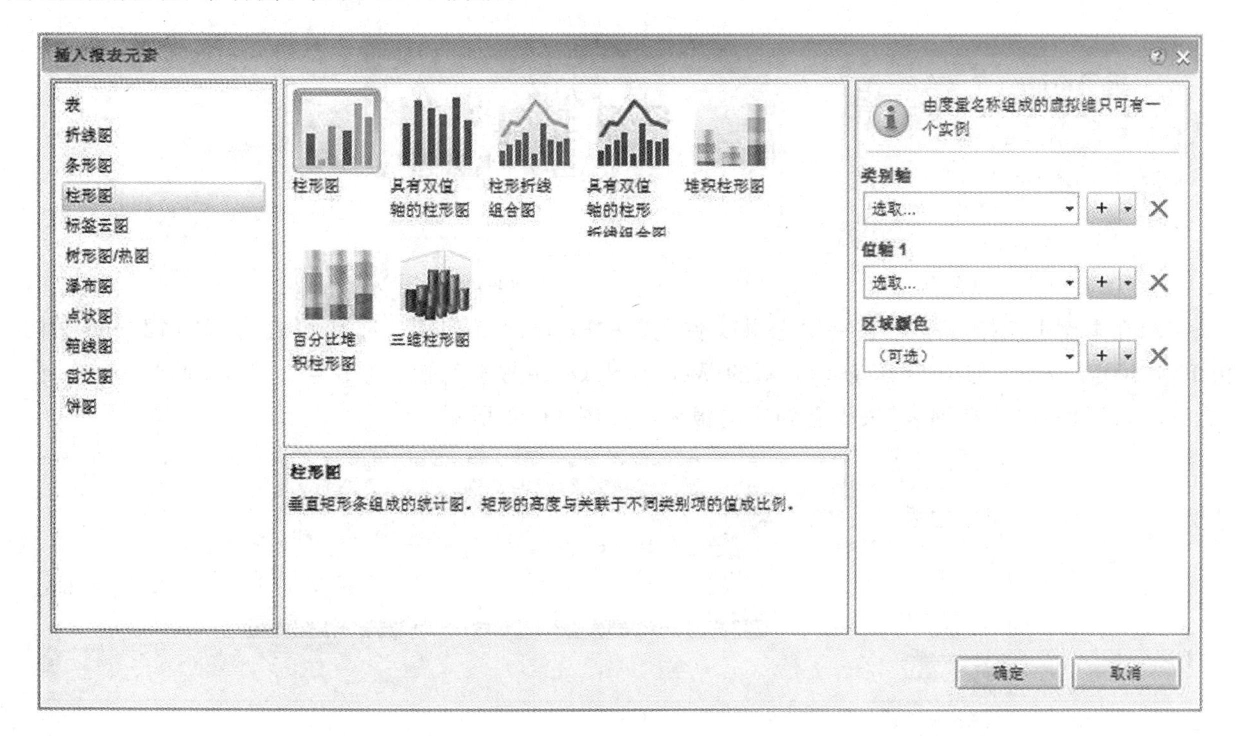

图 14-47　选定报表类型并拖放到右侧

(3)将右侧可用对象“Year”拖放到报表底部的“将维对象放置到此位置”。

(4)将“Sales revenue”拖放到报表左侧的“将度量对象放置到此位置”。

(5)系统自动刷新数据，显示报表视图，如图 14-48 所示。

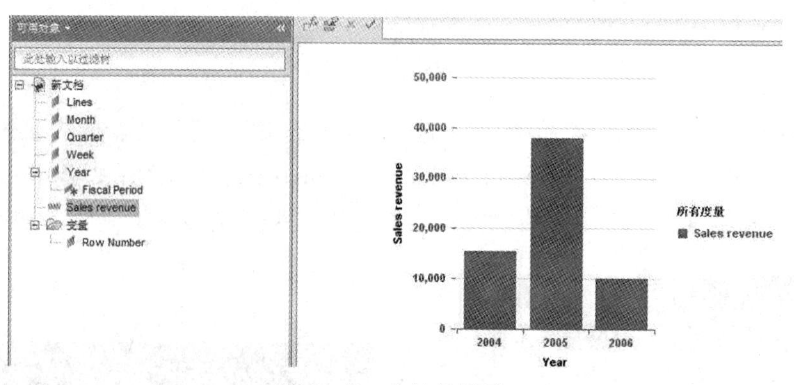

图 14-48　表结果视图

步骤 14　导出报表

导出报表(Export Report)是指将报表由本地保存到 Server。

(1)单击“保存”图标按钮，并选择“另存为”，如图 14-49 所示。

图 14-49　另存为

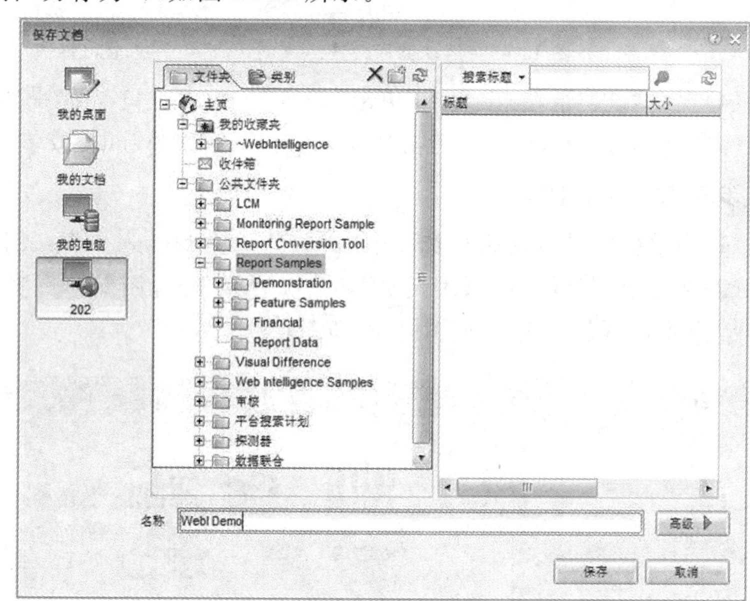

图 14-50　导出 WebI 报表

(2)在本例中选择目标文件夹为“公共文件夹”→“Report Samples”。输入报表名“WebI Demo 文档”，再单击“确定”按钮，如图 14-50 所示。新的 Web Intelligence 报表就被保存并且上传到 CMA Server 上。

(3)可以回到“文档列表”来查看创建的报表，如图 14-51 所示。

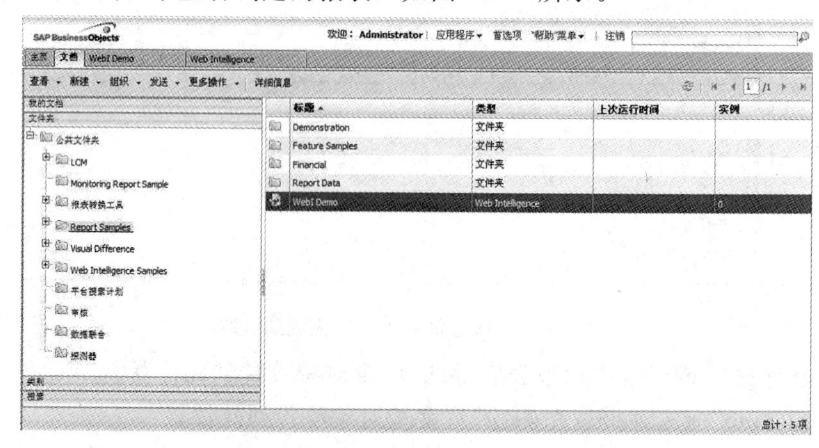

图 14-51　在文件列表中查看 WebI 报表

14.5　实验分析与扩展练习

14.5.1　实验分析

通过本次实验，我们掌握了建立联机分析处理的一般步骤：首先新建语义层，建立分析主题；面向业务对象进行 OLAP Universe 相关主题的结构搭建。重要的是我们熟悉和掌握了 SAP Business Objects 软件处理数据库源数据的要求，最后，通过可视化技术展现数据报表。

请总结分析下面几个问题：

(1)在 OLAP 过程中，如何理解其维表之间的关系？

(2)语义层的建立将如何提高业务人员对数据的使用？

14.5.2　扩展练习

运用 Microsoft SQL Server 2008 实现 OLAP 过程。

实验15
“水晶易表”的仪表盘制作

15.1 背景知识

“水晶易表”Dashboard是全球领先的商务智能软件商Business Objects的最新产品。利用SAP BO Dashboard，只需要简单的点击操作，就可以让静态的Excel电子表格充满生动的数据展示、动态表格、图像和可交互的可视化分析，还可以通过多种“如果……那么会”情景分析进行预测。最后，通过一键式整合，这些交互式的Dashboard分析结果就可以轻松地嵌入PowerPoint、Adobe PDF文档、Outlook和网页上了。

本实验数据以“What-if. excel”文件为例，其中“excel数据文件”会用到一个求和函数——“sum”函数，对应的Excel单元格为“H7”，汇总单元格“C7：G7”的数据；在单元格“C7：G7”均插入了函数“去年销售额*(1+增长率)”，通过更改增长率，达到控制今年预测销售额的目的。最后通过比较今年目标销售额(对应单元格“I7”)与今年预测销售额(对应单元格“H7”)，为公司改善业绩做出决策。

15.2 实验目的

(1)了解和熟悉Dashboard及其相关知识。

(2)掌握Dashboard工具建立水晶易表的方法。

(3)学会用Dashboard进行简单的(What-if)商业分析。

15.3 工具/准备工作

需要一台装有SAP Crystal Dashboard Design 2011版本的Win7系统的计算机。

15.4 实验内容及步骤

本实验将创建一个“交互式假设分析水晶易表”，对一家电脑公司的增长率变化如何影响其不同产品线的收入进行分析；本节的主要目的是学会创建一个“水晶易表”进行简单的(What-if)商业分析。

步骤1　导入Excel模型

此过程允许将“excel电子表格”的副本导入“Dashboard”中，将使用此副本来选择数据。

(1)单击“Dashboard”，点击“blank model”，此时会创建一个空的“Dashboard model”。

(2)打开“Dashboard”页面，在工具栏找到“导入excel文件”图标。

(3)点击“excel图标”，选择需要导入的“excel文件”。本实验的数据文件为“What-if水晶易表数据”。

(4)完成数据的导入。

步骤 2　将数据连接到条形图

(1)在“Dashboard”页面，展开“部件”文件夹，然后展开“目录树”文件夹，再展开“统计图”子文件夹。

(2)将“条形图”拖到“画布”上，如图 15-1 所示。

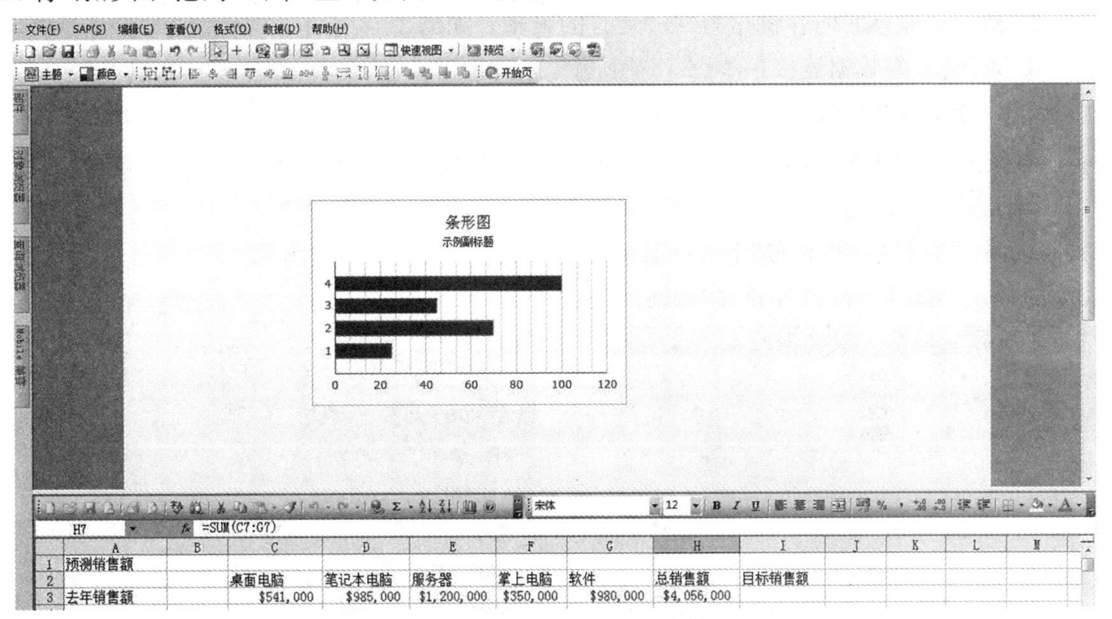

图 15-1　条形图

(3)双击“条形图”，会出现“条形图”属性面板，如图 15-2 所示。

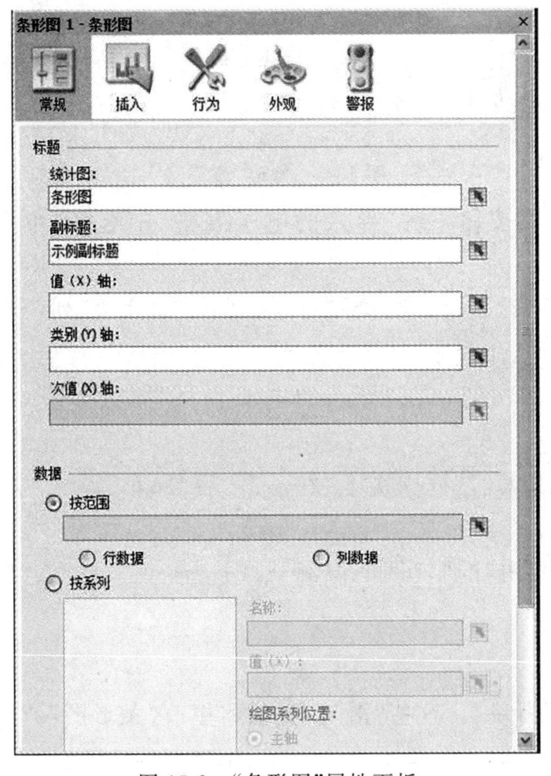

图 15-2　“条形图”属性面板

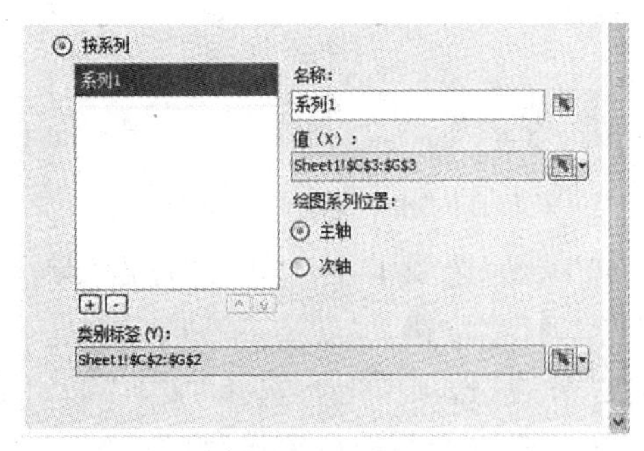

图 15-3　添加数据到“条形图”

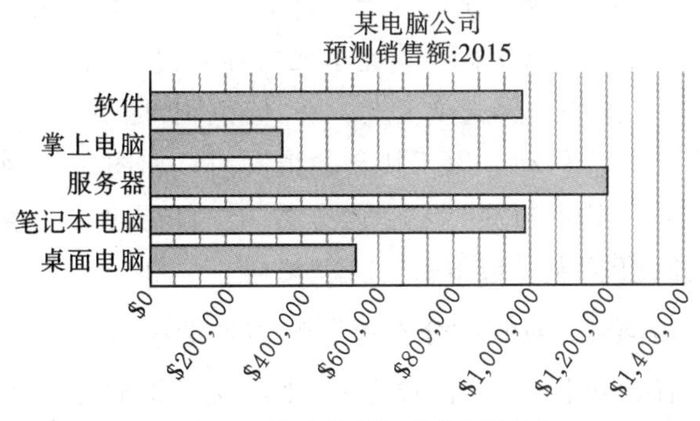

图 15-4　填充数据后的“条形图”

(4)在“常规”选项卡中，修改“标题”和“副标题”，在“统计图标题”框中，键入“某电脑公司”，在

“统计图副标题”框中，键入“预测销售值：2015”。

(5)在“常规”选项卡中，单击“按系列”，然后单击“+”，此时就添加了一个“系列 1”。

(6)点击“值”的单元格选择器连接按钮，在“导入的电子表格”中选择单元格“C3：G3”，单击“确定”。这部分的数值将作为“条形图”的横轴数值。

(7)点击“类别标签”单元格选择器连接按钮，在“导入的电子表格”中选择单元格“C2：G2”，然后单击“确定”按钮；这部分的内容将作为“条形图”的纵轴，如图 15-3 所示。

(8)完成“条形图”的数据连接，如图 15-4 所示。

步骤 3　为“条形图”提供“假设分析”功能

(1)在“Dashboard”页面，展开“部件”文件夹，然后展开“目录树”文件夹，然后展开“单值”子文件夹。

(2)将“水平滑块 1”拖到“画布”上，并且放在“条形图”下面。

(3)双击“水平滑块”部件以打开其“属性”面板，如图 15-5 所示。

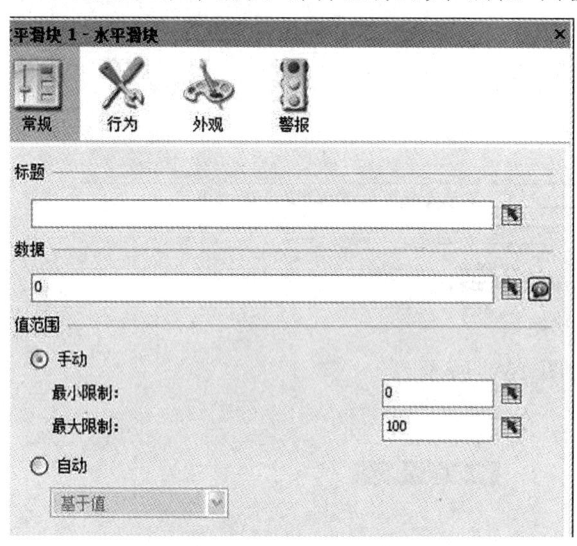

图 15-5　“水平滑块”属性面板

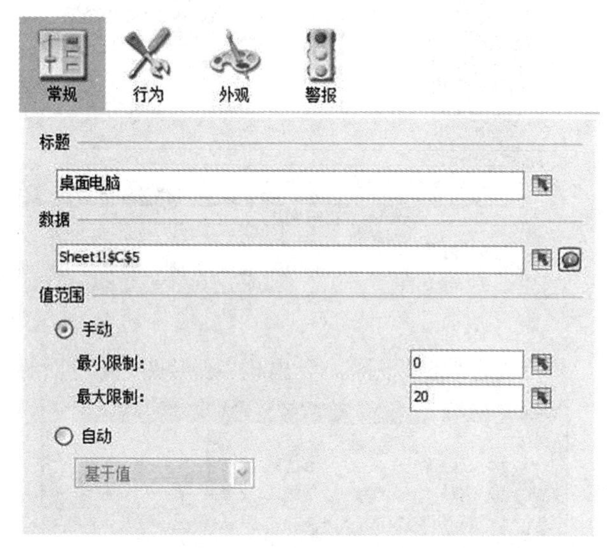

图 15-6　修改“值范围”

(4)在“常规”选项卡上，单击“标题”单元格选择器按钮，在“导入的电子表格”中选择“单元格 C2”，单击“确定”按钮。

(5)在“外观”选项卡上，选择“文本”，如果未选择“标题”，则选择“标题”，并在“位置”列表中选择“左”，从而确定标题的位置在“滑块”的左边。

(6)在“常规”选项卡上，单击“数据”单元格连接器按钮，在“导入的电子表格”中选择“单元格 C5”，然后单击“确定”。此单元格提供滑块的数据。

(7)在“常规”选项卡上，在“值范围”区域中，在“最大值”框中键入“20”，然后“回车”，“滑块”上的指针即会移动，以反映新的最大值，如图 15-6 所示。

(8)单击“预览”。拖动“滑块”上的指针时，“条形图中”的“软件销售额”数据会改变。要再返回到“设计视图”中，请单击“预览”按钮。

步骤 4　向假设分析条形图添加变量

在此过程中，“假设分析”水晶易表添加另外四个“滑块”。这些“滑块”提供将更改“条形图”数据的变量，从而引发不同的假设情况。

(1)选择“滑块部件”，然后在“编辑”菜单上单击“复制”。

(2)单击“粘贴”4 次，一共创建另外四个“滑块部件”。现在应有 5 个堆叠在彼此顶部的“滑块”。

(3)拖动“滑块 1”下的“滑块 2”、“滑块 3”、“滑块 4”和“滑块 5”，直至看到所有 5 个“滑块部件”为止。

(4)双击“滑块 2”以打开其“属性”面板。

(5)在“常规”选项卡上，单击“标题”单元格选择器按钮，在“导入的电子表格”中选择“单元格 D2”，然后单击“确定”。

(6)单击“数据”单元格选择器按钮，在“导入的电子表格”中选择“单元格 D5”，单击“确定”按钮。

(7)为“滑块 3”重复“4.4-6”，但对于“标题”，请选择“单元格 E2”；对于“数据”单元格选择器按钮请选择“E5”。

(8)为“滑块 4”重复“4.4-6”，但对于“标题”，请选择“单元格 F2”；对于“数据”单元格选择器按钮请选择“F5”。

(9)为“滑块 5”重复“4.4-6”，但对于“标题”，请选择“单元格 G2”；对于“数据”单元格选择器按钮请选择“G5”。

现在 5 个“滑块”分别控制着“桌面式机”，“掌上电脑”，“服务器”，“PDA”和“软件的预测销售额”。

(10)在五个“滑块”部件周围拖出一个“框”，将它们全都选中。

(11)在“格式”菜单上，指向“对齐”，然后单击“水平中对齐”。这 5 个“滑块”会水平对齐。

(12)在“格式”菜单上，指向“间距相等”，然后单击“纵向”。这 5 个“滑块”会垂直对齐。

(13)单击“预览”。拖动“滑块”上的指针时，每个“产品线的预测销售额数据”会改变。要再返回到“设计视图”中，请单击“预览”按钮，如图 15-7 所示。

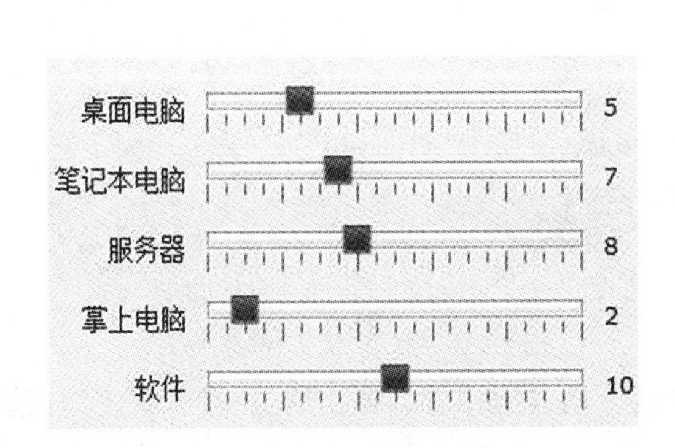

图 15-7 “水平滑块”预览

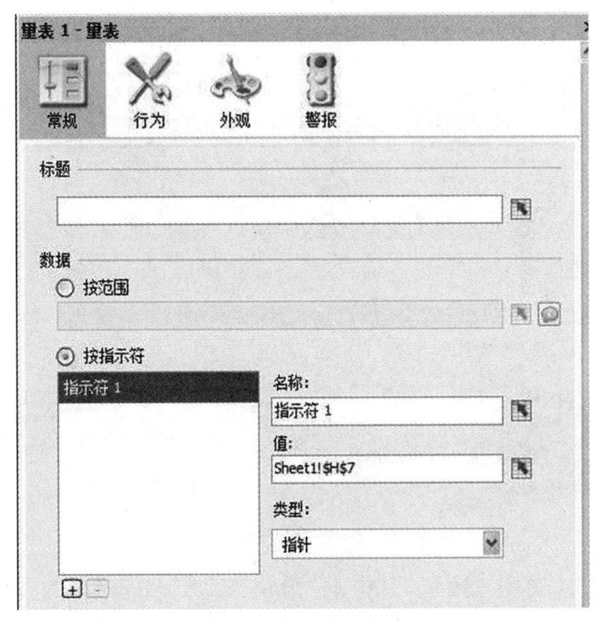

图 15-8 添加数据到“量表”

步骤 5 添加和定制量表

(1)在“Dashboard”面板上，展开“部件”文件夹，然后展开“目录树”文件夹，然后在展开的“目录树”子文件下展开“单值”，然后展开“量表”子文件夹。

(2)将“量表 1”图标拖到“画布”中，然后将它放在右下角。

(3)使用“量表”部件周围的控制手柄增加其大小。

(4)双击“量表”部件以打开其“属性”面板。

(5)在“常规”选项卡上，单击“标题”单元格选择器按钮，在“导入的电子表格”中选择“单元格 A1”，然后单击“确定”。标题“预测销售额”即会出现在画布上的“量表”上方。

(6)单击“数据—按指示符”按钮，然后单击“值”单元格选择器按钮，在“导入的电子表格”中选择“单元格 H7”，然后单击“确定”，现在“量表”链接到“预测销售总额”，如图 15-8 所示。

(7)在“外观”选项卡上的“文本”区域中，如果未选择“标题”，则单击“标题”按钮。

(8)在“标题”区域中，从“位置”列表中选择“中下”。

(9)在“Y 位移”框中，选择“-10”，然后回车。量表标题就会向下移动。

(10)在“值”区域中，在“Y 位移”框中，选择“50”，然后回车。销售总额即显示在量表的中下部。

(11)在“警报”选项卡上，选择“启用警报”，然后选择“占目标百分比”，并在“占目标百分比”单元格选择器按钮链接到“导入的电子表格”单元格“I7”。

(12)在“颜色顺序”区域中，选择“高值为好”。量表的颜色顺序“从绿色到红色”变成了“从红色到绿色”，如图 15-9 所示。

(13)在“常规”选项卡上，单击“值范围”，然后单击“最大限制”单元格按钮，在“导入的电子单元格”中选中“I7”，如图 15-10 所示。

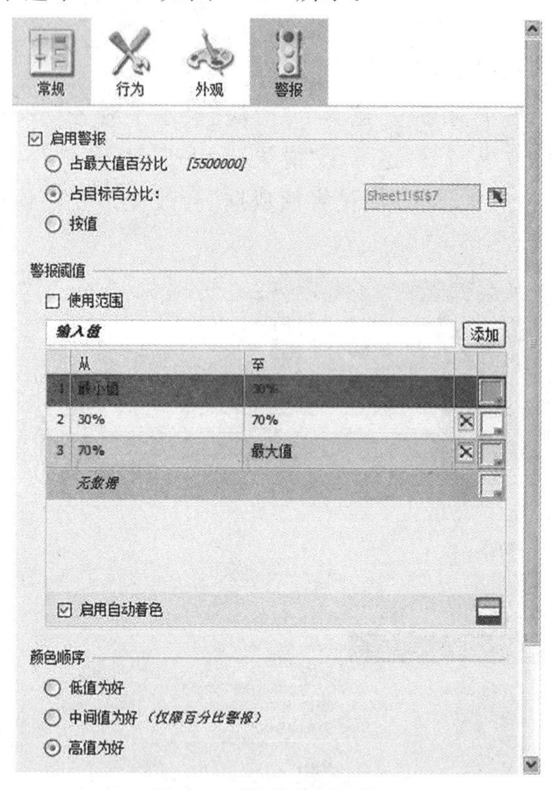

图 15-9　设置“量表”警报

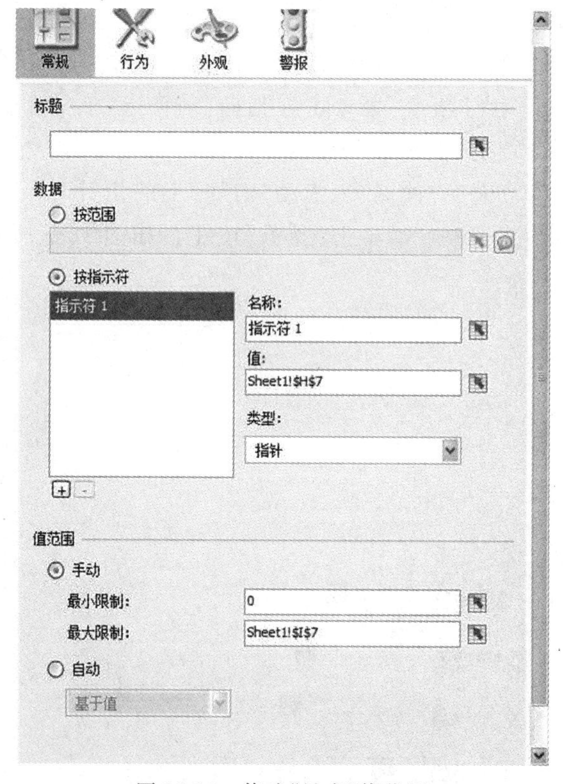

图 15-10　修改“量表”值范围

(14)单击“预览”，拖动“滑块条”、“仪表盘”的指针也会相应地移动。要返回到“设计视图”，请单击“预览”按钮。

步骤 6　添加和定制饼图

(1)在“Dashboard”面板上，展开“部件”文件夹，展开“目录树”文件夹，然后展开“统计图”子文件夹。

(2)将“饼图”图标拖到“画布”上，然后将它放到右上角中。

(3)使用“饼图”部件周围的控制手柄增加其大小。

(4)拖出一个框包围“条形图”和“饼图”，并选中这两个图。

(5)在“格式”菜单上，指向“对齐”，然后单击“垂直中对齐”。

(6)双击“饼图”打开其“属性”面板。

(7)在“常规”选项卡中，修改“标题”和“副标题”，在“统计图标题”框中，键入“某电脑公司”，在“统计图副标题”框中，键入“预测销售值：2015”。

(8)单击“数据值”单元格选择器按钮，在“导入的电子表格”中选择单元格“C7：G7”。

(9)单击“数据标签”单元格选择器按钮，在“导入的电子表格”中选择单元格“C2：G2”，如图 15-11 所示。

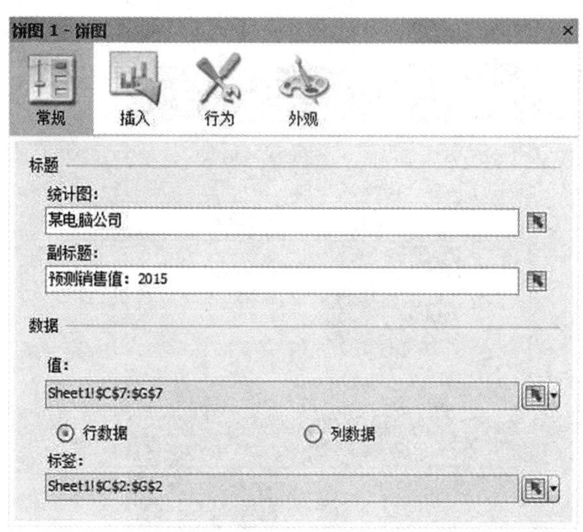

图 15-11　添加数据到“饼图”

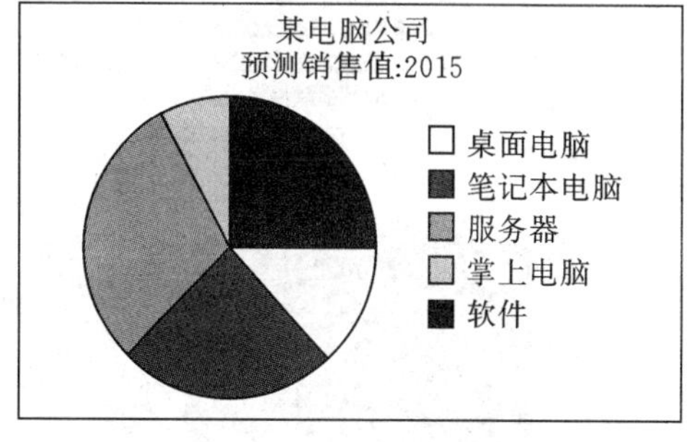

图 15-12　填充数据后的“饼图”

(10)填充数据后的“饼图”，如图 15-12 所示。

(11)在“外观”选项卡中，单击“系列”中的“填充”方框，可以自定义显示颜色，如图 15-13 所示。

(12)单击“预览”，移动“滑块”上的指针时，对数据所做的更改会出现在“饼图”，“条形图”和“量表”中，要返回到“设计视图”，请单击“预览”按钮。

步骤 7　美化并完成水晶易表制作

(1)在“部件”面板上，展开“目录树”文件夹，然后展开“文本文件夹”。

(2)将“标签”图标拖到“画布”上，然后将它置于顶部，覆盖整个“画板”顶部空白部分。

(3)双击“标签”部件以打开其“属性”面板。

(4)在“常规”选项卡上，单击“输入文本”。

(5)在“输入文本”框中，输入“某电脑公司 2015 年预测销售值”。

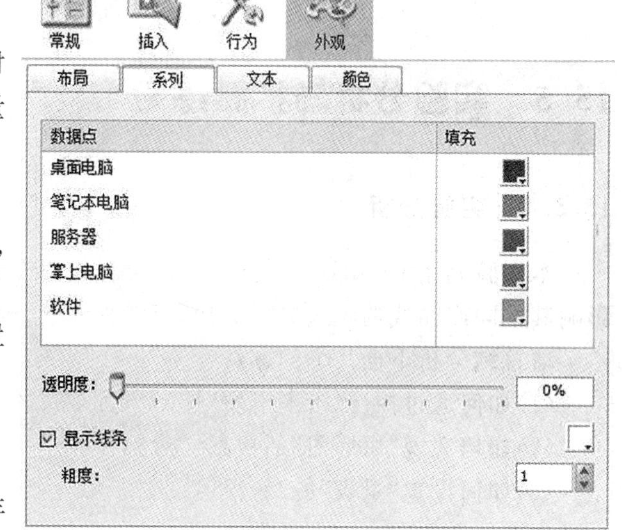

图 15-13　修改“饼图”外观

(6)在“外观”选项卡中，选择“文本”区域，增加字号为“36”，并“居中”。

(7)在“部件”面板上，展开“目录树”文件夹，然后展开“饰图和背景”文件夹。

(8)将“背景 1”全部覆盖住整个标签，右键点击“标签”，选择“置于底部”。这样“背景图”就显示于标签之下。

(9)双击“背景 1”，在“常规”选项卡上，自定义“背景颜色”。

(10)将“标签”图标拖到“水平滑块”下面。

(11)双击“标签”部件以打开其“属性”面板。

(12)在“输入文本”框中，输入“产品线增长率”。

(13)在"外观"选项卡中，选择"文本"区域，增加字号为"20"，并居中。

(14)将"背景 2"全部覆盖住 5 个水平滑块和仪表盘，右键点击"标签"，选择"置于底部"。这样"背景图"就显示于标签之下了。

(15)双击"背景 1"，在"常规"选项卡上，自定义背景颜色。

(16)单击"预览"，会产生一个"swf 文件"，这个文件就是整个案例的水晶易表，要返回到"设计视图"，请单击"预览"按钮，如图 15-14 所示。

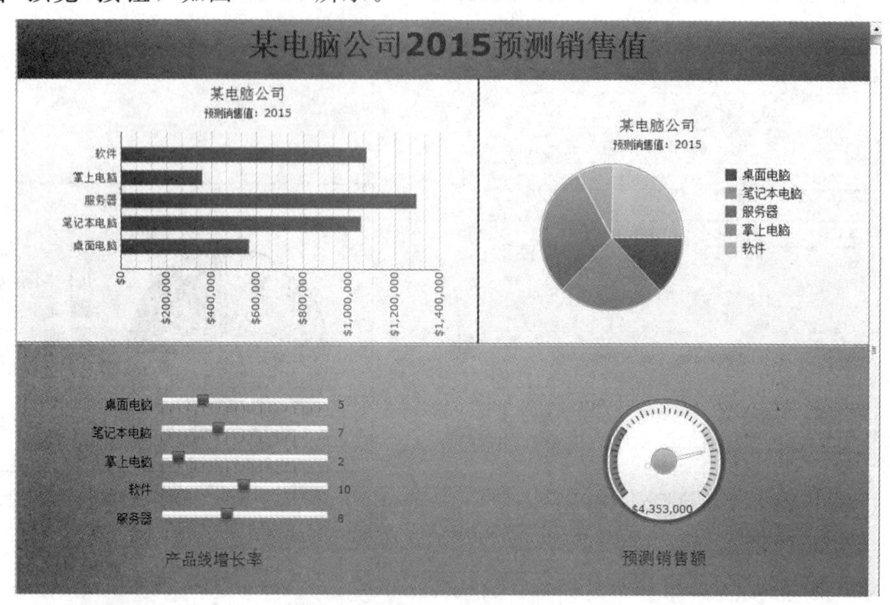

图 15-14 水晶易表预览图

15.5 实验分析与扩展练习

15.5.1 实验分析

本实验利用 Dashboard 创建一个"交互式假设分析水晶易表"，对一家电脑公司的增长率变化如何影响其不同产品线的收入进行分析。目的是学会创建一个"水晶易表"进行简单的(What-if)商业分析。

请总结分析下面几个问题：

(1)如何通过控件"水平滑块"控制"条形图"的数据?

(2)如何实现"饼形图"的数据导入?

(3)如何设置"量表"的"警报值"?

15.5.2 扩展练习

(1)将"条形图"换成其他"统计图"，完成水晶易表"仪表盘"的制作。

(2)实现"饼图"以及"条形图"的向下钻取。

实验 16
“水晶易表”的动态波士顿矩阵制作

16.1 背景知识

波士顿矩阵(BCG Matrix)，又称市场增长率—相对市场份额矩阵、波士顿咨询集团法、四象限分析法、产品系列结构管理法等，由美国著名的管理学家、波士顿咨询公司创始人布鲁斯·亨德森于 1970 年首创。

波士顿矩阵基本原理：将企业所有产品从销售增长率和市场占有率角度进行再组合。在坐标图上，以纵轴表示企业销售增长率，横轴表示市场占有率，各以 10%和 20%作为区分高、低的中点，将坐标图划分为四个象限。本实验的纵轴表示“销售额”，并以“60”作为区分高、低的中点；横轴表示“毛利率”，并以“0.35”作为区分高、低的中点。

本实验数据以“波士顿矩阵 .excel”文件为例，其中“excel 数据文件”会用到一个纵向查找函数——“VLOOKUP”函数，对应的 Excel 单元格为“H3：K6”，目的是动态地按年份选择对应的数据；该函数的语法为 VLOOKUP(lookup _ value，table _ array，col _ index _ num，range _ lookup)，其中各个参数的含义为：

- Lookup _ value 为需要在数据表第一列中进行查找的数值。Lookup _ value 可以为数值、引用或文本字符串。
- Table _ array 为需要在其中查找数据的数据表。提供对区域或区域名称的引用。
- col _ index _ num 为 table _ array 中待返回的匹配值的列序号。col _ index _ num 为 1 时，返回 table _ array 第一列的数值；col _ index _ num 为 2 时，返回 table _ array 第二列的数值；以此类推。如果 col _ index _ num 小于 1，函数 VLOOKUP 返回错误值＃VALUE!；如果 col _ index _ num 大于 table _ array 的列数，函数 VLOOKUP 返回错误值＃REF!。
- Range _ lookup 为一逻辑值，指明函数 VLOOKUP 查找时是精确匹配，还是近似匹配。如果为 false 或 0，则返回精确匹配，如果找不到，则返回错误值＃N/A。如果 range _ lookup 为 TRUE 或 1，函数 VLOOKUP 将查找近似匹配值，也就是说，如果找不到精确匹配值，则返回小于 lookup _ value 的最大数值。

对于单元格“G3：G6”，对应的值为“＄B＄1&C3：＄B＄1&C6”，目的是通过 Dashboard 控件“播放器”更改单元格“B1”的值，从而更改单元格“＄B＄1&C3：＄B＄1&C6”的值，进而通过“VLOOKUP”函数更改单元格“H3：K6”的值。

16.2 实验目的

(1)继续了解和熟悉 Dashboard 及其相关知识。

(2)进一步掌握 Dashboard 工具建立水晶易表的方法。

(3)学会用 Dashboard 做一个“动态波士顿矩阵”。

16.3 工具/准备工作

需要一台装有 SAP Crystal Dashboard Design 2011 版本的 Win7 系统的计算机。

16.4 实验内容及步骤

本实验将用 Dashboard 创建一个“动态波士顿矩阵”；本节的主要目的是学会创建一个“动态波士顿矩阵”，进一步掌握 Dashboard 软件部件的使用。

步骤 1 导入“Excel 模型”

此过程允许将“excel 电子表格”的副本导入“Dashboard”中，将使用此副本来选择数据。

(1)单击“Dashboard”，点击“blank model”，此时会创建一个空的“Dashboard model”。

(2)打开“Dashboard”页面，在工具栏找到“导入 excel 文件”图标。

(3)点击“excel 图标”，选择需要导入的“动态波士顿矩阵 . excel”文件，完成数据的导入。

步骤 2 将数据连接到“XY 散点图”

(1)在“Dashboard”页面，展开“部件”文件夹，然后展开“目录树”文件夹，再展开“统计图”子文件夹，将“XY 散点图”拖到“画布”上，如图 16-1 所示。

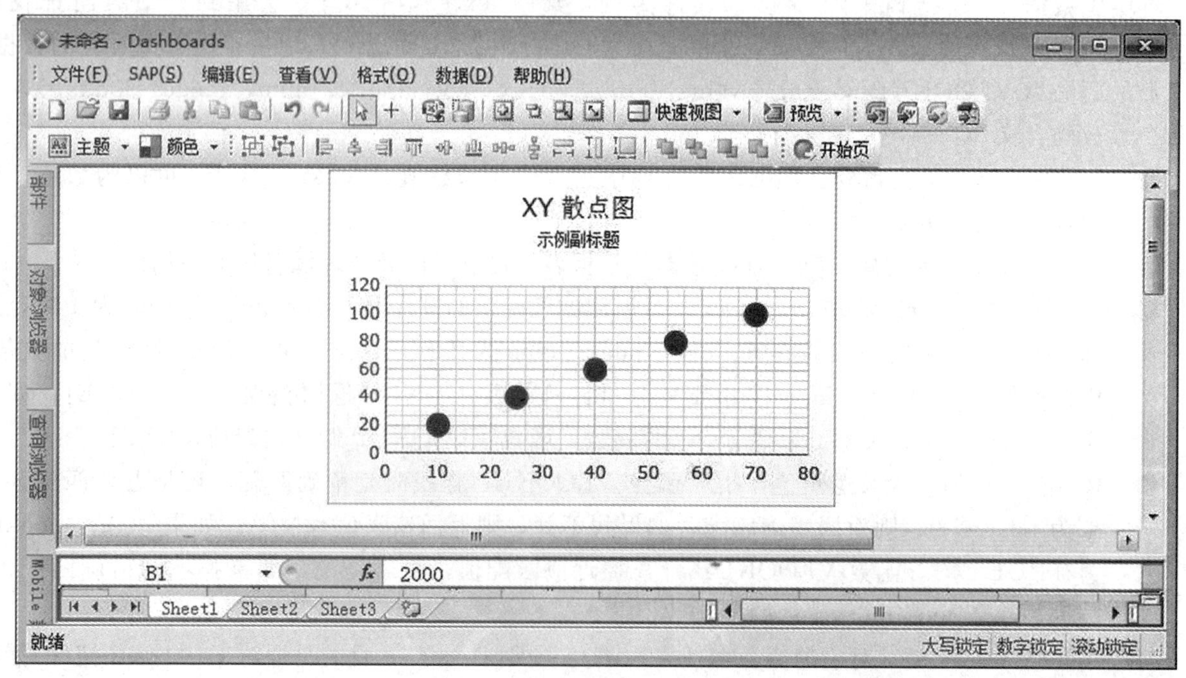

图 16-1 XY 散点图

(2)双击“XY 散点图”，会出现“XY 散点图”属性面板，如图 16-2 所示。

(3)在“常规”选项卡中，修改“标题”和“副标题”，在“统计图标题”框中和“统计图副标题”框中，均不输入内容。

(4)在“常规”选项卡中，单击“按系列”，然后单击“+”，此时就添加了一个“系列 1”，并且“序列 1”的名称对应的单元格为“I3”，此例的值为“aa”。依次添加“序列 2，3，4”；添加的 3 个序列名称依次对应的单元格为“I4，I5，I6”，具体的值为“bb，cc，dd”。

(5)对于序列“aa”：点击“值 X”的单元格选择器连接按钮，在导入的电子表格中选择单元格 J3，单击“确定”。这部分的数值为序列“aa”横坐标的一个值。点击“值 Y”的单元格选择器连接按钮，在导入的电子表格中选择单元格 K3，单击“确定”。这部分的数值将为序列“aa”纵坐标的一个值。

(6)对于序列“bb”：“值 X”对应的电子表格中单元格为 J4，“值 Y”对应的电子表格中单元格为 K4。

对于序列“cc”：“值 X”对应的电子表格中单元格为 J5，“值 Y”对应的电子表格中单元格为 K5。

对于序列“dd”：“值 X”对应的电子表格中单元格为 J6，“值 Y”对应的电子表格中单元格为 K6，如图 16-3 所示。

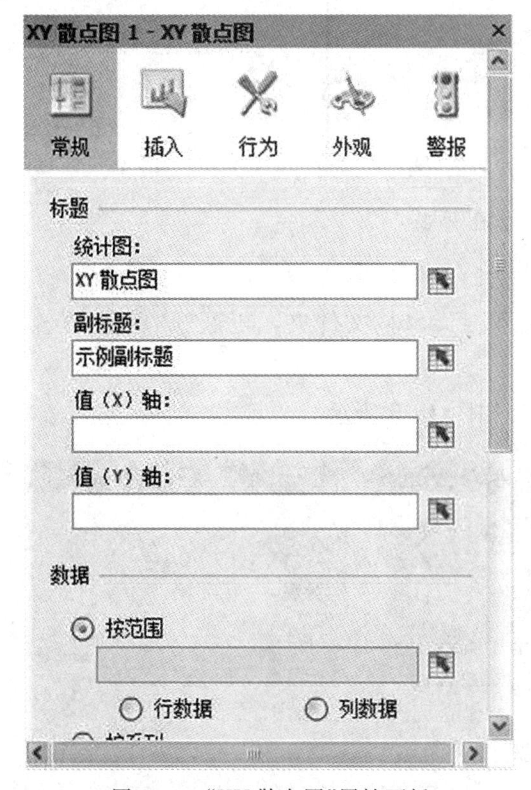

图 16-2 “XY 散点图”属性面板

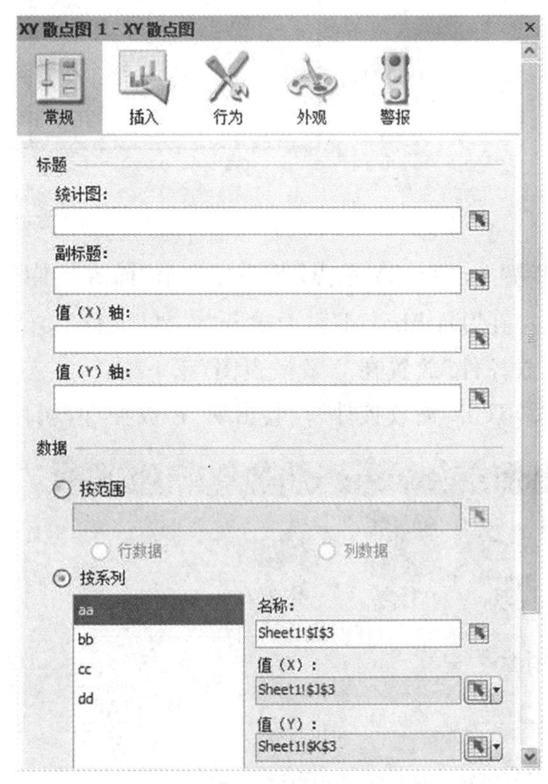

图 16-3 添加数据到序列

步骤 3 修改“XY 散点图”外观

(1)在“XY 散点图”属性面板的外观“选项卡”下的“布局”中，在“统计图”区域，不勾选“显示统计图背景”。

在“绘图”区域，勾选“显示边框”，并且边框粗度调为“2”，并将颜色设置为黑色。

在“底部”区域，勾选“启用图例”以及“允许运行时隐藏/显示统计图序列”。

(2)在“XY 散点图”属性面板的外观“选项卡”下的“轴”中，在“启用垂直轴”区域，将粗度调为“2”，并将颜色设置为黑色。

在“垂直网格线”区域，不勾选“显示主网格线”以及“显示次网格线”。

在“启用水平轴”区域，将粗度调为“2”，并将颜色设置为黑色。

在“水平网格线”区域，不勾选“显示主网格线”以及“显示次网格线”。

(3)在“XY 散点图”属性面板的外观“选项卡”下的“文本”中，不勾选“统计图标题”、“副标题”、“水平(值)轴标题”以及“垂直(值)轴标题”。

(4)在“Dashboard”页面，展开“部件”文件夹，然后展开“目录树”文件夹，再展开“饰图与背景”子文件夹，将“水平线”和“垂直线”拖到“XY 散点图”中间区域，如图 16-4 所示。

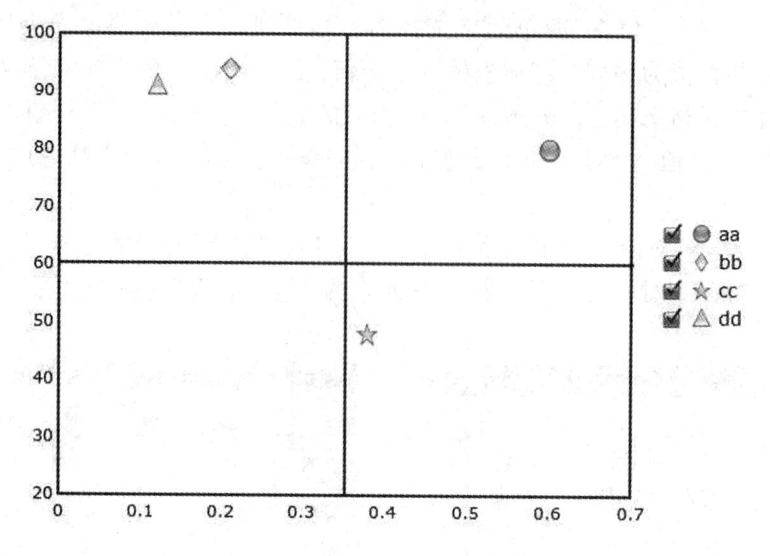

图 16-4 修改“XY 散点图”外观

步骤 4 为“XY 散点图”添加一个“播放控件”

(1)在“Dashboard”页面展开“部件”文件夹，然后展开“目录树”文件夹，再展开“单值”子文件夹，将“播放控件”放置在“XY 散点图”正下方。

(2)双击“播放控件”，会出现“播放控件”属性面板，如图 16-5 所示。

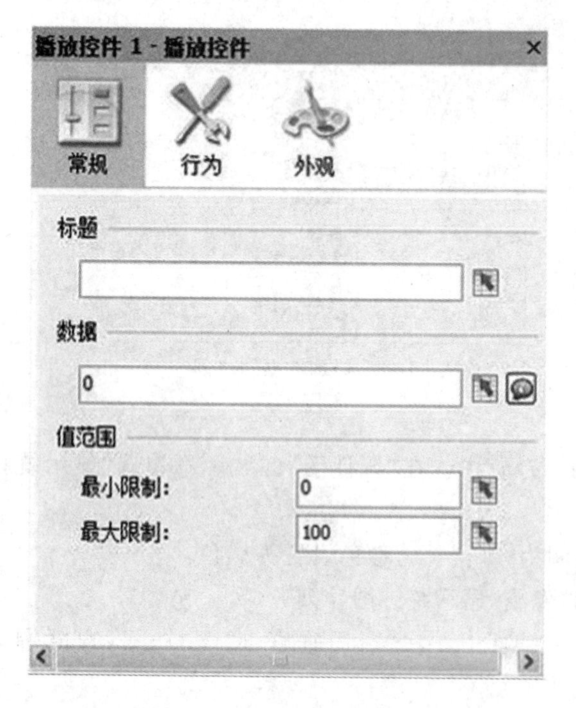

图 16-5 “播放控件”属性面板

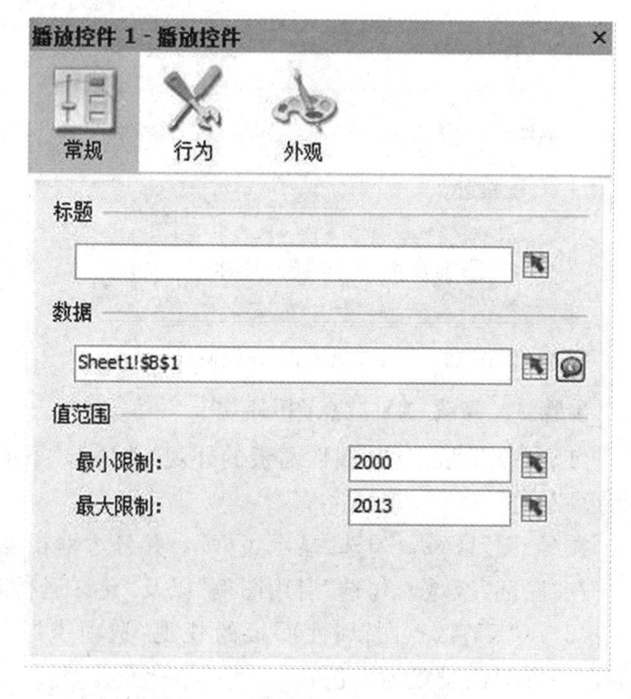

图 16-6 修改“播放控件”值范围

(3)在“常规”选项卡中，点击“数据”的单元格选择器连接按钮，在导入的电子表格中选择单元格“B1”。

在“值范围”区域，在“最小限制”方框输入值“2000”，在“最大限制”方框输入值“2013”，如图 16-6 所示。

(4)在“外观”选项卡下的“文本”中，不勾选“标题”的显示以及“值”的显示。

(5)在“Dashboard”页面，展开“部件”文件夹，然后展开“目录树”文件夹，再展开“其他”子文件夹，拖 3 个“标签”到“播放器”控件下方。

(6)双击“标签”，会出现“标签”属性面板，如图 16-7 所示。

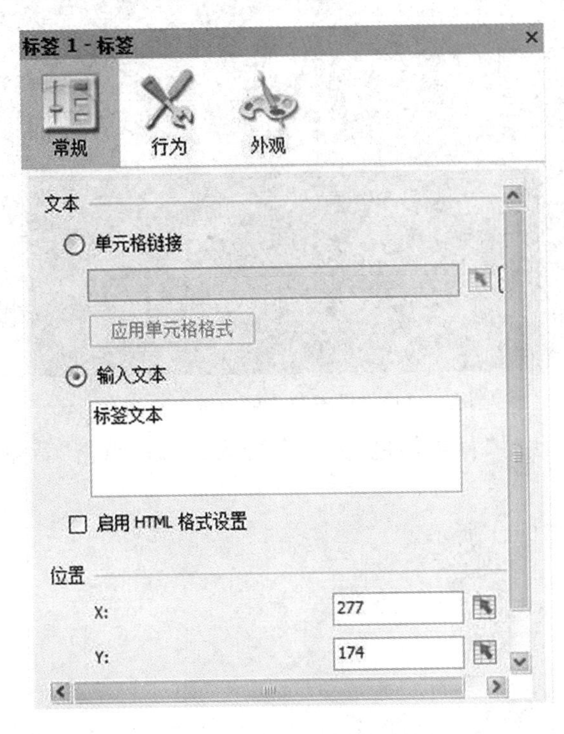

图 16-7 “标签”属性面板

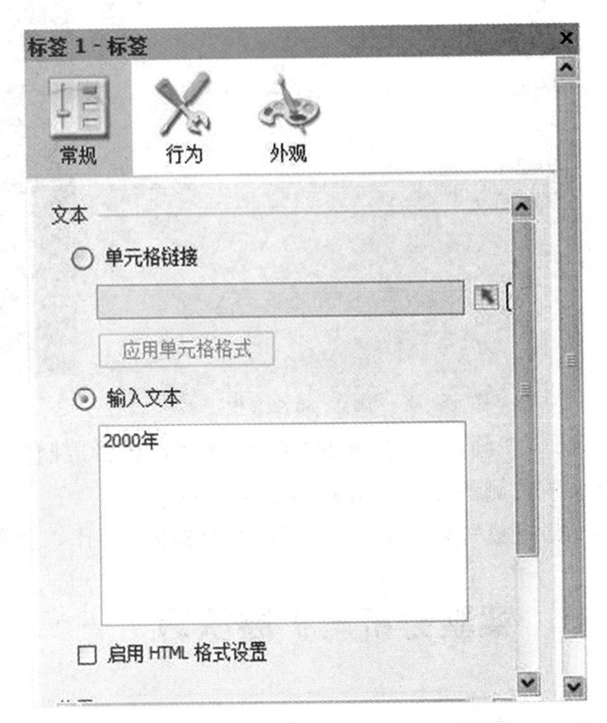

图 16-8 输入文本

(7)对于“标签 1”，在“输入文本”区域输入文本“2000 年”，如图 16-8 所示。

(8)依次在“标签 2”以及“标签 3”的“输入文本”区域，输入文本“2006 年”以及“2013 年”。

步骤 5 美化并完成“动态波士顿矩阵”制作

(1)在“Dashboard”页面，展开“部件”文件夹，然后展开“目录树”文件夹，再展开“饰图与背景”文件夹，将“背景”拖到“XY 散点图”正上方。

(2)双击“背景”，会出现“背景”属性面板，如图 16-9 所示。

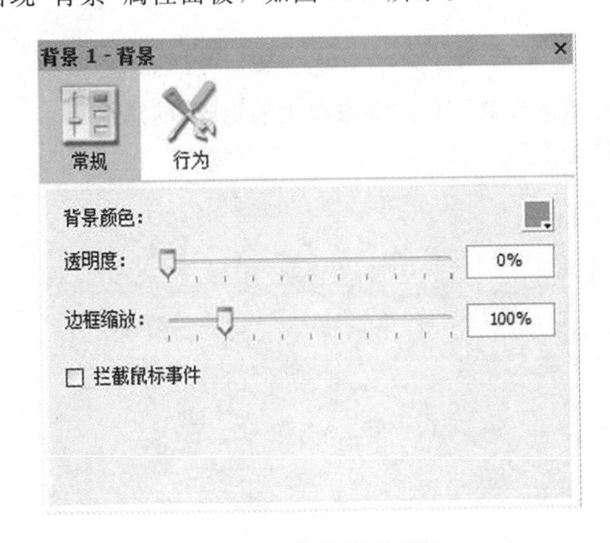

图 16-9 “背景”属性面板

(3)在“背景”属性面板的“背景颜色”区域，点击水平右侧的“颜色”方框自定义颜色。

(4)双击“XY 散点图”所在“画布”的空白区域，会出现“画布”属性面板，如图 16-10 所示。

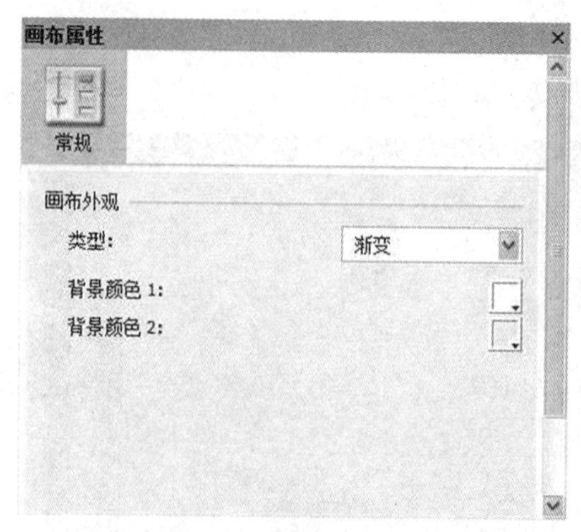

图 16-10 “画布”属性面板

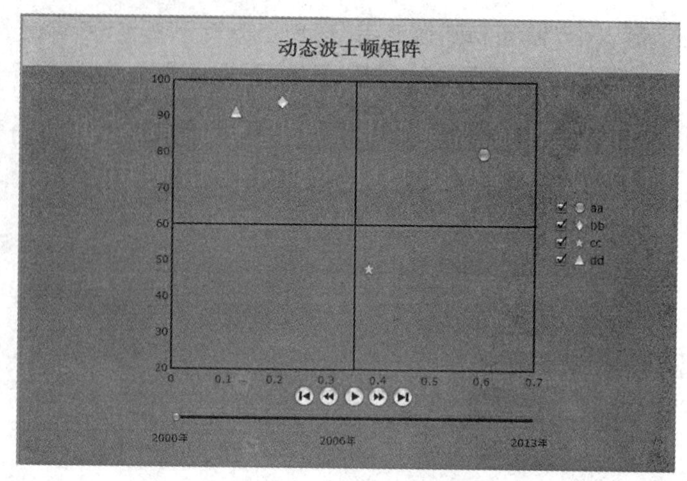

图 16-11 “动态波士顿矩阵”

(5)在“画布外观”下的“类型”选项，选择“纯色”，此时“背景颜色”由 2 个变为 1 个；点击“背景颜色”水平右侧的“颜色”方框自定义颜色。

(6)完成“Dashboard 动态波士顿矩阵”制作，如图 16-11 所示。

16.5 实验分析与扩展练习

16.5.1 实验分析

本实验用 Dashboard 创建了一个“动态波士顿矩阵”，主要目的是学会如何创建一个“动态波士顿矩阵”，进一步掌握 Dashboard 软件部件的使用。

请总结分析下面几个问题：

(1)如何实现“XY 散点图”的数据导入？

(2)本实验更改了“XY 散点图”的哪些外观？

(3)“播放控件”如何通过“VLOOKUP”函数实现数据的动态变化？

16.5.2 扩展练习

(1)用另外一种控件“播放选择器”完成“动态波士顿矩阵”的制作。

(2)试着做一个“平衡计分卡”。

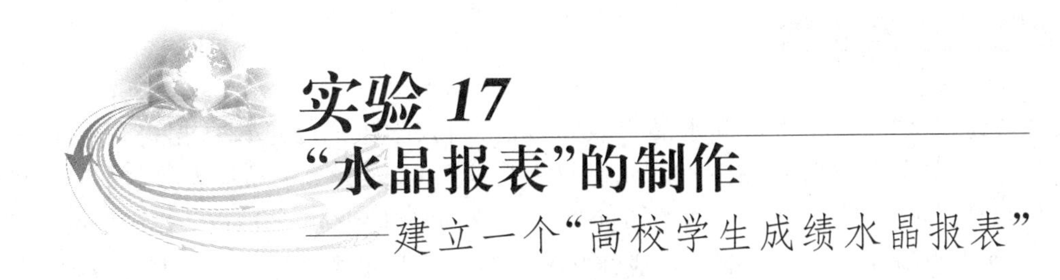

实验 17
“水晶报表”的制作
——建立一个“高校学生成绩水晶报表”

17.1 背景知识

SAP Crystal Reports——被广泛验证过的世界级标准的解决方案——让您根据关系型数据库、OLAP、XML 或者其他自定义的数据源设计出灵活的、丰富的报表。SAP Crystal Reports 提供了 100 多个格式化选项，让您可以完全控制数据的访问和表现形式。最终用户可以在报表中进行钻取，对信息进行排序和过滤，打印报表，甚至修改报表以获得所需的信息。也可以将报表导出为 PDF、Excel 和 Word 等格式。

SAP Crystal Reports 2013 较旧版本新增了以下功能：

- 移动功能：借助一款移动应用，随时随地在任意设备上访问数据。
  移动解决方案能够支持员工在外出途中即时访问重要的决策信息，这对于现代企业而言至关重要。SAP Crystal Reports 2013 优化了移动商务特性，操作更灵活更简单，不再依赖 IT 部。
- 仪表盘功能：借助强大的仪表盘功能，随时随地访问可靠数据。
  借助交互式仪表盘，您的信息将变得易于理解和操作。SAP Crystal Reports 2013 提供了增强功能，可提高仪表盘的可访问性，让仪表盘更易理解，而且更具吸引力。
- 管理和部署功能：快速启动。
  SAP Crystal Reports 2013 支持您轻松、快速、正确地完成设置工作，将更多时间用于访问和处理数据，从而做出更明智的业务决策。借助 SAP Crystal Reports 2013，可以在更短时间内，从数据中获取更多价值。

17.2 实验目的

(1)了解和熟悉 SAP Crystal Reports 及其相关知识。

(2)掌握 SAP Crystal Reports 工具建立水晶报表的方法。

(3)学会运用 SAP Crystal Reports 建立一个“高校学生成绩水晶报表”。

17.3 工具/准备工作

(1)需要一台装有 SAP Crystal Reports 2013 版本的 Win7 系统的计算机。

(2)需安装 Microsoft SQL Server 2008 以及组件 Management Studio。

(3)需建立一个 Microsoft SQL Server “test”数据库，以及在“test”子目录下建立一个“student”表和一个“age”表。

17.4 实验内容及步骤

本实验将创建一个“高校学生成绩水晶报表”，对某高校学生成绩进行数据呈现；本实验的数据来自文件中名为“水晶报表数据 1. excel”和“水晶报表数据 2. excel”。“水晶报表数据 1. excel”的数据为“test”数据库中表“student”的数据，包含有 5 个变量，分别是学号“snumber”，姓名“sname”，平时分“Grade _ ps”，期末成绩“Grade _ end”，总成绩“Grade”；“水晶报表数据 2. excel”的数据为“test”数据库中表“age”的数据，包含有 2 个变量，分别是学号“snumber”，年龄“age”。本节的主要目的是学会创建一个“水晶报表”，并通过建立一个“子报表”实现“报表的向下深化”。

17.4.1 内容一：向“Microsoft SQL Server 数据库”中导入 Excel 文件

步骤 1 新建一个“test”数据库

连接成功 Microsoft SQL Server 服务器后，用鼠标右键点击服务器“Localhost”目录下的“数据库”子目录，选择“新建数据库”，数据库名称为“test”，然后点击“确定”。

步骤 2 向“test”数据库中导入 Excel 文件

(1)用鼠标右键点击数据库“test”根目录，选择“任务”，然后在“任务”子目录中选择“导入数据”，此时会出现 SQL Server 导入和导出向导；选择“下一步”按钮，在数据源中选择 Microsoft Excel，如图 17-1 所示。

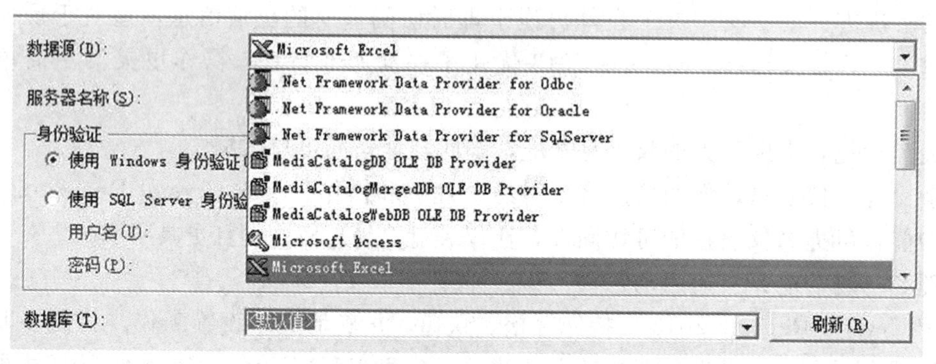

图 17-1 导入“Excel 文件”

(2)在“Excel 文件路径”中选择文件“水晶报表数据 1. excel”，然后点击“下一步”；在“选择目标”窗口下的数据库选择“test”，点击“下一步”按钮，如图 17-2 所示。

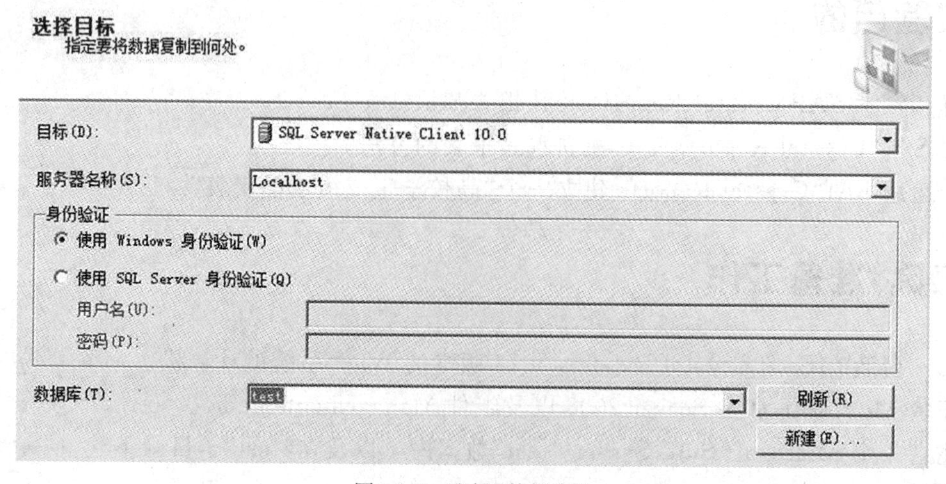

图 17-2 选择“数据库”

(3)在“制定表复制或查询”窗口中选择“复制一个或多个表或视图的数据”，点击“下一步”按钮；在选择“源表和源始图”窗口中，选择源“Sheet1 $”，并将目标名称改为“[dbo]. [student]”，如图 17-3 所示。

☑ 源	目标
☑ `Sheet1$`	[dbo].[student]
☐ `Sheet2$`	
☐ `Sheet3$`	

图 17-3 重命名“源表”

(4)点击“编辑映射”，改变字段“sname”、“Grade _ ps”、“Grade _ end”、“Grade”的类型、大小、精度以及小数位数。字段是否为 NULL 可以自定义选择(本例均不允许为空)，点击“确定”按钮完成“映射编辑”，点击“下一步”按钮，如图 17-4 所示。

源	目标	类型	可以为 ...	大小	精度	小数...
snumber	snumber	float	☐			
sname	sname	nvarchar	☐	20		
Grade_ps	Grade_ps	numeric	☐		4	2
Grade_end	Grade_end	numeric	☐		4	2
Grade	Grade	numeric	☐		4	2

图 17-4 设置“字段”属性

(5)然后点击“下一步”按钮，直至点击“完成”按钮，如图 17-5 所示。

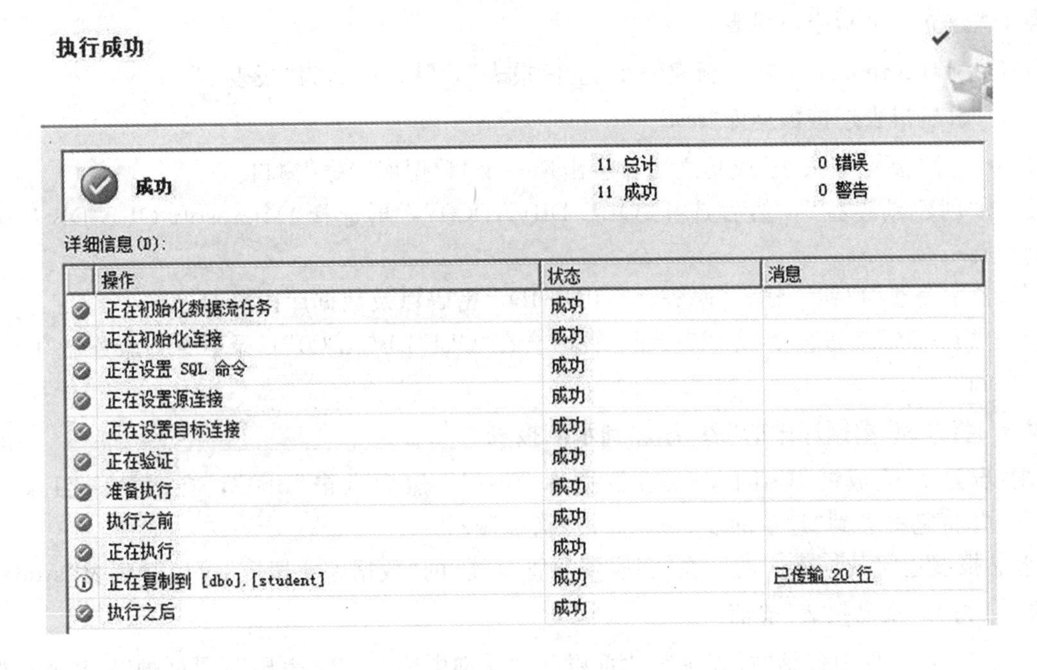

图 17-5 数据导入成功

(6)Excel 数据导入数据库成功；用鼠标右键点击数据库“test”，然后刷新数据库，即可在“SQL Server Management Studio”中的数据库“test”表“dbo. student”查看数据导入情况，如图 17-6 所示。

	snumber	sname	Grade_ps	Grade_end	Grade
▶	201301	张伟	95.00	97.00	96.20
	201302	王伟	80.00	85.00	83.00
	201303	王芳	85.00	85.00	85.00
	201304	李娜	80.00	90.00	86.00
	201305	刘伟	75.00	80.00	78.00
	201306	李静	70.00	70.00	70.00
	201307	张丽	70.00	65.00	67.00
	201308	王静	80.00	84.00	82.40
	201309	王丽	90.00	92.00	91.20
	201310	李强	95.00	96.00	95.60
	201311	王敏	90.00	91.00	90.60
	201312	王磊	50.00	59.00	55.40
	201313	王勇	45.00	50.00	48.00
	201314	王艳	60.00	58.00	58.80
	201315	张磊	65.00	60.00	62.00
	201316	黄东	70.00	66.00	67.60
	201317	刘东	80.00	75.00	77.00
	201318	刘洋	80.00	79.00	79.40
	201319	张明	85.00	84.00	84.40
	201320	张敏	80.00	79.00	79.40
*	NULL	NULL	NULL	NULL	NULL

图 17-6 浏览数据

17.4.2 内容二：建立一个水晶报表

步骤 1 建立一个新空白报表

点击“Crystal Reports”图标，新建一个“空白报表”，默认命名为“报表 1”。

步骤 2 水晶报表连接数据库“test”

(1)建立一个“新空白报表”成功之后，会出现一个“数据库专家”窗口。

(2)选择“创建新连接”，然后选择“OLE DB(ADO)”，再选择“Microsoft OLE DB Provider for SQL Server”。

(3)点击“下一步”按钮，输入“服务器，用户 ID，密码以及数据库内容”。

(4)点击“下一步”按钮直至“完成”按钮。此时会在“OLE DB(ADO)”目录下看到服务器“Localhost”以及数据库“test”。

步骤 3 将“test”数据库中的“表”添加到水晶报表

(1)在“步骤 2”完成的基础上，点击数据库“test”，然后点击“dbo”，在表的子目录下找到表“student”，并将它移动到“选定的表”中，点击“确定”按钮。

(2)水晶报表连接数据库成功，在“字段资源管理器”的“数据库字段”就可以看到表“student”。

步骤 4 打开“水晶报表”界面

“水晶报表”基本界面包括“报表头”、“页眉”、“详细资料”、“报表尾”、“页脚”。5 个空白部分对应着各个节的编辑区域。

步骤 5 编辑节“报表头”

(1)在“水晶报表”工具栏中选择“插入文本对象”快捷键“Aa”。

(2)将出现的“十字标志”移动到“报表头”空白编辑区域。

(3)在文本框中输入“某高校学生成绩表”。

步骤 6 编辑节“页眉”

(1)在“页眉”空白区域，点击鼠标右键选择“节专家”，如图 17-7 所示。

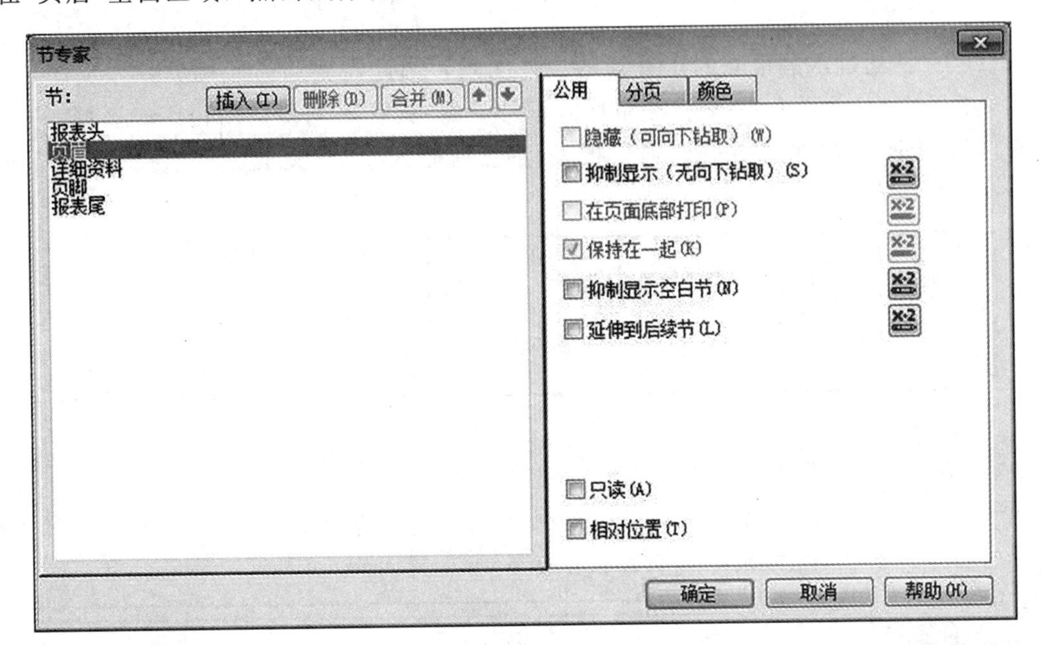

图 17-7 节专家

- 用鼠标选中“页眉”，点击“插入”，此时会插入一个“页眉 b”，如图 17-8 所示。

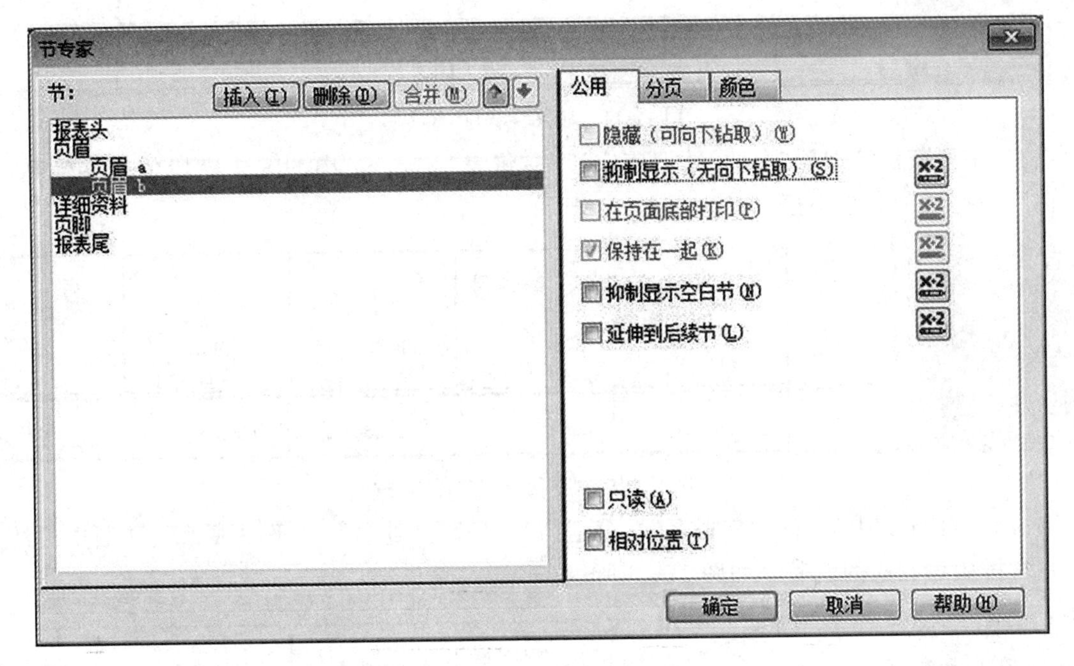

图 17-8 插入“页眉”

- 点击“确定”按钮，完成对“页眉”的插入。

(2)对“页眉 a”进行编辑。

在“页眉 a”对应的空白编辑区域插入 6 个“文本对象”以及 3 条“直线”，输入相关内容，并对排版做相应调整，如图 17-9 所示。

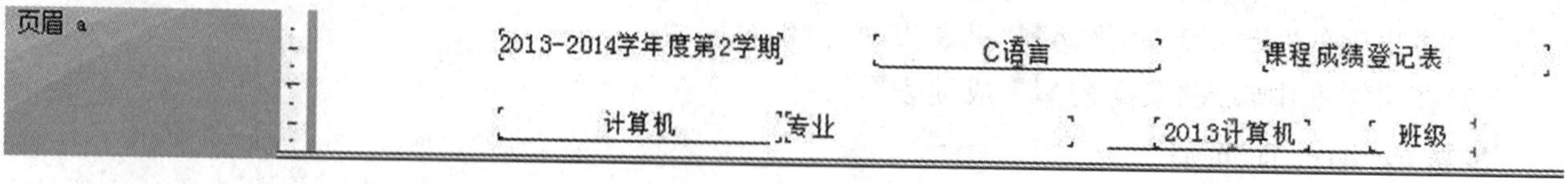

页眉 a
2013-2014学年度第2学期
C语言
课程成绩登记表
计算机
专业
2013计算机
班级

图 17-9　页眉 a

(3)对“页眉 b”进行编辑。

因为“斜线”无法通过水晶报表的工具箱的控件实现，因此需要通过绘图软件做成图片后填充该区域：在工具栏选择“插入图片”；将产生的图片框移动到“页眉 b”对应的空白编辑区域，并将图片紧贴空白编辑区域的下标线(为了更好地美化报表)。然后插入 4 个“文本对象”到图片中，如图 17-10 所示。

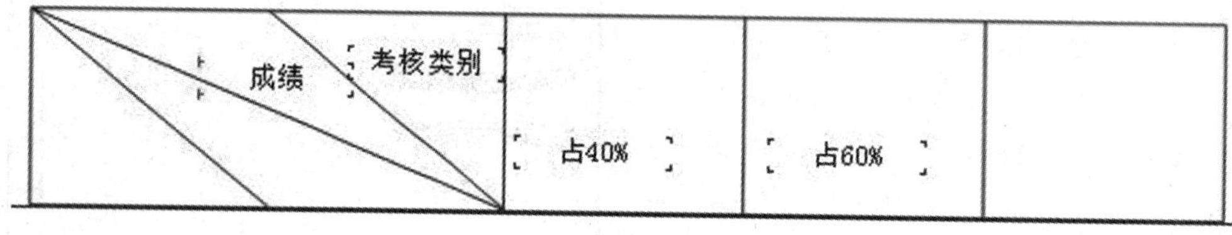

图 17-10　页眉 b

步骤 7　编辑节“详细资料”

(1)首先插入一个“框”，然后插入 4 条“直线”，将框分成 5 部分，并且与“步骤 6”中插入“页眉 b”的“图片”相对应，如图 17-11 所示。

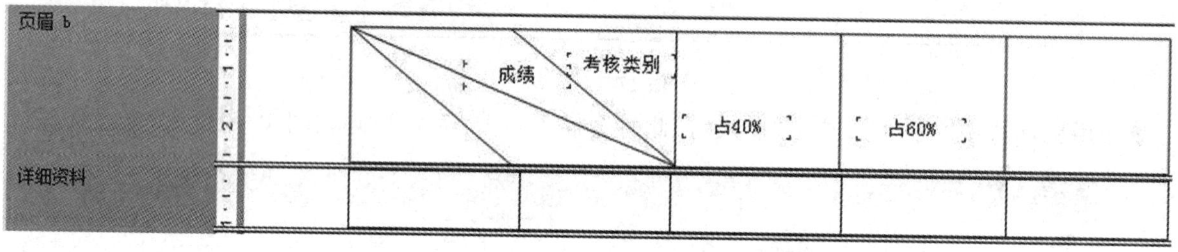

页眉 b
成绩
考核类别
占40%
占60%
详细资料

图 17-11　插入“框”与“直线”

(2)点开“字段资源管理器”中的“数据库字段”，将表“student”中的 5 个字段依次移动到节“详细资料”空白编辑区域的 5 个小框中，如图 17-12 所示。

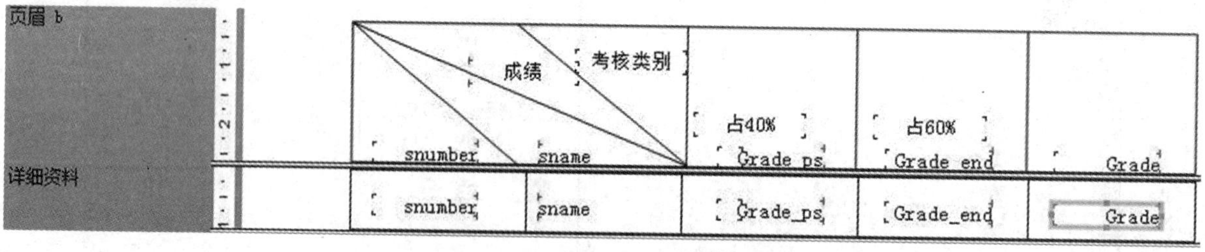

页眉 b
成绩
考核类别
占40%
占60%
snumber
sname
Grade_ps
Grade_end
Grade
详细资料
snumber
sname
Grade_ps
Grade_end
Grade

图 17-12　移动“字段”到节“详细资料”

(3)重命名“页眉 b”中的五个“字段名”，分别为“学号”、“姓名”、“平时成绩”、“期末成绩”、“总成绩”；并对排版做相应的调整，如图 17-13 所示。

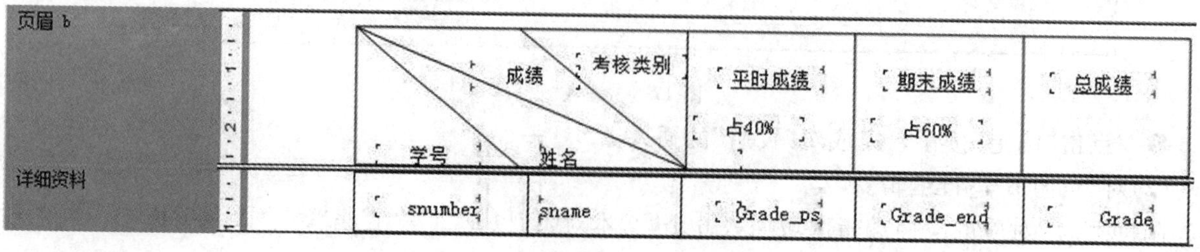

页眉 b
成绩
考核类别
平时成绩
期末成绩
总成绩
占40%
占60%
学号
姓名
详细资料
snumber
sname
Grade_ps
Grade_end
Grade

图 17-13　“页眉 b”与“详细资料”

步骤 8 编辑节“报表尾”

(1)右键点击“详细资料”中的字段“snumber”，选择“插入—汇总”，如图 17-14 所示。

图 17-14 插入—汇总　　　　图 17-15 公式编辑器

(2)将“计算此汇总”下的“和”改为“计数”，然后点击“确定”按钮；此时，“报表尾”会出现一个“student _ number 的计数”框。

(3)右键点击“字段资源管理器”目录下的“公式字段”，新建一个“平均分”公式字段，点击“确定”按钮。

(4)此时，会出现一个公式编辑器窗口，在“函数”子目录中找到“汇总”，在“汇总”子目录中双击选择“Average(fld)”，然后选择“Localhost”目录下的表“student”中的字段“Grade”，并放在“Average()”的括号中，点击“保存并关闭”完成“平均分”公式的建立，如图 17-15 所示。

(5)依次建立公式字段“方差”、“最低分”、“最高分”。

(6)在“报表尾”空白编辑区域插入一个“方框”，并插入 9 条“竖直线”，一条“横直线”，将“方框”分为 18 个部分，并用“字段”和“文本对象”填满“方框”，如图 17-16 所示。第二行的第 1 列以及 7、8、9、10 列都是“字段”，其余的均为“文本对象”。

人数	优秀 [90-100]	良好 [80-90]	中等 [70-80]	及格 [60-69]	不及格 <60	方差	最低分	最高分	平均分
er的计数	4	5	5	3	3	@方差	@最低分	@最高分	@平均分

图 17-16 编辑“报表尾”

(7)在“方框”正上方插入一个“文本对象”，并且输入文本“期末成绩统计”；在“方框”右下角插入一个“文本对象”，输入文本“教研室主任签章”；在“字段资源管理器”目录下的“特殊字段”选择“打印日期”，并将其拖到“教研室主任签章”水平右侧，如图 17-17 所示。

期末成绩统计

人数	优秀 [90-100]	良好 [80-90]	中等 [70-80]	及格 [60-69]	不及格 <60	方差	最低分	最高分	平均分
er的计数	4	5	5	3	3	@方差	@最低分	@最高分	@平均分

教研室主任签章　打印日期

图 17-17 报表尾

步骤 9　一个“水晶报表”初步设计完成(图 17-18)

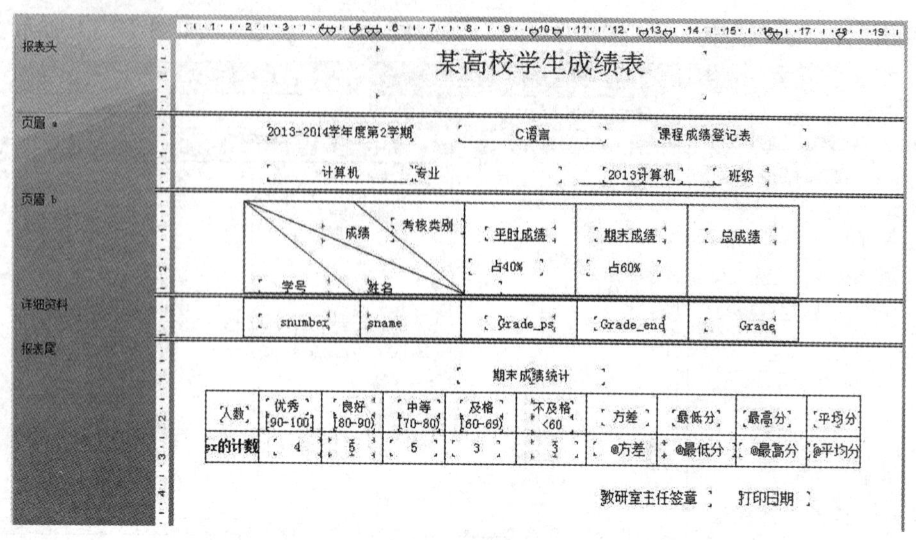

图 17-18　“水晶报表”设计页面

对“报表”进行预览，根据“报表”预览情况对“报表设计”进行修改；“报表头”、“页眉”、“部分详细资料”预览图如图 17-19 所示。“报表尾”预览图如图 17-19 所示。

某高校学生成绩表

2013－2014学年度第2学期　　C语言　　课程成绩登记表

计算机　专业　　2013计算　班级

学号 \ 姓名 (成绩 / 考核类别)		平时成绩 占40%	期末成绩 占60%	总成绩
201301	张伟	95.00	97.00	96.20
201302	王伟	80.00	85.00	83.00
201303	王芳	85.00	85.00	85.00
201304	李娜	80.00	90.00	86.00
201305	刘伟	75.00	80.00	78.00
201306	李静	70.00	70.00	70.00
201307	张丽	70.00	65.00	67.00

期末成绩统计

人数	优秀 [90－100]	良好 [80－90)	中等 [70－80)	及格 [60－69)	不及格 <60	方差	最低分	最高分	平均分
20	4	5	5	3	3	183.12	48.00	96.20	76.85

教研室主任签章：＿＿＿＿＿　2014/7/2

图 17-19　“水晶报表”预览图

17.4.3　内容三：建立一个子报表(实现报表向下深化)

步骤 1　将 Excel 文件“水晶报表数据 2”导入到数据库“test”中，新建一个报表“dbo. age”。

步骤 2　在“水晶报表”工具栏中选择“插入子报表”，创建一个“新子报表”，名称为“age”，并且勾选“按需显示子报表”，如图 17-20 所示。

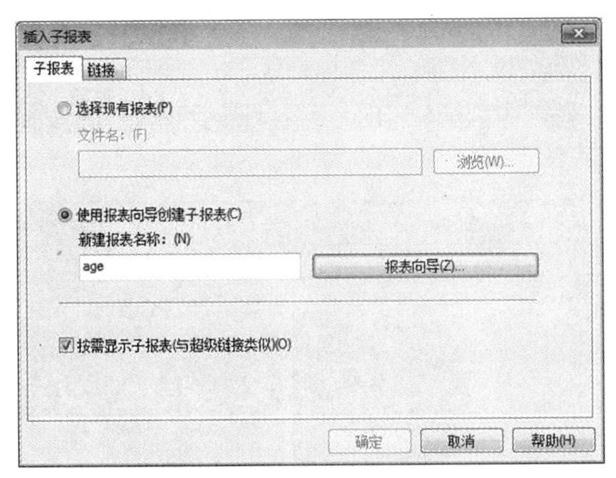

图 17-20 "插入子报表"界面

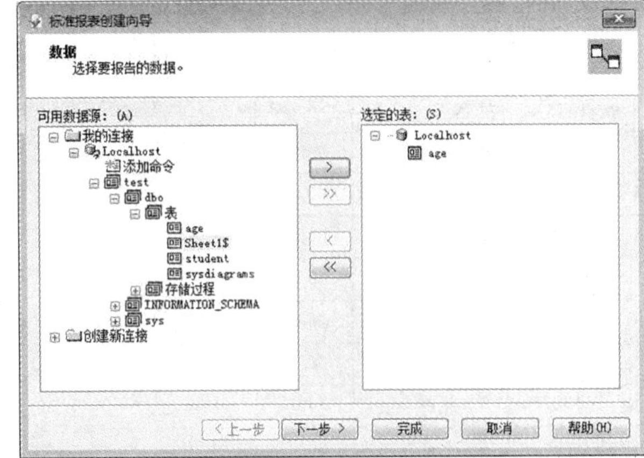

图 17-21 选定的表

步骤 3 选择"报表向导"，将新建的"age"表移到右端的选定的表中，点击"下一步"按钮，如图 17-21 所示。

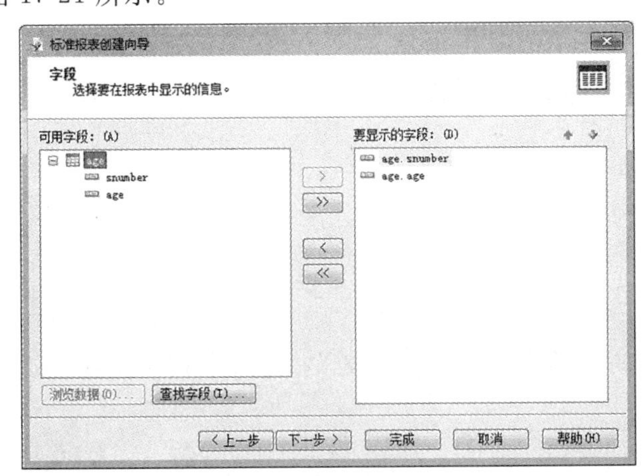

图 17-22 要显示的字段

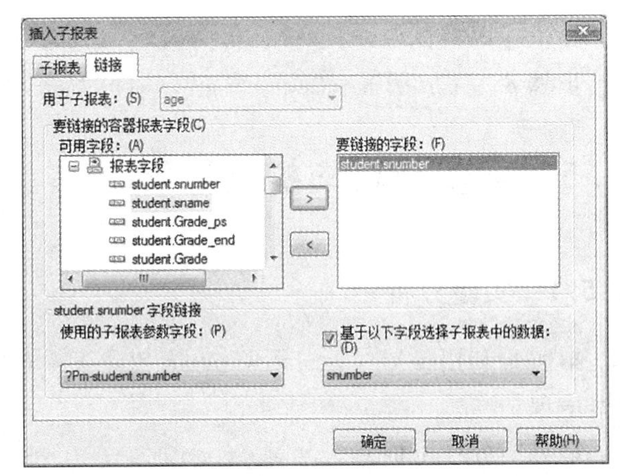

图 17-23 要链接的字段

步骤 4 将表"age"中的字段"snumber"和"age"都移动到右端"要显示的字段"中，点击"下一步"按钮，直至点击"完成"按钮，如图 17-22 所示。

步骤 5 在初始的"新建子报表窗口"中选择"链接"，将报表字段"student. snumber"移动到右边"要链接的字段"，点击"确定"，"水晶报表界面"将会出现一个新"age"报表，如图 17-23 所示。

步骤 6 将新建立的"按需显示子报表 age"放在与"详细资料字段 snumber"同一水平线上，如图 17-24 所示。

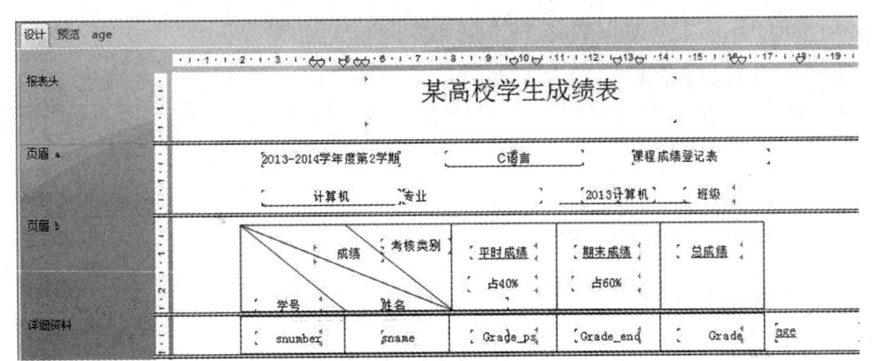

图 17-24 编辑"详细资料"

步骤 7 预览报表，每一行数据后面会出现一个"age"链接，如图 17-25 所示。

学号（成绩/考核类别）	姓名	平时成绩占40%	期末成绩占60%	总成绩	
201301	张伟	95.00	97.00	96.20	age
201302	王伟	80.00	85.00	83.00	age
201303	王芳	85.00	85.00	85.00	age
201304	李娜	80.00	90.00	86.00	age
201305	刘伟	75.00	80.00	78.00	age
201306	李静	70.00	70.00	70.00	age
201307	张丽	70.00	65.00	67.00	age
201308	王静	80.00	84.00	82.40	age
201309	王丽	90.00	92.00	91.20	age
201310	李强	95.00	96.00	95.60	age

图 17-25 “水晶报表”预览图

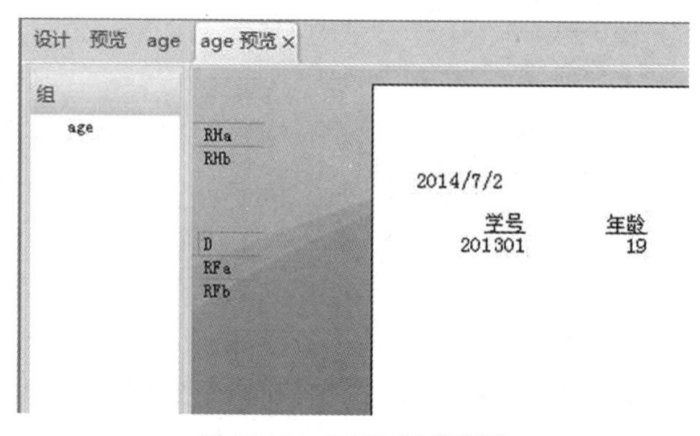

图 17-26 “子报表”预览图

点击相对应的“age”链接，将会出现相应的数据，如图 17-26 所示。

步骤 8 完成子报表“age”的建立，同时完成“报表”的向下深化。

17.5 实验分析与扩展练习

17.5.1 实验分析

本实验利用 SAP Crystal Reports 创建了一个“高校学生成绩水晶报表”，对某高校学生成绩进行数据呈现。

请总结分析下面几个问题：

(1)简要分析建立一个“水晶报表”的步骤。

(2)简要分析建立一个“子报表”的步骤。

(3)分析新建一个“公式字段”的步骤。

17.5.2 扩展练习

(1)水晶报表可以实现 dashboard 的集成，请用 dashboard 绘制一个柱形图(横坐标为：优秀，良好，中等，及格与不及格；纵坐标为：人数)，并放在“水晶报表”报表尾。

(2)对水晶报表建立“组”，实现报表的向下钻取。

(3)通过建立参数字段实现对报表内容的过滤。

第四部分 综合实验篇

ZONGHE SHIYAN PIAN

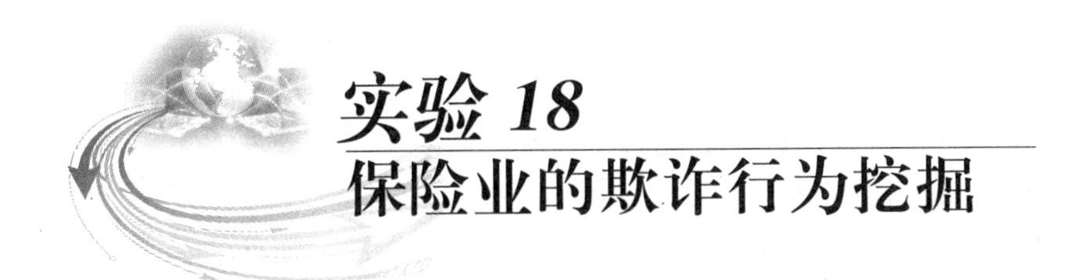

实验18 保险业的欺诈行为挖掘

18.1 背景知识

知识前提：医疗保险中的三个角色：

- 投保人：该角色是医疗保险的受益者，当他购买了保险后，根据保险条款的情况，他去看病时保险公司会承担一定比例的医疗费用，并且这些费用不需要他找保险公司去索取，而是在缴费时自动扣除。
- 医疗机构：该角色帮助投保人治疗疾病或者提供保健，并且在投保人购买了保险时会由医疗保健机构先垫付保险所覆盖的医疗保健费用，随后医疗机构会向保险公司去索取这部分医疗费用。
- 保险公司：保险公司通过向投保人提供保险索赔的医疗机构进行支出。

18.2 实验目的

本次实验主要是通过保险业的现实数据，利用SPSS Modeler工具发现保险业的欺诈行为，系统掌握数据挖掘的全部流程，深刻认识业务理解在数据挖掘中的重要作用。

18.3 工具/准备工作

(1)在开始实验前，请回顾教科书的相关内容。
(2)需要准备一台安装有SPSS Modeler 15.0软件系统的计算机。

18.4 实验内容及步骤

本实验分为7个模块：
(1)数据源的理解。
(2)通过变量间的对比发现疑似欺诈。
(3)通过Benford定律发现疑似欺诈。
(4)通过对投保人细分发现疑似欺诈。
(5)发现医疗保健机构行为模式异常。
(6)发现多个医疗保健机构共用投保人信息。
(7)发现异常中断与处理过程。

18.4.1 数据源理解

本实验采用的三个数据源分别是 Policy _ Holder. sav、Claim. sav 和 Provider. sav。本节实验主要是分析三个数据流上的各个变量的分布情况。

(1)Policy _ Holder 数据源理解。

本次实验数据是关于投保人的信息，文件为 SPSS 格式文件，文件名为 Policy _ Holder. sav。包括 400 个样本数据，变量分别是 Policy _ HolderID(投保人编号)、ProgramCode(保险条款)、MEDcode(治疗措施编码)、Age(年龄)和 Sex(性别)。投保人编号和年龄为数值型变量，其余为分类型变量。分析目的是通过构建模型，分析各个变量，理解数据源。

步骤 1　构建模型

①通过节点“Statistic 文件”导入数据源 Policy _ Holder. sav。

②添加“类型”节点。

③添加“分布”节点，查看数据源的各个变量的分布情况。总的数据流如图 18-1 所示。

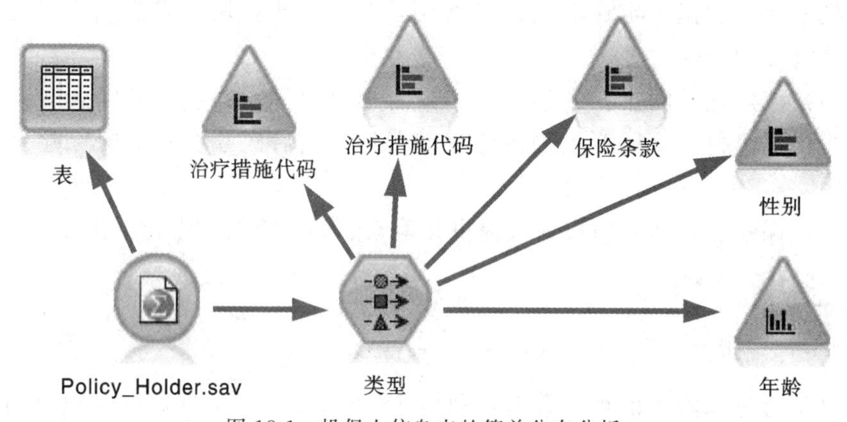

图 18-1　投保人信息表的简单分布分析

步骤 2　相关参数的设置

①在“类型”对话框中，设置投保人编号为“无”。如图 18-2 所示。

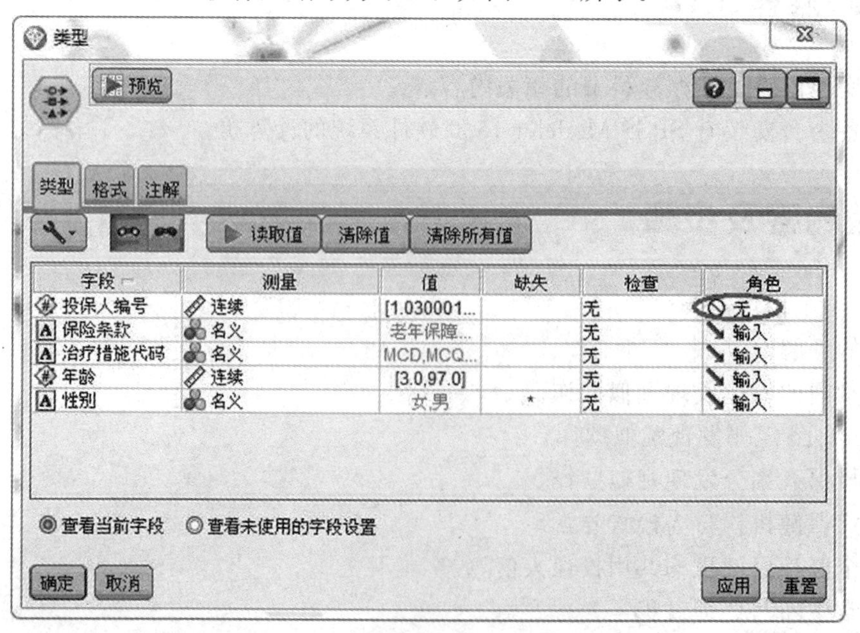

图 18-2　“类型”节点的参数设置对话框

②在“分布”对话框中，在“图”选项卡—“字段”下分别添加“治疗措施代码”、“保险条款”、“性别”，查看各个变量的分布情况，如图 18-3(只截图一张)所示。

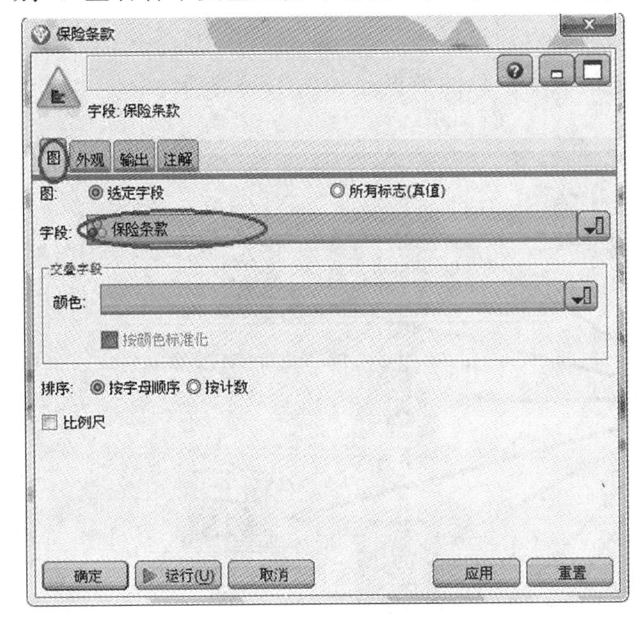

图 18-3　“分布”节点的参数设置对话框

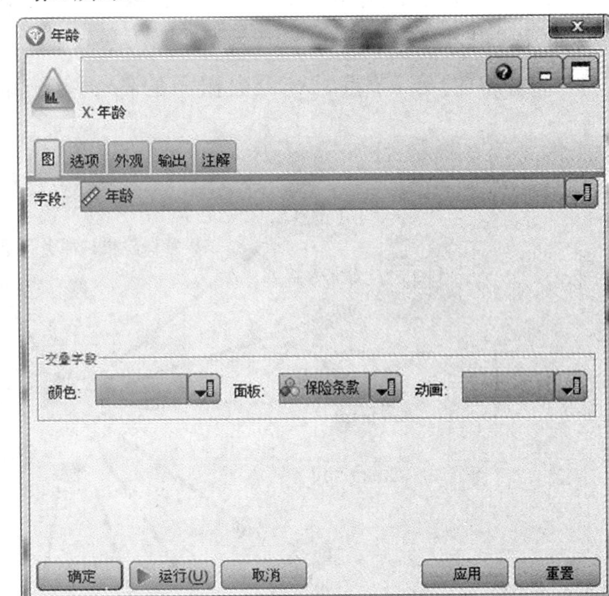

图 18-4　“直方图”节点的参数设置对话框

③在“直方图”对话框中，在“图”选项卡—“字段”下，添加“年龄”，查看年龄的分布情况。如图 18-4 所示。

步骤 3　结果输出

运行后的结果如图 18-5 所示。

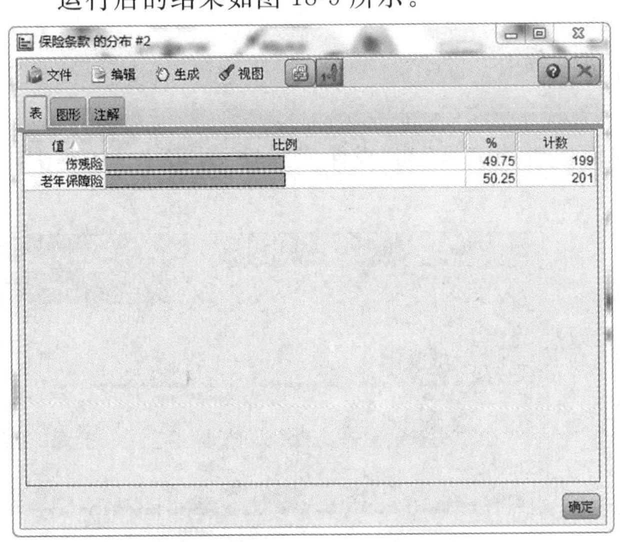

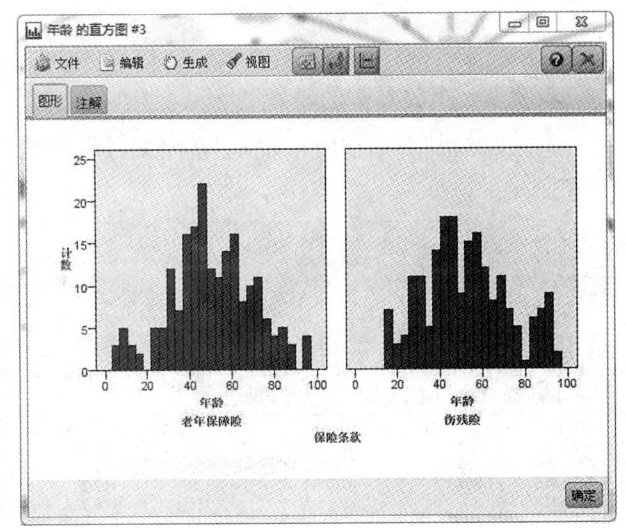

图 18-5　结果输出图

(2)Claim 数据源理解。

本次实验数据是关于索赔的信息，文件为 SPSS 格式文件，文件名为 Claim. sav。包括 9462 个样本数据，变量分别是 ProviderID(医疗保健机构编号)、ClaimID(索赔编号)、Prolicy _ HolderID(索赔人编号)、Prolicy _ HolderStatus(投保人状态)、ProviderCategoryService(医疗保健机构服务类别)、DIAG(诊断)、Procedure(处理过程代码)、LOS(住院时长)、FirstDayOfStay(住院开始时间)、LastDayOfStay(住院结束时间)、TotalAllowed(保费覆盖额)、TotalBilled(账单金额)、TotalPaid(支付金额)和 PlaceOfService(服务地点)。目的是通过构建模型，分析各个变量，理解数据源。

步骤 1　构建模型

①通过节点“Statistic 文件”导入数据源 Claim. sav。

②添加“类型”节点。

③添加“分布”节点，查看数据源的各个变量的分布情况。总的数据流如图 18-6 所示。

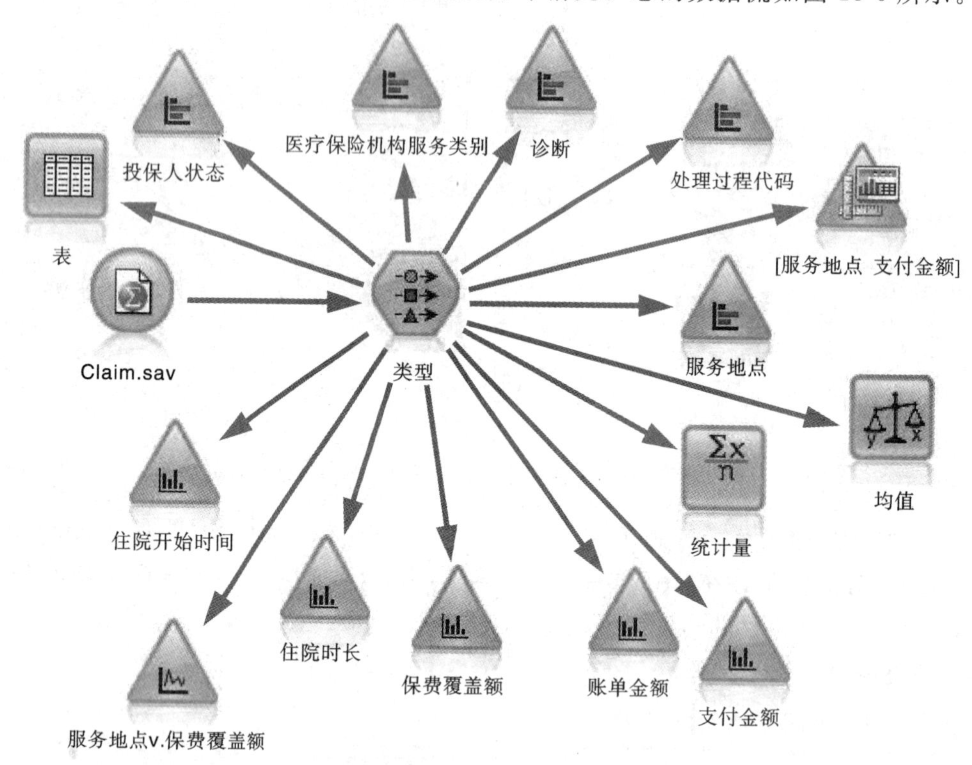

图 18-6　索赔信息表的简单分布分析

步骤 2　相关参数的设置

①在“类型”对话框中，设置“索赔编号”、“医疗保健机构编号”和“投保人编号”为“无”，如图 18-7 所示。

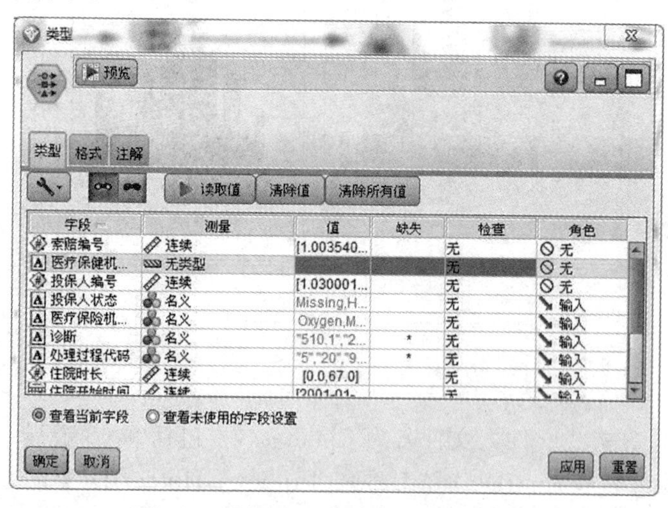

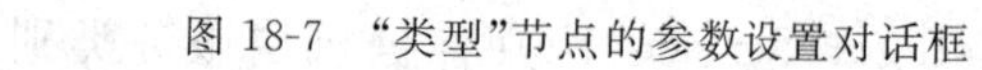

图 18-7　“类型”节点的参数设置对话框

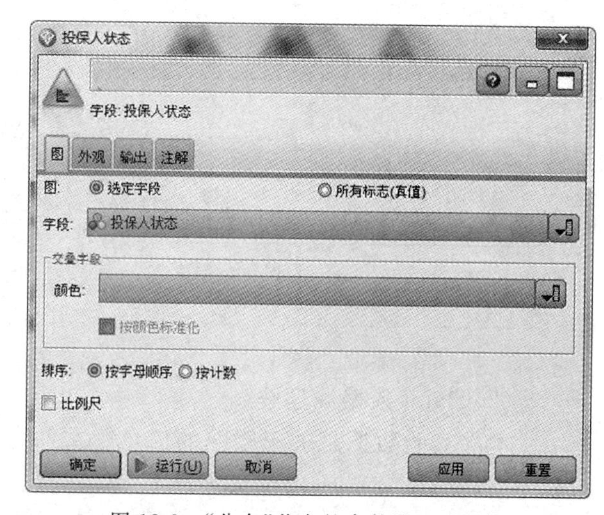

图 18-8　“分布”节点的参数设置对话框

②在“分布”对话框中，在“图”选项卡—“字段”下，添加所需分析字段，如图 18-8 中“投保人状态”所示。

③在“直方图”对话框中，查看其他变量的分布。

步骤 3　结果输出

实验分析结果如图 18-9 所示。

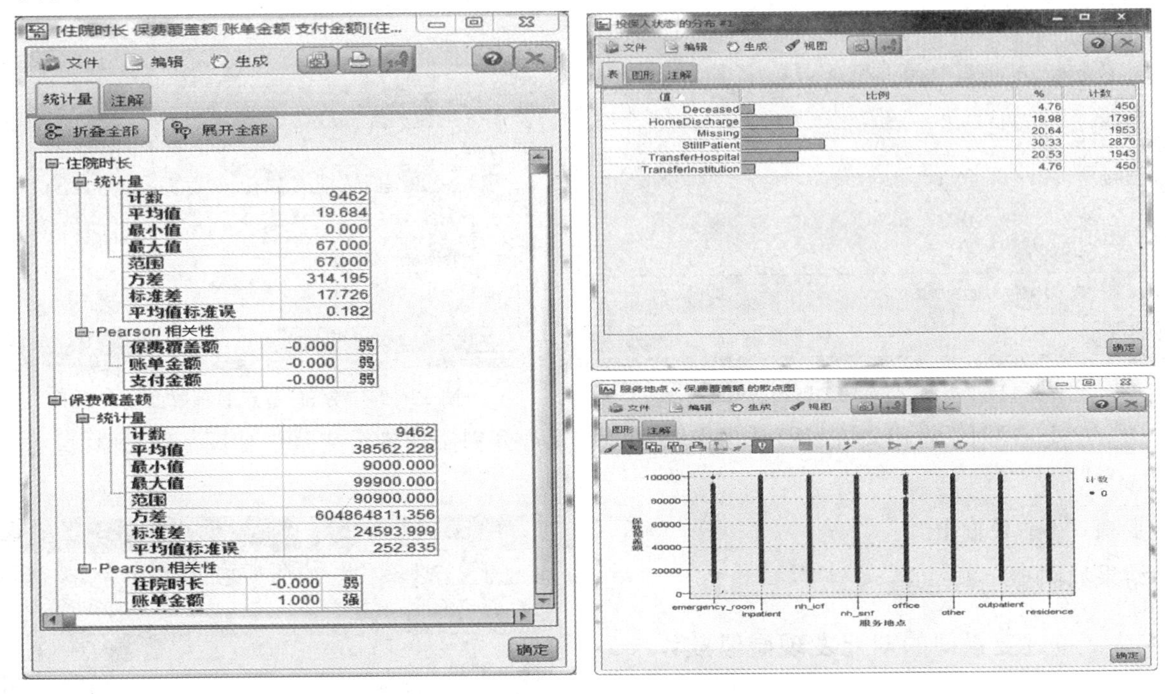

图 18-9　结果输出图

(3)Provider 数据源理解。

本次实验数据是关于医疗保健机构的信息，文件为 SPSS 格式文件，文件名为 Provider. sav。包括 500 个样本数据，变量分别是 ProviderID(医疗保健机构编号)、ProviderType(医疗保健机构大类)、ProviderSpecialty(医疗保健机构细类)和 Location(位置编码)。目的是构建模型，分析各个变量，理解数据源。

步骤 1　构建模型

①通过节点“Statistic 文件”导入数据源 Provider. sav。

②添加“类型”节点。

③添加“分布”节点，查看数据源的各个变量的分布情况。总数据流如图 18-10 所示。

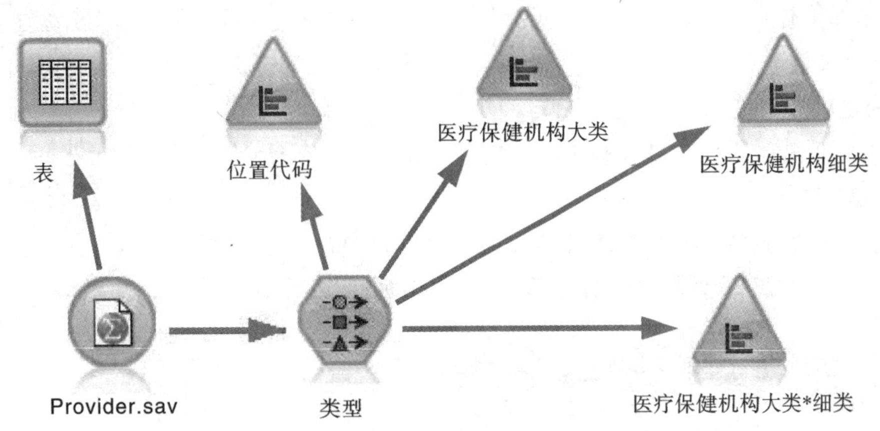

图 18-10　医疗保健机构信息表的简单分布分析

步骤 2　相关参数设置

(1)在“类型”对话框中，设置医疗保健机构编号为“无”，如图 18-11 所示。

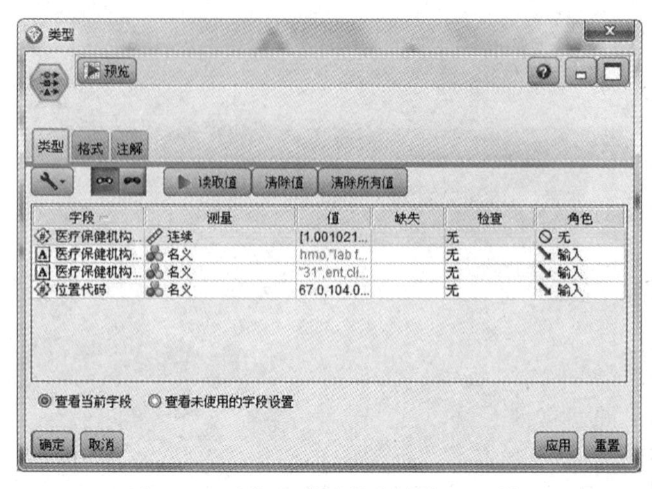

图 18-11 “类型”节点的参数设置对话框

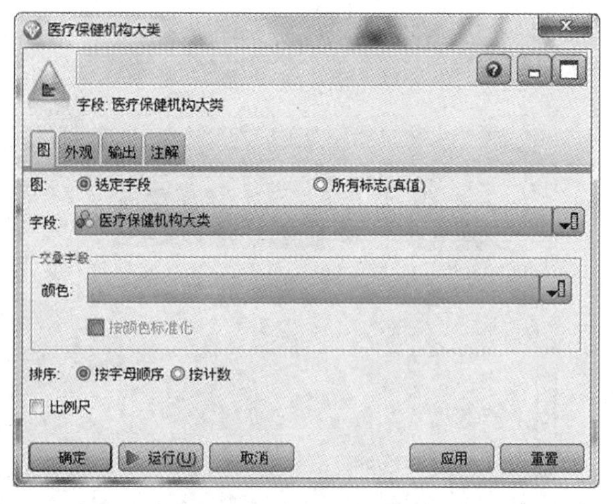

图 18-12 “分布”节点的参数设置对话框

(2)在“分布”对话框中，在“图”选项卡—“字段”下，分别添加各个变量，如图 18-12 中“医疗保健机构大类”所示。

步骤 3 结果输出

结果如图 18-13 所示。

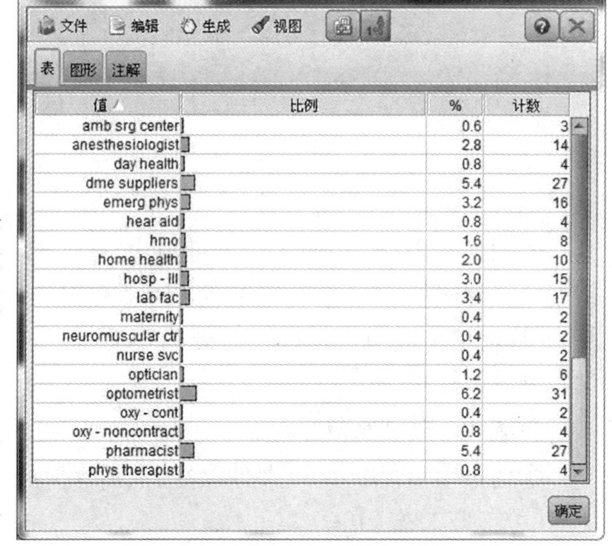

图 18-13 结果输出图

18.4.2 通过变量间的对比发现疑似欺诈

线索 1：从业务逻辑上说，支付金额(保险公司通过医疗保健机构支付给投保人的费用)应小于账单金额(投保人看病的费用)，如果在索赔信息表中竟然违反了这种明显的业务逻辑，则可视为是疑似欺诈。

线索 2：如果某一医疗保健机构在同一段时间内为一个病人反复索赔次数过多，则可视为是疑似欺诈。

线索 3：如果某一医疗保健机构的月度索赔支付笔数或索赔支付金额大幅增加，则需要进一步审查确定是否有欺诈现象存在。

(1)针对第一类情况。

步骤 1 构建模型

①通过节点“Statistic 文件”导入数据源 Claim. sav。

②添加“类型”节点。

③添加“记录选项”选项卡—“选择”到数据流的合适位置。

④添加“输出”—“报告”到数据流的合适位置。如图 18-14 所示。

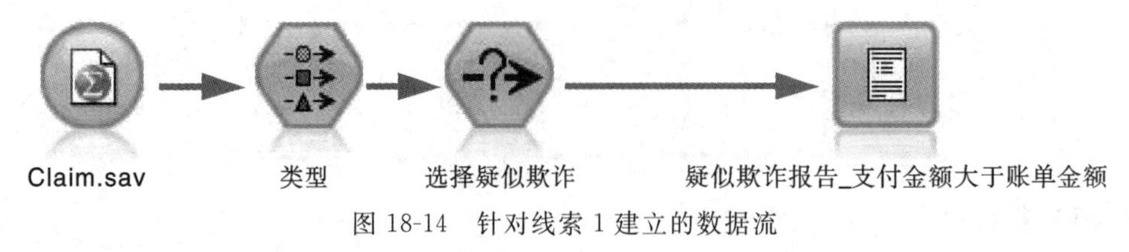

图 18-14 针对线索 1 建立的数据流

步骤 2　相关参数设置

①在“选择”对话框中，在“设置”选项卡—“条件”处，设置为“支付金额>账单金额”；在“注解”—“名称”，设置为自定义(选择疑似欺诈)。如图 18-15 所示。

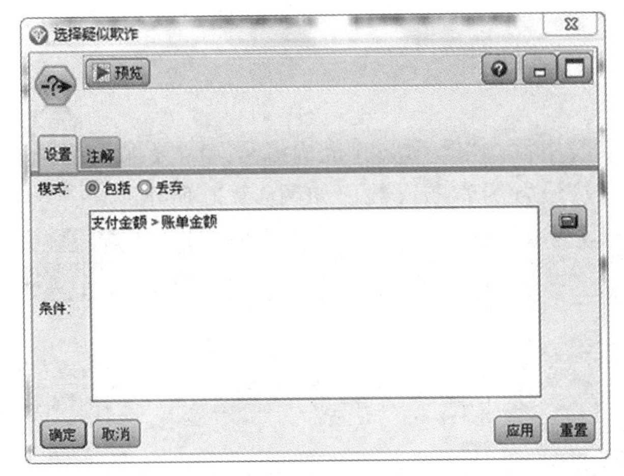

图 18-15　“选择”节点的参数设置对话框

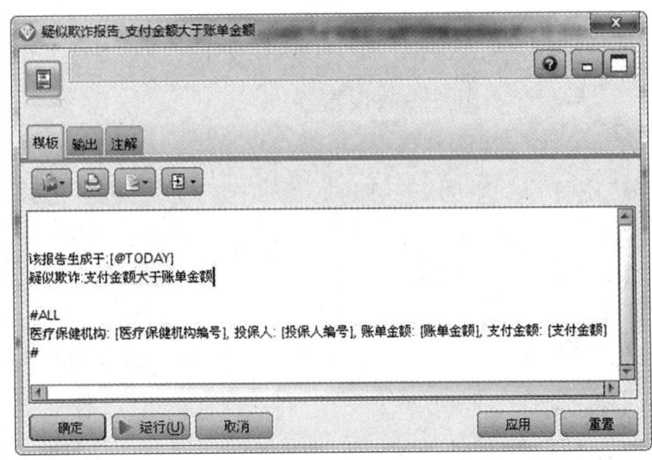

图 18-16　“报告”节点的参数设置对话框

②在“报告’对话框中，“模板”选项卡处输入以下信息。

该报告生成于：[@TODAY]

疑似欺诈：支付金额大于账单金额

#ALL

医疗保健机构：[医疗保健机构编号]，投保人：[投保人编号]，账单金额：[账单金额]，支付金额：[支付金额]

#如图 18-16 所示。

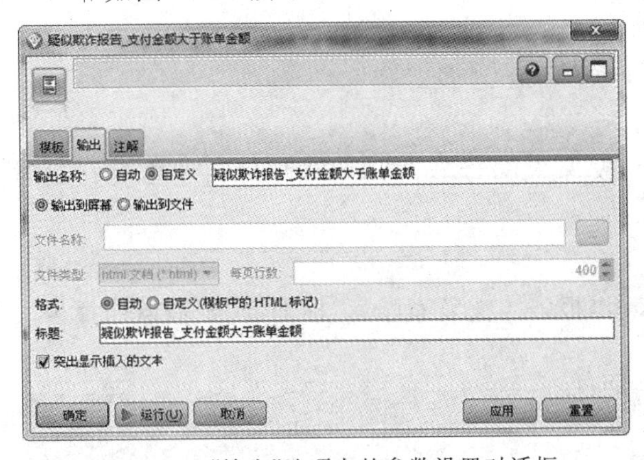

图 18-17　“输出”选项卡的参数设置对话框

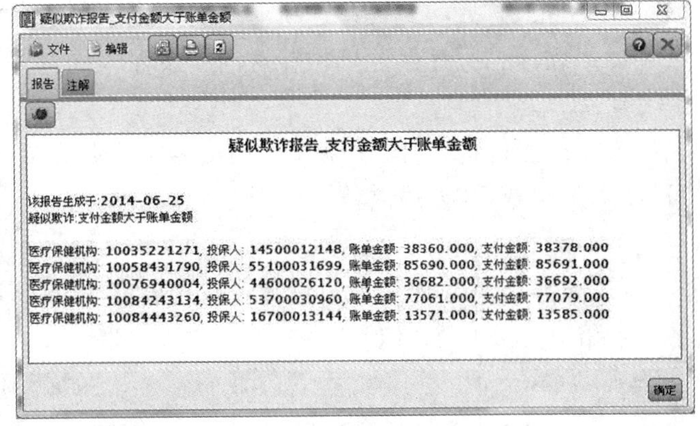

图 18-18　结果输出图

③在“输出”选项卡中，输出名称为自定义——“疑似欺诈报告_支付金额大于账单金额”、标题：“疑似欺诈报告_支付金额大于账单金额”。如图 18-17 所示。

步骤 3　结果输出

实验结果如图 18-18 所示。

(2)针对第二类情况。

步骤 1　构建模型

①通过“Statistic 文件”，读入数据 Claim.sav。

②依次添加“类型”、“汇总”、“超节点”、“报告”节点，如图 18-19 所示。

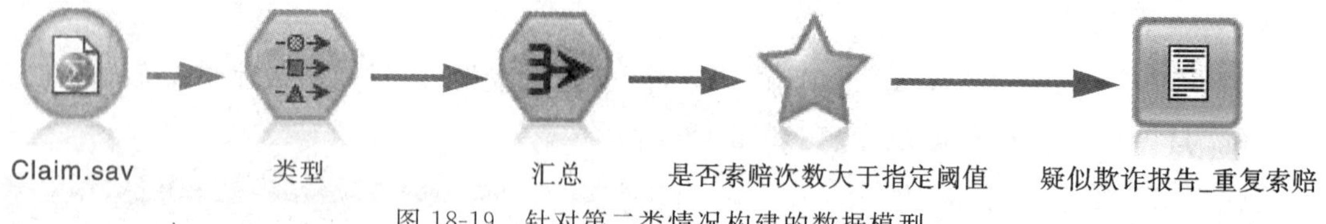

图 18-19 针对第二类情况构建的数据模型

步骤 2 相关参数设置

①在“汇总”对话框中，在“设置”选项卡下的关键字段中添加“医疗保健机构编号”、“投保人编号”和“住院开始时间”；勾选状态的“在字段中包含记录计数”设置为索赔次数。如图 18-20 所示。

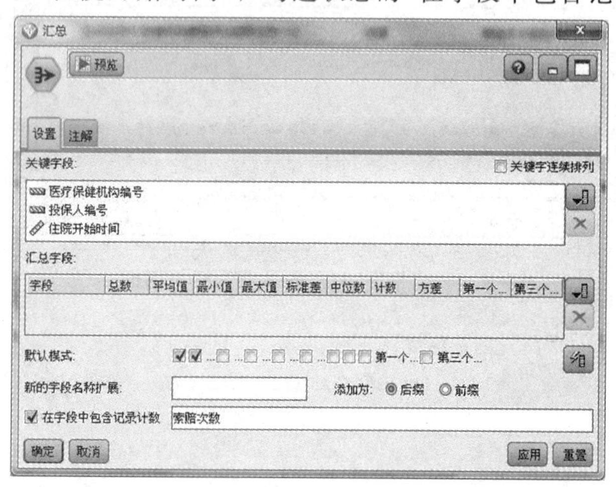
图 18-20 “汇总”节点的相关参数设置的对话框

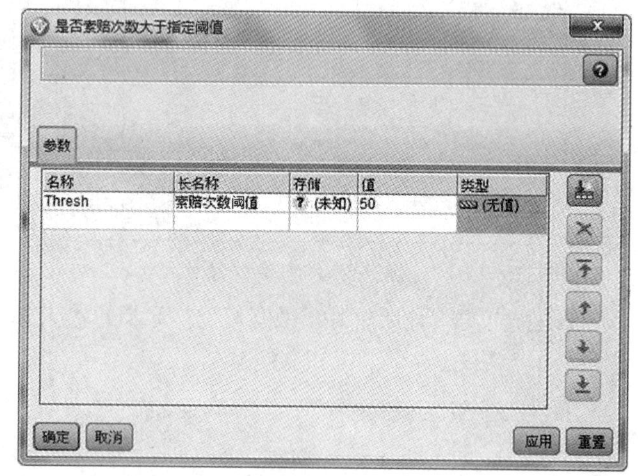
图 18-21 超节点的相关参数的设置

②在“超节点”对话框中，定义相关参数，参数分别为 Thresh、索赔次数阈值、50。如图 18-21 所示。

③在“报告”处，“模板”选项卡下输入以下信息。

疑似欺诈：医疗保健机构针对同一投保人同一时间索赔次数过多

#ALL

医疗保健机构：[医疗保健机构编号]，投保人：[投保人编号]，住院开始时间：[住院开始时间]，索赔次数：[索赔次数]

#；

在“输出”选项卡下，设置输出名称为自定义(疑似欺诈报告_重复索赔)。标题为“疑似欺诈报告_重复索赔”。如图 18-22 所示。

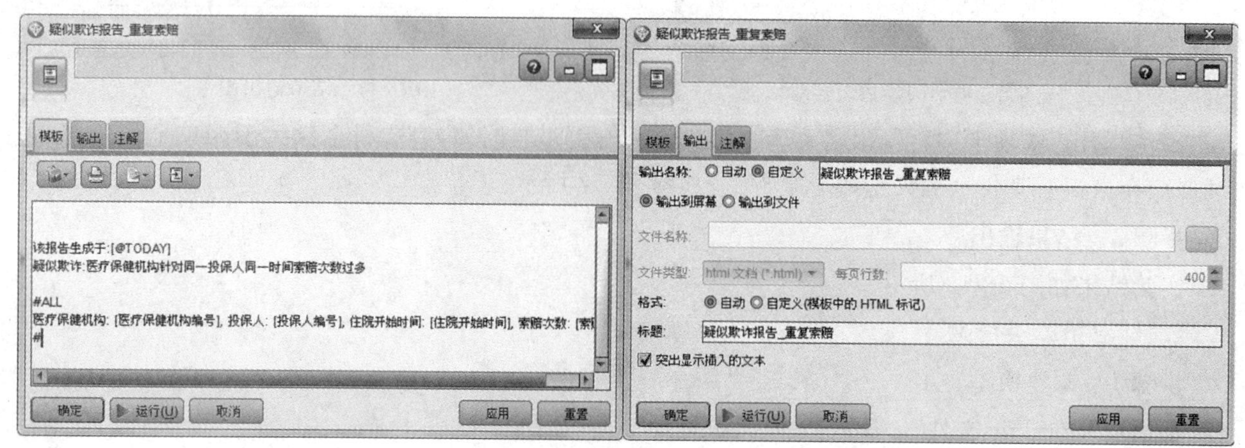
图 18-22 “报告”节点的相关设置

步骤 3　结果输出

实验结果如图 18-23 所示。

(3)针对第三类情况。

步骤 1　构建模型

①通过“Statistic 文件”节点，添加 Claim. sav。

②按照图 18-24 依次将节点连入数据流中，如图 18-24 所示。

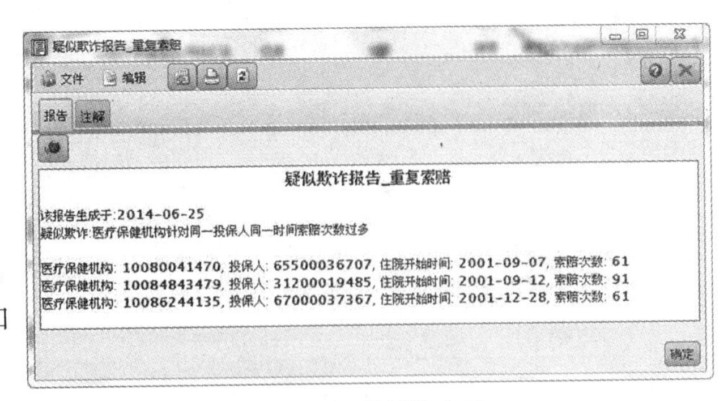

图 18-23　结果输出图

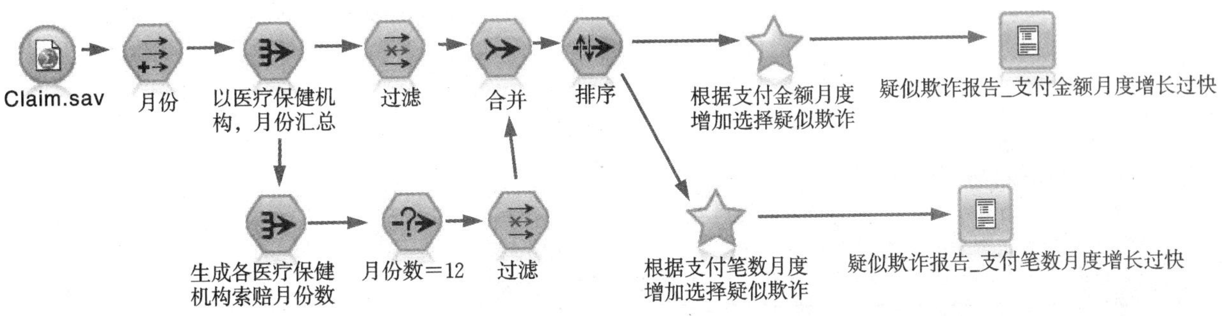

图 18-24　针对线索 3 构建的数据流模型

步骤 2　相关参数设置

①“导出”对话框中，“导出字段”设置为“月份”，公式为“datetime _ month(住院开始时间)”。如图 18-25 所示。

②“汇总”对话框中，“关键字段”添加“医疗保健机构编号”和“月份”；“汇总字段”添加支付金额，汇总的种类为“总数”；勾选的“字段中包含记录计数”为支付笔数。如图 18-26 所示。

③在模型中另一条线路上的“汇总”的“关键字段”为医疗保健机构编号，勾选的“字段中包含记录计数”为 N。如图 18-27 所示。

④在“选择”对话框中，“条件”设置为“N=12”。并在接下来的过滤节点处，过滤 N。

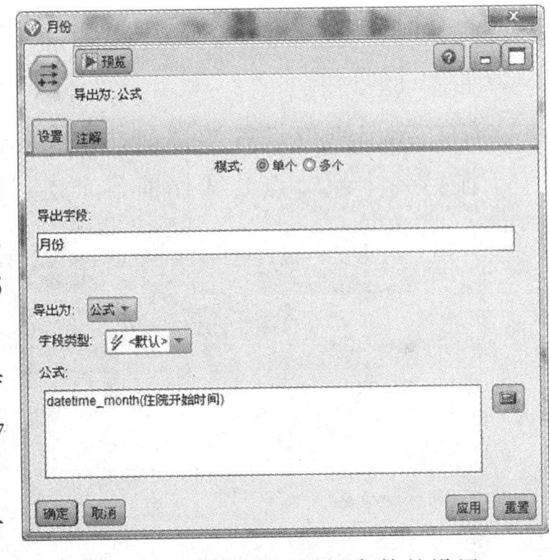

图 18-25　“导出”对话框参数的设置

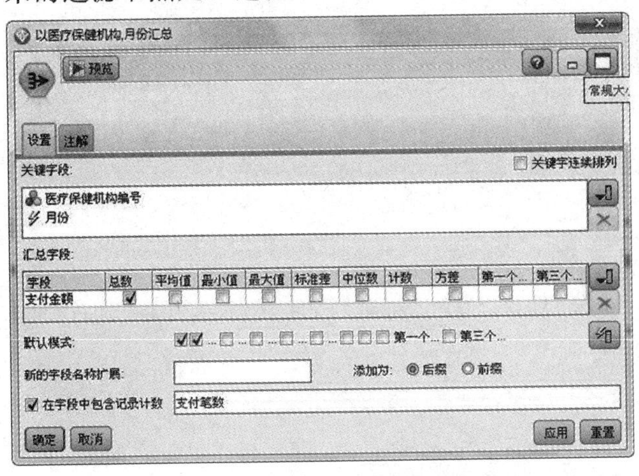

图 18-26　“汇总”对话框的参数设置

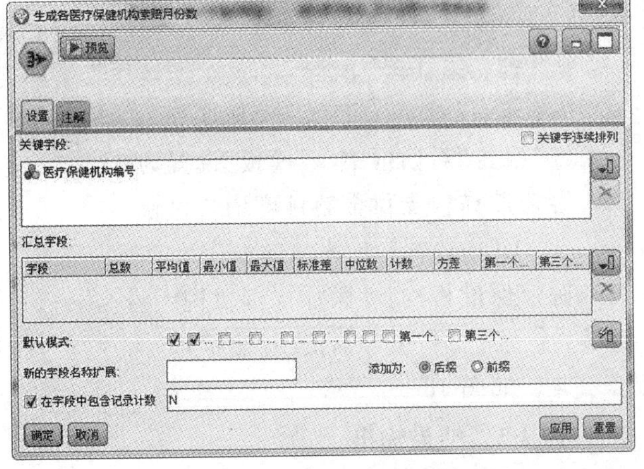

图 18-27　另一处“汇总”对话框的设置

⑤在“合并”对话框中，“合并”选项卡下，“合并的方法”采用“关键字”，将“医疗保健机构编号”移

入“用于合并的关键字”，如图 18-28 所示。

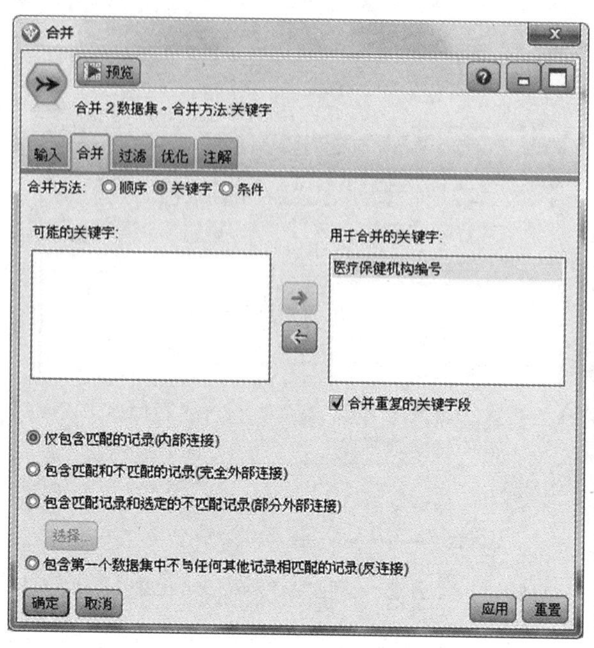
图 18-28 “合并”对话框的参数设置

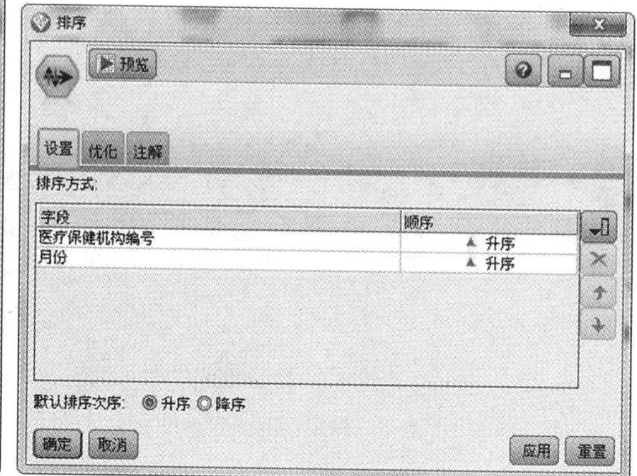
图 18-29 “排序”对话框的参数设置

⑥“排序”对话框中，排序中添加字段为“医疗保健机构编号”和“月份”，采用的排序方式均为升序，如图 18-29 所示。

⑦在超节点处设置选择前几个支付金额增加过大，值为 3。

在另一个超节点处选择前几个支付笔数增加过大，值为 3，如图 18-30 所示。

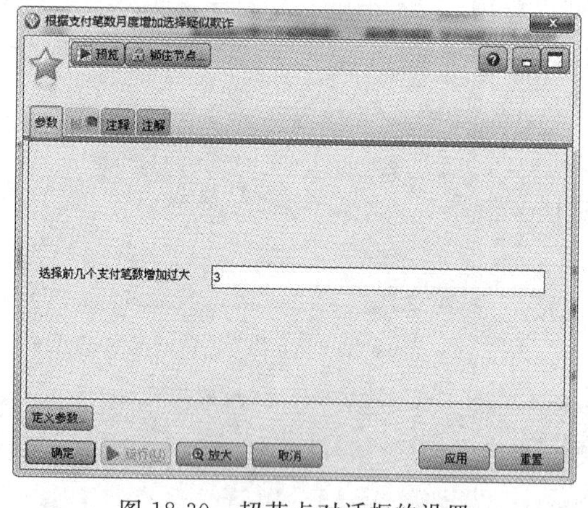
图 18-30 超节点对话框的设置

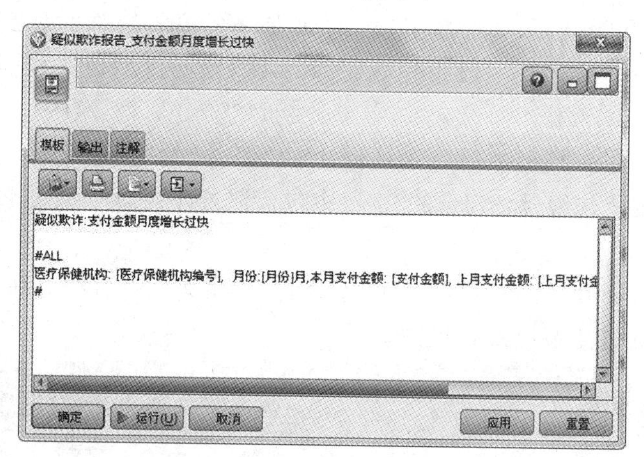
图 18-31 “报告”对话框的参数设置

⑧“报告”对话框中，“模板”设置为：

疑似欺诈：支付金额月度增长过快

＃ALL

医疗保健机构：[医疗保健机构编号]，月份：[月份]月，本月支付金额：[支付金额]，上月支付金额：[上月支付金额]，支付金额增加：[支付金额增加]

＃，如图 18-31 所示。

步骤 3 结果输出

结果如图 18-32 所示。

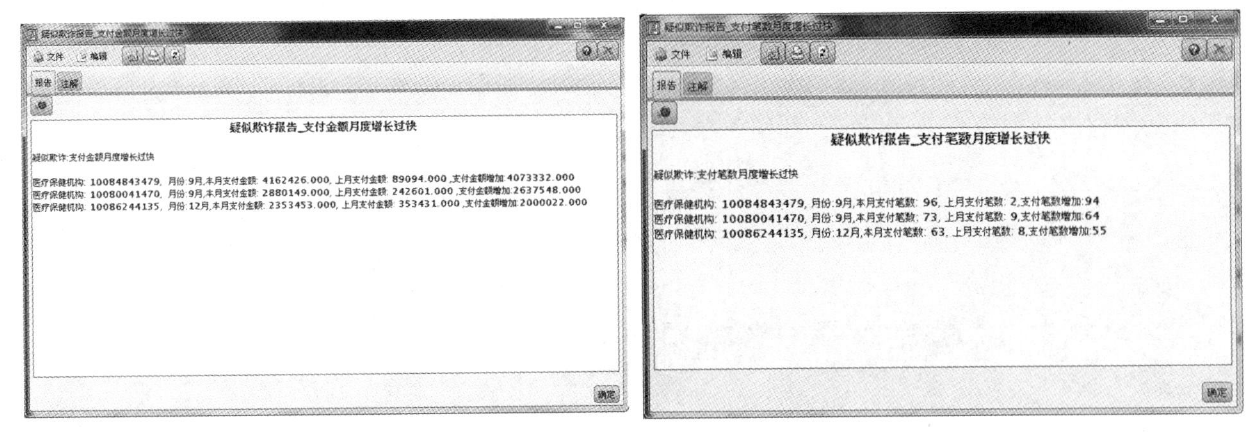

图 18-32　结果输出图

18.4.3　通过 Benford 定律发现疑似欺诈

Benford 定律由物理学家本福特(Benford)发现。其内容是只要数字足够多，数据中的第一位数字并不是在 1 至 9 之间均匀分布的，数字 1 出现的频率要远远高于 1/9，达到了 30.1%，进一步观察可以发现数字越大，出现的频率越低，最低出现的是数字 9，只有 4.6%。各个数字在数据中第一位出现的频率见表 18-1。

表 18-1　大量数据中各位数中 1 至 9 出现的频率

数字	在第一位出现的频率
1	30.1%
2	17.6%
3	12.5%
4	9.7%
5	7.9%
6	6.7%
7	5.8%
8	5.1%
9	4.6%

本次实验通过本福特定律可以检查各个数据是否有造假。步骤如下所示。

步骤 1　构建模型

①通过“Statistic 文件”读入数据 Claim. sav。

②按照图 18-33 依次连入节点，如图 18-33 所示。

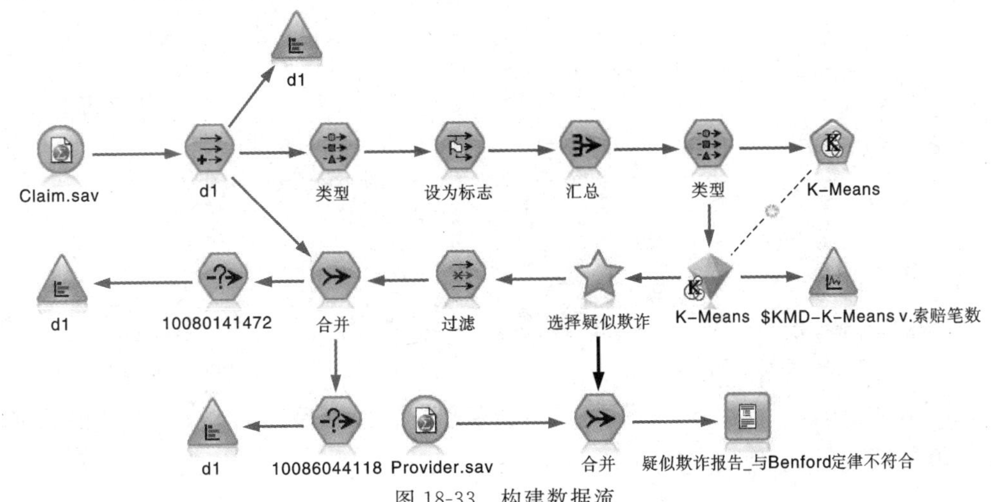

图 18-33　构建数据流

步骤 2　相关参数的设置

①“导出”对话框中，“设置”选项卡下—“公式”处设为：substring(1，1，to _ string(支付金额))，表示返回支付金额的第一个字符串。如图 18-34 所示。

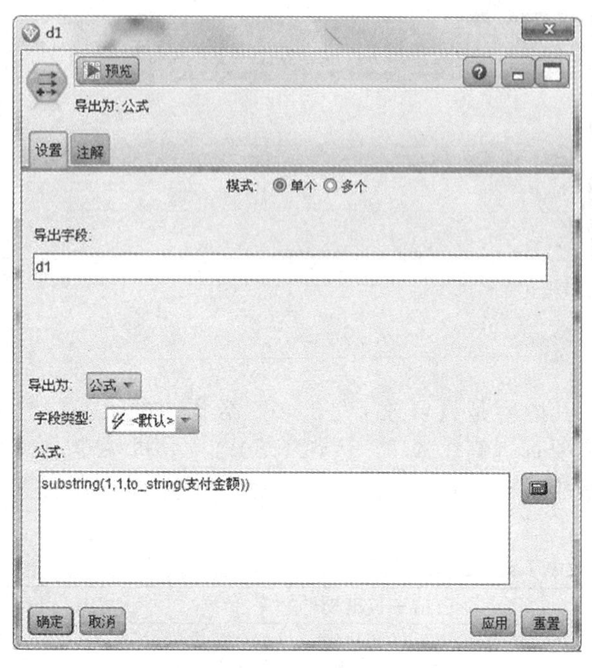

图 18-34　“导出”对话框的相关参数设置

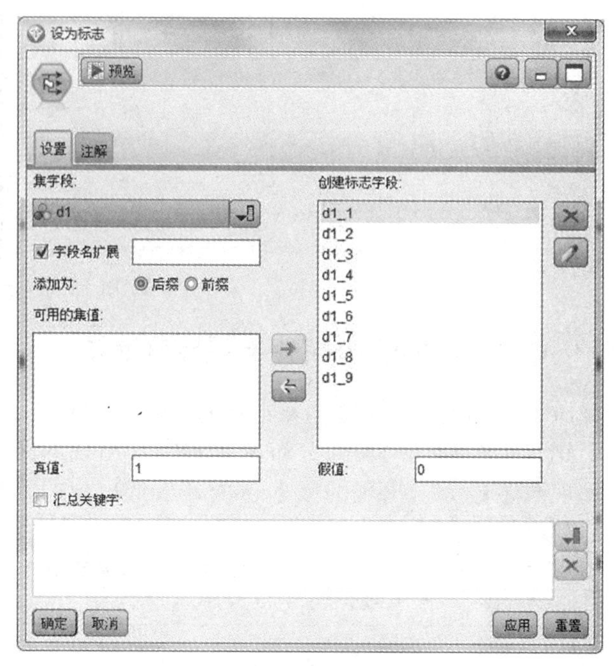

图 18-35　“设为标志”对话框的参数设置

②在“分布”对话框中，查看字段的分布情况。

③在“设为标志”对话框中，“设置”选项卡下—“集字段”为 d1，将可用的集值全部移入创建标志字段，如图 18-35 所示。

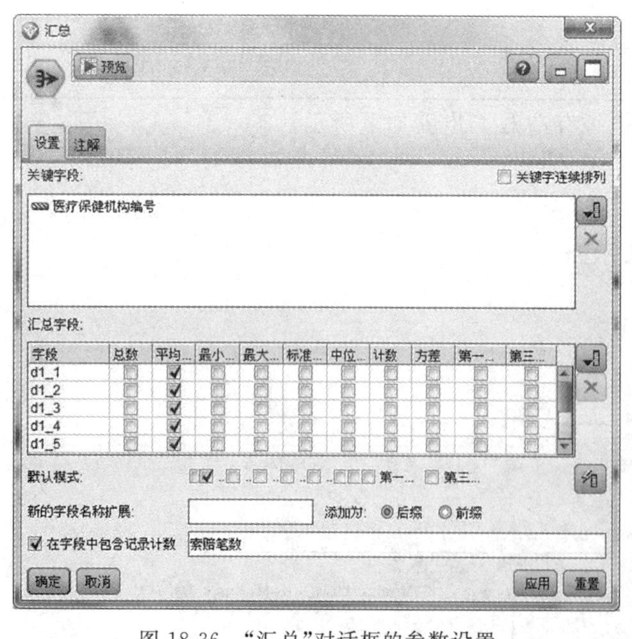

图 18-36　“汇总”对话框的参数设置

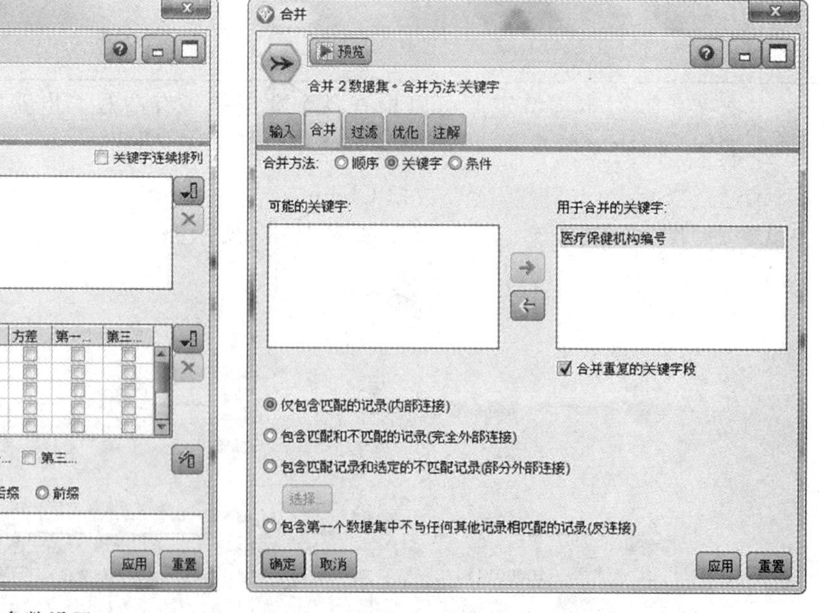

图 18-37　“合并”对话框的参数设置

④在“汇总”对话框中，“设置”选项卡下—“关键字段”为“医疗保健机构编号”；“汇总字段”下添加 d1 _ 1 到 d1 _ 9；“统计”为平均数。如图 18-36 所示。

⑤在“合并”对话框中，“合并”选项卡下—“合并方法”设置为“关键字”，并将“医疗保健机构编号”移入“用于合并的关键字”。如图 18-37 所示。

图 18-38　“过滤”对话框的参数设置

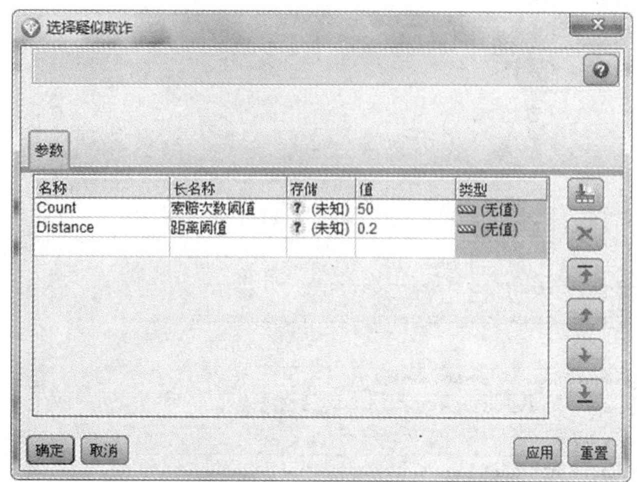

图 18-39　超节点的参数设置

⑥在“过滤”对话框中，除将“医疗保健机构编号”和“索赔笔数”不过滤外，其余的都过滤。如图 18-38 所示。

⑦在“超节点”对话框中，参数设置为：索赔次数阈值为 50，距离阈值为 0.2，如图 18-39 所示。

⑧在“选择”对话框中，分别选择医疗机构编号为 10080141472 和 10086044118，并做分布分析。如图 18-40，编号 10080141472。

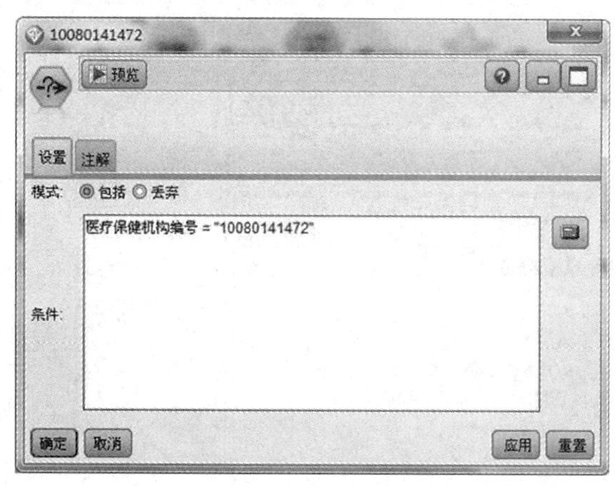

图 18-40　“选择”对话框的参数设置

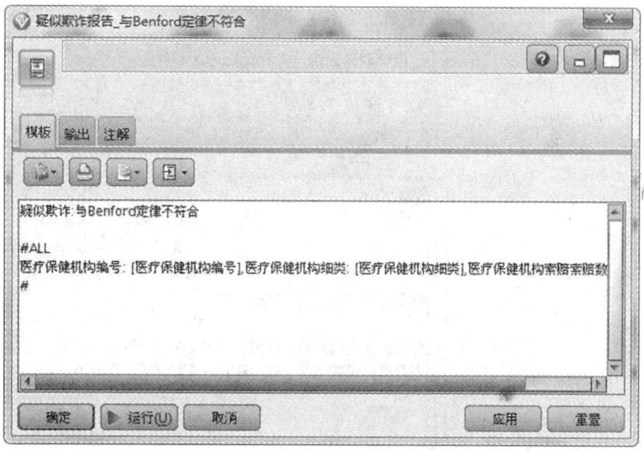

图 18-41　“报告”对话框的参数设置

⑨在“报告”对话框中，“模板”下输入以下信息：

疑似欺诈：与 Benford 定律不符合

＃ALL

医疗保健机构编号：[医疗保健机构编号]，医疗保健机构细类：[医疗保健机构细类]，医疗保健机构索赔索赔数量[索赔笔数]

＃；如图 18-41 所示。

步骤 3　结果输出

结果输出如图 18-42 所示。

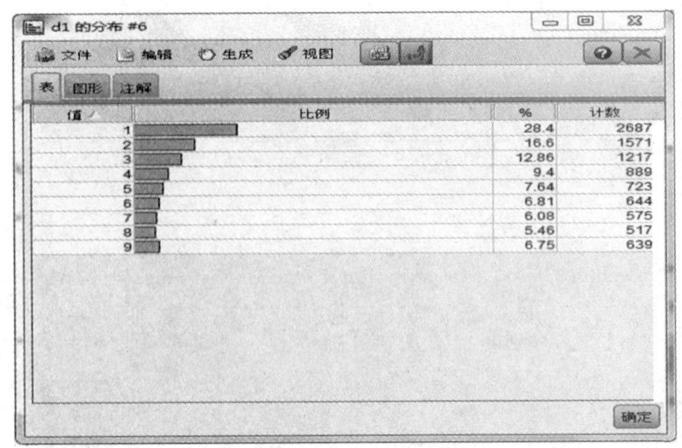

值	%	计数
1	28.4	2687
2	16.6	1571
3	12.86	1217
4	9.4	889
5	7.64	723
6	6.81	644
7	6.08	575
8	5.46	517
9	6.75	639

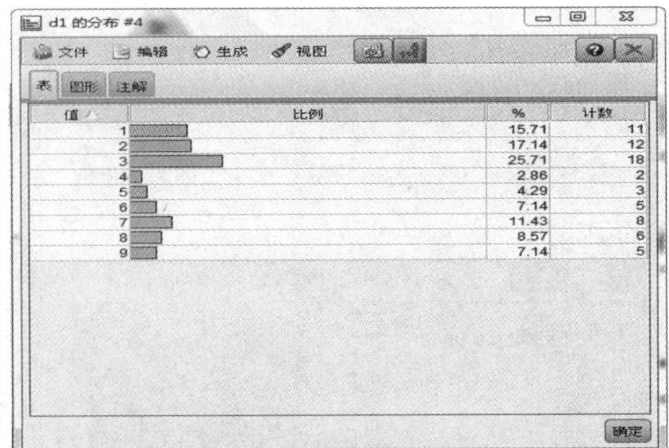

值	%	计数
1	15.71	11
2	17.14	12
3	25.71	18
4	2.86	2
5	4.29	3
6	7.14	5
7	11.43	8
8	8.57	6
9	7.14	5

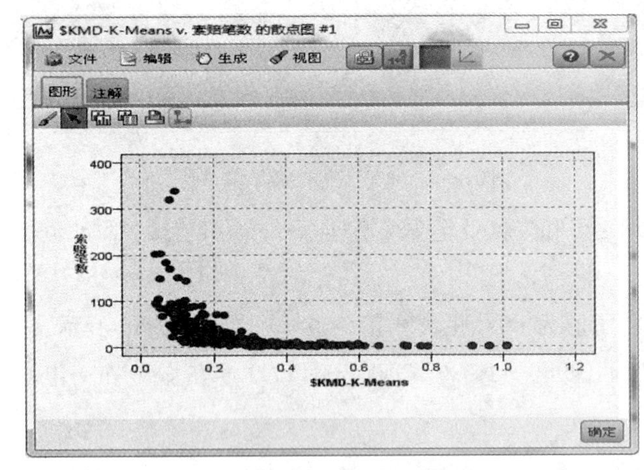

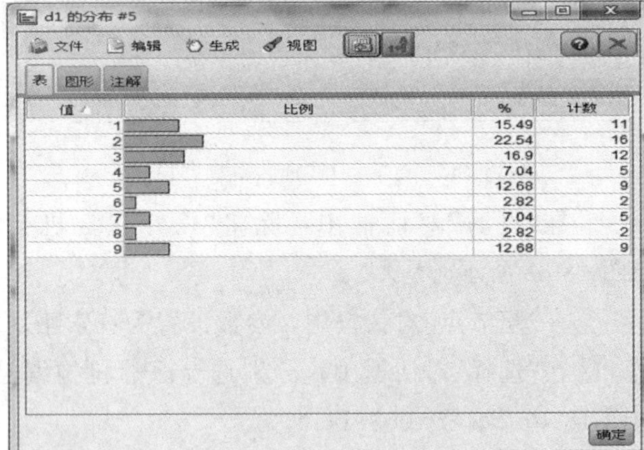

值	%	计数
1	15.49	11
2	22.54	16
3	16.9	12
4	7.04	5
5	12.68	9
6	2.82	2
7	7.04	5
8	2.82	2
9	12.68	9

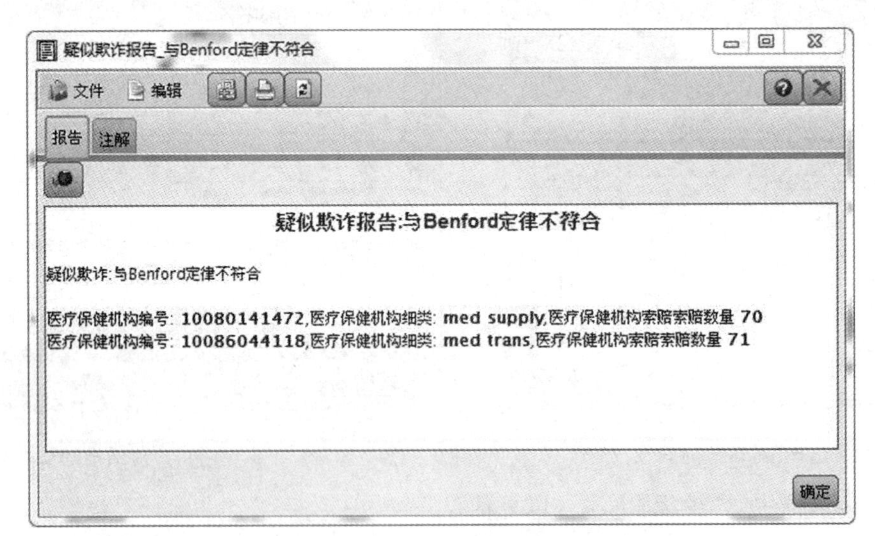

图 18-42 结果输出图

18.4.4 通过对投保人细分发现疑似欺诈

在进行分析前，将索赔信息表和投保人信息表合并，并补齐那些没有索赔的记录。

步骤 1 数据准备阶段

(1)通过“Statistic 文件”读入数据 Claim. sav。

(2)按照图 18-43 依次连入节点，如图 18-43 所示。

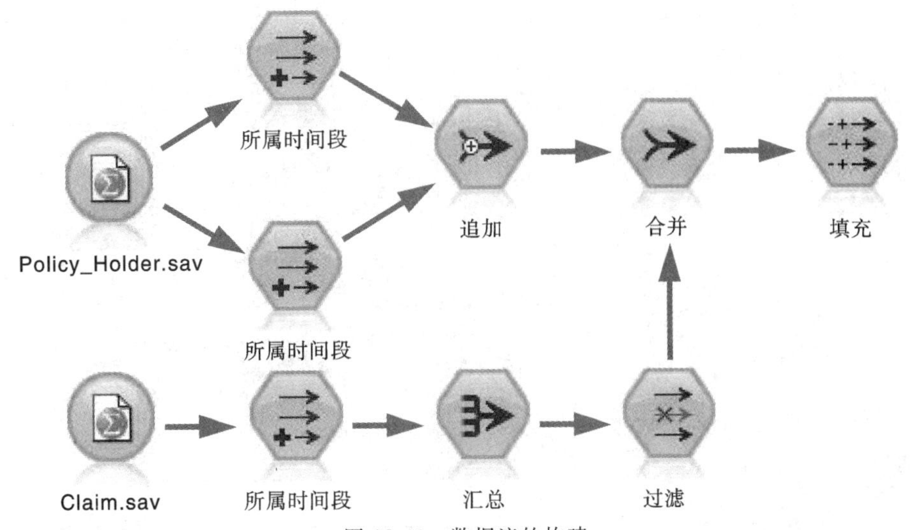

图 18-43　数据流的构建

步骤 2　相关参数设置

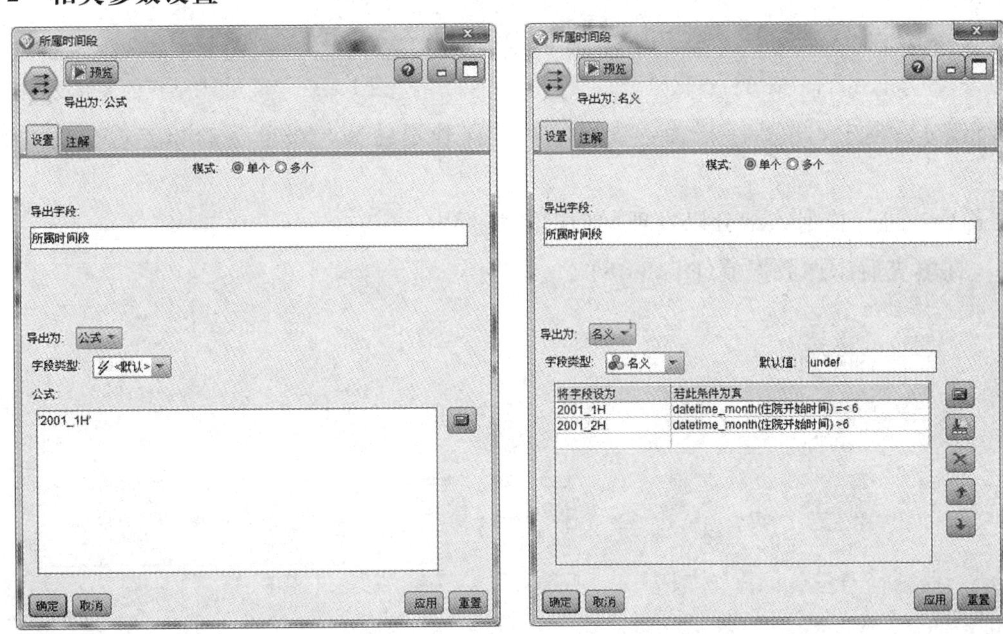

图 18-44　“导出”对话框的参数设置

(1)在“导出”对话框中，“导出字段”为所属时间段，公式处为 '2001 _ 1H'，'2001 _ 2H'，在另一个“导出”对话框处，“导出字段”为所属时间段，导出为名义，字段类型为名义，如图 18-44 所示。

(2)“汇总”对话框中，在“设置”选项卡下—“关键字段”为“投保人编号”和“所属时间段”；“汇总字段”为“保费覆盖额”、“账单金额”和“支付金额”，分别统计三者的总数；在勾选的“字段中包含记录计数”改为支付笔数。如图 18-45 所示。

(3)“合并”对话框中，在“合并”选项卡下—“合并方法”为关键字，并将投保人编号和所属时间段移入

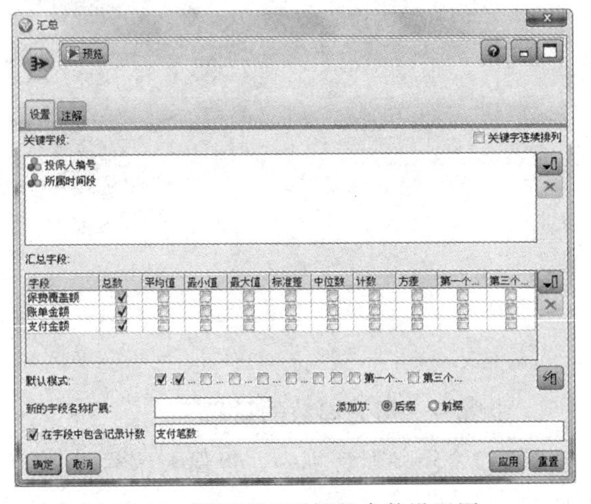

图 18-45　“汇总”对话框的参数设置图

“用于合并的关键字”窗口中。如图 18-46 所示。

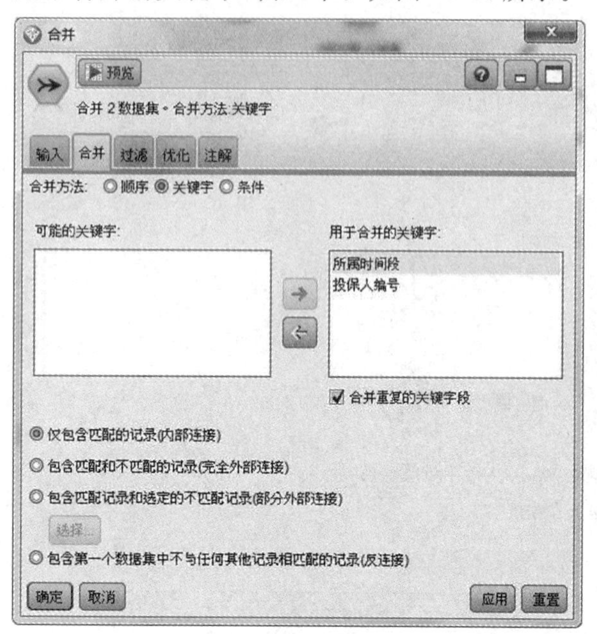

图 18-46 “合并”对话框的参数设置

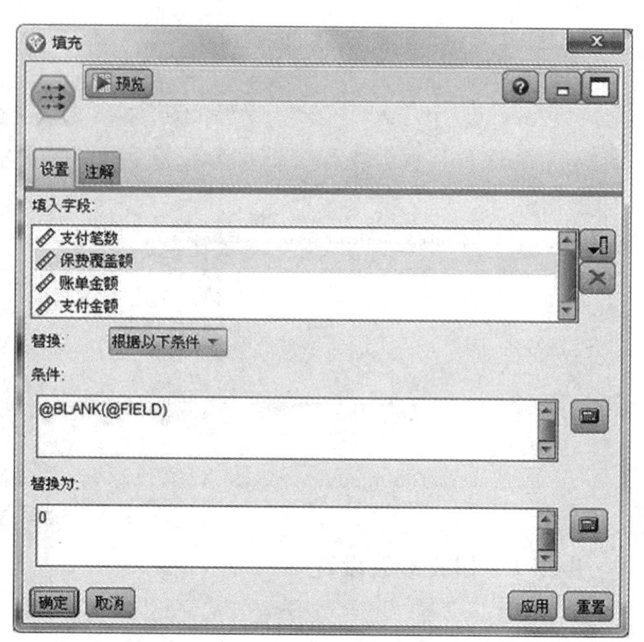

图 18-47 “填充”对话框的参数设置

(4)“填充”对话框中，填入字段为：支付笔数、保费覆盖额、账单金额和支付金额。如图 18-47 所示。

数据准备后，进行投保人细分以发现疑似的欺诈行为。

步骤 3 在填充后添加数据流(图 18-48)

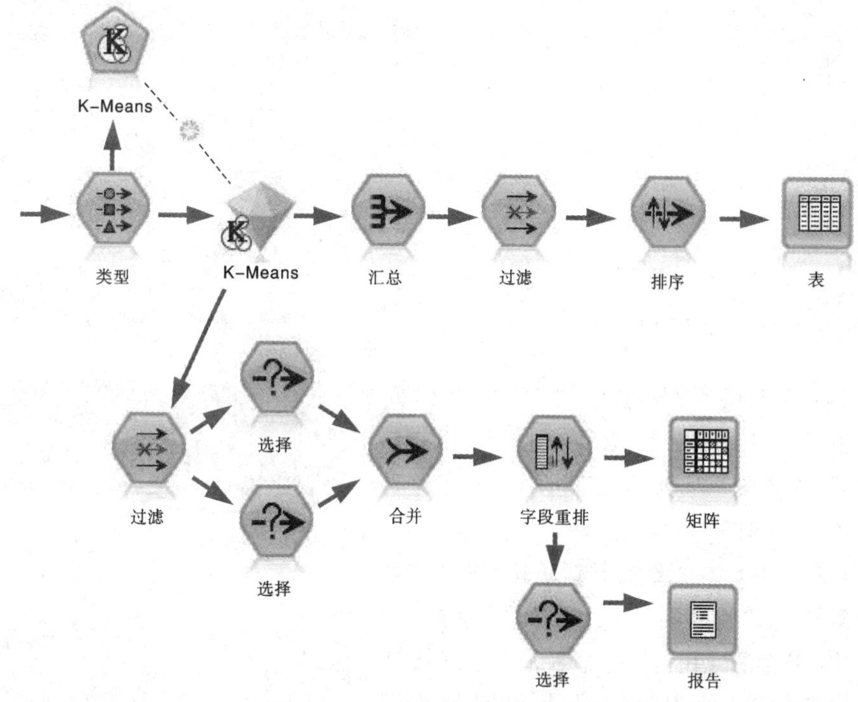

图 18-48 分析的数据流部分模型

步骤 4 相关参数的设置

(1)“类型”对话框中，投保人编号设置为“id 记录 ID”，所属时间段的角色设置为“无”。如图 18-49 所示。

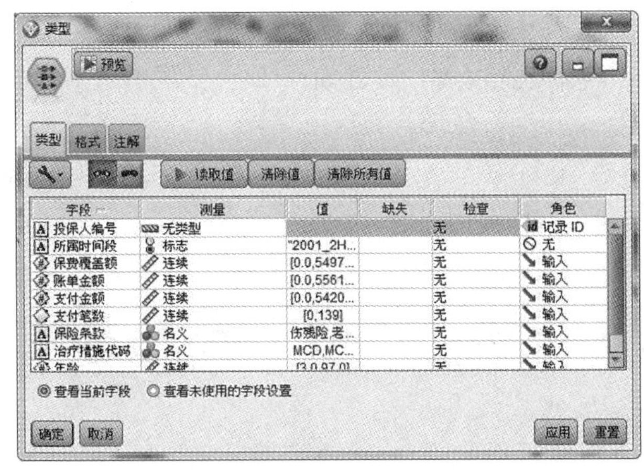

图 18-49　“类型”对话框的设置

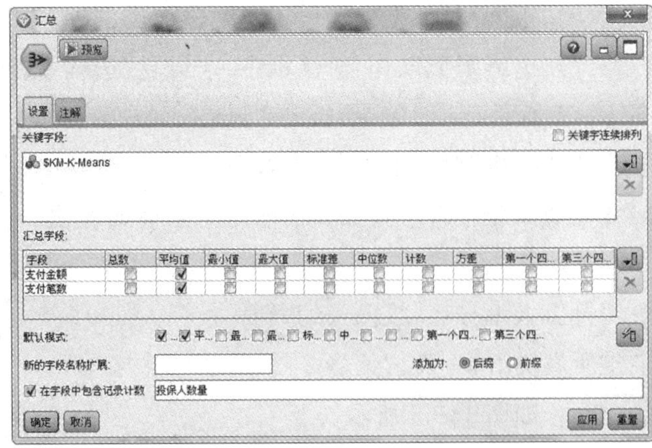

图 18-50　“汇总”对话框的设置

(2)“汇总”对话框中，“设置”选项卡下—“关键字段”添加 $KM-K-Means；“汇总字段”处填入支付金额和支付笔数；统计字段为平均数；在勾选的“在字段中包含记录计数”修改为投保人数量。如图 18-50 所示。

(3)“排序”对话框中，“设置”选项卡下—“排序方式”中，“字段”设为支付金额，默认“顺序”为升序。如图 18-51 所示。

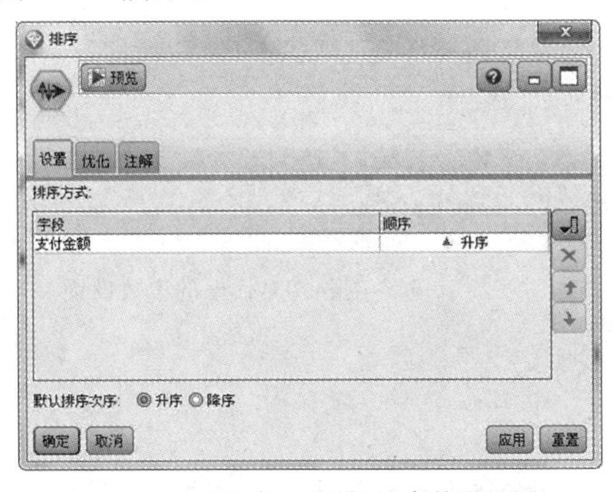

图 18-51　“排序”对话框的参数设置图

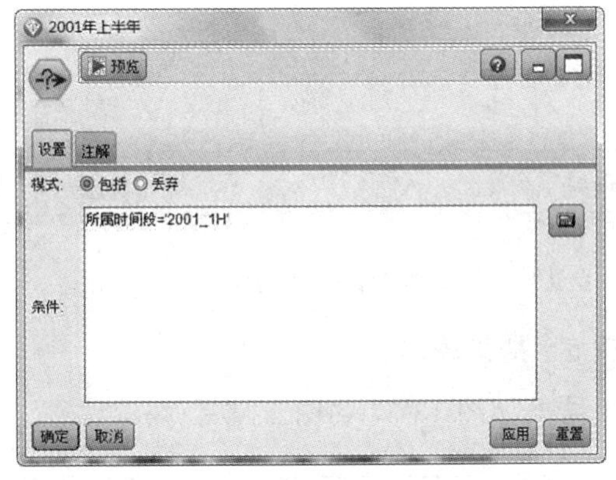

图 18-52　“选择”对话框的参数设置

(4)“选择”对话框中，其中一个选择为 2001 年上半年，条件为“所属时间段='2001 _ 1H'”；另一个则为 2001 年下半年，条件为：所属时间段='2001 _ 2H'。如图 18-52 所示。

(5)“合并”对话框中，过滤所属时间段、保险条款、治疗措施代码、年龄性别。如图 18-53 所示。

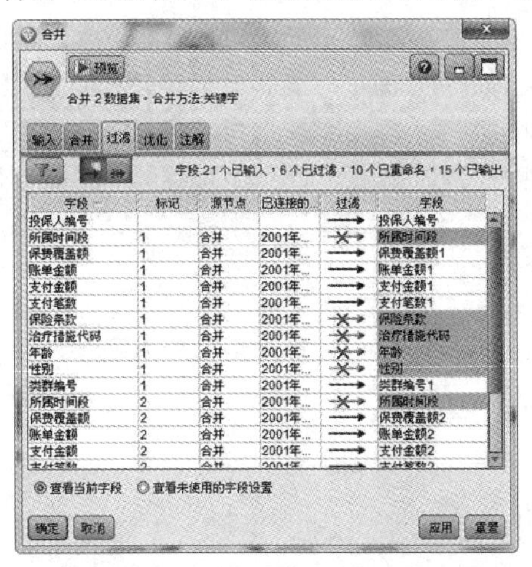

图 18-53　“合并”对话框的参数设置

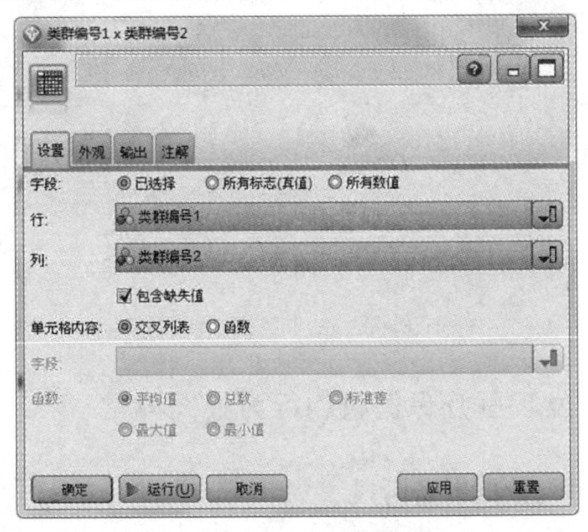

图 18-54　“矩阵”对话框的参数设置

(6)“矩阵”对话框中，设置“行”输入类群编号 1，“列”输入类群编号 2，如图 18-54 所示。

(7)“选择疑似欺诈”对话框中，“设置”选项卡下—“条件”处输入：类群编号 1/＝类群编号 2，如图 18-55 所示。

(8)“报告”对话框中，“模板”处输入：

疑似欺诈报告 _ 投保人出险及索赔模式变化

＃ALL

投保人编号：[投保人编号]，投保人 2001 年上半年所属类群：[类群编号 1]，投保人 2001 年下半年所属类群：[类群编号 2]

＃，如图 18-56 所示。

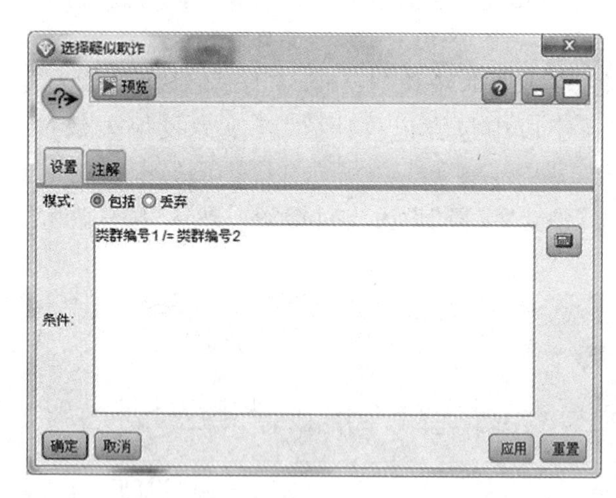

图 18-55 “选择”对话框的参数设置

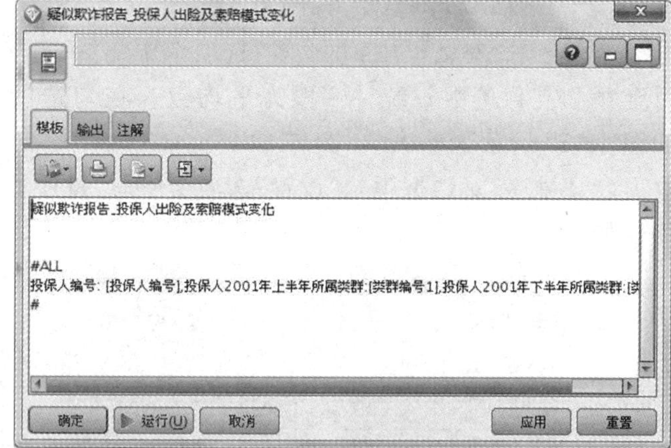

图 18-56 “报告”对话框的参数设置

步骤 5　结果输出

实验结果如图 18-57 和图 18-58 所示。

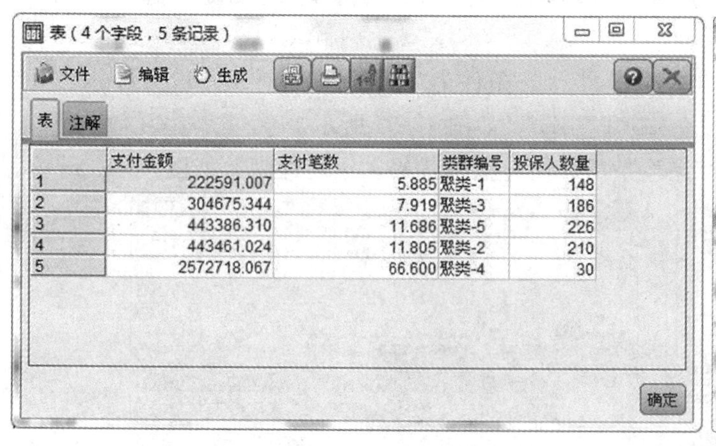

表 (4 个字段，5 条记录)

	支付金额	支付笔数	类群编号	投保人数量
1	222591.007	5.885	聚类-1	148
2	304675.344	7.919	聚类-3	186
3	443386.310	11.686	聚类-5	226
4	443461.024	11.805	聚类-2	210
5	2572718.067	66.600	聚类-4	30

图 18-57 结果输出图

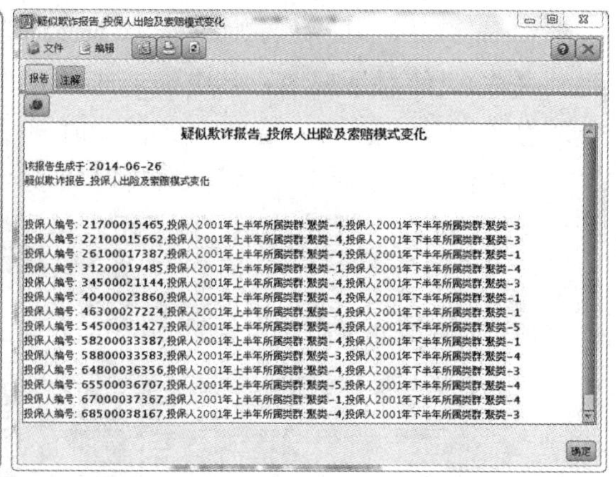

疑似欺诈报告_投保人出险及索赔模式变化

该报告生成于:2014-06-26
疑似欺诈报告_投保人出险及索赔模式变化

投保人编号: 21700015465,投保人2001年上半年所属类群:聚类-4,投保人2001年下半年所属类群:聚类-3
投保人编号: 22100015662,投保人2001年上半年所属类群:聚类-4,投保人2001年下半年所属类群:聚类-3
投保人编号: 26100017387,投保人2001年上半年所属类群:聚类-4,投保人2001年下半年所属类群:聚类-1
投保人编号: 31200019485,投保人2001年上半年所属类群:聚类-1,投保人2001年下半年所属类群:聚类-4
投保人编号: 34500021144,投保人2001年上半年所属类群:聚类-4,投保人2001年下半年所属类群:聚类-3
投保人编号: 40400023860,投保人2001年上半年所属类群:聚类-4,投保人2001年下半年所属类群:聚类-1
投保人编号: 46300027224,投保人2001年上半年所属类群:聚类-4,投保人2001年下半年所属类群:聚类-1
投保人编号: 54500031427,投保人2001年上半年所属类群:聚类-4,投保人2001年下半年所属类群:聚类-5
投保人编号: 58200033387,投保人2001年上半年所属类群:聚类-4,投保人2001年下半年所属类群:聚类-1
投保人编号: 58800033583,投保人2001年上半年所属类群:聚类-3,投保人2001年下半年所属类群:聚类-4
投保人编号: 64800036356,投保人2001年上半年所属类群:聚类-4,投保人2001年下半年所属类群:聚类-3
投保人编号: 65500036707,投保人2001年上半年所属类群:聚类-5,投保人2001年下半年所属类群:聚类-4
投保人编号: 67000037367,投保人2001年上半年所属类群:聚类-1,投保人2001年下半年所属类群:聚类-4
投保人编号: 68500038167,投保人2001年上半年所属类群:聚类-4,投保人2001年下半年所属类群:聚类-3

图 18-58 结果输出图

18.4.5 发现医疗保健机构行为模式异常

步骤 1　数据准备阶段

按照图 18-59 依次将节点连入数据流中，如图 18-59 所示。

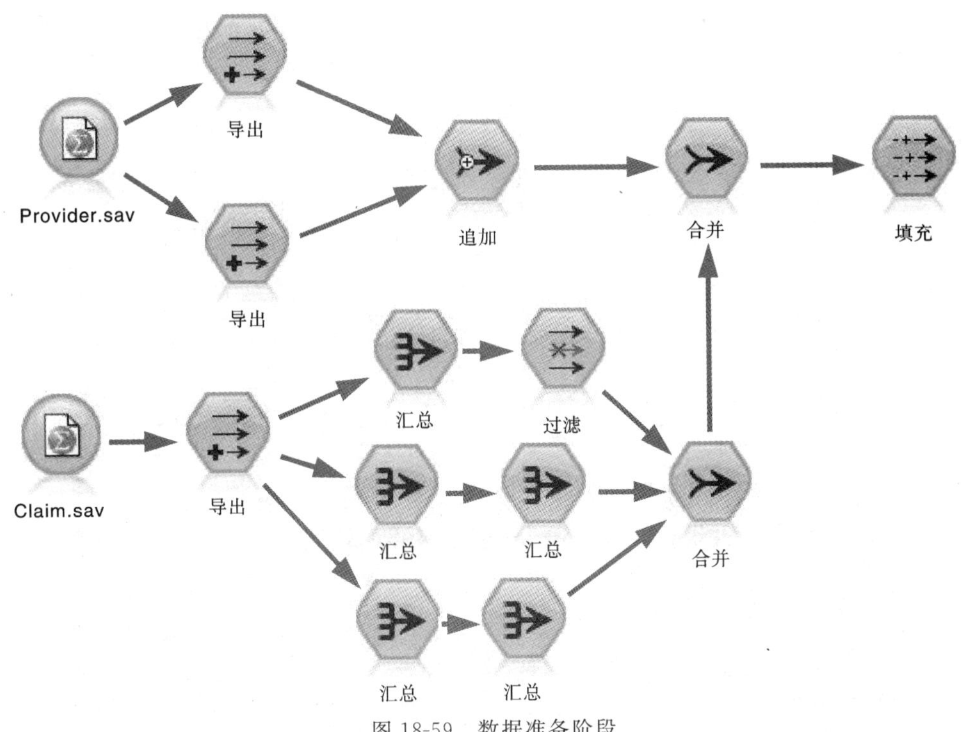

图 18-59　数据准备阶段

步骤 2　相关参数设置

(1)"导出"对话框中，"导出字段"修改为："所属时间段"，公式为：'2001_1H'；另一个为："导出字段"修改为："所属时间段"，公式为：'2001_2H'. 第三个"所属时间段"设为，"导出为：名义"，字段为"2001_1H"，条件为"datetime_month(住院开始时间)＝＜6"；另一处为："2001_2H"，条件为"datetime_month(住院开始时间)＞6"。如图 18-60 所示。

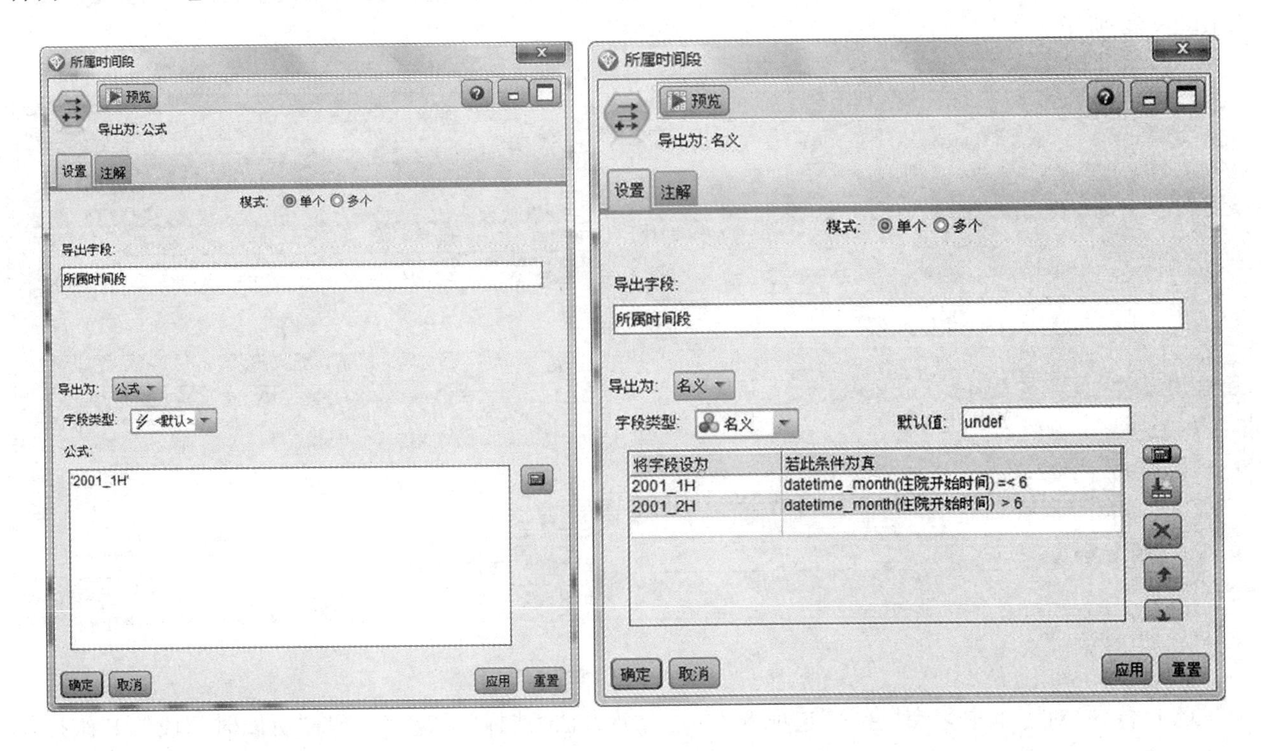

图 18-60　"导出"对话框的参数设置

(2)"汇总"对话框中，在"设置"选项卡下—"关键字段"为"所属时间段"和"医疗保健机构编号"；"汇总字段"为"保费覆盖额"，"账单金额"和"支付金额"，统计量为总数；在勾选的"在字段中包含记录计数"修改为"支付笔数"，如图 18-61 所示。

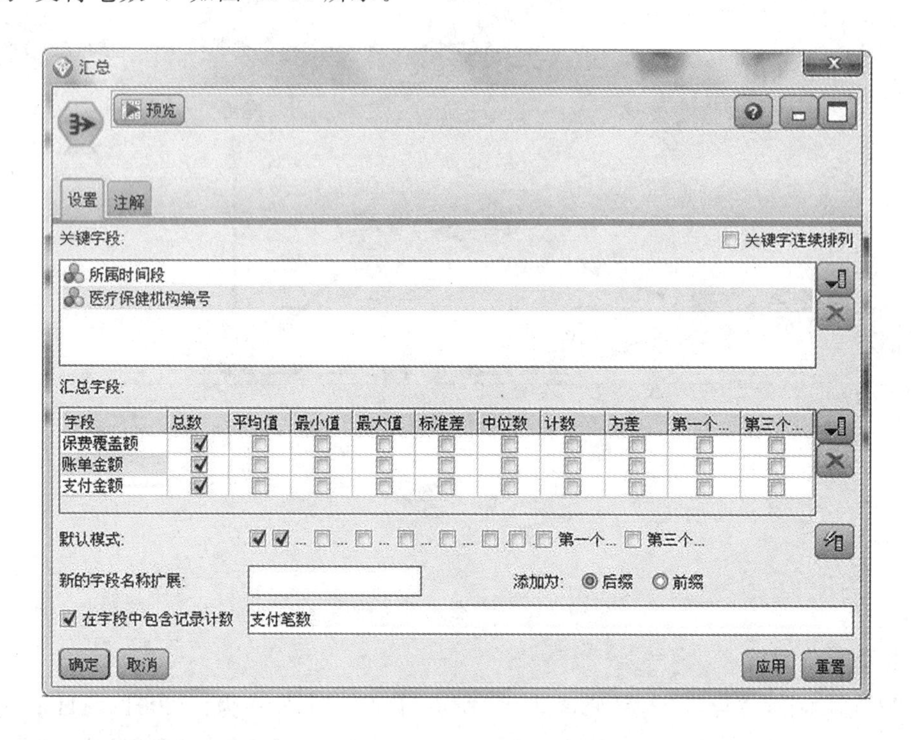

图 18-61 "汇总"对话框的参数设置

(3)在另一个汇总中，设置为"汇总担保人数量"，"设置"—"关键字段"为"所属时间段"和"医疗保健机构编号"，"在字段中包含记录计数"修改为"投保人数量"；同样的另一处设置为"处理过程数量"，如图 18-62 所示。

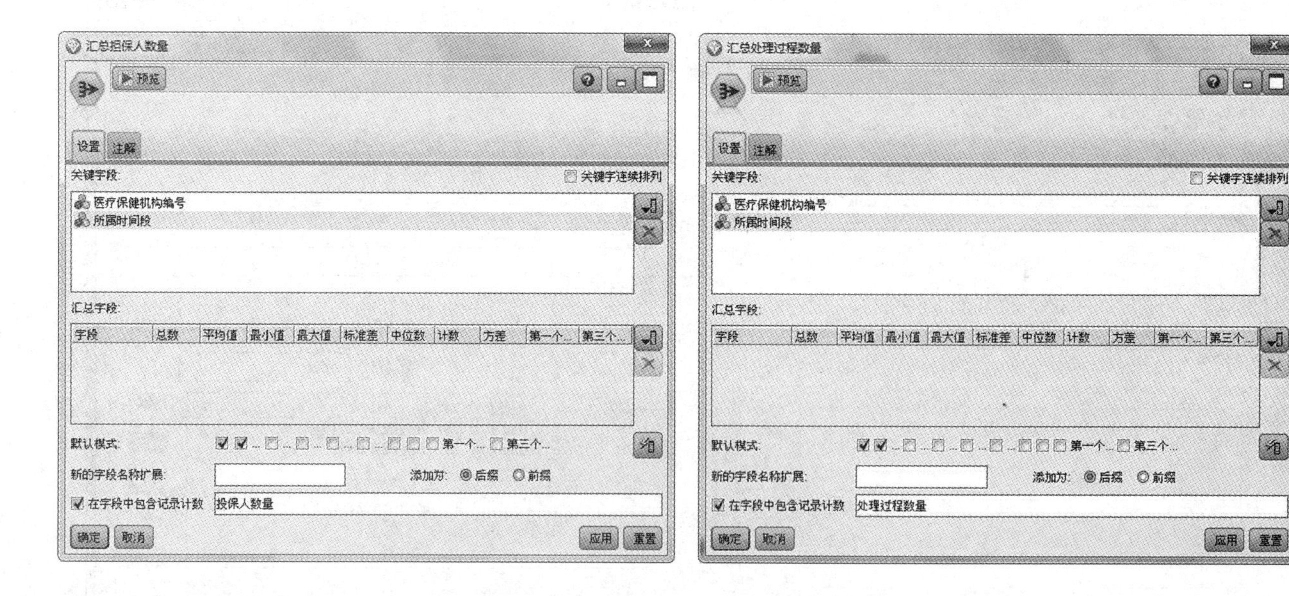

图 18-62 "汇总"对话框的参数设置

(4)"合并"对话框中，在"合并"选项卡下，"合并方法"选择"关键字"，将"所属时间段"和"医疗保健机构编号"移入"用于和并的关键字"窗口中。如图 18-63 所示。

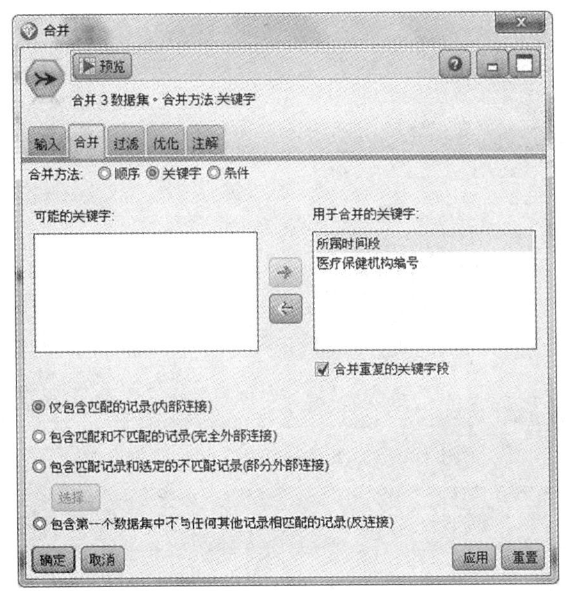

图 18-63　“合并”对话框的参数设置

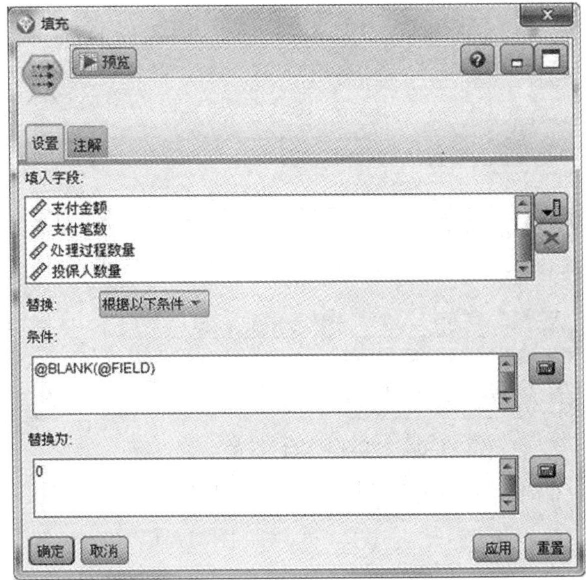

图 18-64　“填充”对话框的参数设置

(5)“填充”对话框中，在“设置”选项卡下，“填入字段”处移入“保费覆盖额”、“账单金额”、“支付金额”、“支付笔数”、“处理过程数量”和“投保人数量”，如图 18-64 所示。

步骤 3　构建分析医疗保健机构行为模型

按照图 18-65 所示方式构建数据流。

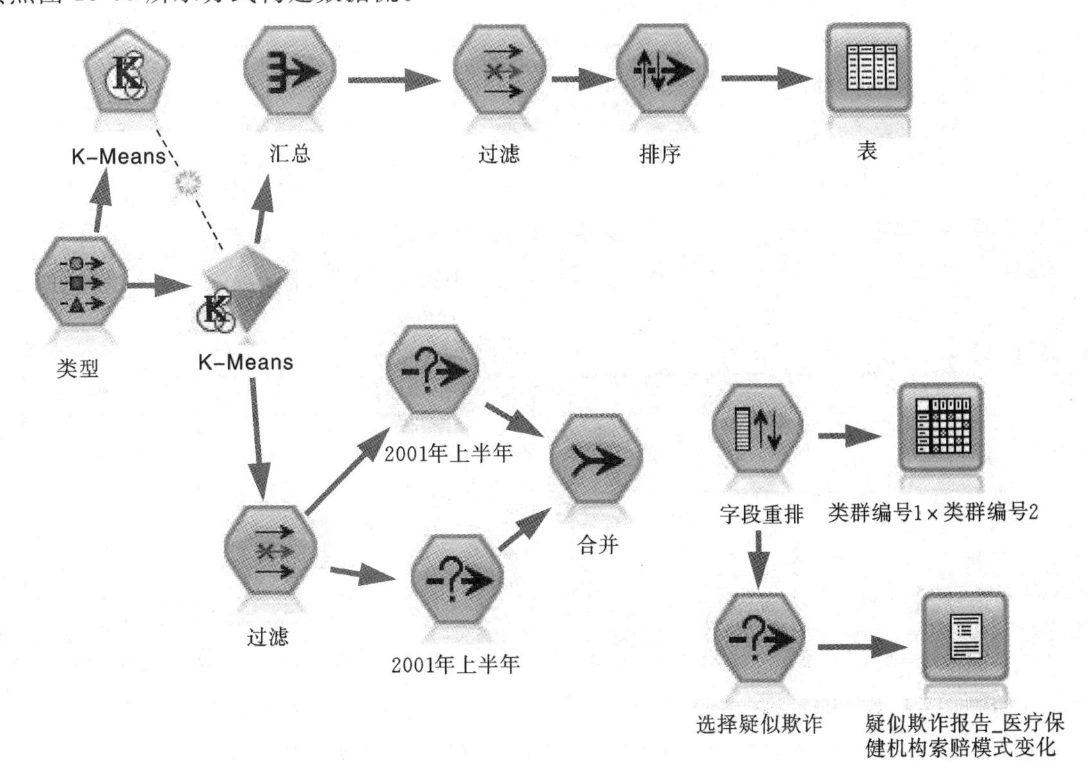

图 18-65　构建分析医疗保健机构行为模型

步骤 4　相关参数设置

(1)“类型”对话框中，“医疗保健机构编号”、“所属时间段”和“医疗保健机构大类”的角色设置为“无”。如图 18-66 所示。

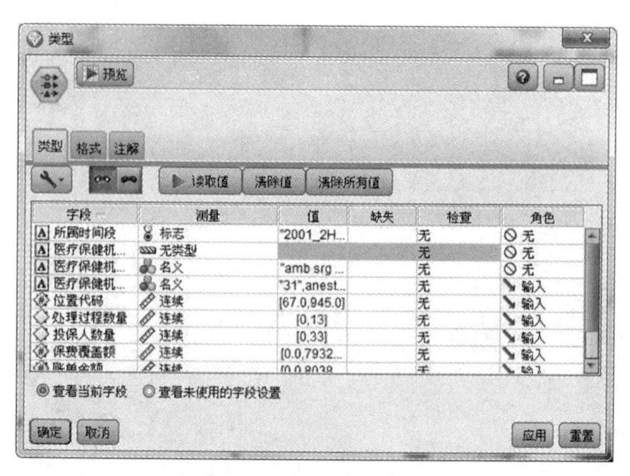

图 18-66 “类型”对话框的参数设置

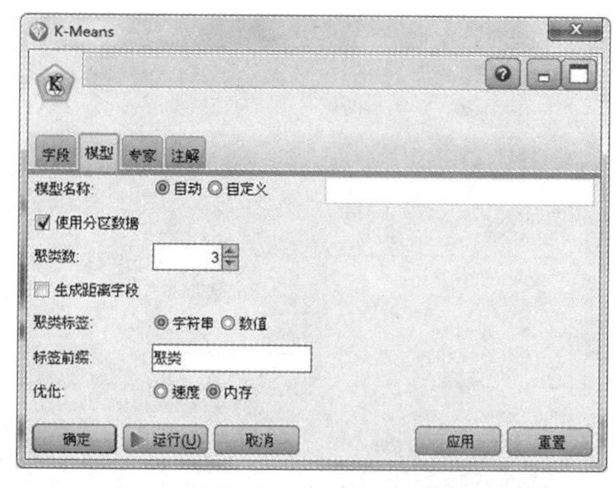

图 18-67 “K-Means”节点的参数设置

(2)“K-Means”对话框中，“模型”选项卡下，设置聚类数为 3，如图 18-67 所示。

(3)“汇总”对话框中，“设置”选项卡下，“关键字段”拖入 $KM-K-Means，汇总字段处填入支付金额和支付笔数，统计字段为平均数；在勾选的“在字段中包含记录计数”修改为“医疗保健机构数量”。如图 18-68 所示。

(4)“排序”对话框中，“设置”选项卡下—“排序方式”处，“字段”设为“支付金额”，顺序为“升序”。如图 18-69 所示。

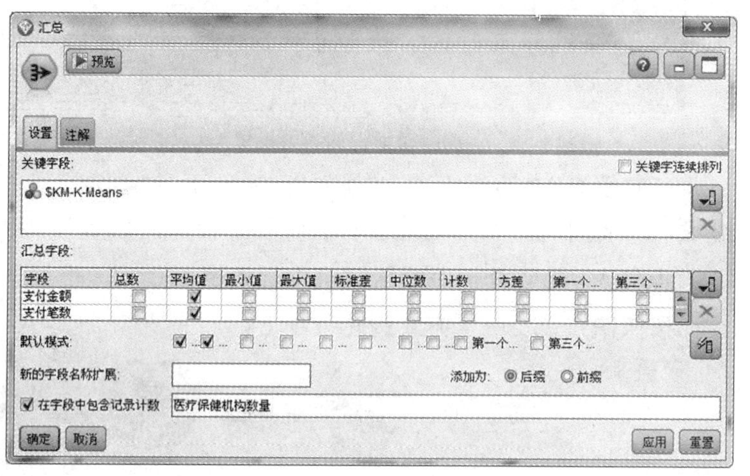

图 18-68 “汇总”对话框的参数设置

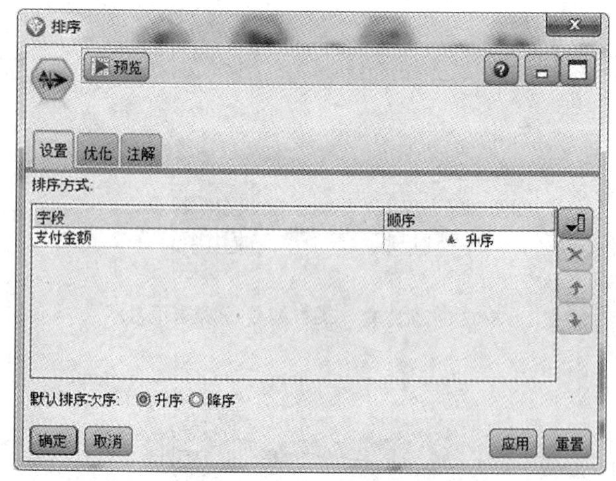

图 18-69 “排序”对话框的参数设置

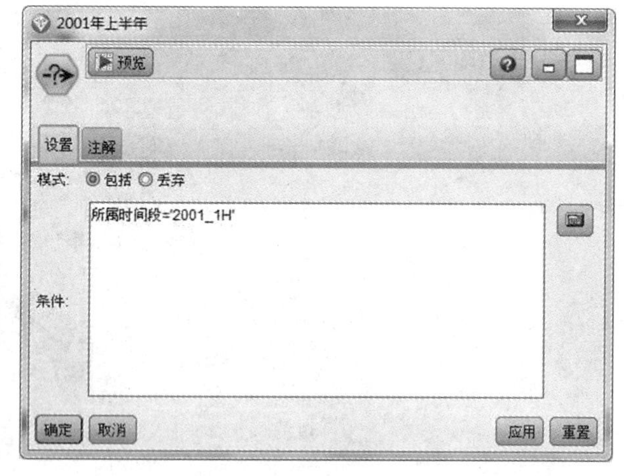

图 18-70 “选择”对话框的参数设置

(5)“选择”对话框中，其中一个选择为“2001 年上半年”，条件为“所属时间段='2001 _ 1H'”；另一个则为“2001 年下半年”，条件为“所属时间段='2001 _ 2H'”。如图 18-70 所示。

(6)“合并”对话框中，“合并”选项卡下—“合并方法”为关键字，将“医疗保健机构编号”移入“用于合并的关键字”窗口处；“过滤”选项下，过滤“所属时间段”、“医疗保健机构大类”、“医疗保健机构细类”、“位置代码”。如图 18-71 所示。

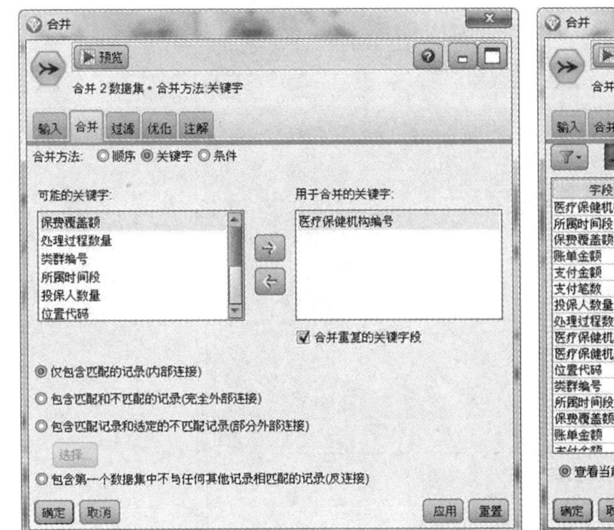

图 18-71　“合并”对话框的参数设置

(7)“选择”对话框中，条件设置为：类群编号 1='聚类－2'　and(类群编号 2='聚类－1'　or 类群编号 2='聚类－3')or 类群编号 2='聚类－2'　and(类群编号 1='聚类－1'　or 类群编号 1='聚类－3')，如图 18-72 所示。

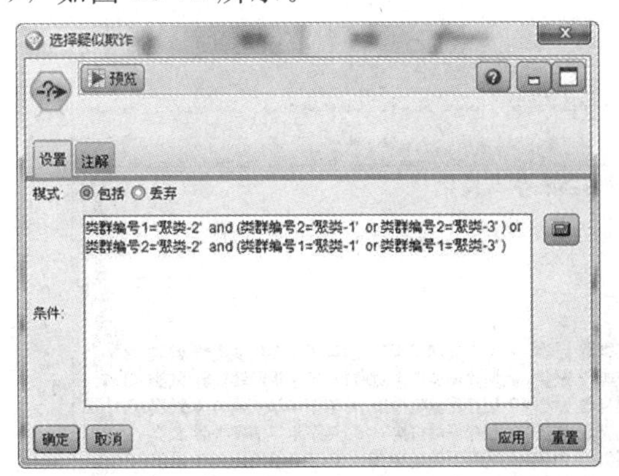

图 18-72　“选择”对话框的参数设置

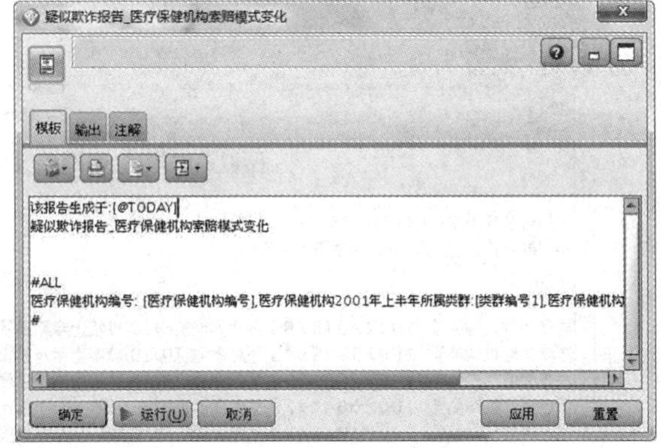

图 18-73　“报告”对话框的参数设置

(8)“报告”对话框中，“模板”选项卡下修改为：

疑似欺诈报告 _ 医疗保健机构索赔模式变化

＃ALL

医疗保健机构编号：[医疗保健机构编号]，医疗保健机构 2001 年上半年所属类群：[类群编号 1]，医疗保健机构 2001 年下半年所属类群：[类群编号 2]

＃，如图 18-73 所示。

步骤 5　结果输出

实验结果如图 18-74 所示。

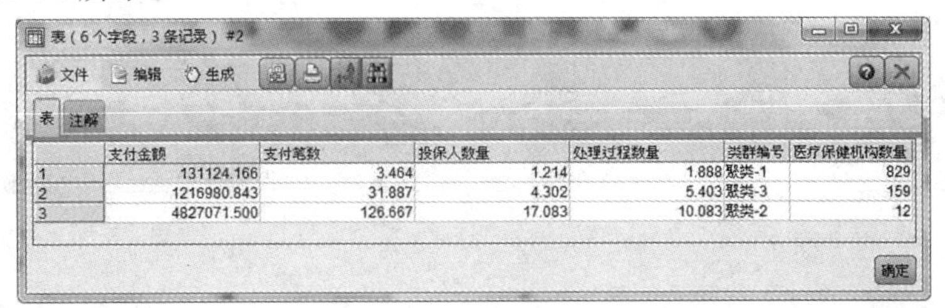

	支付金额	支付笔数	投保人数量	处理过程数量	类群编号	医疗保健机构数量
1	131124.166	3.464	1.214	1.888	聚类-1	829
2	1216980.843	31.887	4.302	5.403	聚类-3	159
3	4827071.500	126.667	17.083	10.083	聚类-2	12

图 18-74　结果输出图(a)

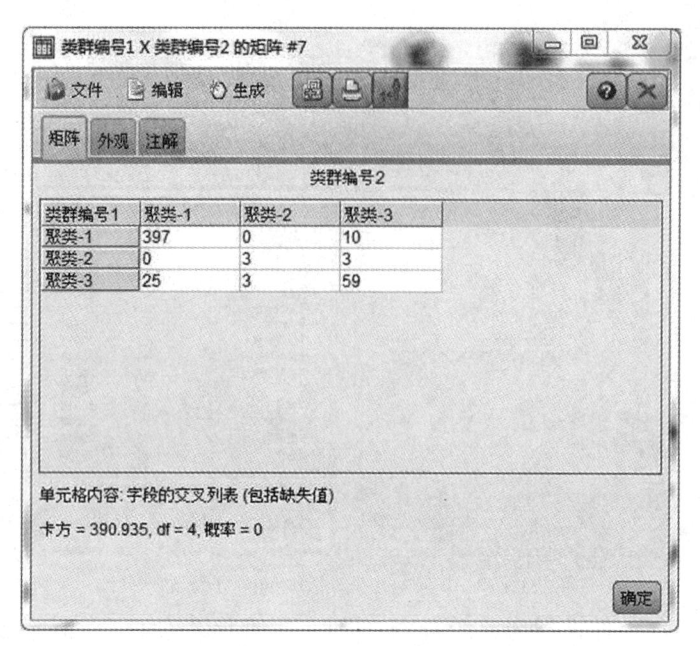

图 18-74 结果输出图(b)

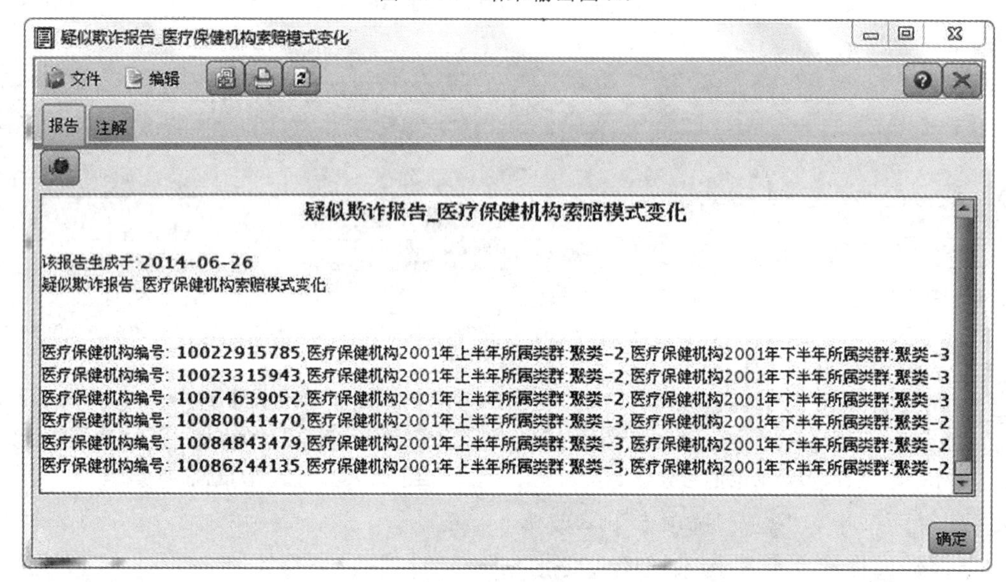

图 18-74 结果输出图(c)

18.4.6 发现多个医疗保健机构共用投保人信息

步骤 1 构建数据流

按照图 18-75 依次将各个节点连入数据流。

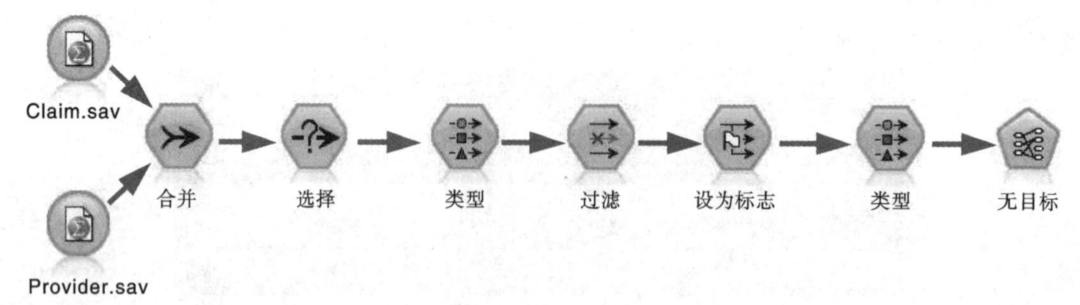

图 18-75 多个医疗保健机构共用投保人信息数据流

步骤 2　设置相关参数

(1)“合并”对话框中，在“合并”选项卡下，合并方法为关键字，并将“医疗保健机构编号”移入“用于合并的关键字”窗口中；在“过滤”选项卡下，过滤“医疗保健机构大类”、“索赔编号”、“投保人状态”、“医疗保险机构服务”、“住院时长”、“住院开始时间”、“住院结束时间”、“保费覆盖率”、“账单金额”、“支付金额和服务地点”。如图 18-76 所示。

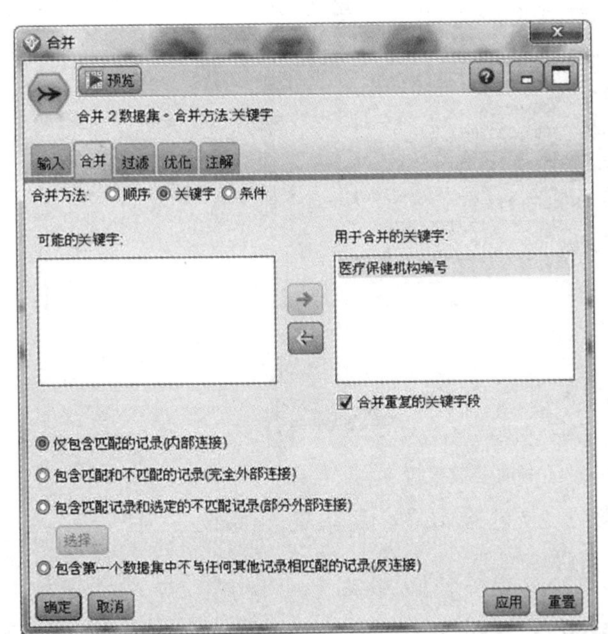

图 18-76　“合并”对话框的参数设置

(2)“选择”对话框中，“设置”选项卡下，“条件”为：医疗保健机构细类＝'gen pract'。如图 18-77 所示。

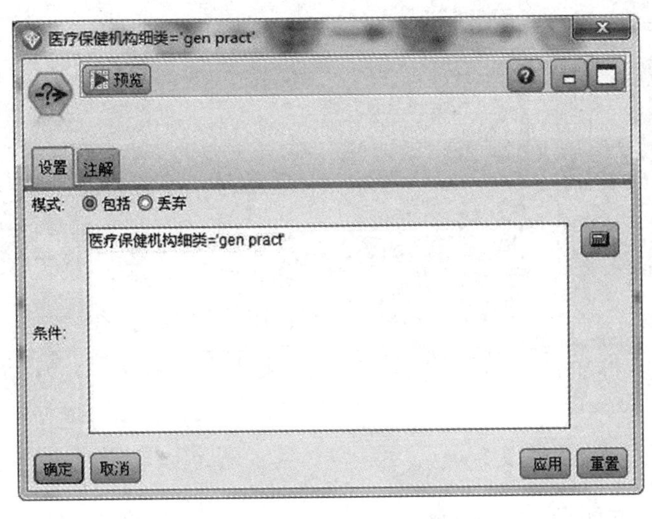

图 18-77　“选择”对话框参数设置

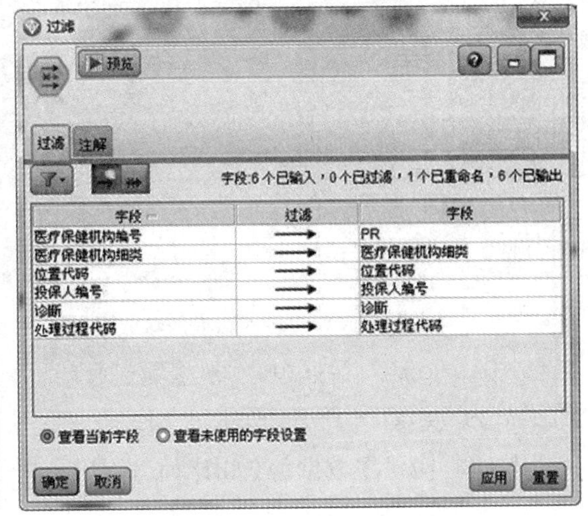

图 18-78　“过滤”对话框的参数设置

(3)“过滤”对话框中，将“医疗保健机构编号”更改为“PR”，如图 18-78 所示。

(4)“设为标志”对话框中，将“可用的集值”窗口中的变量全部移入“创建标志字段”窗口中；勾选“汇总关键字”，输入“投保人编号”。如图 18-79 所示。

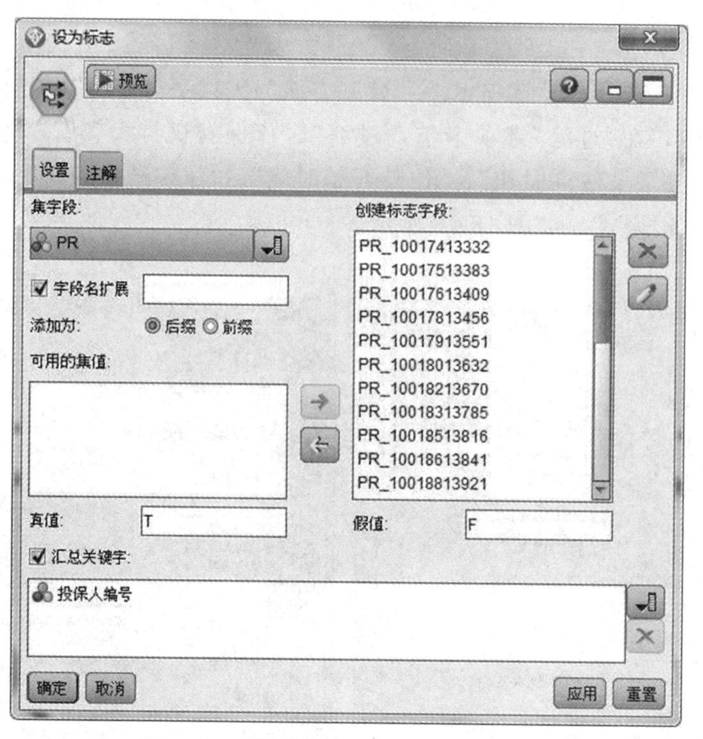

图 18-79 “设为标志”对话框的参数设置

(5)“类型”对话框中，将“投保人编号”角色设置为“记录 ID”，其余的全部设置为“两者”。如图 18-80 所示。

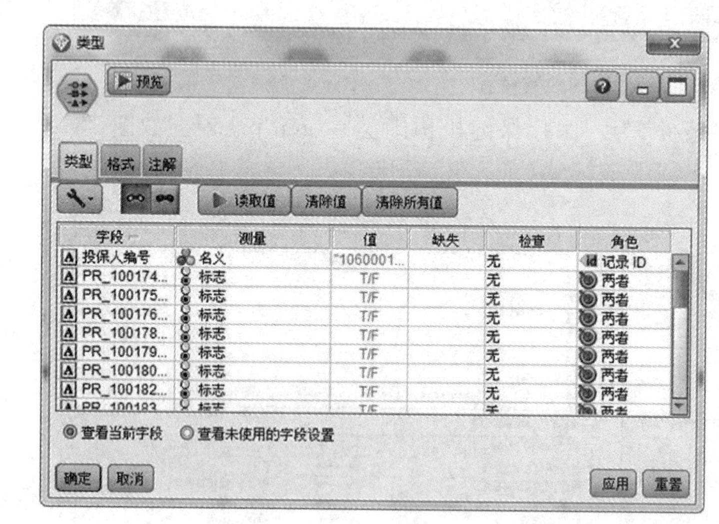

图 18-80 “类型”对话框的参数设置

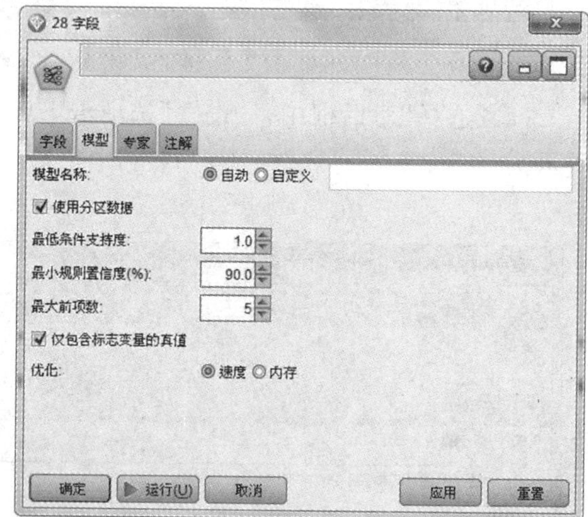

图 18-81 “Apriori”对话框参数设置

(6)“Apriori”对话框中，“模型”选项卡下，最低条件支持度为 1.0，最小规则置信度为 90.0，最大前项数为 5，如图 18-81 所示。

步骤 3 构建主数据流(如图 18-82 所示)

图 18-82 模型 6 的部分分析数据流

步骤 4　设置相关参数

(1)“选择”对话框中，“条件”设置为：“实例>=3”，如图 18-83 所示。

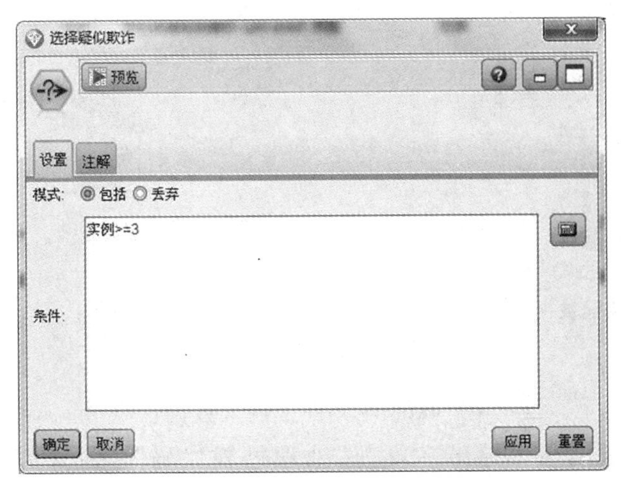

图 18-83　“选择”对话框的参数设置

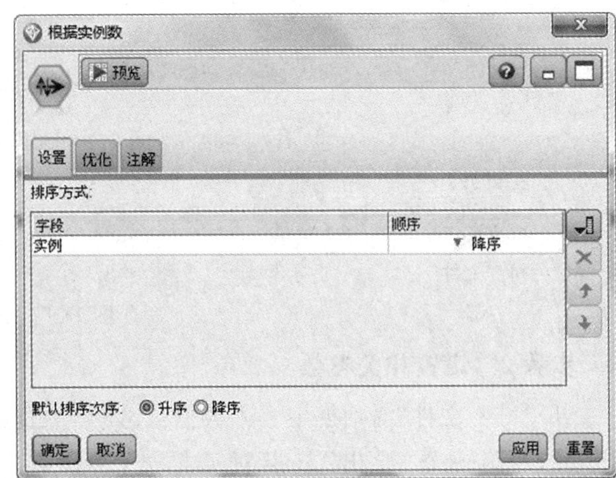

图 18-84　“排序”对话框的参数设置

(2)“排序”对话框中，字段为“实例”，顺序为“降序”，如图 18-84 所示。

(3)“报告”对话框中，“模板”选项卡下，输入如下信息：

该报告生成于：[@TODAY]

疑似欺诈报告 _ 医疗保健机构共用投保人信息

ALL

[疑似欺诈医疗保健机构]共用了[实例]个投保人信息

#，如图 18-85 所示。

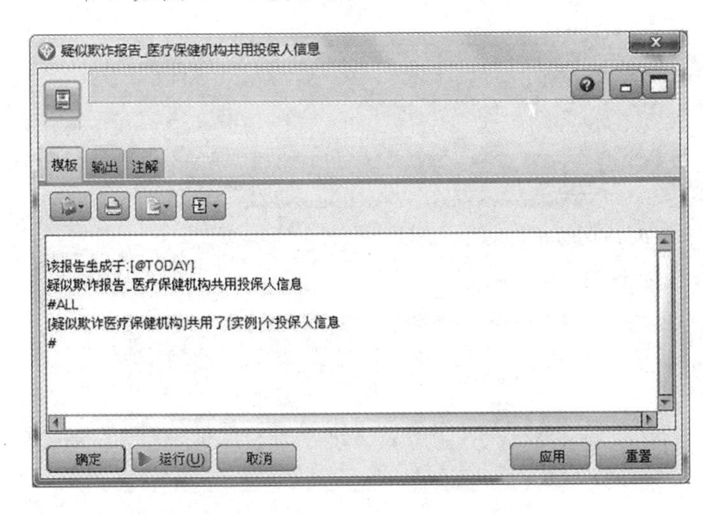

图 18-85　“报告”对话框的参数设置

图 18-86　结果输出图

步骤 5　结果输出

实验结果如图 18-86 所示。

18.4.7　发现异常诊断与处理过程

步骤 1　构建数据流

将图 18-87 各个节点依次连入构成数据流。

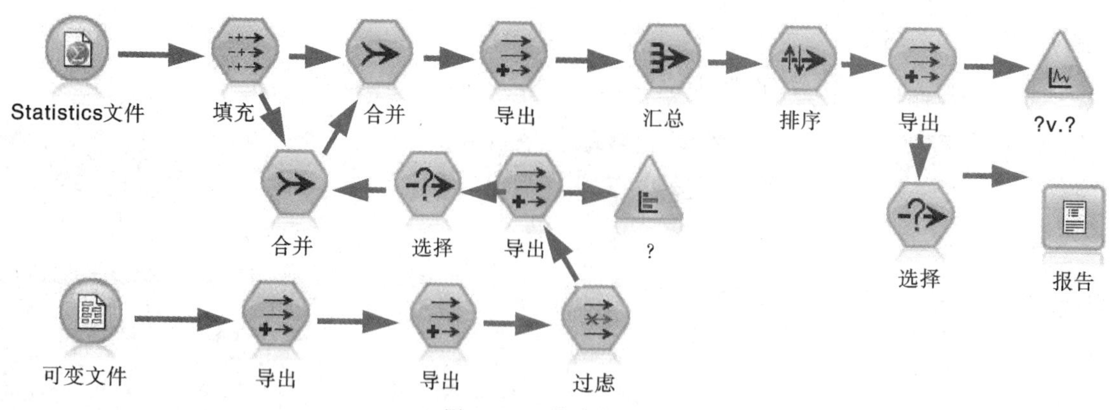

图 18-87 构建数据流

步骤 2 设置相关参数

(1)“可变文件”对话框中输入数据：诊断与处理过程.txt；在 Statistic 文件中输入数据：Claim.sav。

(2)在第一个“导出”节点对话框处，“设置”选项卡，导出字段为“处理过程代码”，公式为：substring_between(6，issubstring('='，后项)−2，后项)；在另一个节点处，“设置”选项卡，导出字段为“诊断”，公式为：allbutfirst(7，'前项')，如图 18-88 所示。

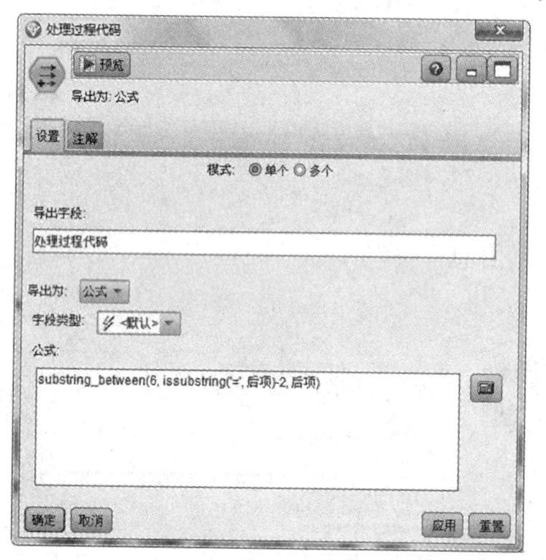

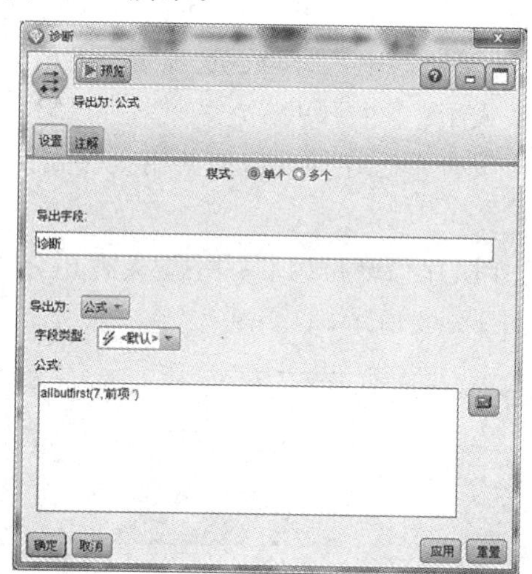

图 18-88 “导出”对话框的相关设置

(3)“过滤”对话框中，过滤“前项”和“后项”。如图 18-89 所示。

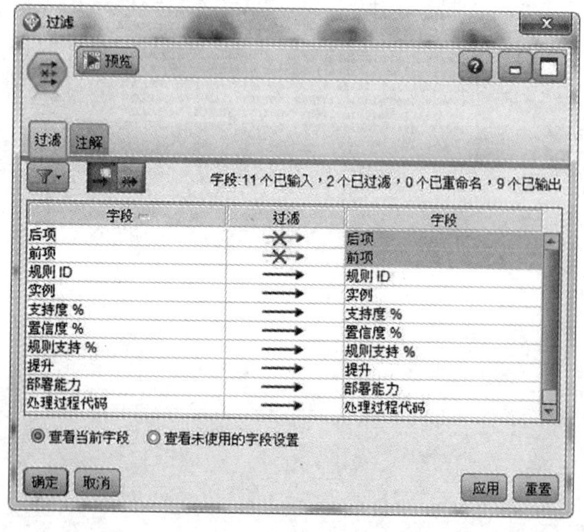

图 18-89 “过滤”对话框的参数设置

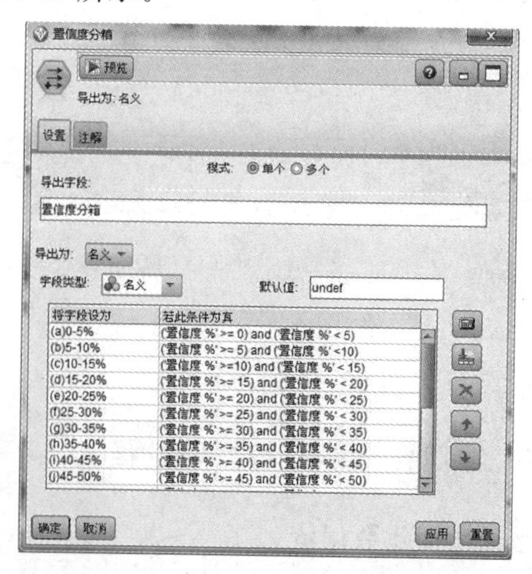

图 18-90 “导出”对话框的参数设置

(4)在“过滤”节点的下一个节点“导出”对话框，“导出字段”设置为“置信度分箱”；导出为：“名义”，字段设置如图 18-90 所示。

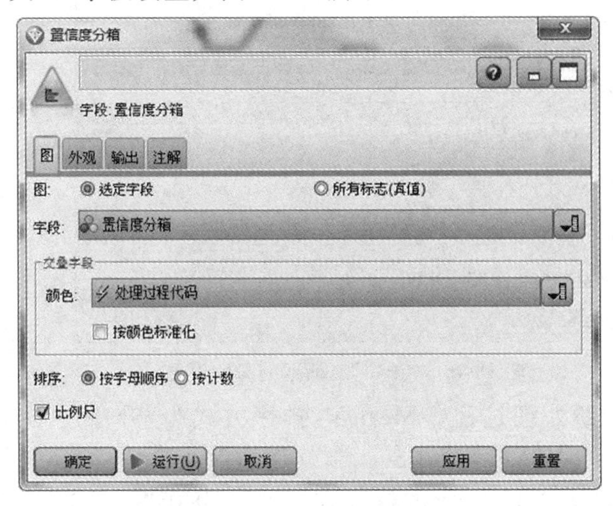

图 18-91　“分布”对话框的参数设置

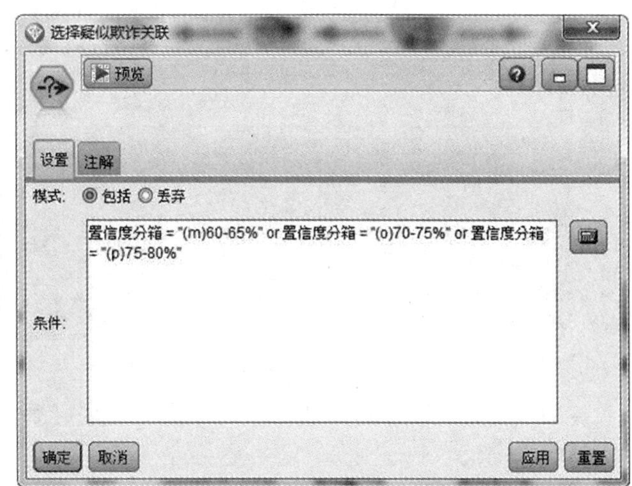

图 18-92　“选择”对话框的参数设置

(5)在“分布”对话框中，“图”选项卡下，字段设置为：置信度分箱；颜色：处理过程代码；勾选“比例尺”。如图 18-91 所示。

(6)在“置信度分箱”的下一个“选择”节点的对话框处，条件设置为：置信度分箱＝"(m)60－65%"or 置信度分箱＝"(o)70－75%"or 置信度分箱＝"(p)75－80%"。如图 18-92 所示。

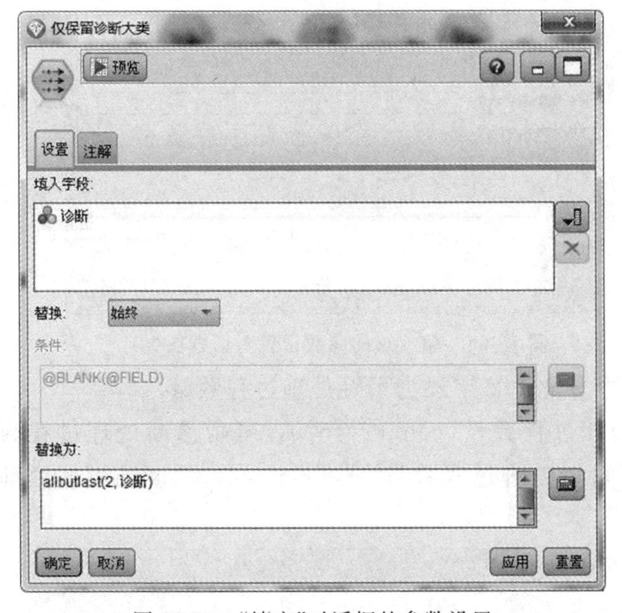

图 18-93　“填充”对话框的参数设置

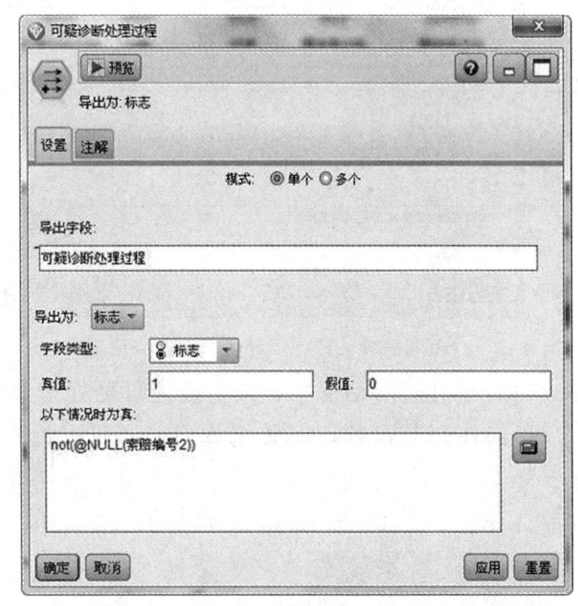

图 18-94　“导出”对话框的参数设置

(7)在“填充”节点对话框，填入字段为诊断，替换方式为始终，替换为：allbutlast(2，诊断)。如图 18-93 所示。

(8)在“合并”的下一个“导出”节点的对话框中，“导出字段”设置为：可疑诊断处理过程；导出为“标志”；字段类型：标志，真值为 1，假值为 0，“以下情况时为真”框中输入：not(@NULL(索赔编号 2))。如图 18-94 所示。

(9)在“汇总”对话框中，设置“关键字段”为“医疗保健机构编号”；“汇总字段”为“可疑诊断处理过程”，统计量为“平均值”；在勾选的“在字段中包含记录计数”修改为“可疑处理过程数量”。如图 18-95 所示。

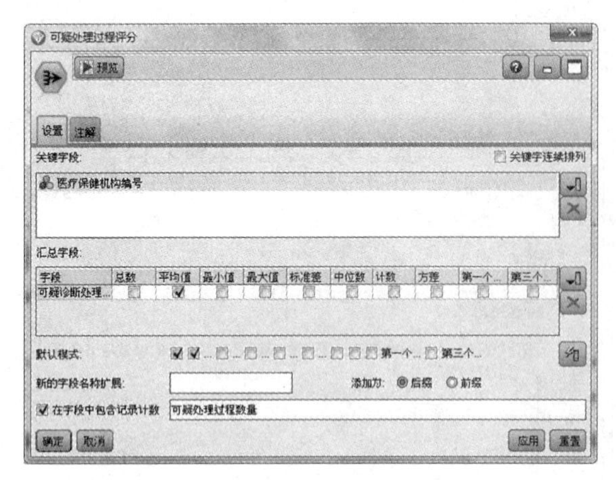

图 18-95 “汇总”对话框的参数设置

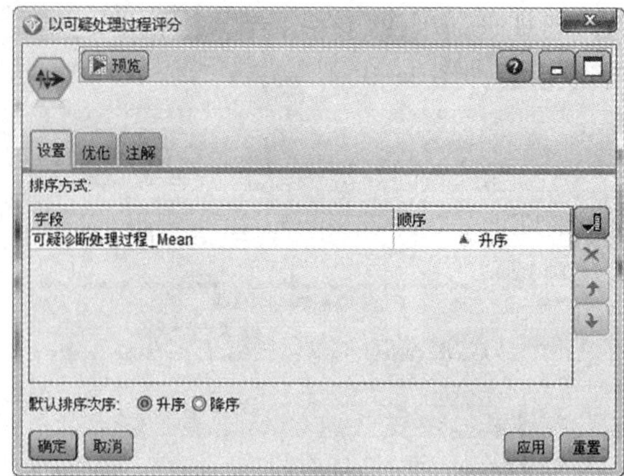

图 18-96 “排序”对话框的参数设置

(10)“排序”节点的对话框中，“字段”为“可疑诊断处理过程 _ Mean”，排序方式为“升序”。如图 18-96 所示。

(11)在“排序”后的“导出”节点的对话框中，“导出字段”为“可疑处理过程百分比”，公式为：round(可疑诊断处理过程 _ Mean * 100)。如图 18-97 所示。

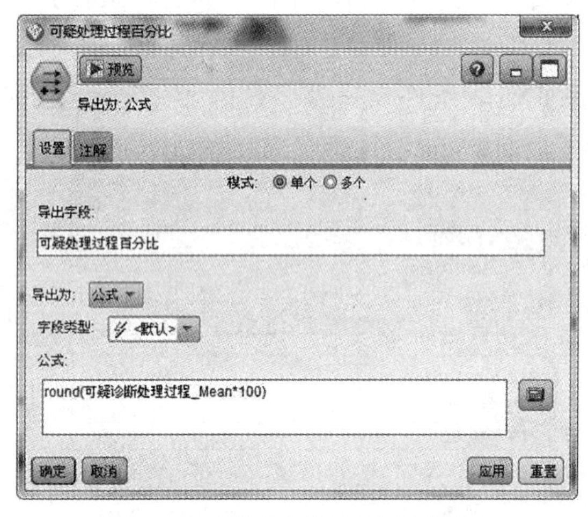

图 18-97 “导出”对话框的参数设置

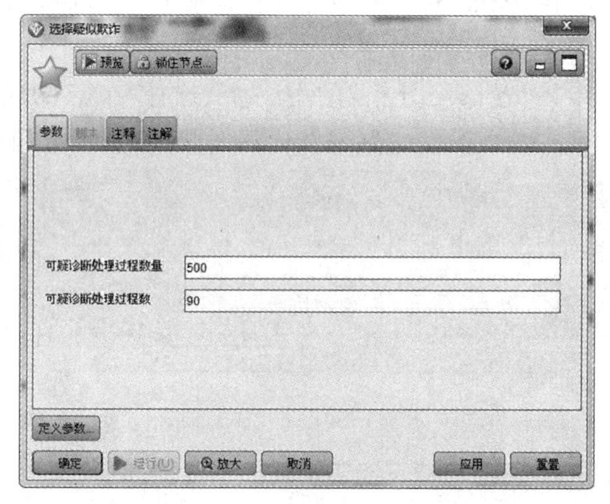

图 18-98 超节点的参数设置对话框图(a)

(12)在“图”对话框中，X 字段为可疑处理过程百分比，Y 字段为可疑处理过程数量。

(13)在超节点处，定义相关参数：可疑诊断处理过程数量(count)=500，可疑诊断处理过程数(percent)=90，在超节点处的选择节点，条件为：可疑处理过程数量>'$P-count' and 可疑处理过程百分比>'$P-percent'，如图 18-98 所示。

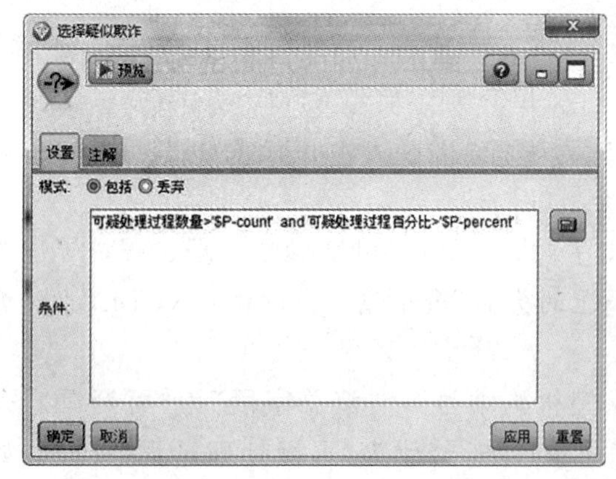

图 18-98 “选择”对话框的参数设置(b)

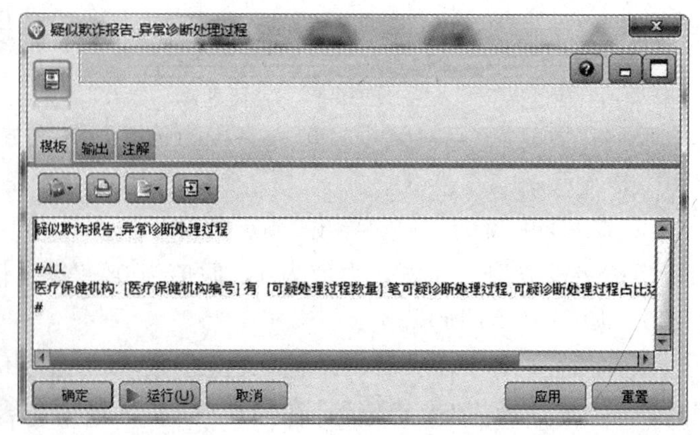

图 18-99 “报告”对话框的参数设置

(14)在“报告”对话框中，“模板”选项卡下输入以下信息：

疑似欺诈报告 _ 异常诊断处理过程

＃ALL

医疗保健机构：[医疗保健机构编号]有[可疑处理过程数量]笔可疑诊断处理过程，可疑诊断处理过程占比达到[可疑处理过程百分比]％

＃，如图 18-99 所示。

步骤 3　结果输出

实验结果如图 18-100 所示。

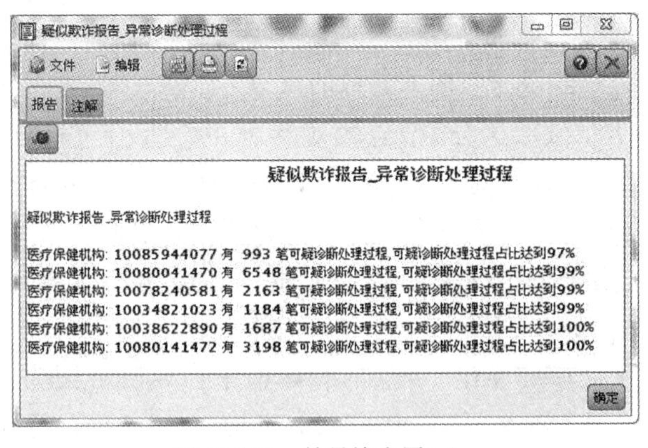

图 18-100　结果输出图(a)

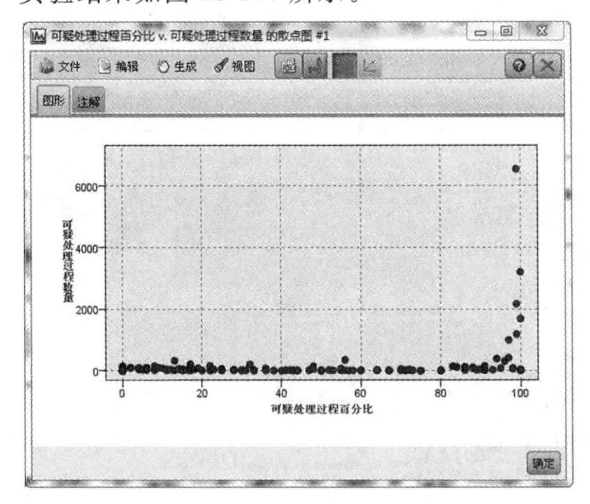

图 18-100　结果输出图(b)

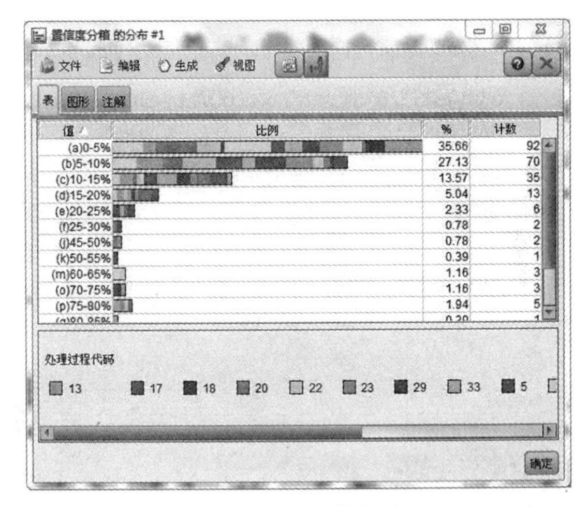

图 18-100　结果输出图(c)

18.4.8　结果发布，将所有疑点进行汇总并生成报告

将每一个模型生成一个超节点，作为数据流的输入端。

步骤 1　构建数据流(图 18-101)

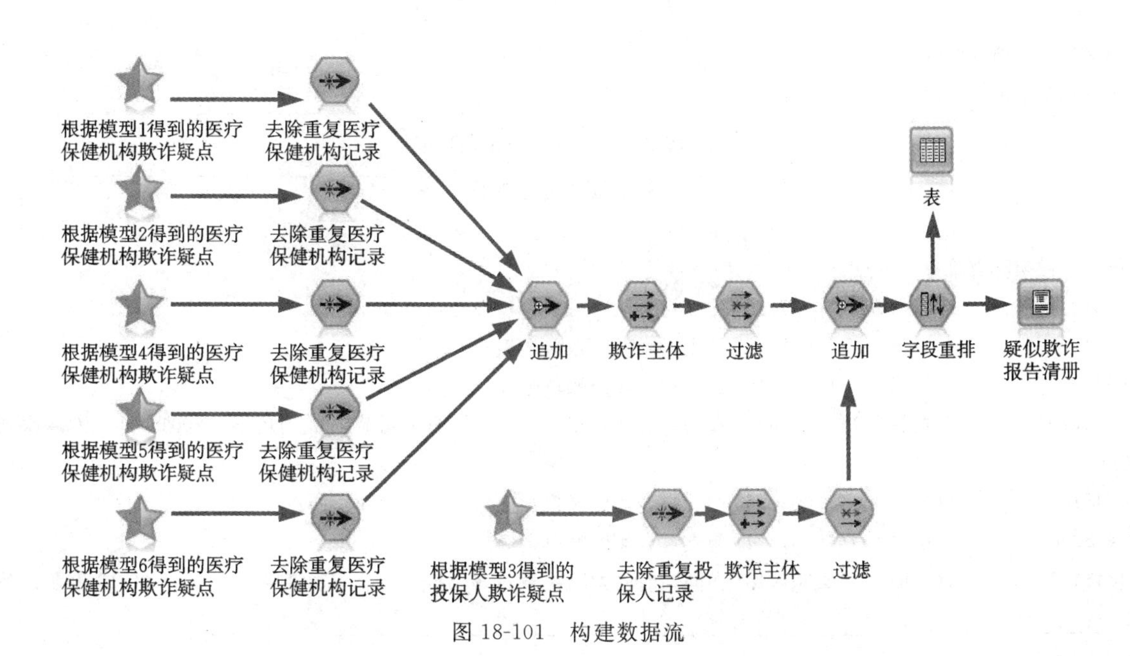

图 18-101　构建数据流

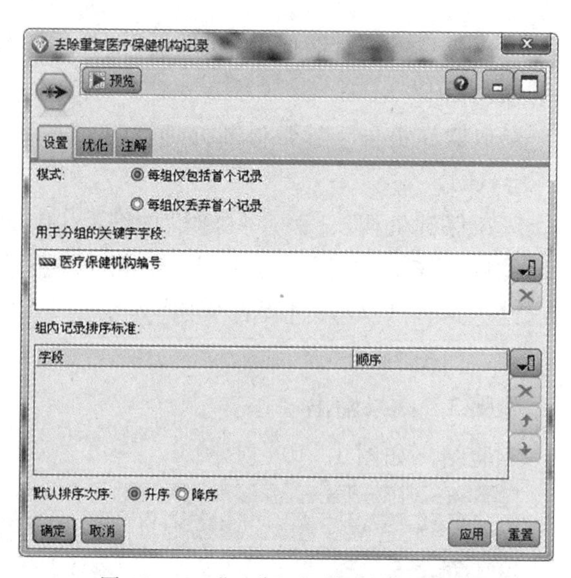

步骤 2　相关参数的设置

(1)“区分”节点的对话框中，“设置”选项卡下，“用于分组的关键字字段”框中输入“医疗保健机构编号”。在模型 3 后连接的“区分”节点处，“设置”—“用于分组的关键字字段”框中输入“投保人编号”。如图 18-102 所示。

(2)“导出”节点的对话框中，导出字段为：欺诈主体，公式为：'医疗保健机构'；另一处的导出字段为：欺诈主体，公式为：'投保人'，如图 18-103 所示。

图 18-102　“区分”对话框的参数设置

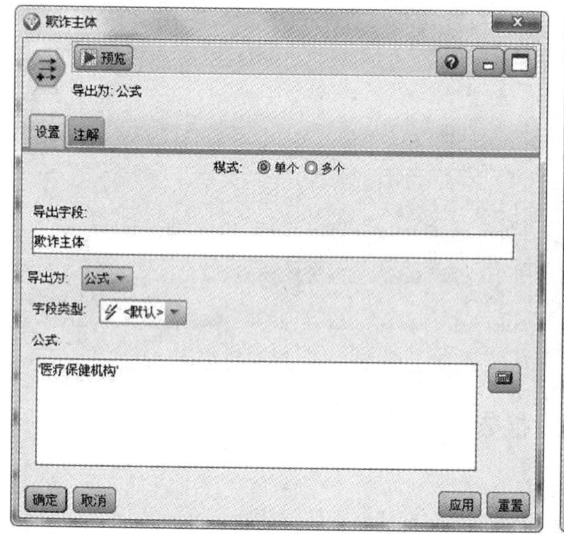

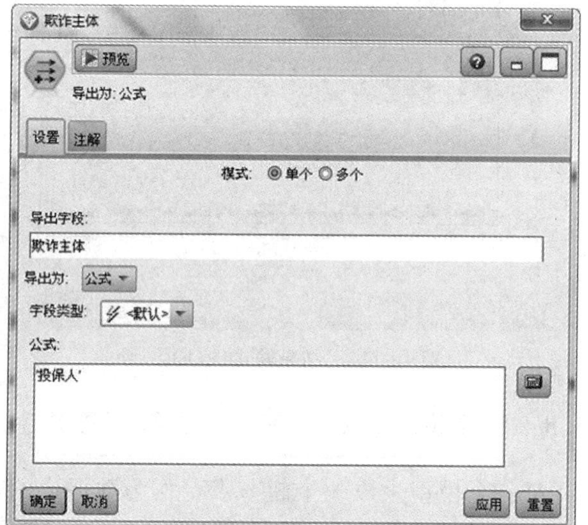

图 18-103　“导出”对话框的参数设置

步骤 3　结果输出

结果输出见表 18-2。

表 18-2　疑似欺诈结果输出表

疑似欺诈报告清册	
以下医疗保健机构存在欺诈疑点：	
10035221271	((投保人 14500012148 的支付金额>账单金额))
10058431790	((投保人 55100031699 的支付金额>账单金额))
10076940004	((投保人 44600026120 的支付金额>账单金额))
10080041470	((投保人 65500036707 在同一时间索赔次数过多，同一住院开始时间——2001-09-07 索赔次数达到 61 次))
10084243134	((投保人 53700030960 的支付金额>账单金额))
10084443260	((投保人 16700013144 的支付金额>账单金额))
10084843479	((投保人 31200019485 在同一时间索赔次数过多，同一住院开始时间——2001-09-12 索赔次数达到 91 次))

```
10086244135          ((投保人 67000037367 在同一时间索赔次数过多，同一住院开始时间——2001-12-28 索赔次数达到
61 次))
10080141472          ((支付金额的首位数字分布与 Benford 定律不符))
10086044118          ((支付金额的首位数字分布与 Benford 定律不符))
10022915785          ((医疗保健机构索赔模式变化异常))
10023315943          ((医疗保健机构索赔模式变化异常))
10036521819          ((医疗保健机构索赔模式变化异常))
10074639052          ((医疗保健机构索赔模式变化异常))
10080041470          ((医疗保健机构索赔模式变化异常))
10084843479          ((医疗保健机构索赔模式变化异常))
10086244135          ((医疗保健机构索赔模式变化异常))
10017513383          ((共用保险人信息))
10018313785          ((共用保险人信息))
10019114014          ((共用保险人信息))
10061032940          ((共用保险人信息))
10061633122          ((共用保险人信息))
10034821023          ((诊断的异常处理过程))
10038622890          ((诊断的异常处理过程))
10078240581          ((诊断的异常处理过程))
10080041470          ((诊断的异常处理过程))
10080141472          ((诊断的异常处理过程))
10085944077          ((诊断的异常处理过程))

以下投保人存在欺诈疑点：
21700015465          ((投保人索赔模式变化异常))
22100015662          ((投保人索赔模式变化异常))
26100017387          ((投保人索赔模式变化异常))
31200019485          ((投保人索赔模式变化异常))
34500021144          ((投保人索赔模式变化异常))
40400023860          ((投保人索赔模式变化异常))
46300027224          ((投保人索赔模式变化异常))
54500031427          ((投保人索赔模式变化异常))
58200033387          ((投保人索赔模式变化异常))
58800033583          ((投保人索赔模式变化异常))
64800036356          ((投保人索赔模式变化异常))
65500036707          ((投保人索赔模式变化异常))
67000037367          ((投保人索赔模式变化异常))
68500038167          ((投保人索赔模式变化异常))
```

18.5　实验分析与扩展练习

18.5.1　实验分析

本实验对保险行业顾客的数据进行了比较全面的分析，分别对医疗保险中的三个角色构建相应

的模型来发现其中的疑似欺诈和异常问题。本实验首先对各个数据源进行探索性的分析，然后根据不同的疑似欺诈线索构建模型，运用算法进行透彻的分析，得到疑似欺诈的结果。

想想还能得到哪些其他的重要信息？

18.5.2 扩展练习

请收集其他领域的数据，并对其做相关的综合分析，并得到相应的数据分析报表。

实验 19
电信业客户流失分析

19.1 背景知识

随着国内电信市场竞争格局的形成，如何用高质量的服务吸引和挽留客户，扩大市场份额、降低成本、提高收益，已经成为电信业决策者们共同关注的课题。国内电信业竞争不断加剧，客户争夺愈演愈烈，每个企业都存在客户流失的问题。传统意义上讲，留住一个客户所需要的成本是争夺一个新用户成本的1/5，尤其对剩余客户市场日渐缩小的通信行业来说，减少客户流失就意味着用更少的成本减少利润的流失，这点已被运营商所接受。

客户流失管理作为经营分析系统中的一个重要主题，主要任务是根据已流失客户和未流失客户的性质和消费行为，进行数据挖掘，建立客户流失预测模型，分析比较各种类型客户的流失率，流失客户的消费行为，以判断客户流失的状况或者倾向，为市场经营与决策人员制定相应的挽留政策提供重要依据，降低客户的离网率，从而减少运营成本。

19.2 实验目的

本次实验主要是通过电信业的现实数据，利用 SPSS Modeler 工具发现电信业客户的流失情况，系统掌握数据挖掘的全部流程，深刻认识业务理解在数据挖掘中的重要作用。

19.3 工具/准备工作

(1)在开始实验前，请回顾教科书的相关内容。

(2)需要准备一台安装有 SPSS Modeler 15.0 软件系统的计算机。

19.4 实验内容及步骤

本次实验分为 5 个模块，分别是：

(1)数据源的理解。

(2)模型的聚类分析。

(3)模型的流失规则分析。

(4)模型的流失评分。

(5)营销预演。

19.4.1 数据源的理解

本次实验所采用的数据来自电信用户，数据源为 churn _ analysis _ raw. sav。其中相关变量分别是编号(Customer _ ID)、性别(Gender)、年龄(Age)、手机品牌(Handset)、话务量级别(Tariff)、话务方案是否合理(Tariff _ OK)、高峰时期通话(Peak _ call)、高峰时期平均每次通话时间(AvePeak)、非高峰时期每次通话时间(AveOffPeak)、周末平均每次通话时间(AveWeekend)、国内每次通话时间(AveNational)、总的花费(Total _ Cost)、总的通话花费(Total _ call _ cost)、流失(Churn)、流失评分(churnscore)等等，由于有 40 个变量，这里就不一一描述。本次实验的目的是分析各个变量的相互关系。

步骤 1　数据源的导入

(1)通过节点“可变文本”导入数据源 churn _ analysis _ raw. sav。

(2)按照图 19-1，依次将各个节点连入数据流中。

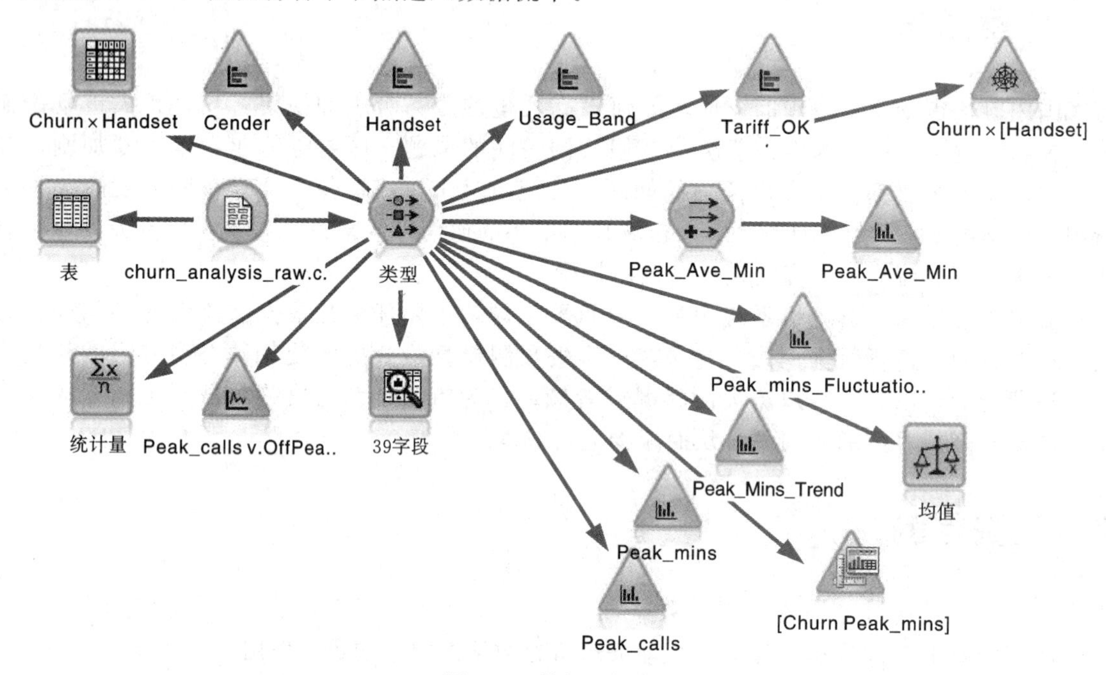

图 19-1　数据源构建

步骤 2　相关参数的设置

(1)“类型”节点中设置 Customer _ ID 字段为“无”，如图 19-2 所示。

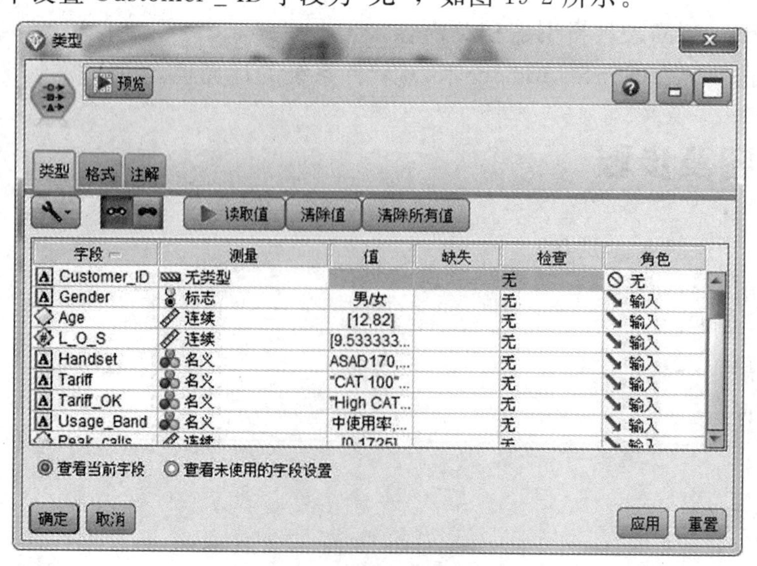

图 19-2　“类型”节点的相关设置

(2)“分布”节点中，字段处选择所需要处理的字段，例如“Gender”、“Handset”、“Usage _ Band”、“Tariff _ OK”；“交叠字段”的颜色处选取“Churn”。如图 19-3 所示。

图 19-3 “分布”节点的相关设置

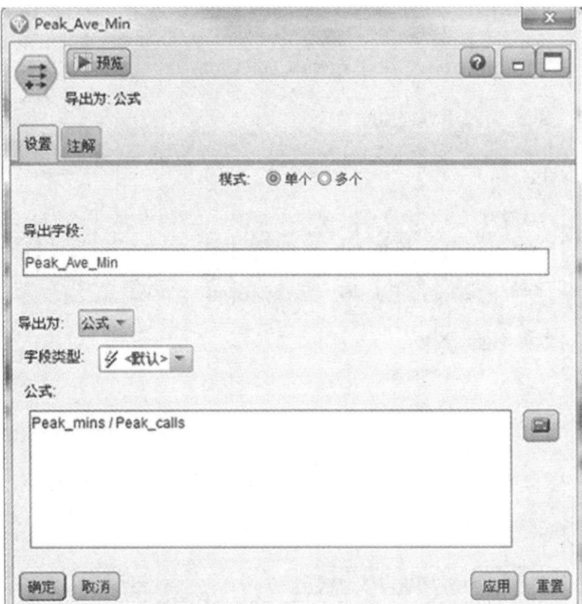

图 19-4 “导出”节点的相关设置

(3)“导出”节点处，导出字段为“Peak _ Ave _ Min”；导出为“公式”，其中公式为：Peak _ mins/Peak _ calls。如图 19-4 所示。

(4)在“直方图”节点中，“图”选项卡下，字段分别选择“Peak _ mins _ Fluctuation”、“Peak _ mins _ Trend”、“Peak _ mins”、“Peak _ calls”；颜色为“Churn”。如图 19-5 所示。

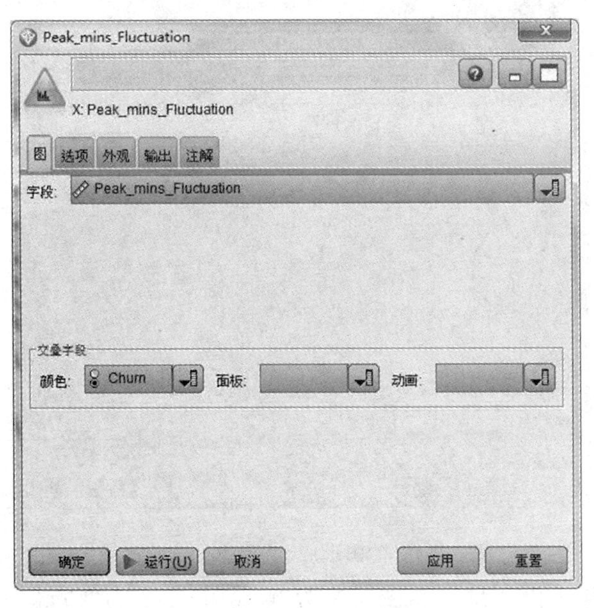

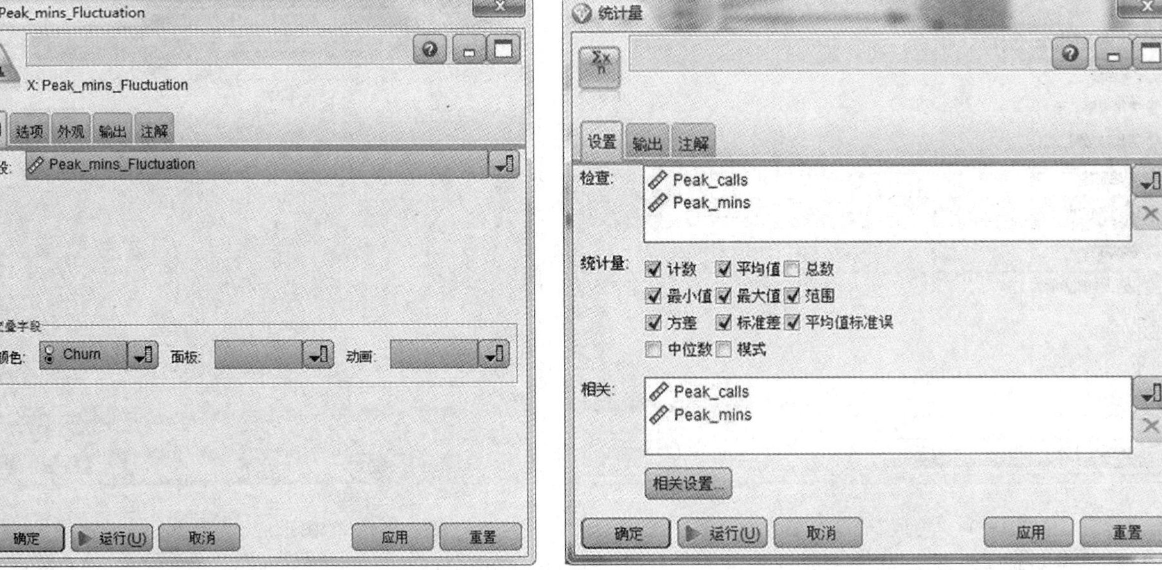

图 19-5 “直方图”节点的相关设置

图 19-6 “统计量”节点的相关设置

(5)在“统计量”节点处，“设置”选项卡下，“检查”选择字段为“Peak _ calls”和“Peak _ mins”；“统计量”为计数、平均值、最小值、最大值、范围、方差、标准差和平均值标准误；“相关”选择字段为“Peak _ calls”和“Peak _ mins”。如图 19-6 所示。

(6)在“图”节点处，X 字段选择为“Peak _ calls”，Y 字段选择为“OffPeak _ mins”。如图 19-7 所示。

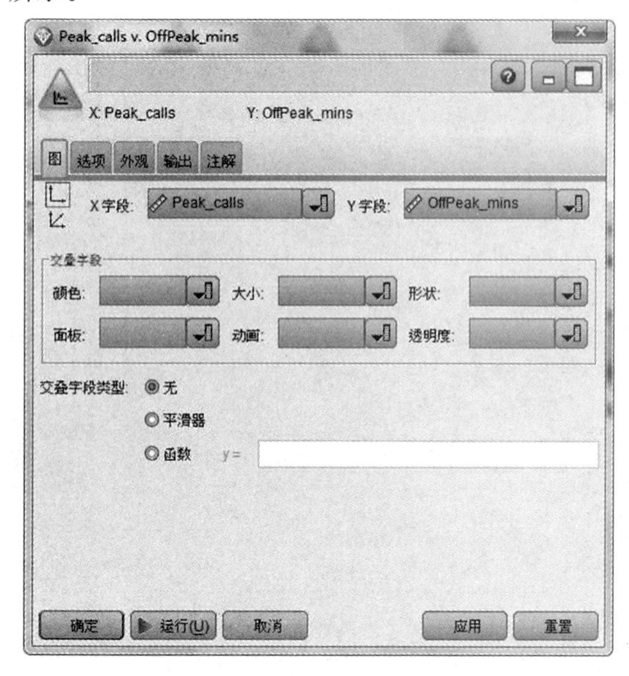

图 19-7 “图”节点的相关设置

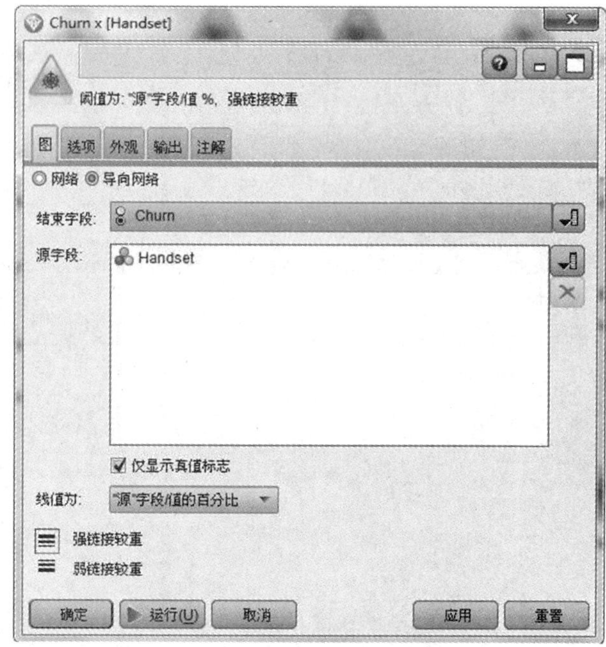

图 19-8 “网络”节点的参数设置

(7)在“网络”节点处，结束字段处选择“Churn”；源字段处选择“Handset”。如图 19-8 所示。

(8)在“均值”节点处，分组字段处选择“Churn”；测试字段处选择“Peak _ mins”。如图 19-9 所示。

图 19-9 “均值”节点的参数设置

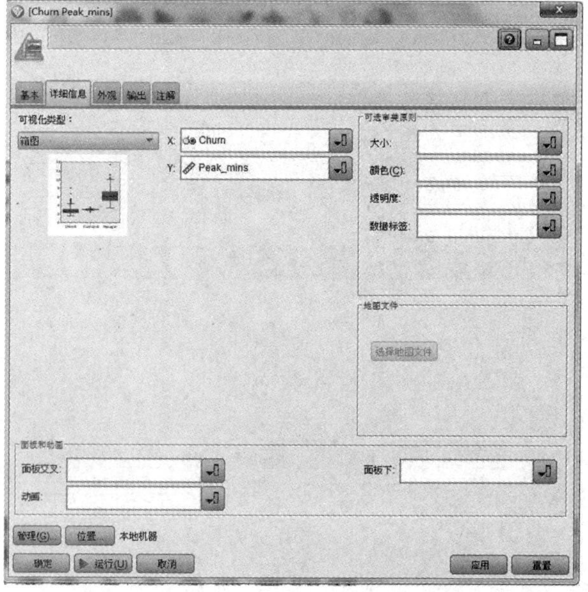

图 19-10 “图形版”节点的参数设置

(9)在“图形版”节点处，“详细信息”选项卡下，可视化类型为箱图；X 为“Churn”，Y 为“Peak _ mins”。如图 19-10 所示。

步骤 3　结果运行

部分结果如图 19-11 所示。

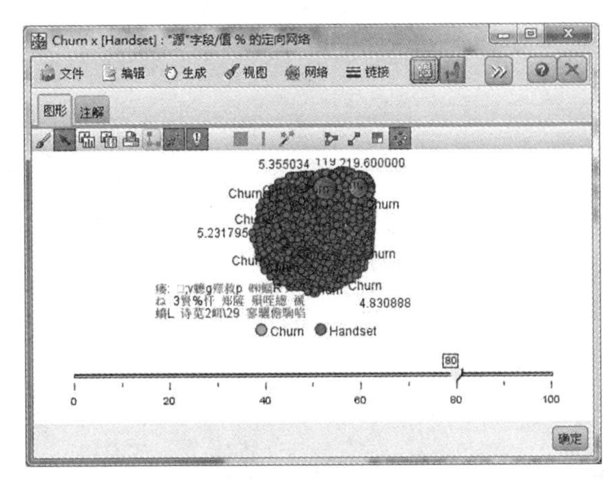

图 19-11　结果运行图(a)

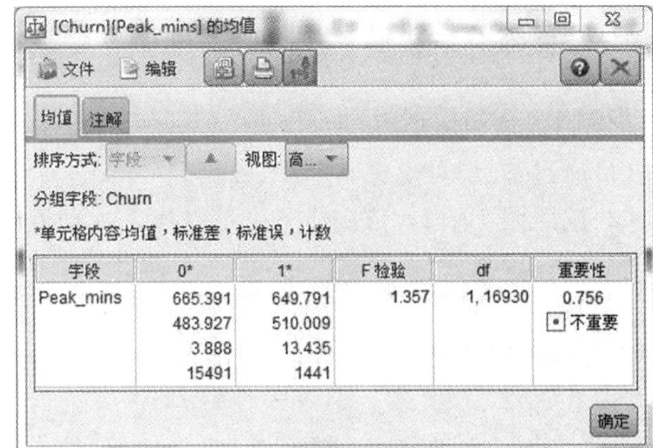

图 19-11　结果运行图(b)

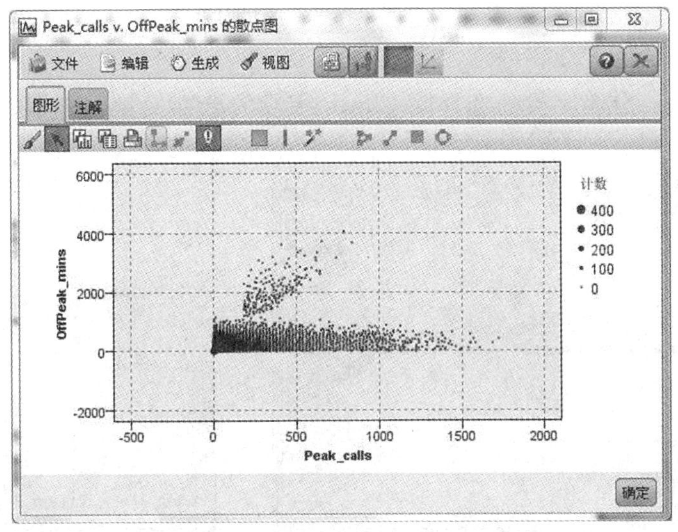

图 19-11　结果运行图(c)

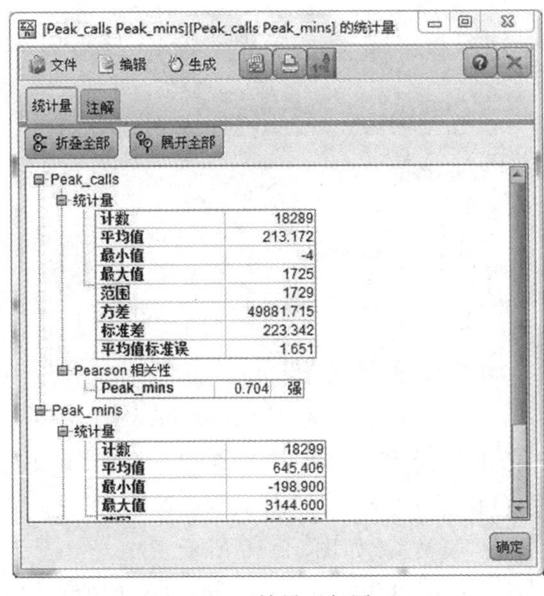

图 19-11　结果运行图(d)

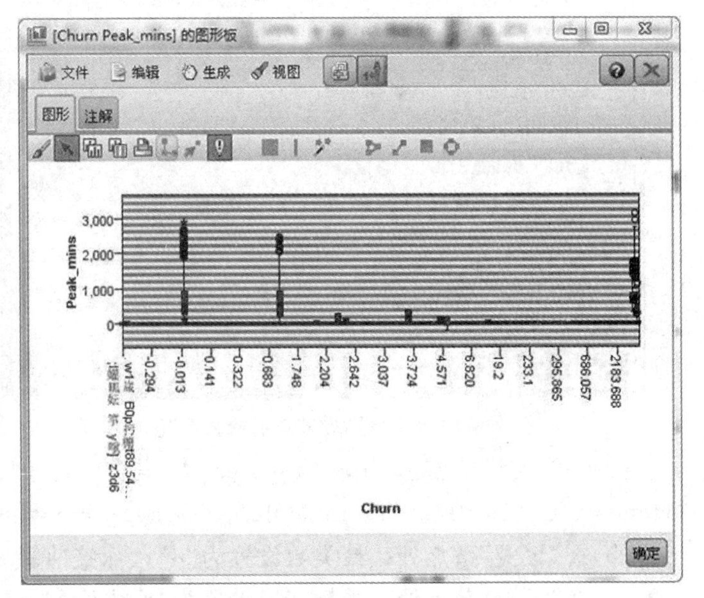

图 19-11　结果运行图(e)

19.4.2 聚类分析模型

步骤1 构建数据流

(1)通过节点“可变文本”导入数据源 churn _ analysis _ raw. sav。

(2)按照图 19-12，依次将各个节点连入数据流中。

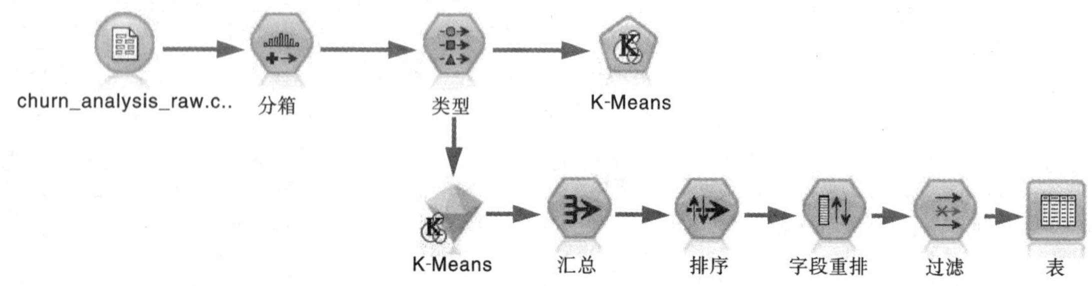

图 19-12 聚类分析数据流的构建

步骤2 设置相关参数

(1)在“分箱”节点处，分箱字段处选择除 Churn 字段的全部变量，分箱的方法为分位数(同等计数)。如图 19-13 所示。

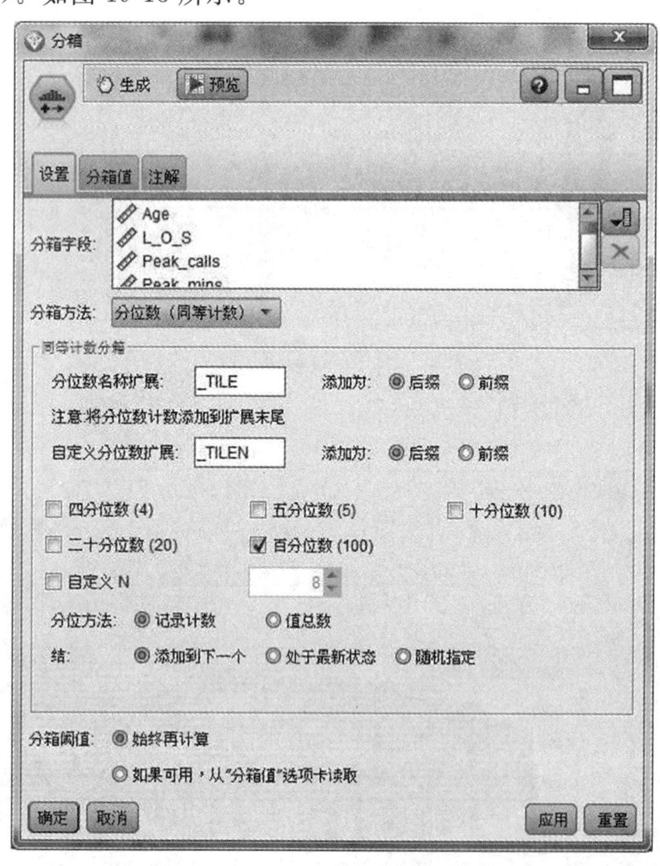

图 19-13 “分箱”节点的参数设置

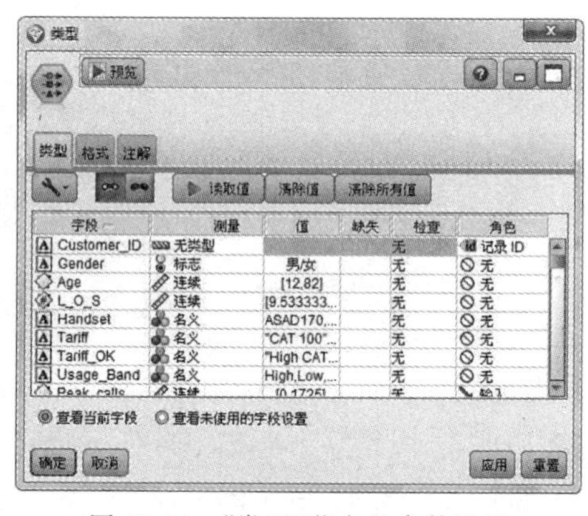

图 19-14 “类型”节点的参数设置

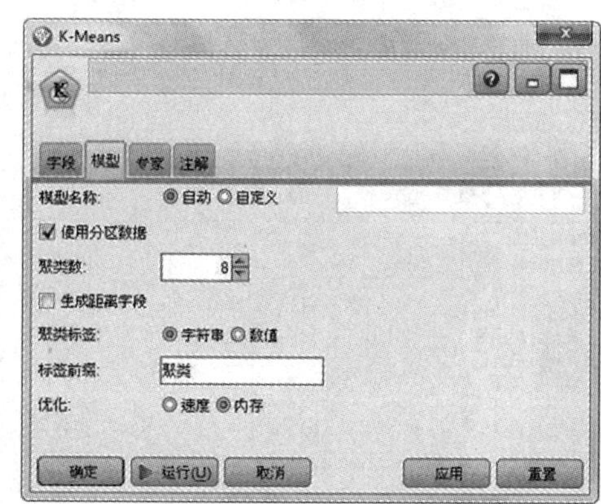

图 19-15 “聚类”节点的参数设置

(2)在“类型”节点处，字段 Customer _ ID 角色设置为“记录 ID”；字段“Gender”、“Age”、“L _ O _ S”、“Handset”、“Tariff”、“Tariff _ OK”、“Usage _ Band”的角色设置为“无”。如图 19-14 所示。

(3)在“聚类”节点处，聚类数设置为“8”；标签前缀设置为“聚类”。如图 19-15 所示。

(4)在“汇总”节点处，关键字段设置为“KM-K-Means”；汇总字段为“Churn”，勾选“平均值”；勾选“在字段中包含记录计数”，并设置为“N”。如图 19-16 所示。

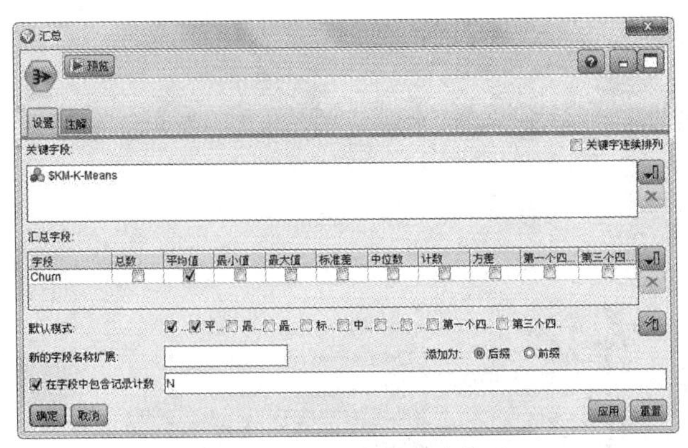

图 19-16　“汇总”节点的参数设置

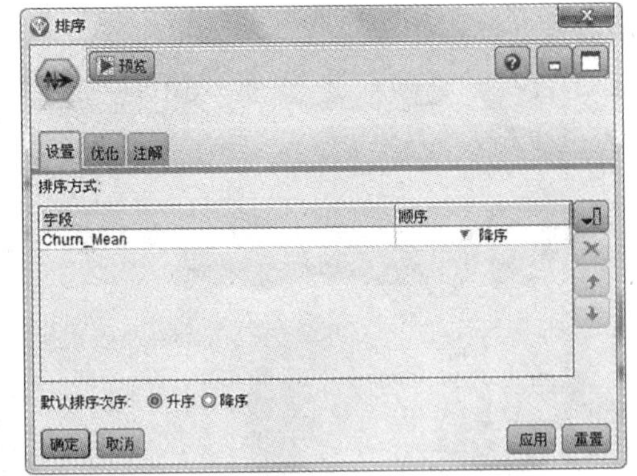

图 19-17　“排序”节点的参数设置

(5)在“排序”节点处，字段处选择“Churn _ Mean”，顺序为“降序”。如图 19-17 所示。

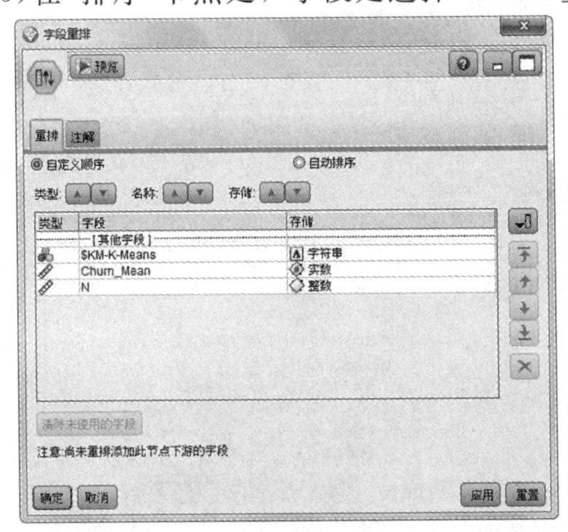

图 19-18　“字段重排”节点的参数设置

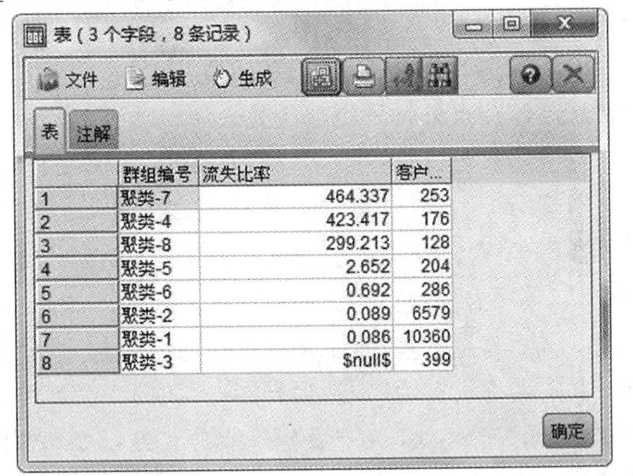
表 (3 个字段 , 8 条记录)

	群组编号	流失比率	客户...
1	聚类-7	464.337	253
2	聚类-4	423.417	176
3	聚类-8	299.213	128
4	聚类-5	2.652	204
5	聚类-6	0.692	286
6	聚类-2	0.089	6579
7	聚类-1	0.086	10360
8	聚类-3	$null$	399

图 19-19　结果运行图

(6)在“字段重排”节点处，字段的顺序依次为“ $ KM-K-Means”、“Churn _ Means”、“N”。如图 19-18 所示。

步骤 3　结果运行

所得到的结果如图 19-19 所示。

19.4.3　流失规则分析模型

步骤 1　数据源的导入

(1)通过节点“可变文本”导入数据源 churn _ analysis _ raw. sav。

(2)按照图 19-20，依次将各个节点连入数据流中。

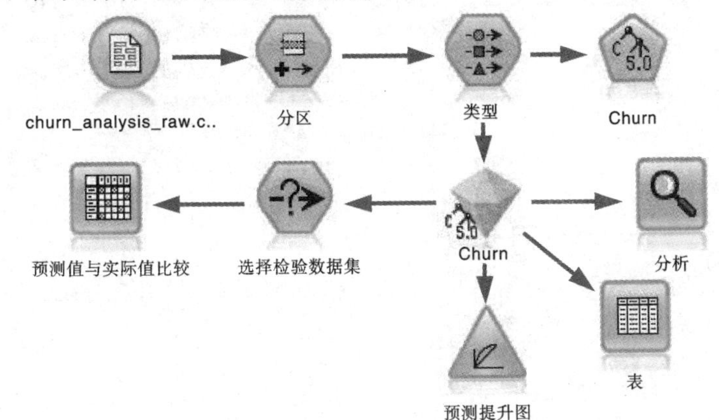

图 19-20　流失规则分析数据流的构建

步骤 2 设置相关参数

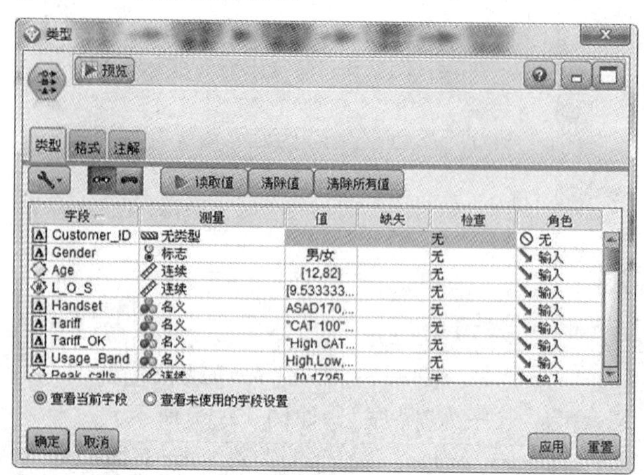

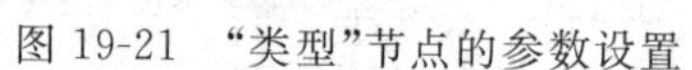
图 19-21 “类型”节点的参数设置

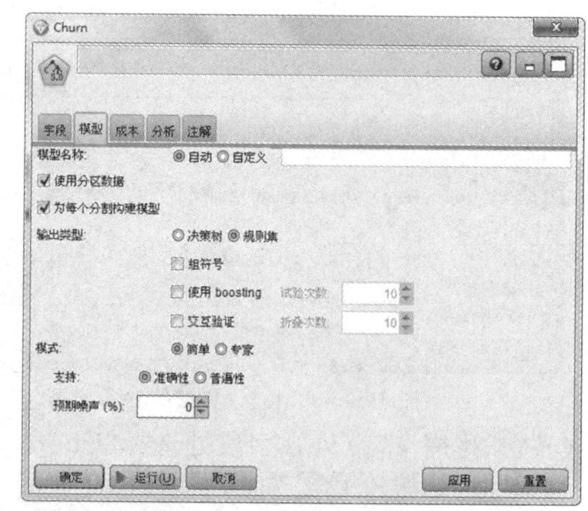

图 19-22 “C5.0”节点参数设置

(1)“分区”节点处，采用默认处理。

(2)“类型”节点处，设置字段“Customer _ ID”的角色为“无”。如图 19-21 所示。

(3)“C5.0”节点处，设置“输出类型”为“规则集”；模式为“简单”；“支持”为“准确性”。如图 19-22 所示。

(4)“评估”节点处，勾选“累计散点图”和“包含基线”；在“注解”选项卡中名称设置为“预测提升图”。如图 19-23 所示。

(5)“选择”节点处，在“设置”选项卡处，条件为：分区 = "2 _ 测试"；在“注解”选项卡，名称设置为“选择检验数据集”。如图 19-24 所示。

(6)“矩阵”节点处，在“设置”选项卡中，行选择“Churn”，列选择“C-Churn”；勾选“包含缺失值”；在“注解”选项卡，名称设置为“预测值与实际值比较”。如图 19-25 所示。

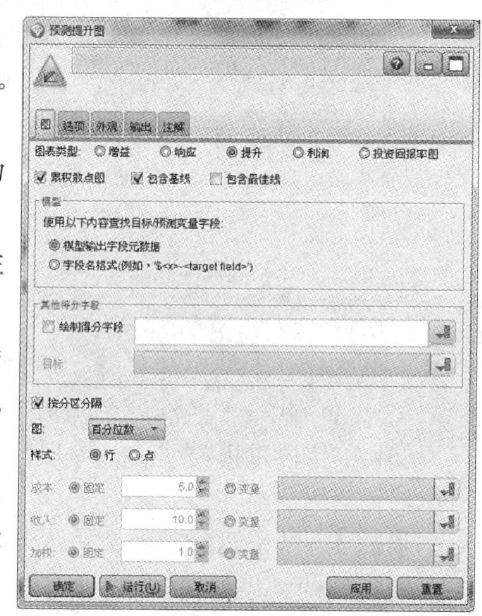

图 19-23 “评估”节点参数设置

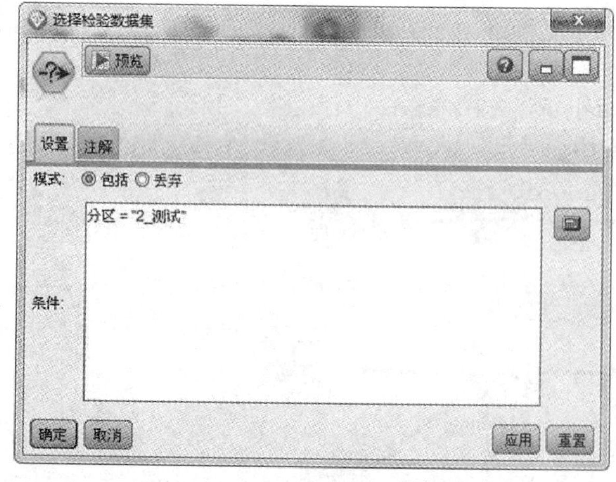

图 19-24 “选择”节点参数设置

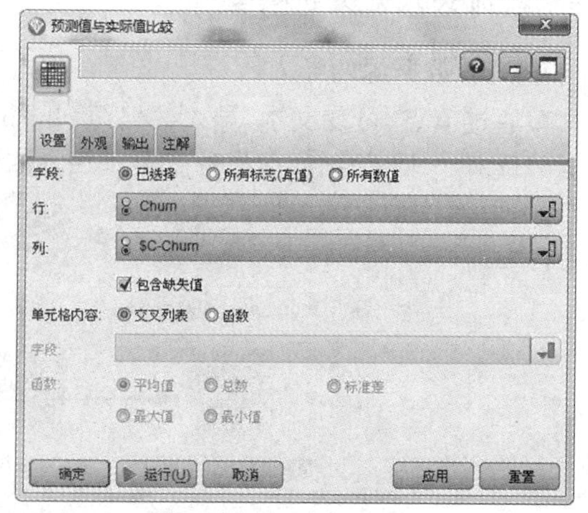

图 19-25 “矩阵”节点参数设置

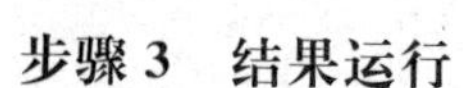
步骤 3 结果运行

结果运行的部分结果如图 19-26 所示。

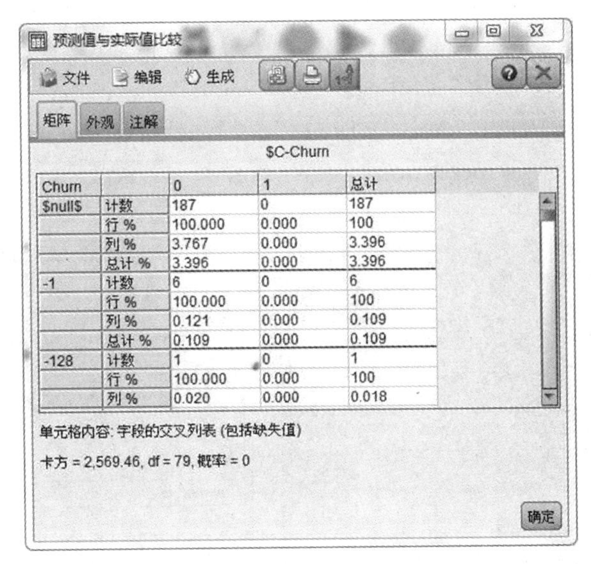

图 19-26　结果运行图(a)

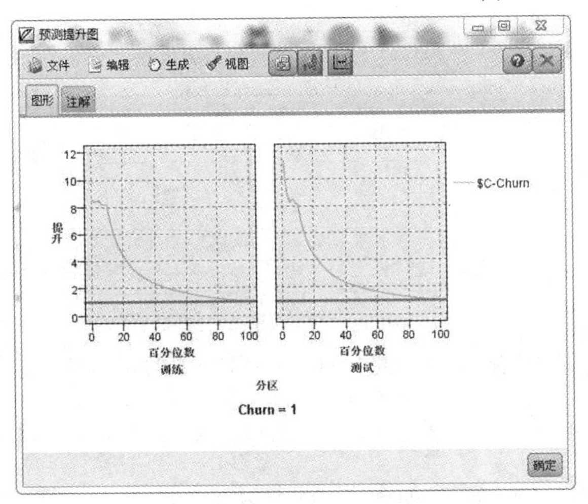

图 19-26　结果运行图(b)

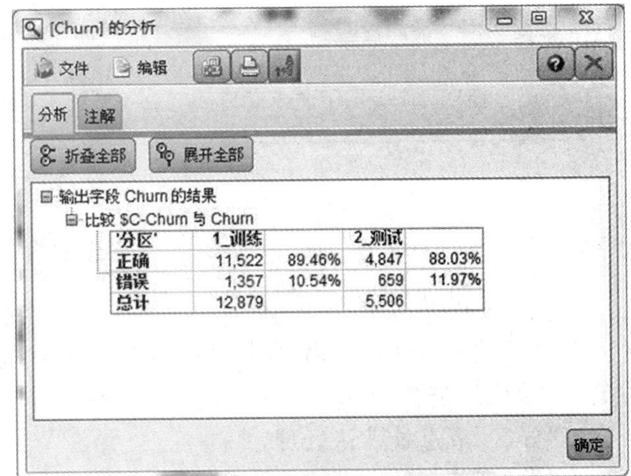

图 19-26　结果运行图(c)

19.4.4　流失评分的模型

步骤 1　数据源的导入

(1)通过节点“可变文本”导入数据源 churn _ analysis _ raw. sav。

(2)按照图 19-27，依次将各个节点连入数据流中。

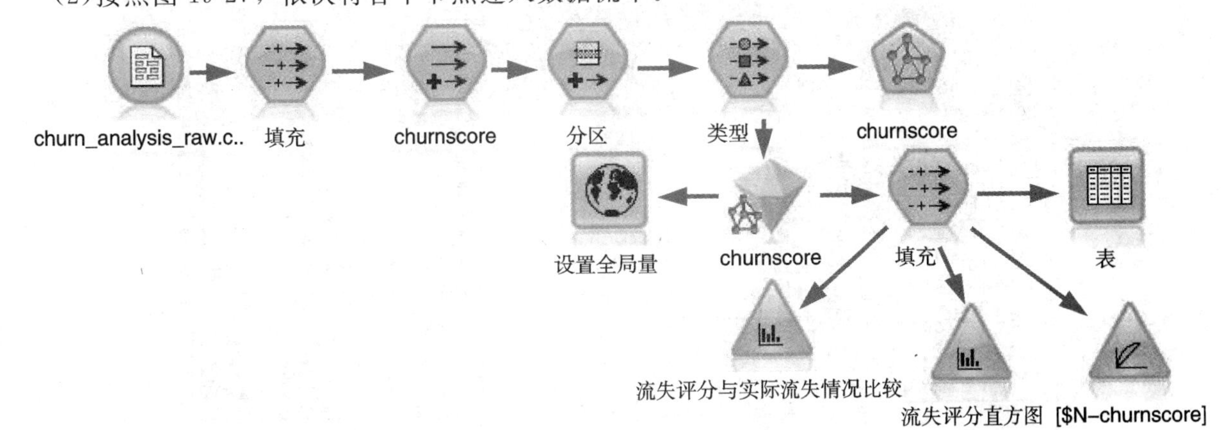

图 19-27　流失评分数据流的构建

步骤 2　设置相关参数

(1)“填充”节点处，填入字段为“AvePeak”、“AveOffPeak”、“AveWeekend”、“AveNational”、“Peak _ mins _ Trend”、“OffPeak _ mins _ Trend”、“Weekend _ mins _ Trend”、“Peak _ mins _ Fluctuation”、“OffPeak _ mins _ Fluctuation”、“Weekend _ mins _ Fluctuation”；条件为：@FIELD ='$null$'，替换为“0”，如图 19-28 所示。

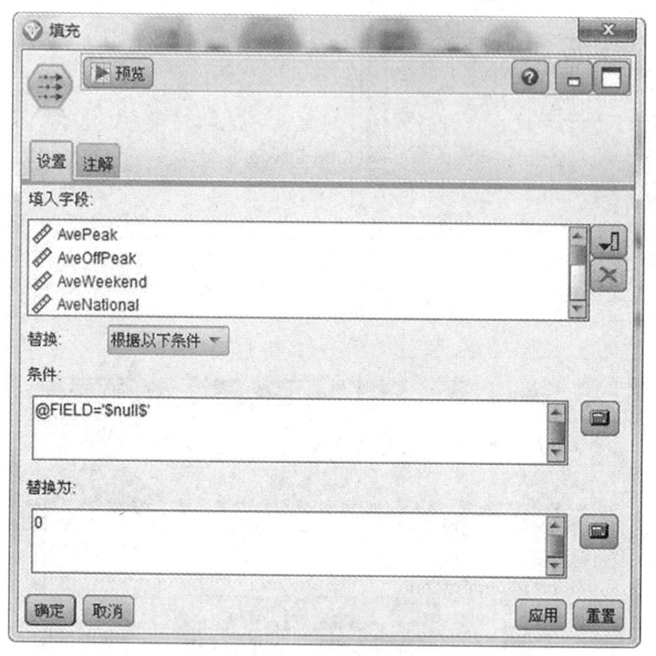

图 19-28　“填充”节点的参数设置

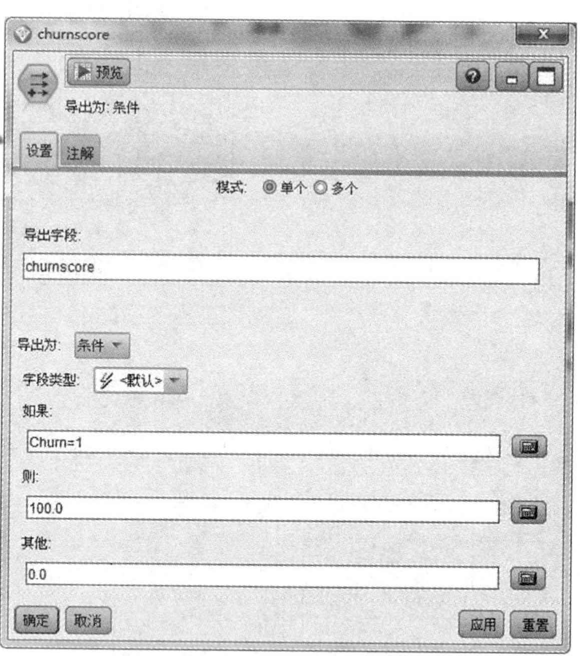

图 19-29　“导出”节点的参数设置

(2)“导出”节点处，导出字段为“churnscore”；导出为“条件”，如果 Churn=1，则“100.0”，其他为“0.0”。如图 19-29 所示。

(3)“分区”节点处默认处理。

(4)“类型”节点处，设置字段“Customer _ ID”的角色为“无”。如图 19-30 所示。

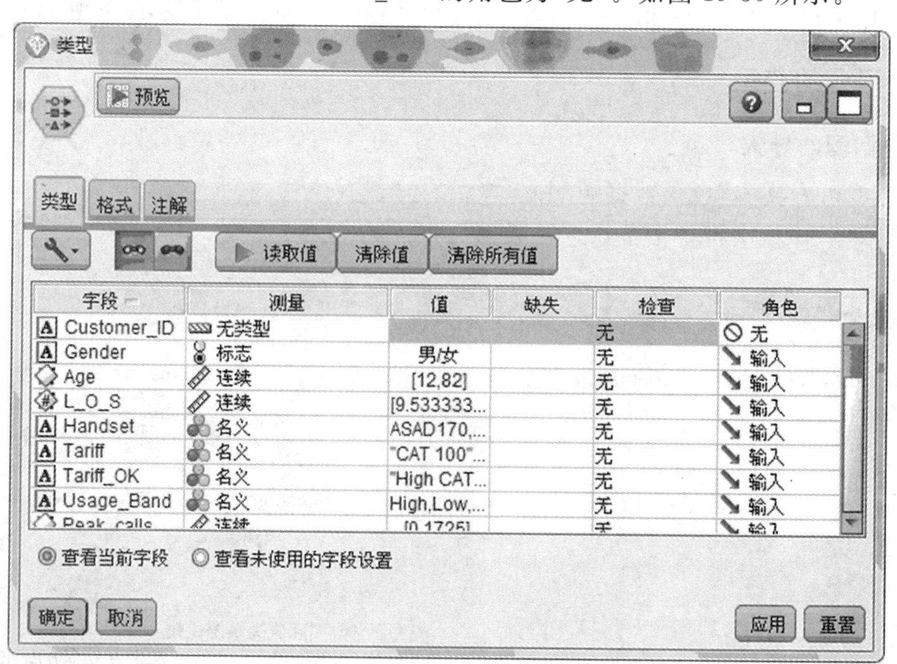

图 19-30　“类型”节点的参数设置

(5)“神经网络”节点处，目标为 churnscore，预测变量为除 Churn 和 churnscore 变量的其他变量。如图 19-31 所示。

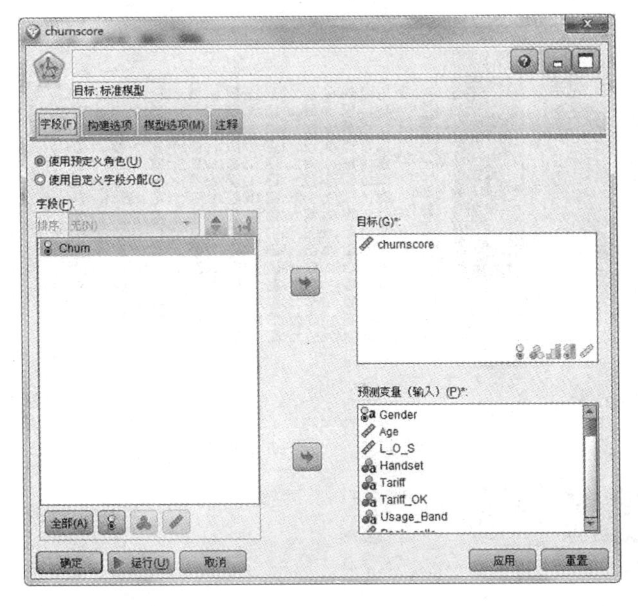

图 19-31　“神经网络”节点的参数设置

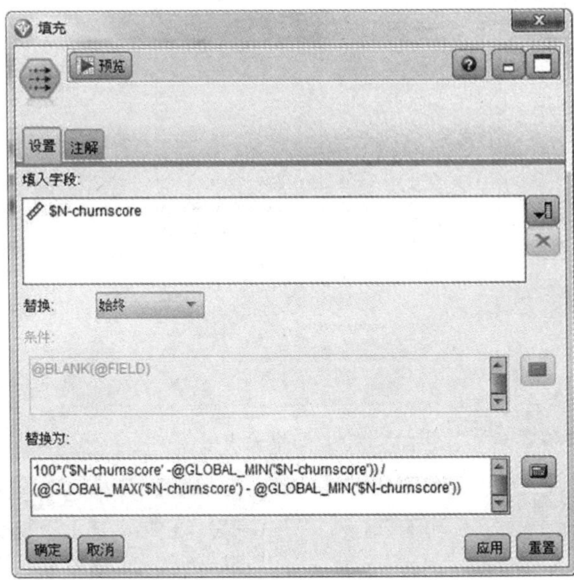

图 19-32　“填充”节点的参数设置

(6)在神经网络节点后的“填充”节点，填入字段为 N-churnscore，替换方式为“始终”，替换为 100 * (' $ N-churnscore'-@ GLOBAL _ MIN (' $ N-churnscore'))/(@ GLOBAL _ MAX (' $ N-churnscore')-@GLOBAL _ MIN(' $ N-churnscore'))。如图 19-32 所示。

(7)“设置全局量”节点处，要创建的全局量为 N-churnscore，统计字段选择最大值和最小值。如图 19-33 所示。

(8)“直方图”节点处，字段为 N-churnscore，颜色为 Churn，在“注解”选项卡，设置名称为“流失评分与实际流失情况比较”；另一处的“直方图”节点，字段为 N-churnscore，“注解”选项卡下的名称为“流失评分直方图”。如图 19-34 所示。

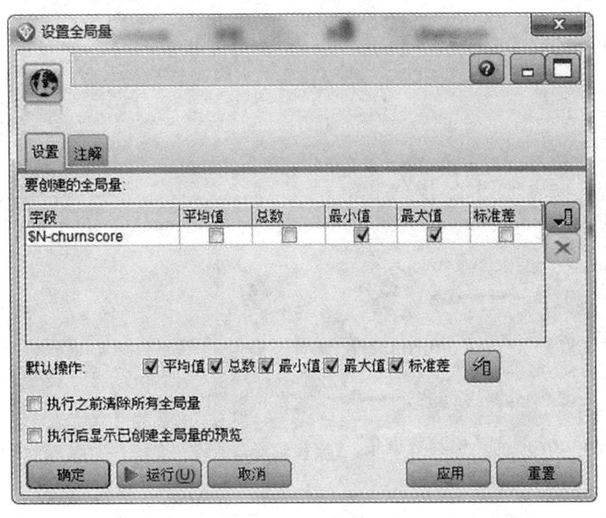

图 19-33　“设计全局量”节点的参数设置

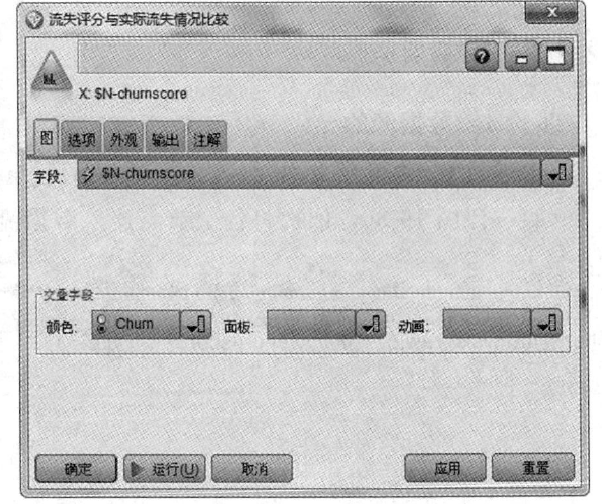

图 19-34　“直方图”节点的参数设置

(9)“评估”节点默认处理。

步骤 3　运行结果

部分运行结果如图 19-35 所示。

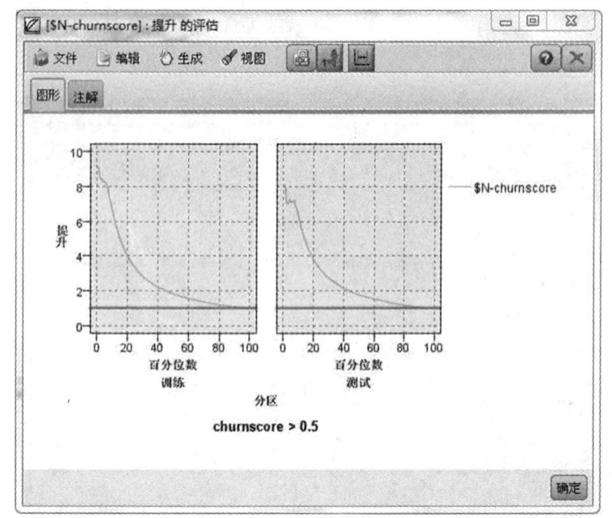

图 19-35 结果输出图(a)

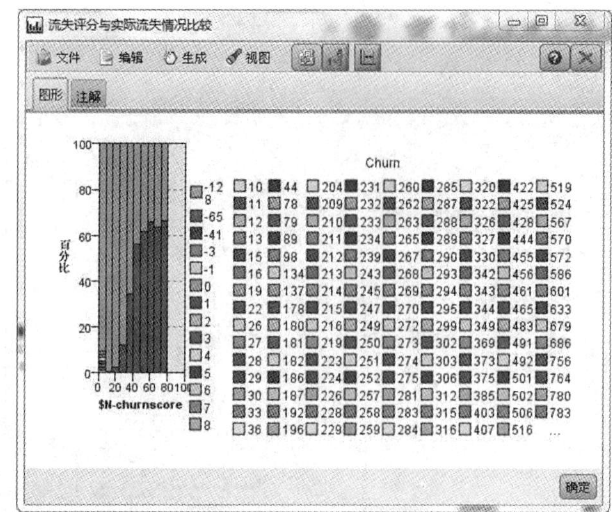

图 19-35 结果输出图(b)

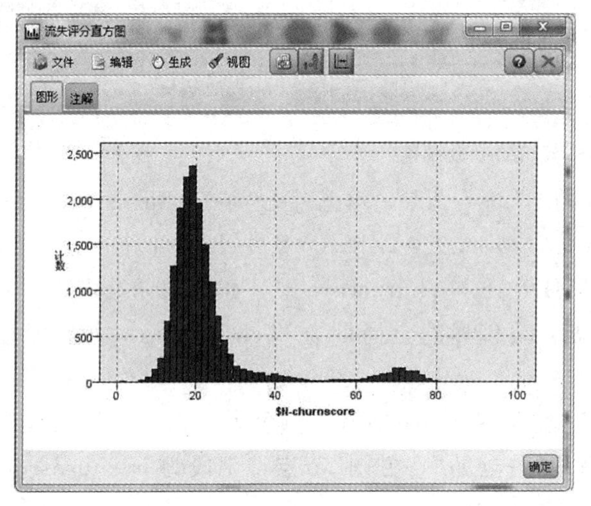

图 19-35 结果输出图(c)

19.4.5 模型预演

步骤 1 数据源的导入

(1)通过节点“可变文本”导入数据源 churn _ analysis _ raw. sav。

(2)按照图 19-36，依次将各个节点连入数据流中。

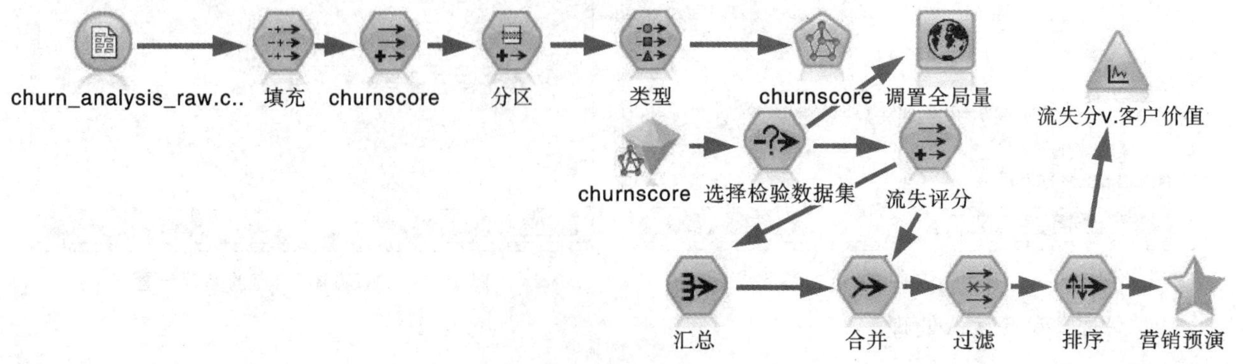

图 19-36 模型预演数据流的构建

(3)超节点处的数据流连接如图 19-37 所示。

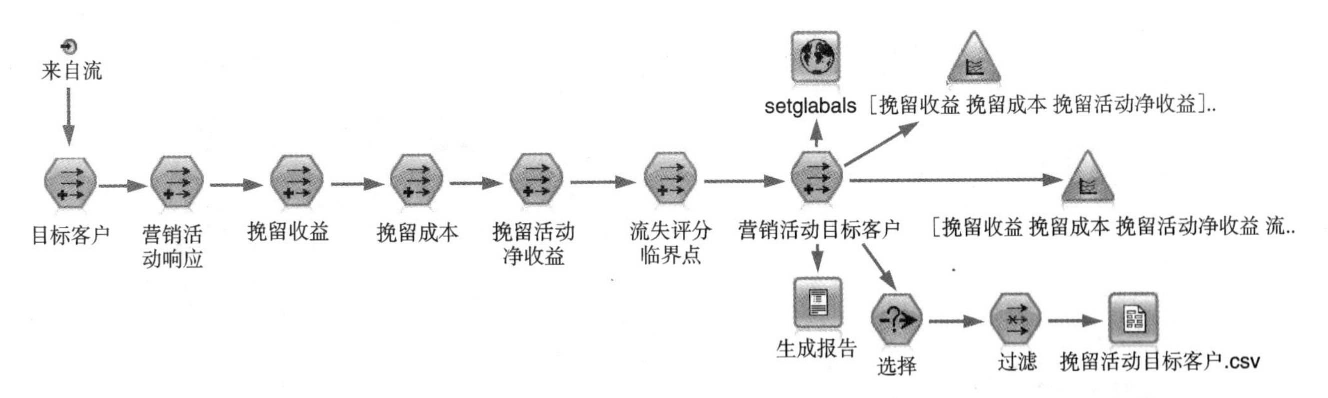

图 19-37 超节点的数据流构建

步骤 2 主数据流参数设置

由于该模型的数据处理跟模型 4 有重复的地方，这里就不一一描述。从神经网络节点后开始。

(1)“选择”节点处，条件设置为分区＝"2 _ 测试"，在“注解”处名称为选择检验数据集。如图 19-38 所示。

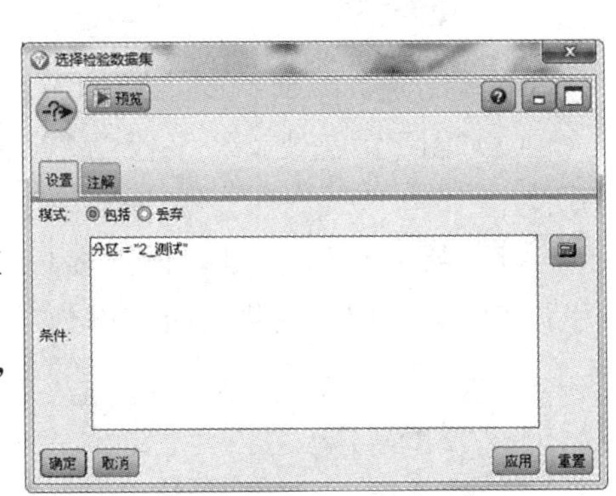

图 19-38 “选择”节点的参数设置

(2)“导出”节点处，“导出字段”为“流失评分”，“导出方式”为“公式”，对应的公式为：100 * ('$N-churnscore'-@GLOBAL _ MIN('$N-churnscore'))/(@GLOBAL _ MAX('$N-churnscore')-@GLOBAL _ MIN('$N-churnscore'))。如图 19-39 所示。

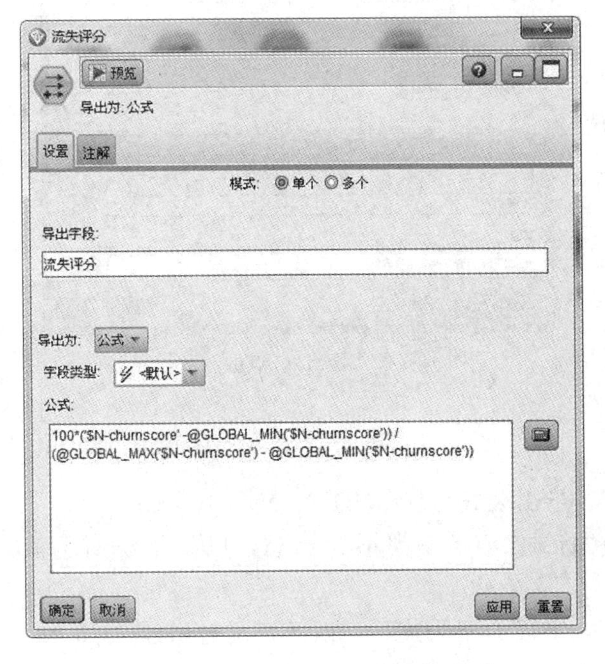

图 19-39 “导出”节点的参数设置

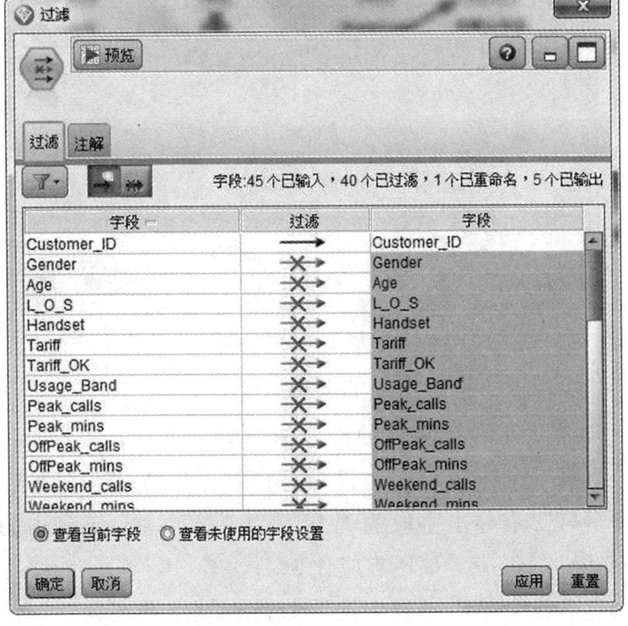

图 19-40 “过滤”节点的参数设置

(3)“汇总”和“合并”节点都采用默认处理。

(4)“过滤”节点处，除了字段“Customer _ ID”、“Total _ cost”、“Churn”、“流失评分”、“N”，其他一律过滤。如图 19-40 所示。

(5)“排序”节点处，“字段”设置为“流失评分”，顺序设置为“降序”。如图 19-41 所示。

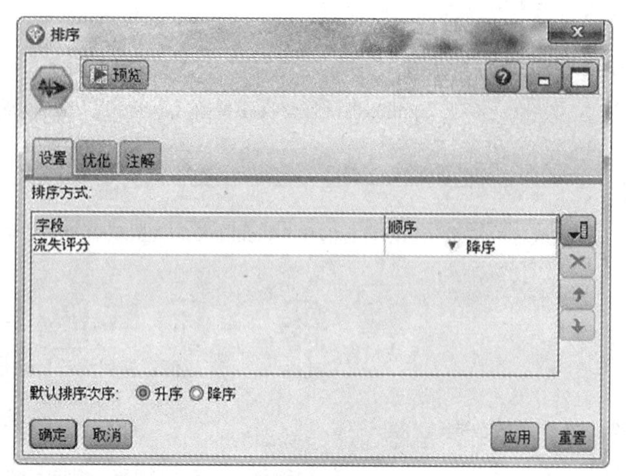

图 19-41 “排序”节点的参数设置

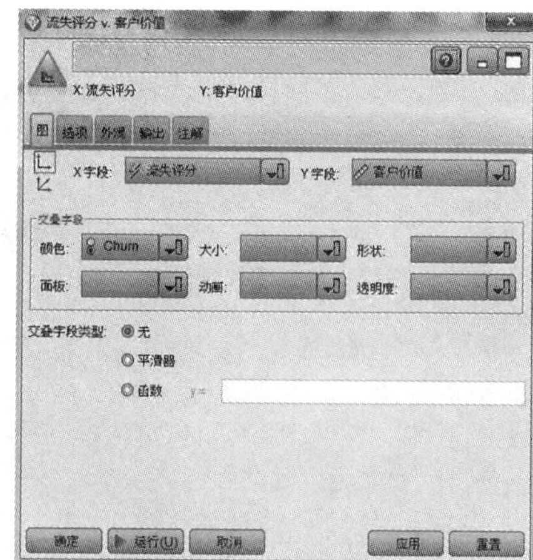

图 19-42 “图”节点的参数设置

(6)“图”节点处，X 字段为“流失评分”，Y 字段为“客户价值”，颜色为“Churn”。如图 19-42 所示。

(7)“超节点”节点处，设置客户接受挽留的百分比为“80”，针对单个客户进行挽留成本为“10”，为了挽留客户向之提供的折扣率为“5”。如图 19-43 所示。

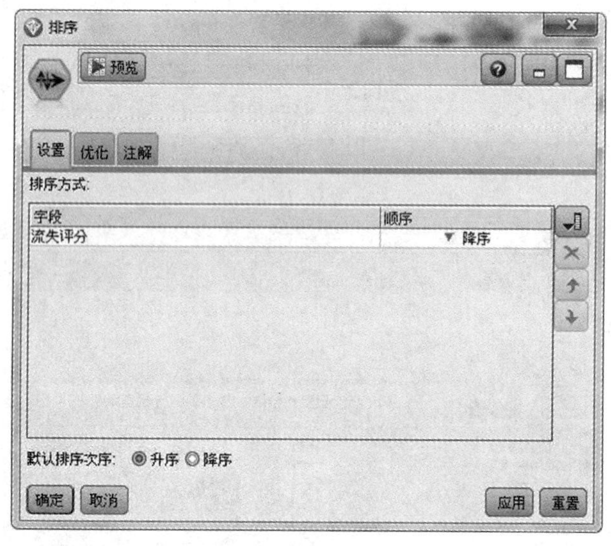

图 19-43 “超节点”节点的参数设置

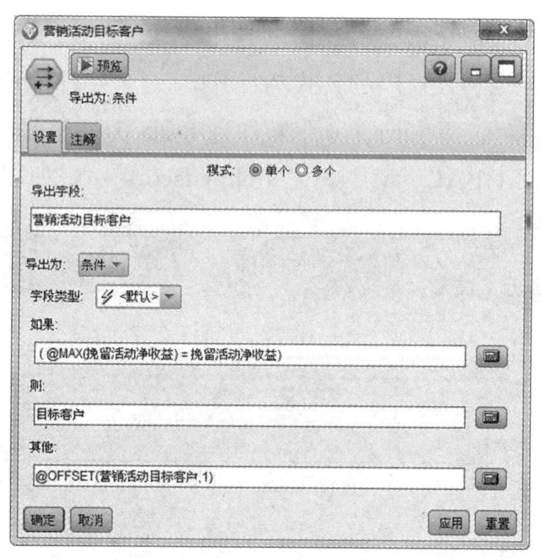

图 19-44 “导出”节点的参数设置

步骤 3 超节点处的参数设置

(1)7 个导出节点的设置依次为：

第一个导出字段为目标客户，导出方式为“公式”，导出公式为(@INDEX/N) * 100.0；

第二个导出字段为营销活动响应，导出方式为“标志”，字段类型为标志，以下情况时为真：random(100)<'$P-响应比例'；

第三个导出字段为挽留收益，导出方式为“计数”，字段类型为连续，以下情况时增加：Churn=1 and 营销活动响应='T'，增加方式为：(客户价值 * (1.0-('$P-折扣'/100.0)))；

第四个导出字段为挽留成本，导出方式为“计数”，字段类型为连续，以下情况时增加：客户价值>=0，增加方式：'$P-营销活动单位成本'。

第五个导出字段为挽留活动净收益，导出方式为“公式”，字段类型为默认，公式为：挽留收益－挽留成本；

第六个导出字段为流失评分临界点，导出方式为“条件”，如果“(@MAX(挽留活动净收益)=挽留活动净收益)”，则为“流失评分”，其他为“@OFFSET(流失评分临界点，1)”；

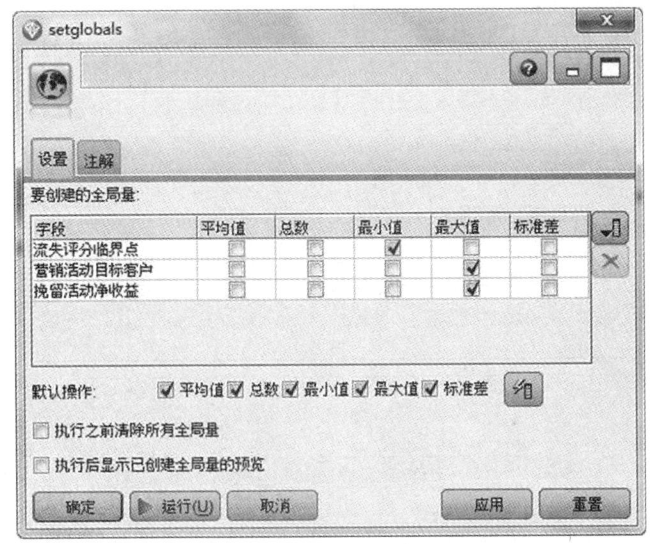

图 19-45 “全局变量”节点的参数设置

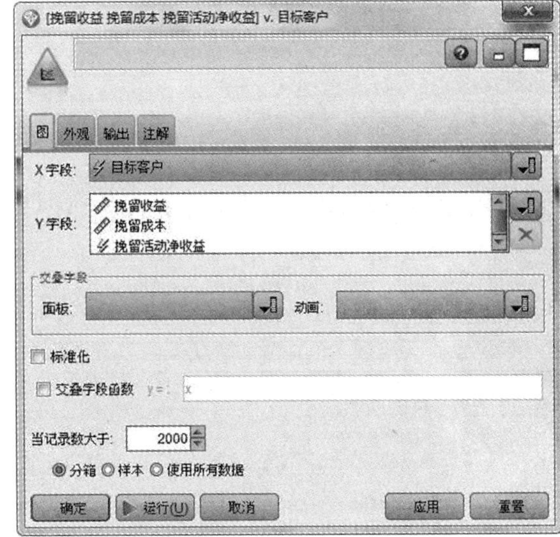

图 19-46 “多重散点图”节点的参数设置

第七个导出字段为营销活动目标客户，导出方式为“条件”，如果为“(@MAX(挽留活动净收益)=挽留活动净收益)”，则为“目标客户”，其他为“@OFFSET(营销活动目标客户，1)”。如图 19-44 所示。

(2)“全局变量”节点处，要创建的全局量为“流失评分临界点”、“营销活动目标客户”和“挽留活动净收益”，依次的统计指标为最小值、最大值和最大值。如图 19-45 所示。

(3)“多重散点图”节点处，X 字段为目标客户，Y 字段为挽留收益、挽留成本、挽留活动净收益。如图 19-46 所示。

(4)另一处“多重散点图”节点处，X 字段为目标客户，Y 字段为挽留收益、挽留成本、挽留活动净收益和流失评分，勾选“标准化”。如图 19-47 所示。

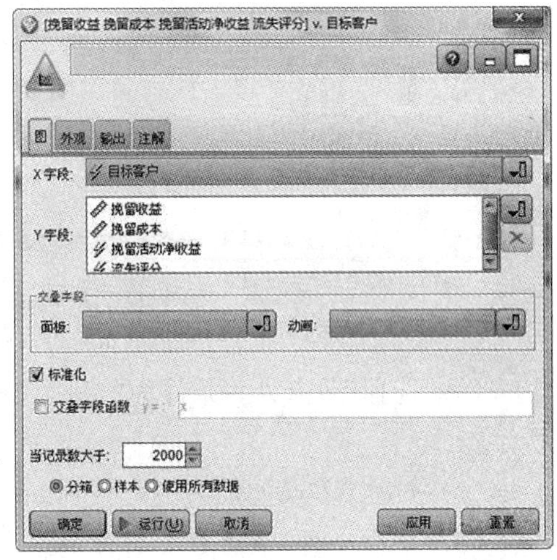

图 19-47 “多重散点图”节点的参数设置

(5)“报告”节点处，模板下输入的内容如下：

电信行业流失客户挽留市场营销活动模型

==

第一部分：模型参数(可以根据需要进行调整)

营销活动每个客户平均成本：￥['$P-营销活动单位成本']RMB

营销活动折扣率(为挽留客户给客户的让利)：['$P-折扣']%

市场活动预计回应率：['$P-响应比例']%

==

==

第二部分：营销活动预演

该市场营销(挽留)活动净收益预计为：￥[@GLOBAL_MAX(挽留活动净收益)]RMB

市场营销(挽留)活动覆盖面(占全部客户比重)：[@GLOBAL_MAX(营销活动目标客户)]%

对流失评分在[@GLOBAL _ MIN(流失评分临界点)]以上的客户进行市场营销活动
==

==
第三部分：营销活动实施客户名单
#WHERE[目标客户<=@GLOBAL _ MAX(营销活动目标客户)]
客户编号=['Customer _ ID']
#

如图 19-48 所示。

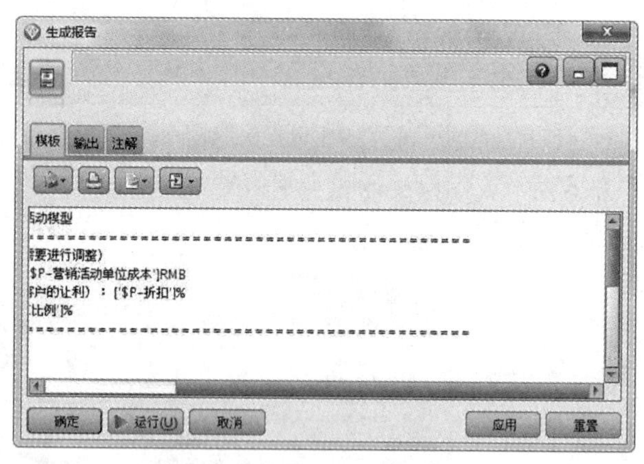

图 19-48 “报告”节点的参数设置

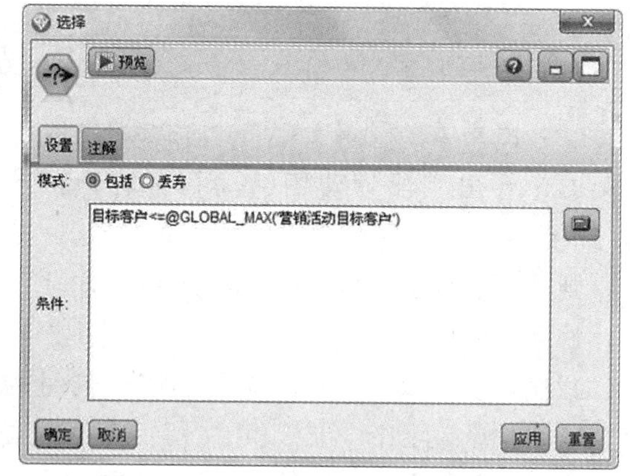

图 19-49 “选择”节点的参数设置

(6)“选择”节点处，条件为“目标客户<=@GLOBAL _ MAX('营销活动目标客户')”。如图 19-49 所示。

(7)“过滤”节点处，字段 Customer _ ID、客户价值和流失评分输出。如图 19-50 所示。

(8)“平面文件”节点处，将你的结果保存在设定目录下。

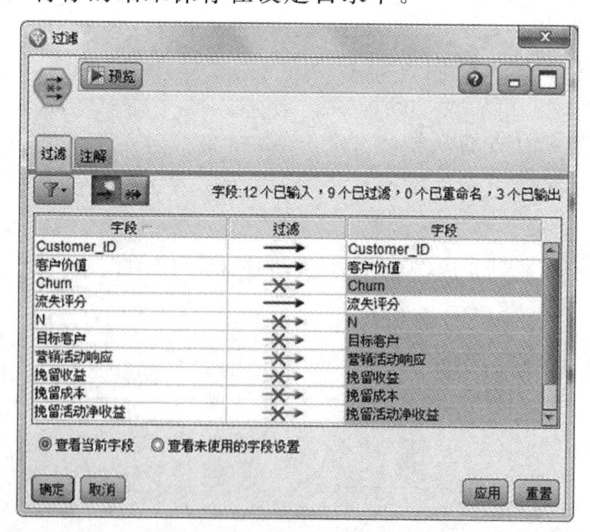

图 19-50 “过滤”节点的参数设置

步骤 4 结果运行

所得到的部分结果图如图 19-51 所示。

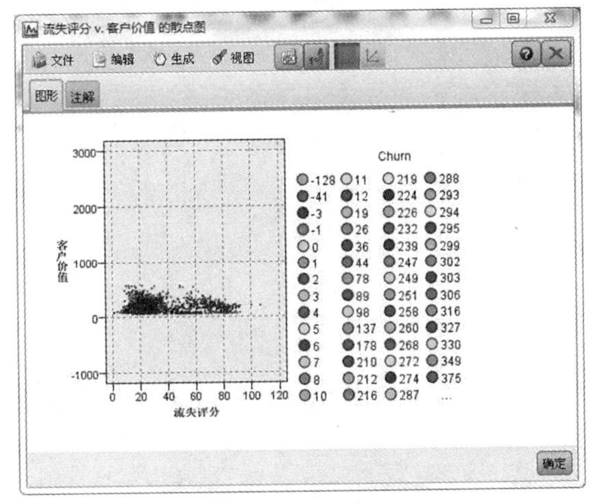

图 19-51　结果运行图(a)

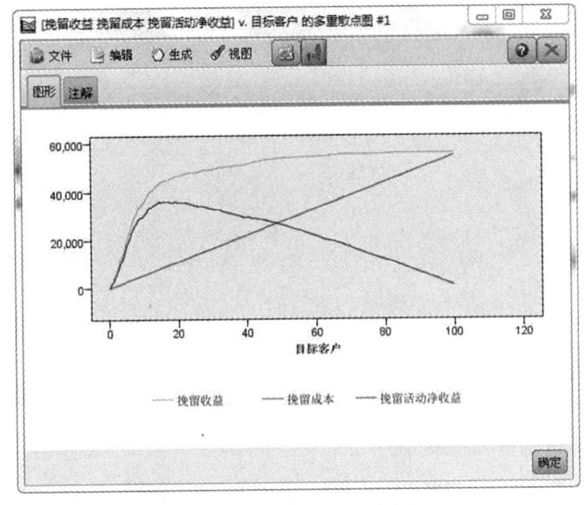

图 19-51　结果运行图(b)

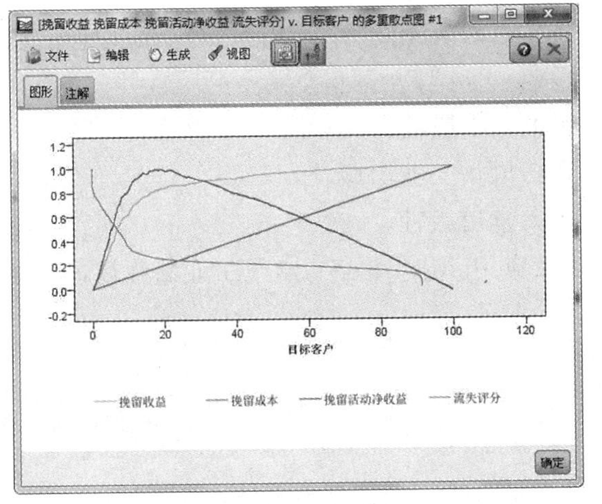

图 19-51　结果运行图(c)

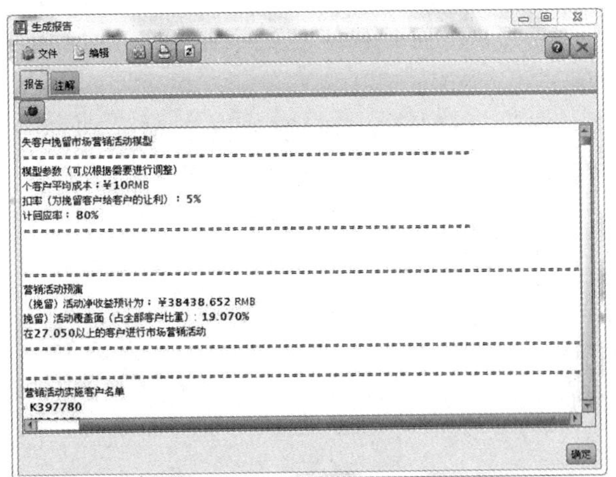

图 19-51　结果运行图(d)

19.5　实验分析与扩展练习

19.5.1　实验分析

本实验通过分析电信用户的基本数据，得到挽留流失客户市场营销活动的模型，并对营销活动进行预演得到对应的结论。对以后的决策提供了参考意见。想想还能得到哪些重要的结论和意义。

19.5.2　扩展练习

收集其他的相关数据，对其做一个综合分析，得到相应的报告。

参考文献

[1]威滕，弗兰克．数据挖掘实用机器学习工具与技术[M]．第3版．董琳，等，译．北京：机械工业出版社，2014．

[2]Lynn Langit，Kevin S G，Davide Mauri，et al. SQL Server 2008 商务智能完美解决方案[M]．张猛，杨越，郎亚妹，等，译．北京：人民邮电出版社，2010．

[3]谢邦昌．商务智能与数据挖掘 Microsoft SQL Server 应用[M]．北京：机械工业出版社，2008．

[4]张俊．SAP BW/BO 实战指南[M]．北京：机械工业出版社，2012．

[5]陈国青，卫强．商务智能原理与方法[M]．北京：电子工业出版社，2009．

[6]谭学清，陆权，等．商务智能[M]．武汉：武汉大学出版社，2006．

[7]薛薇，陈欢歌，等．SPSS Modeler 数据挖掘方法及应用[M]．北京：电子工业出版社，2014．